AF598638

Gmelin Handbuch der Anorganischen Chemie

Achte, völlig neu bearbeitete Auflage
8th Edition

Volumes on "Fluorine" (Syst.-No. 5) and "Carbon" (Syst.-No. 14)

The perfluorohalogenoorgano compounds of main group elements are described in the following volumes and are a part of Syst.-No. 5 "Fluorine".

On account of the close connection to carbon, the volumes of Syst.-No. 14 "Carbon", are also listed.

Die Perfluorhalogenorgano-Verbindungen der Hauptgruppenelemente sind in den folgenden Bänden beschrieben und sind der Syst.-Nr. 5 „Fluor" zuzuordnen.

Wegen der engen Verknüpfung zum Kohlenstoff werden nachfolgend auch die Bände der Syst.-Nr. 14 „Kohlenstoff" aufgelistet.

F Fluorine

Perfluorhalogenorgano-Verbindungen der Hauptgruppenelemente

Tl. 1 (Erg.-Werk, Bd. 9): Verbindungen von Schwefel – 1973

Tl. 2 (Erg.-Werk, Bd. 12): Verbindungen mit Schwefel (Fortsetzung), Selen, Tellur – 1973

Tl. 3 (Erg.-Werk, Bd. 24): Verbindungen von Phosphor, Arsen, Antimon und Wismut – 1975

Tl. 4 (Erg.-Werk, Bd. 25): Verbindungen mit Elementen der 1. bis 4. Hauptgruppe (außer Kohlenstoff) – 1975

Tl. 5: Verbindungen mit Stickstoff (Heterocyclische Verbindungen) – 1978

Tl. 6: Verbindungen mit Stickstoff (Heterocyclische Verbindungen) (Fortsetzung). Formelregister für Tl. 5 und 6 – 1978 (vorliegender Band)

„Fluor" Hauptband – 1926

„Fluor" Ergänzungsband – 1959

C Carbon

Tl. B 1: Isotope. Atom. Molekel. Einstoffsystem. Dampf. Diamant – 1967

Tl. B 2: Graphit – 1968

Tl. B 3: Chemisches Verhalten von Graphit. Graphitverbindungen. Kolloider Kohlenstoff – 1968

Tl. C 1: Verbindungen mit Edelgasen, Wasserstoff und Sauerstoff – 1970

Tl. C 2: Chemisches Verhalten von CO und CO_2 – 1972

Tl. C 3: Gleichgewicht CO_2/CO. Wasserhaltige Lösungen von Kohlensäure. Carbonat-Ionen. Peroxokohlensäuren – 1973

Tl. C 4: Ausgewählte C-H-O-Radikale. HCOOH. CH_3COOH. $H_2C_2O_4$ – 1975

Tl. D 1: Kohlenstoff-Stickstoff-Verbindungen – 1971

Tl. D 2: Kohlenstoff-Halogen-Verbindungen – 1974

Tl. D 3: Kohlenstoff-Halogen-Verbindungen (Fortsetzung) – 1976

Tl. D 4: Kohlenstoff-Schwefel-Verbindungen – 1977

Tl. D 5: Kohlenstoff-Schwefel-Verbindungen (Fortsetzung) – 1977

Tl. D 6: Kohlenstoff-Schwefel-Verbindungen (Fortsetzung). Kohlenstoff-Selen- und Kohlenstoff-Tellur-Verbindungen – 1978

Gmelin Handbuch der Anorganischen Chemie

BEGRÜNDET VON Leopold Gmelin

Achte völlig neu bearbeitete Auflage

ACHTE AUFLAGE begonnen im Auftrage der Deutschen Chemischen Gesellschaft
von R. J. Meyer
E. H. E. Pietsch und A. Kotowski

fortgeführt von
Margot Becke-Goehring

HERAUSGEGEBEN VOM Gmelin-Institut für Anorganische Chemie
der Max-Planck-Gesellschaft zur Förderung der Wissenschaften

Springer-Verlag
Berlin · Heidelberg · New York 1978

Gmelin-Institut für Anorganische Chemie
der Max-Planck-Gesellschaft zur Förderung der Wissenschaften

Gmelin Handbuch der Anorganischen Chemie

Achte, völlig neu bearbeitete Auflage
8th Edition

F
Perfluorhalogenorgano-Verbindungen der Hauptgruppenelemente

Teil 6 Verbindungen mit Stickstoff (Heterocyclische Verbindungen) (Fortsetzung)

Formelregister für Tl. 5 und 6

Mit 1 Figur

von **Alois Haas**

BEARBEITER DIESES BANDES (AUTHOR) — Alois Haas, Ruhr-Universität, Bochum

REDAKTEUR DIESES BANDES (EDITOR) — Dieter Koschel, Gmelin-Institut, Frankfurt am Main

SUMMENFORMELREGISTER (FORMULA INDEX) — Anna Kolasa, Ruhr-Universität, Bochum
Anna Zelle, Gmelin-Institut, Frankfurt am Main

System-Nummer 5

Springer-Verlag
Berlin · Heidelberg · New York 1978

ENGLISCHE FASSUNG DER STICHWÖRTER NEBEN DEM TEXT:
ENGLISH HEADINGS ON THE MARGINS OF THE TEXT:

H. J. KANDINER, SUMMIT, N. J.

DIE LITERATUR IST VOLLSTÄNDIG BIS ENDE 1975 AUSGEWERTET, IN VIELEN FÄLLEN DARÜBER HINAUS

LITERATURE CLOSING DATE: COMPLETELY UP TO THE END OF 1975, IN MANY INSTANCES MORE RECENT DATA HAVE BEEN CONSIDERED

Die vierte bis siebente Auflage dieses Werkes erschien im Verlag von Carl Winter's Universitätsbuchhandlung in Heidelberg

Library of Congress Catalog Card Number: Agr 25-1383

ISBN 3-540-93378-6 Springer-Verlag, Berlin · Heidelberg · New York
ISBN 0-387-93378-6 Springer-Verlag, New York · Heidelberg · Berlin

Gesamtherstellung Universitätsdruckerei H. Stürtz AG, Würzburg

Foreword

The volumes part 5 and part 6 continue the series on perfluorhalogenoorgano compounds of the main group elements. Parts 1 through 4 appeared as volumes 9, 12, 24, and 25 in the New Supplement Series. Since the beginning of 1978, the New Supplement Series has been incorporated into the Main Series, and the perfluorohalogenoorgano compounds are to be found under "Fluorine."

The present volumes contain chemistry and physics of the perfluorohalogenoorgano heterocycles of nitrogen. The concepts for the volumes and the limitations to the material are the same as those of the preceding volumes. The chemical nomenclature, abbreviations, and definitions are explained in the forewords to part 1 and part 3 (given in part on the next page). At the back of part 6 is an empirical formula index for parts 5 and 6.

Many colleagues assisted me by making available reprints of original publications. Particular thanks are due R.E. Banks, R.D. Chambers, A. Fokin, R.N. Haszeldine, I.L. Knunyants, C.G. Krespan, W.J. Middleton, R.A. Mitsch, P.H. Ogden, J.M. Shreeve, and G.G. Yakobson. And I thank Dr. A. Kolasa for translations of Russian articles.

Bochum, December 1978 Alois Haas

Part of the Foreword of Volume 24 (Part 3)

In the New Supplement Series to the 8th Edition of Gmelin, two further volumes are published in the series of perfluorohalogenoorgano compounds of the Main Group elements. Volume 24 contains chemistry and physics of the perfluorohalogenoorgano compounds of the elements P, As, Sb and Bi and Volume 25 that of the elements of the Main Group 1 to 4 (sine C). The conception as well as the limitations of the included material are analogous to those of Volumes 9 and 12 of the Gmelin New Supplement Series. A Formula Index for both Volumes 24 and 25 is included in Volume 25. On matters concerning chemical nomenclature, abbreviations and definitions used in the text one is referred to the Foreword to Volume 9 (see, in part, below). The following abbreviations are employed for the description of molecular vibrations: ν=stretching vibration, δ=deformation vibration, ρ=rocking vibration, and τ=torsion vibration. The designation of the coupling constant is not uniform in the volumes: beside the accurate indication of the coupling nuclei, the abbreviation $^{z}J(A\text{-}B)$ is also used; the exponential z indicates, that the coupling of the nuclei A and B extends over z bonds. For the characterization of the splittings the following abbreviations are employed: d=doublet, tr=triplet, qu=quartet, qui=quintet, sext=sextet, sept=septet, oct=octet, and dec=decimal splitting.

Part of the Foreword of Volume 9 (Part 1)

Rapid development of perfluoroorgano chemistry began in 1948 and continues to this day. A new branch of chemistry was thus created – uniting the structural and mechanistic concepts of organic chemistry with the procedural methods of inorganic chemistry. Rapid growth of the subject area makes it necessary now to provide a summarizing review of this entire field. However, definite limits must be established with respect to both organic and inorganic chemistry, in view of the many close associations with these fields. This will be done by planning to cover "Preparation", "Physical Properties", and "Chemical Reactions" for the perfluoroorgano- and perfluorohalogenoorgano-element compounds only. Perfluorohalogenoorgano groups are those which contain at least one fluorine atom, with the remaining valences being satisfied by the other halogens. The main group elements – excluding carbon, oxygen, and the halogens – are to be considered first. The fluorohalogen compounds of methane as such are to be described in Carbon D 2. Perfluorohalogenoorganic compounds of sulfur, selenium, and tellurium are being covered in the first two volumes of this series. The corresponding compounds of polonium have not been synthesized. The remaining main group elements (except for C, O, and halogens) will be covered in later volumes.

The nomenclature employed in these volumes is based heavily on IUPAC guidelines. It is, however, not entirely consistent, since pertinent considerations do give rise to specific exceptions. Aromatic and heterocyclic rings, as well as partly or completely hydrogenated rings, are illustrated without H atoms, in accordance with modern organic chemical notation. The voluminous subject matter is arranged on the basis of the Gmelin classification system.

The first volume concludes with the perfluorohalogenoorganodisulfanes, and covers aliphatic and cyclic perfluorohalogenoorganosulfur compounds (with oxidation state II) but excludes the sulfur compounds of boron, phosphorus, arsenic, antimony, silicon, and germanium, as well as the perfluorohalogenoorganosulfanes and the perfluoroorgano-mercaptometal compounds. The excluded compounds will be covered in the second volume, together with compounds of sulfur with oxidation states IV and VI, and the perfluorohalogenoorgano compounds of selenium and tellurium. An Index will also be included in the second volume.

With relatively few exceptions, only primary reactions of the perfluorohalogenoorganoelement compounds are covered under "Chemical Reactions". The arrangement of the chemical reactions is not entirely consistent, and is based either on type of reaction or class of compound involved. Physical properties of the reaction products are given under "Chemical Reactions". Physical data are not presented for compounds which consist of perfluorohalogenoorganoelement-transition metal complexes. Intensity data are based on English abbreviations, as follows: s=strong, m=medium, w=weak, v=very, br=broad, and sh=shoulder. In regard to chemical shift in NMR spectra, the positive sign denotes a shift toward higher fields, if not otherwise specified.

Vorwort

In der Serie „Perfluorhalogenorgano-Verbindungen der Hauptgruppenelemente" erscheinen zwei weitere Bände (Teil 5 und Teil 6). Die bisher vorliegenden Bände (Teil 1 bis 4) erschienen als Band 9, 12, 24 und 25 im „Gmelin-Ergänzungswerk". Dieses Ergänzungswerk ist seit Anfang 1978 in das Hauptwerk eingegliedert; die Perfluorhalogenorgano-Verbindungen sind unter „Fluor" zu finden. Die vorliegenden Bände umfassen Chemie und Physik der Perfluorhalogenorgano-Heterocyclen des Stickstoffs. Konzept und Stoffabgrenzung sind denen der vorangegangenen vier Bände analog. Aufbau, chemische Nomenklatur, im Text verwendete Abkürzungen und Festlegungen sind im folgenden auszugsweise abgedruckten Vorwort von Teil 1 und Teil 3 erklärt. Auf den Textteil von Teil 6 folgt ein Summenformelregister für Teil 5 und Teil 6.

Viele Kollegen unterstützten mich durch Zusenden von Sonderdrucken und Patenten. Mein besonderer Dank gilt daher R.E. Banks, R.D. Chambers, A. Fokin, R.N. Haszeldine, I.L. Knunyants, C.G. Krespan, W.J. Middleton, R.A. Mitsch, P.H. Ogden, J.M. Shreeve und G.G. Yakobson. Frau Dr. A. Kolasa danke ich für die Übersetzung russischer Arbeiten.

Bochum, im Dezember 1978

Alois Haas

Auszug aus dem Vorwort zu Band 24 (Teil 3)

Im Ergänzungswerk zur 8. Auflage des Gmelin erscheinen in der Serie Perfluorhalogenorgano-Verbindungen der Hauptgruppenelemente zwei weitere Bände. Band 24 umfaßt Chemie und Physik der Perfluorhalogenorgano-Verbindungen der Elemente P, As, Sb und Bi, Band 25 die der Elemente der 1. bis 4. Hauptgruppe (mit Ausnahme von C). Konzeption und Stoffabgrenzung sind denen der Bände 9 und 12 des Gmelin-Ergänzungswerkes analog. Auf den Textteil des Bandes 25 folgt ein Summenformelregister für die Bände 24 und 25. Bezüglich Aufbau, chemischer Nomenklatur, im Text verwendeter Abkürzungen und Festlegungen wird auf das Vorwort des Bandes 9 (im folgenden auszugsweise abgedruckt) verwiesen. Für die Beschreibung von Molekülschwingungen werden nachfolgende Abkürzungen benutzt: Es stehen ν für Valenzschwingung, δ für Deformationsschwingung, ρ für Schaukelschwingung und τ für Torsionsschwingung. Die Bezeichnung der Kopplungskonstanten ist in den Bänden nicht einheitlich, da neben der genauen Angabe der miteinander koppelnden Kerne auch noch die verkürzte Schreibweise $^{z}J(A\text{-}B)$ benutzt wird. Der vorgestellte Exponent z weist darauf hin, daß die Kerne A und B über z-Bindungen koppeln. Zur Charakterisierung der Aufspaltungsmuster werden die Abkürzungen d für Dublett, tr für Triplett, qu für Quartett, qui für Quintett, sext für Sextett, sept für Septett, oct für Oktett und dez für Dezett genommen.

Auszug aus dem Vorwort zu Band 9 (Teil 1)

Eine rasche Entwicklung der Perfluororgano-Elementchemie setzte nach 1948 ein, die bis heute noch nicht abgeschlossen ist. Dadurch entstand bald ein neuer Zweig der Chemie, der die strukturellen und mechanistischen Vorstellungen der organischen Chemie mit Arbeitsmethoden der anorganischen Chemie vereinigte. Das schnelle Anwachsen dieses Stoffes machte es notwendig, ihn zusammenfassend darzustellen. Da sowohl zur anorganischen als auch zur organischen Chemie fließende Übergänge bestehen, mußte zu beiden Zweigen der Chemie eine Abgrenzung vorgenommen werden. Dies wurde dadurch erreicht, daß nur perfluorierte und perfluorhalogenierte Organoelement-Verbindungen mit Darstellung, physikalischen Eigenschaften und chemischem Verhalten abgehandelt werden. Perfluorhalogenorgano-Reste sind solche, die mindestens ein Fluoratom enthalten, wobei die restlichen Valenzen durch die übrigen Halogene abgesättigt werden. Zunächst sind die Hauptgruppenelemente mit Ausnahme des Kohlenstoffs, Sauerstoffs und der Halogene berücksichtigt worden. Fluorhalogenverbindungen des Methans werden in „Kohlenstoff" D 2 beschrieben. In den ersten beiden Bänden dieser Serie werden die Perfluorhalogenorgano-Elementverbindungen des Schwefels, Selens und Tellurs (vom Polonium sind derartige Stoffe nicht synthetisiert worden), in weiteren Bänden die restlichen Hauptgruppenelemente (ohne C, O und Halogene) abgehandelt.

Die in den Bänden benutzte Nomenklatur lehnt sich an die Richtlinien der IUPAC an. Sie ist jedoch nicht einheitlich, da sachliche Erwägungen zu Abweichungen Anlaß gaben. Aromatische Cyclen und Heterocyclen sowie teilweise oder vollständig hydrierte Ringe sind entsprechend der modernen Schreibweise der organischen Chemie ohne H-Atome dargestellt. Die Gliederung des umfangreichen Stoffes erfolgte in Anlehnung an die Systemnummern des Gmelin.

Der erste Band schließt mit den Perfluorhalogenorganodisulfanen ab und enthält die aliphatische und cyclische Perfluorhalogenorgano-Chemie des Schwefels der Oxidationsstufe II mit Ausnahme von Schwefelverbindungen des Bors, Phosphors, Arsens, Antimons, Siliciums, Germaniums, der Perfluorhalogenorganosulfane und Perfluororganomercaptometall-Verbindungen. Im zweiten Band werden die oben erwähnten Ausnahmen und die Verbindungen des Schwefels der Oxidationsstufe IV und VI einschließlich der Perfluorhalogenorgano-Verbindungen des Selens und Tellurs abgehandelt. Dem zweiten Band wird ein Register beigebunden.

Im chemischen Verhalten werden, von wenigen Ausnahmen abgesehen, nur Primärreaktionen der Perfluorhalogenorgano-Elementverbindungen berücksichtigt. Die Anordnung der chemischen Reaktionen ist nicht einheitlich und erfolgt entweder nach Reaktionstypen oder nach Titelverbindungen. Die physikalischen Eigenschaften der Reaktionsprodukte werden in den Kapiteln „Chemisches Verhalten" angegeben. Nicht aufgeführt werden physikalische Daten der Verbindungen, die aus Perfluorhalogenorgano-Elementverbindungen und Übergangsmetallkomplexen entstehen. Intensitätsangaben erfolgen in Anlehnung an die im Angelsächsischen gebräuchlichen Abkürzungen. Es bedeuten s = strong = stark, m = medium = mittel, w = weak = schwach, v = very = sehr, br = broad = breit, sh = shoulder = Schulter. Das Vorzeichen der chemischen Verschiebung im NMR-Spektrum ist, wenn nicht anders erwähnt, so gewählt, daß positives Vorzeichen Verschiebung nach höherem Feld bedeutet.

Table of Contents

(Inhaltsverzeichnis s. S. III)

Page

Perfluorohalogenoorgano-Nitrogen Heterocycles (Continuation)

4.1.2 Six-membered Heterocycles with One N Atom and Other Hetero Atoms . . 1
Formation. Preparation 1
Physical Properties 5
Chemical Reactions 11
Pyrolysis. Photolysis 11
Solvolysis Oxidation. Hydrogenation. Reaction with CF_3NO and HBr 11
4.1.3 Uses of the Six-membered Heterocycles with One N Atom 13
4.2 Six-membered Heterocycles with Two N Atoms 14
4.2.1 Formation. Preparation 14
1,2-Diazines (Pyridazines) 14
1,3-Diazines (Pyrimidines) 19
Perfluorohalogenopyrimidines 19
Perfuorohalogenoorganopyrimidines. 22
1,4-Diazines (Pyrazines) 28
Diazabicyclo Compounds 32
4.2.2 Physical Properties 33
4.2.3 Chemical Reactions 55
Pyrolysis, Photolysis, and Isomerization 55
Reactions with Perfluoroolefins, Chlorine, HCl, HBr, and $AlBr_3$. Hydrolysis . . . 57
Nucleophilic Substitution Reactions. 57
Reduction Reactions. Reactions with Mg and HCOOH 69
Condensation Reactions with CH_3I, Glyoxal or Polyglyoxal, Acetone, Ethyl Orthoformate, and with Fe in CH_3COOH 70
Reactions of Tetrafluoropyridazine with Transition Metal Carbonyls 72
Acylation of Dyes with Trifluorochloropyrimidine 72
Uses 72
4.3 Six-membered Rings with Three N Atoms. 74
4.3.1 Formation. Preparation 74
Di-, Tetra-, and Hexahydro-1,3,5-triazines 74
1,3,5-Triazines 77
Perfluorohalogenotriazines 77
Perfluorohalogenoorgano-substituted Triazines 78
Mono- and Bis(perfluorohalogenoorgano)-substituted Triazines. 78
Tris(perfluorohalogenoorgano)-substituted Triazines 81
Bridged 1,3,5-Triazines. 89
Rings with Three N Atoms and Other Heteroatoms 94
4.3.2 Physical Properties 94
4.3.3 Chemical Reactions 111
Thermal Stability. Hydrolysis. Alcoholysis and Fluorination 111
Condensation and Substitution Reactions 112
Photochemically Induced Reactions. 113
Reactions of $(CF_2NCl)_3$ 114
Uses and Physiological Properties 114
4.4 Polymeric Perfluoroorgano Triazines 117
4.5 Six-membered Heterocycles with Four N Atoms (Tetrazines) 122

5 Fused Perfluorohalogenoorgano-Nitrogen Heterocycles 123

Page

5.1 Formation. Preparation 123
5.2 Physical Properties 137
5.3 Chemical Reactions 153
5.3.1 Pyrolysis. Thermal Stability. Hydrolysis. Isomerization 158
5.3.2 Reactions with Mg, $CuSO_4$, $KMnO_4$ and n-C_4H_9Li 158
5.3.3 Diazotizations. Reductions. Reactions with Benzaldehyde. Xanthydrol, and Organyl Halides 159
5.3.4 Methylation with CH_2N_2 and $(CH_3)_2SO_4$ 159
5.3.5 Reactions with $[(CH_3)_4]NCl$, $[CH_3C(O)]_2O$, RNH_2, and R_2NH 160
5.3.6 Reactions with CH_3OH or CH_3ONa 160
5.4 Biochemical Behavior and Uses 161

6 Perfluorohalogenoorgano Nitrogen Heterocycles with More than Six Atoms in the Ring 165

Empirical Formula Index 168

Conversion Table 195

Inhaltsverzeichnis

(Table of Contents see page I)

Seite

Perfluorhalogenorgano-Stickstoff-Verbindungen (Fortsetzung)
4.1.2 Sechsgliedrige Heterocyclen mit einem N-Atom und weiteren Heteroatomen . 1
Bildung und Darstellung . . . 1
Physikalische Eigenschaften . . . 5
Chemisches Verhalten . . . 11
Pyrolyse, Photolyse . . . 11
Solvolyse, Oxidation, Hydrierung, Umsetzung mit CF_3NO und HBr . . . 11
4.1.3 Verwendung der sechsgliedrigen Heterocyclen mit einem N-Atom . . . 13
4.2 Sechsgliedrige Heterocyclen mit zwei N-Atomen . . . 14
4.2.1 Bildung und Darstellung . . . 14
1,2-Diazine (Pyridazine) . . . 14
1,3-Diazine (Pyrimidine) . . . 19
Perfluorhalogenpyrimidine . . . 19
Perfluorhalogenorgano-pyrimidine . . . 22
1,4-Diazine (Pyrazine) . . . 28
Diazabicyclo-Verbindungen . . . 32
4.2.2 Physikalische Eigenschaften . . . 33
4.2.3 Chemisches Verhalten . . . 55
Pyrolyse, Photolyse und Isomerisierung . . . 55
Umsetzungen mit Perfluorolefinen, Chlor, HCl, HBr und $AlBr_3$, Hydrolyse . . . 57
Nucleophile Substitutionsreaktionen . . . 57
Reduktionsreaktionen, Umsetzungen mit Mg und HCOOH . . . 69
Kondensationsreaktionen mit CH_3J, Glyoxal bzw. Polyglyoxal, Aceton, Äthylorthoformiat und mit Fe in CH_3COOH . . . 70
Reaktionen von Tetrafluorpyridazin mit Übergangsmetallcarbonylen . . . 72
Acylierungen von Farbstoffen mit Trifluorchlorpyrimidin . . . 72
Verwendung . . . 72
4.3 Sechsgliedrige Ringe mit drei N-Atomen (1,3,5-Triazine) . . . 74
4.3.1 Bildung und Darstellung . . . 74
Di-, Tetra- und Hexahydro-1,3,5-triazine . . . 74
1,3,5-Triazine . . . 77
Perfluorhalogentriazine . . . 77
Perfluorhalogenorgano-substituierte Triazine . . . 78
Mono- und Bis(perfluorhalogenorgano)-substituierte Triazine . . . 78
Tris(perfluorhalogenorgano)-substituierte Triazine . . . 81
Verbrückte 1,3,5-Triazine . . . 89
Ringe mit drei N-Atomen und weiteren Heteroatomen . . . 94
4.3.2 Physikalische Eigenschaften . . . 94
4.3.3 Chemisches Verhalten . . . 111
Thermische Beständigkeit, Hydrolyse, Alkoholyse und Fluorierungen . . . 111
Kondensations- und Substitutionsreaktionen . . . 112
Photochemisch induzierte Reaktionen . . . 113
Reaktionen von $(CF_2NCl)_3$ . . . 114
Anwendung und physiologische Eigenschaften . . . 114
4.4 Polymere Perfluororganotriazine . . . 117
4.5 Sechsgliedrige Heterocyclen mit vier N-Atomen (Tetrazine) . . . 122

5 Kondensierte Perfluorhalogenorgano-Stickstoff-Heterocyclen . . . 123

Seite

5.1 Bildung und Darstellung 123
5.2 Physikalische Eigenschaften 137
5.3 Chemisches Verhalten 153
5.3.1 Pyrolyse, thermische Beständigkeit. Hydrolyse und Isomerisierungen 158
5.3.2 Reaktionen mit Mg, $CuSO_4$, $LiAlH_4$, $KMnO_4$ und $n\text{-}C_4H_9Li$ 158
5.3.3 Diazotierungen, Reduktionen, Umsetzungen mit Benzaldehyd, Xanthhydrol und Organylhalogeniden 159
5.3.4 Methylierungen mit CH_2N_2 und $(CH_3)_2SO_4$ 159
5.3.5 Umsetzungen mit $[(CH_3)_4]NCl$, $[CH_3C(O)]_2O$, RNH_2 und R_2NH 160
5.3.6 Umsetzungen mit CH_3OH bzw. CH_3ONa 160
5.4 Biochemisches Verhalten und Verwendung 161

6 Perfluorhalogenorgano-Stickstoff-Heterocyclen mit mehr als sechs Atomen im Ring 165

Summenformelregister 168

Umrechnungstabelle 195

Perfluorhalogenorgano-Stickstoff-Heterocyclen
(Fortsetzung)

4.1.2 Sechsgliedrige Heterocyclen mit einem N-Atom und weiteren Heteroatomen

Six-membered Heterocycles with One N Atom and Other Hetero Atoms

4.1.2.1 Bildung und Darstellung

Formation. Preparation

4-H-Octafluormorpholin X=H

Nonafluormorpholin X=F

4-Nitrooctafluormorpholin $X=NO_2$

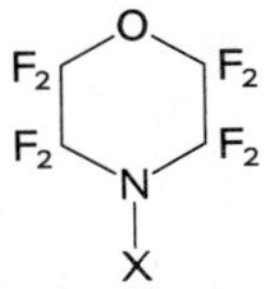

Perfluor-5,6-dihydro-2H-1,4-oxazin

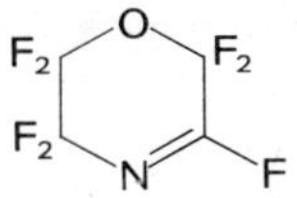

Nonafluormorpholin und $HMn(CO)_4$ werden in einem Bombenrohr in 4 h von −196 auf −30 °C und anschließend von −30 auf 50 °C (8 h) erwärmt. Unter CO-Entwicklung entstehen 67% 4-H-Octafluormorpholin [1]. Durch Elektrofluorierung einer Lösung von 2 Mol-% Morpholin in HF bei 5.0 V und 20 A erhält man 8% Nonafluormorpholin [2], das auch analog mit einer Lösung von 3.3 Mol-% Morpholin bei 5.2 V und 29.4 A synthetisiert werden kann [4]; Darstellung unter ähnlichen Bedingungen s. [3]. Die Nitrierung des 4-H-Octafluormorpholins erfolgt mit rauchendem HNO_3 in $[CF_3C(O)]_2O$ zunächst bei 0 °C, dann bei 40 °C (2 h rühren) zu 83% 4-Nitrooctafluormorpholin [1].

Das Dihydro-1,4-oxazin wird erhalten durch Pyrolyse von Nonafluormorpholin bei 500 bis 600 °C in Pt- oder Weichstahlgefäßen (Ausbeute 29%) [2] sowie von Perfluor-(4-morpholinoxy-morpholin), durch Fluorierung von 4-H-Octafluormorpholin bei 20 °C (16 h) in Gegenwart von H_2O-freiem KF (95% Ausbeute), durch Umsetzen von 4-H-Octafluormorpholin mit $HMn(CO)_4$ bei 20 °C (24 h) in 29% Ausbeute [1].

Ebenso führt die Chlorierung des 4-H-Octafluormorpholins in Gegenwart von H_2O-freiem KF beim Erhitzen auf 100 °C (1 h), 200 °C (1 h), 250 °C (1 h) und schließlich 325 °C (1 h) unter anderem zum 1,4-Oxazin (35% Ausbeute) [1], das auch durch Enthalogenierung von Nonafluormorpholin mit Dicyclopentadienyleisen in $(CF_2{=}CFCl)_4$ bei 20 °C (0.75 h) in 42% Ausbeute erhalten wird [16].

Perfluor-(4-vinylmorpholin) $R=CF{=}CF_2$

Perfluor-(4-methylmorpholin) $R=CF_3$

Perfluor-(4-äthylmorpholin) $R=C_2F_5$

Perfluor-[4-(1′,2′-dibromäthyl)-morpholin] $R=CFBrCF_2Br$

Perfluor-(4-propylmorpholin) $R=CF_2CF_2CF_3$

Perfluor-(4-isopropylmorpholin) $R=CF(CF_3)_2$

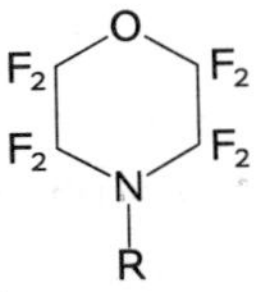

Formation. Preparation

Perfluor-(4-butylmorpholin) $R=CF_2CF_2CF_2CF_3$

Perfluor-(4-pentylmorpholin) $R=CF_2(CF_2)_3CF_3$

Perfluor-(4-heptylmorpholin) $R=CF_2(CF_2)_5CF_3$

Perfluor-(4-octylmorpholin) $R=CF_2(CF_2)_6CF_3$

Perfluor-(4-nonylmorpholin) $R=CF_2(CF_2)_7CF_3$

Perfluor-(4-decylmorpholin) $R=CF_2(CF_2)_8CF_3$

Perfluor-(4-dodecylmorpholin) $R=CF_2(CF_2)_{10}CF_3$

Perfluor-(4-fluorcarbonylmorpholin) $R=C(O)F$

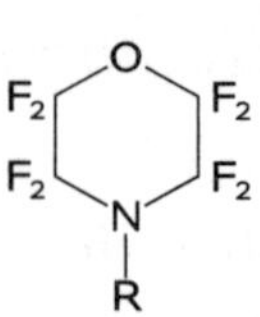

Die Gasphasenpyrolyse von Perfluor-(4-cyclobutylmorpholin) bei 700 °C in einem Pt-Rohr führt zu 86% Perfluor-(4-vinylmorpholin), das unter dem Einfluß von UV-Licht (Hanovia S 500-Lampe) Br_2 addiert und in 83% Ausbeute Perfluor-[4-(1′,2′-dibromäthyl)-morpholin] liefert [6].

Allgemein eignet sich zur Synthese der Perfluor-(4-alkylmorpholine) die Elektrofluorierung, die 4-Alkylmorpholine in perfluorierte Verbindungen umwandelt. So führt die Elektrofluorierung von 4-Methylmorpholin (2.0 Mol-% in HF) bei 5.0 bis 5.1 V und 4.2 A zu Perfluor-(4-methylmorpholin) [4]. Nachfolgend werden R, Stromdurchfluß in Faraday und Ausbeute angegeben; die Elektrolyse erfolgt bei 4 bis 6 V und 2.2 A/dm^2 [7] bzw. 4.5 bis 5.5 V und 0.013 A/cm^2 [8]: $R=n\text{-}C_3F_7$, –, 85%; $R=CF(CF_3)_2$, –, 82% (bestehend aus 22% $n\text{-}C_3F_7$ und 78% $CF(CF_3)_2$) [7]; $R=n\text{-}C_4F_9$, 10, 40%; $R=n\text{-}C_5F_{11}$, 9, 44%; $R=n\text{-}C_7F_{15}$, 10, 21% [8]; $R=n\text{-}C_8F_{17}$, –, 73% [7]; $R=n\text{-}C_{10}F_{21}$, 9, 6% [8]; $R=n\text{-}C_{12}F_{25}$, –, 41% [7]. In einer Monelzelle mit Ni-Elektroden werden Lösungen von N-Alkylmorpholinen (Alkyl $=CH_3$, C_2H_5) in HF bei 4.8 bis 5.5 V unter Rühren mittels eines He-Stromes (50 ml/m) zu Perfluor-4-methyl- bzw. 4-äthylmorpholin umgesetzt [3]. Die Elektrofluorierung von 4-Chlorcarbonylmorpholin (1.1% in HF) bei 4.8 bis 5.0 V, Durchschnittsstromstärke 10 A (170 F) liefert Perfluor-(4-fluorcarbonylmorpholin) [9].

Perfluor-(4-cyclobutylmorpholin)

Perfluor-(4,4′-bimorpholyl)

Perfluormorpholin-4-oxyl
(im folgenden mit R′ bezeichnet) R′ = ·O—N

Perfluor-(4-morpholinoxy-morpholin)

Perfluor-(3-morpholinoxy-5,6-dihydro-2H-1,4-oxazin)

Literatur s. S. 13

Perfluor-(6-morpholinoxy-5-oxa-2-azahex-1-en) $R'CF_2OCF_2CF_2N{=}CF_2$ *Formation. Preparation*

Perfluor-(6-morpholinoxy-5-oxa-2-azahex-2-en) $R'CF_2OCF_2CF{=}NCF_3$

Perfluor-(4-morpholinoxy-3-oxabutyramid) $R'CF_2OCF_2C(O)NH_2$

Perfluor-(4-morpholinoxy-3-oxa-buttersäure) $R'CF_2OCF_2COOH$

Perfluormorpholyl-4-nitrit R'NO

Perfluor-(morpholinoxy-3'-oxazolidinyl-methan)

F2 O F2 F2 N CF2R'

Perfluor-[1,2-bis(morpholinoxy)-äthan] $R'CF_2CF_2R'$

Perfluor-[bis(morpholinoxy)]-quecksilber R'_2Hg

Die Photolyse von Nonafluormorpholin in Gegenwart von Perfluorcyclobuten in einem 25 l-Reaktor (90 h) führt zu 50% Perfluor-(4-cyclobutylmorpholin) und 12% Perfluor-(4,4'-bimorpholyl). Bestrahlt man ein Gemisch aus O_2 und Nonafluormorpholin in einem 1 l-Reaktor (20 h), so fallen 59% Perfluor-(4-morpholinoxy-morpholin) und geringe Mengen Perfluor-5,6-dihydro-2H-1,4-oxazin an. Perfluor-(4-morpholinoxy-morpholin) wandelt sich beim Erhitzen auf 140 °C (Badtemperatur) in Perfluormorpholin-4-oxyl um. Die Fraktionierung des ursprünglichen, farblosen Destillationsrückstandes über eine Semimicro-Vigreuxkolonne führt zu einer ungesättigten Verbindung, vermutlich Perfluor-(6-morpholinoxy-5-oxa-2-azahex-1-en), die beim Aufbewahren an feuchter Luft in Perfluor-(4-morpholinoxy-3-oxabutyramid) übergeht. Bestrahlt man Nonafluormorpholin ohne Zusatz in einem 1 l-Reaktor, so entsteht ein bei −23 °C auffangbares Kondensat (63%) aus Perfluor-(4,4'-bimorpholyl) und Perfluor-(4-morpholinoxy-morpholin). Das Gemisch liefert beim Erwärmen in einem Bombenrohr auf 160 °C (10 h) Perfluormorpholin-4-oxyl. Die in einem Bombenrohr bei 160 °C (10 h) durchgeführte Pyrolyse von Perfluor-(4-morpholinoxy-morpholin) liefert 25% Perfluormorpholin-4-oxyl, 36% Perfluor-(5,6-dihydro-2H-1,4-oxazin), 7% Perfluor-(4,4'-bimorpholyl) und ein Gemisch aus 69% Perfluor-(6-morpholinoxy-5-oxa-2-azahex-2-en) und Perfluor-(6-morpholinoxy-5-oxa-2-azahex-1-en). Die Strömungspyrolyse in einem Pt-Rohr bei 165 °C/2 Torr ergibt 16% Perfluormorpholin-4-oxyl, 17% Perfluor-5,6-dihydro-2H-1,4-oxazin, 4% Perfluor-(4,4'-bimorpholyl) und 19% Perfluor-(6-morpholinoxy-5-oxa-2-azahex-1-en). Hauptprodukt (55%) ist jedoch eine farblose Flüssigkeit, die ^{19}F-NMR-spektroskopisch als Perfluor-(4-morpholinoxy-3-oxa-buttersäure) identifiziert wurde. Erwärmen eines Gemisches von NO und Perfluormorpholin-4-oxyl von −196 auf 20 °C führt zu 63% des entsprechenden Nitrits. Analog addiert $CF_2{=}CF_2$ zwei Mol des Radikals quantitativ zu Perfluor-[1,2-bis(morpholinoxy)-äthan] [6].

Bei 20 °C setzt sich Perfluormorpholin-4-oxyl mit Hg zum entsprechenden Salz um. Dieses reagiert mit dem 1,4-Oxazin gemäß:

[F2 F2 O N—O F2 F2]$_2$Hg + F2 F2 O N F2 F → F2 F2 O N—O F2 F2 N F2 F2 O F2

Physikalische Daten werden für beide Substanzen nicht aufgeführt [10].

Literatur s. S. 13

Formation. Preparation

Perfluor-(2-methyl-3,6-dihydro-2H-1,2-oxazin) $X=CF_3$

2-(Chlordifluormethyl)-hexafluor-3,6-dihydro-2H-1,2-oxazin $X=CF_2Cl$

2-(2′-Nitrotetrafluoräthyl)-hexafluor-3,6-dihydro-2H-1,2-oxazin $X=CF_2CF_2NO_2$

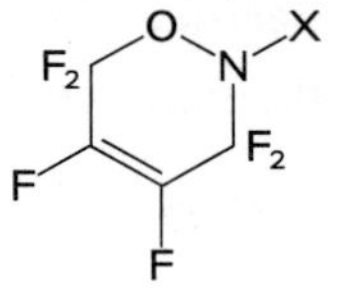

Perfluor-(2-methyl-tetrahydro-2H-1,2-oxazin) $R=CF_3$, $X=Y=F$

Perfluor-(4,5-dichlor-2-methyl-3,4,5,6-tetrahydro-2H-1,2-oxazin) $R=CF_3$, $X=Y=Cl$

2-(2′-Nitrotetrafluoräthyl)-4,5-dibrom-hexafluor-3,4,5,6-tetrahydro-2H-1,2-oxazin $R=CF_2CF_2NO_2$, $X=Y=Br$

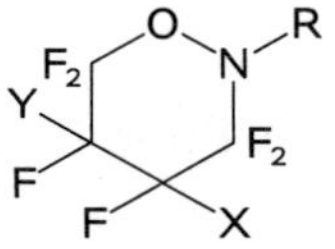

2-Heptafluorisopropyl-bis(trifluormethyl)-1,2-oxaza-perfluorcyclohexan

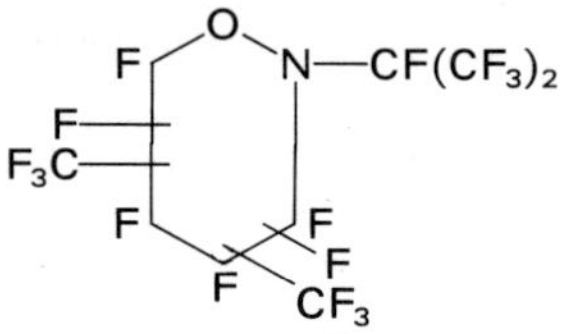

7-Chlor-1,4,5,6,7-pentafluor-3-trifluormethyl-2-oxa-3-azabicyclo[2.2.1]hept-5-en $X=F$, $Y=Cl$

1-Chlor-4,5,6,7,7-pentafluor-3-trifluormethyl-2-oxa-3-azabicyclo[2.2.1]hept-5-en $X=Cl$, $Y=F$

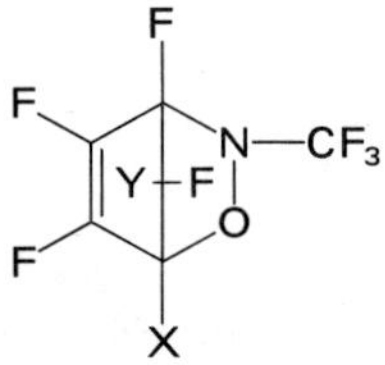

1,1,1,1-Tetrafluor-perfluor-3,6-dihydro-2H-1,4-thiazin

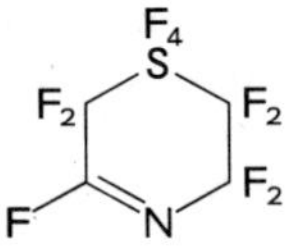

1,1,1,1-Tetrafluor-4-fluor-perfluor-perhydro-1,4-thiazin

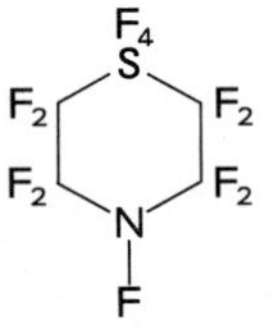

6-Chlor-2,2,4,4-tetrakis(trifluormethyl)-1,3,5-dioxazin

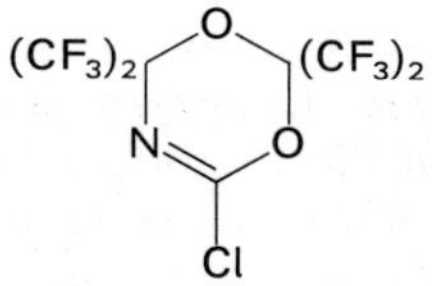

In einer Diels-Alder-Reaktion kondensiert $CF_2{=}CFCF{=}CF_2$ mit CF_3NO zu Perfluor-(2-methyl-3,6-dihydro-2H-1,2-oxazin). Bei −78 °C (1000 h) werden 46%, bei −7 °C (72 h), 77%, bei 20 °C (8 h) 86% und bei 80 °C (3 h) 97% 1,2-Oxazin erhalten. Diese Synthese ist allgemein anwendbar und verläuft [11] gemäß:

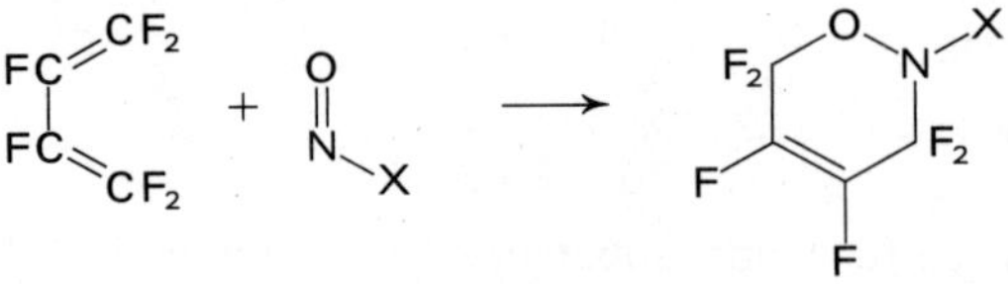

Nachfolgend werden X, Medium, Reaktionszeit und Ausbeute für die Reaktionstemperatur 20 °C angegeben: CF_3, Gasphase, 140 h, 15%; CF_3, Bombenrohr, 96 h, 38%; CF_2Cl, Bombenrohr, 72 h, 36%; $O_2NCF_2CF_2$, Gasphase, 60 h, 12%; $O_2NCF_2CF_2$, Bombenrohr, 15 h, 40%; $O_2NCF_2CF_2$, Äther, 20 h, 26% [11].

Formation. Preparation

Durch Fluorierung von Perfluor-(2-methyl-3,6-dihydro-2H-1,2-oxazin) (N_2 als Trägergas, 25 ml/min) mit CoF_3 bei 100 °C gelangt man zu 80% Perfluor-(2-methyl-tetrahydro-2H-1,2-oxazin) [12]. Perfluor-[2-(2'-nitroäthyl)-3,6-dihydro-2H-1,2-oxazin] addiert bei 20 °C in CCl_4 Brom und liefert die entsprechende 4,5-Dibromverbindung in 40% Ausbeute [13]. Die Chloraddition an Perfluor-(2-methyl-3,6-dihydro-2H-1,2-oxazin] unter Bildung der 4,5-Dichlorverbindung (98% Ausbeute) bei UV-Bestrahlung erfolgt in 12 h [11].

In einem verschlossenen Pt-Rohr werden FNO mit 3 mol $CF_3CF{=}CF_2$ auf 120 °C (13 h, 1300 lb/inch^2) erhitzt, wobei eine bei 80 bis 130 °C siedende Fraktion erhalten wird. Sie besteht hauptsächlich aus Isomeren von 2-Heptafluorisopropyl-bis(trifluormethyl)-1,2-oxaza-perfluorcyclohexan. Die genaue Stellung der CF_3-Gruppen konnte nicht ermittelt werden. Weitere Derivate werden bei Verwendung anderer Olefine hergestellt; physikalische Daten werden aber nicht angegeben [14]. In einem Bombenrohr reagieren 1- bzw. 5-Chlorpentafluorcyclopentadien im Dunkeln bei 20 °C (18 bzw. 22 h) zu den Azabicycloverbindungen A bzw. B in 96 bzw. 70% Ausbeute [15]:

A: X=Cl, Y=F
B: X=F, Y=Cl

Durch Elektrofluorierung von Tetrahydro-1,4-thiazin erhält man 1,1,1,1-Tetrafluor-4-fluorperfluortetrahydro-1,4-thiazin, das mit Dicyclopentadienyleisen zu 1,1,1,1-Tetrafluor-5,6-dihydro-2-H-1,4-thiazin umgewandelt werden kann (keine physikalischen Daten über beide 1,4-Thiazine) [16].

Pyridin addiert ClCN bei −78 °C zu einer Zwischenverbindung, die auf Zugabe von $CF_3C(O)CF_3$ und anschließendem Erhitzen auf 40 °C (2 h) und Aufbewahren bei 20 °C (24 h) in einem Einschlußrohr zu 47% 6-Chlor-2,2,4,4-tetrakis(trifluormethyl)-1,3,5-dioxazin reagiert [17].

Spirocyclus oder

Bei Umsetzung von $CF_2{=}CF_2$ mit CF_3NO (optimale Bedingung 65 °C, 72 h, 10 atm Anfangsdruck: 76% Ausbeute) bildet sich ein 2:2-Addukt (Siedepunkt 137 bis 138 °C/758 Torr). Obige Konstitutionen werden infolge chemischer (Cl_2-Addition, Pyrolyse des Adduktes) und spektroskopischer Eigenschaften (IR: $\nu(C{=}C){=}1760\ cm^{-1}$, Massenspektrum) wahrscheinlich gemacht [18].

4.1.2.2 Physikalische Eigenschaften

Physical Properties

Die physikalischen Eigenschaften werden in Tabelle 14, S. 6, angegeben.

Literatur s. S. 13

Physical Properties

Tabelle 14:

Physikalische Eigenschaften der sechsgliedrigen Ringe mit einem N-Atom und weiteren Heteratomen. Siedepunkt (Sdp.) in °C/Druck in Torr, Schmelzpunkt (Schmp.) in °C, Dampfdruck p, Verdampfungsenthalpie ΔH_v, Troutonsche Konstante $\Delta H_v/T_s$, Brechungsindex n_D, Dichte D in g/cm³, chemische Verschiebung δ und Spin-Spin-Kopplungskonstante J im NMR-Spektrum (d = Dublett, tr = Triplett, qu = Quartett, sept = Septett, m = Multiplett), IR-Spektrum (in cm^{-1}), Wellenlängen λ_{max} und Extinktionskoeffizienten ε der UV-Absorptionsmaxima, Massenspektrum MS (m/e, Bruchstück, relative Intensität):

Verbindung	Sdp./Torr (Schmp.) in °C	^{19}F- und ^{1}H-NMR (δ in ppm) IR- und UV-Spektrum Massenspektrum, n_D, D
Perfluormorpholin-Ring (O1, C2–C6 je F_2, N4–X): X=H [1]	57.2 [2)]	^{19}F-NMR [1)]: $\delta(F^2,F^6) = 14.8$ ($W_{1/2}$ [3)] = 7.5 Hz), $\delta(F^3,F^5) = 11.7$ ^{1}H-NMR [4)]: δ(NH) = 2.2 IR: ν(NH) = 3413, δ(NH) = 1479
X=F	15/356 30.3 bis 33/730 [4] 34.5 [2]	^{19}F-NMR [11)]: $\delta(F^2,F^6) = 86.2$, $\delta(F^3,F^5) = 110.3$, $\delta(F^4) = 112.4$, Temperaturabhängigkeit s. Original [19] IR (Gas): ν(NF) = 975, 922 [2]
X=NO_2 [1]	73.4	^{19}F-NMR [1)]: $\delta(F^2,F^6) = 22.6$, $\delta(F^3,F^5) = 8.35$ IR (Gas): $\nu(NO_2) = 1681$
Ring O, F_2^2, N=CF^3, F_2^5, F_2^6 [2]	24.4 [5)]	^{19}F-NMR [1)]: $\delta(F^3) = -21.2$, $\delta(F^2) = 0.16$ (d von tr), $J(F^2\text{-}F^3) = 21.4$ Hz, $J(F^2\text{-}F^6) = 4.6$ Hz, $\delta(F^6) = 14.6$ (komplex), $\delta(F^5) = 20.5$ IR (Gas): ν(N=C) = 1757 (s)
Perfluormorpholin-Ring (N–R): R=CF=CF_2 [6]	63.5	^{19}F-NMR [1)]: $\delta(F^2,F^6) = 11.2$ [6)] (qu), $\delta(F^3,F^5) =$ 18.5 [6)] (qu), δ(trans-FC=CN) = 19.6 (d von d), $J(F\text{-}F_{cis}) = 58.4$ Hz, $J(F\text{-}F_{gem}) = 50.2$ Hz, δ(cis-FC=CN) = 34.2 (d von d), $J(F\text{-}F_{trans}) = 119.1$ Hz, δ(CF-N) = 69.4 (d von d) IR (Gas): ν(C=C) = 1821 (w), 1425 (w), 1418 (w), 1357 (m), 1332 (s), 1294 (m), 1258 (s, sh), 1236 (s), 1222 (s), 1146 (s), 1110 (s), 970 (w), 930 (w), 855 (w), 838 (w), 690 (w) $n_D^{21.5} = 1.2895$
R=CF_2BrCFBr [6]	–	^{19}F-NMR [1)]: $\delta(CF_2Br) = -19.1$, $\delta(F^2,F^6) = 7.3$, $\delta(F^3,F^5) = 11.5$, δ(CFBr) = 20.5
R=CF_3 [4]	51	$n_D^{25} = 1.2659$, $D_{25}^{25} = 1.700$ g/cm³
R=C_2F_5 [3]	67.6	–
R=n-C_3F_7 [7]	95 bis 96	–
R=$CF(CF_3)_2$ [7)] [7]	94 bis 95	$n_D^{25} = 1.2829$, $D^{25} = 1.791$ g/cm³ UV: $\lambda_{max} = 220.0, 246.0, 253.6, 270.0$ nm

Literatur s. S. 13

Physical Properties

Tabelle 14 [Fortsetzung]

Verbindung	Sdp./Torr (Schmp.) in °C	^{19}F- und ^{1}H-NMR (δ in ppm) IR- und UV-Spektrum Massenspektrum, n_D, D
$R = n\text{-}C_4F_9$[8)]	115 bis 117 [8] 117 bis 118 [7]	$n_D^{20} = 1.295$[9)], $D_4^{20} = 1.820\ g/cm^3$ [8], $n_D^{25} = 1.2838$ [7]
$R = n\text{-}C_5F_{11}$ [8]	132 bis 133	$n_D^{20} = 1.295$[9)], $D_4^{20} = 1.853\ g/cm^3$
$R = n\text{-}C_7F_{15}$ [8]	169 bis 171	$n_D^{20} = 1.295$[9)], $D_4^{20} = 1.880\ g/cm^3$
$R = n\text{-}C_8F_{17}$[10)] [7]	185 bis 192	$n_D^{25} = 1.2975$, $D^{25} = 1.877\ g/cm^3$ UV: $\lambda_{max} = 220.0$, 246.0, 253.6, 270.0 nm
$R = n\text{-}C_9F_{19}$[8)] [8]	205 bis 207	$n_D^{20} = 1.301$, $D_4^{20} = 1.905\ g/cm^3$
$R = C_{10}F_{21}$[8)] [8]	215 bis 219	$n_D^{20} = 1.308$, $D_4^{20} = 1.925\ g/cm^3$
$R = C_{12}F_{25}$ [7]	112/4	–
R = (F; F_2; F_2 F_2) [6]	112.5	^{19}F-NMR[1)]: $\delta(F^2, F^6) = 12.0$, $\delta(F^3, F^5) = 18.8$, $\delta(CFN) = 63.5$ (br), $\delta_1\,[(CF_2)_3CN] = 53.0$ (br, qu), J(AB) = 241 Hz, $\delta_2\,[(CF_2)_3CN] = 57.4$[6)] (qu), J(AB) = 234 Hz IR (Gas): 1412 (vw), 1361 (w), 1330 (m), 1311 (w), 1276 (m), 1229 (s), 1198 (w), 1179 (w), 1147 (m), 1107 (m), 1020 (w), 748 (w), 913 (w), 851 (vw), 794 (m), 774 (w), 679 (vw) $n_D^{21} = 1.3018$ MS: m/e = 392, $M^+ - F$
$R = C(O)F$ [9]	45 bis 48	IR: $\nu(C{=}O) = 1869$
(F_2 F_2 O F_2 F_2 N—N F_2 F_2 O F_2 F_2) [6]	137	^{19}F-NMR[1)]: $\delta(F^2, F^6) = 10.4$, $\delta(F^3, F^5) = 20.6$ IR (Gas): 1344 (w), 1297 (m), 1264 (w), 1227 (s), 1181 (m), 1149 (ms), 1117 (m), 931 (w) $n_D^{22} = 1.3096$
(F_2 O F_2 F_2 N F_2 O·) (= R′) [6]	51	^{19}F-NMR[11)] (30%ige Lösung in $CFCl_3$): $\delta(F^2, F^6) = 87$, $\delta(F^3, F^5) = 112$ MS: m/e = 230, $M^+ - O$ (22); 100, $C_2F_4^+$ (100)
(F_2 O F_2 F_2 N F_2 R′) [6]	144 (≈21)	^{19}F-NMR[1)]: $\delta(F^2, F^6) = 10.2$, $\delta(F^3, F^5) = 30.5$ IR (Gas): 1374 (vw), 1340 (w), 1302 (m), 1289 (m), 1225 (vs), 1176 (w), 1152 (s), 1200 (s), 1116 (m), 943 (vw), 935 (vw), 926 (w) $n_D^{23} = 1.3087$
$R'CF_2OCF_2CF{=}NCF_3$[12)] [6]	–	^{19}F-NMR[1)]: $\delta(F^2, F^6) = 10.0$[6)] (qu), $\delta(F^3, F^5) = 29.5$ (qu), $\delta(NOCF_2O) = -16.0$, $\delta(OCF_2CN) = 0.8$, $\delta(CF{=}NC) = -45.0$, $\delta(NCF_3) = -19.0$ IR (Gas): $\nu(CF{=}NCF_3) = 1783$

Strukturformel zu den Zeilen $R = n\text{-}C_4F_9$ bis $R = C(O)F$: F_2 O F_2 F_2 N F_2 R

Physical Properties

Tabelle 14 [Fortsetzung]

Verbindung	Sdp./Torr (Schmp.) in °C	^{19}F- und ^{1}H-NMR (δ in ppm) IR- und UV-Spektrum Massenspektrum, n_D, D
$R'CF_2OCF_2CF_2N{=}CF_2$ [13)] [6]	–	^{19}F-NMR[1)]: $\delta(F^2,F^6)=10.0$ (qu), $\delta(F^3,F^5)=29.5$[6)] (qu), $\delta(NOCF_2O)=-16.0$, $\delta(OCF_2CN)=13.0$, $\delta(CF_2\text{-}N{=}C)=20.5$, $\delta(N{=}CF_2)=-21.0$ und -31.0 IR (Gas): $\nu(CF_2N{=}CF_2)=1805$
$R'CF_2OCF_2C(O)NH_2$ [6]	(77)	^{19}F-NMR[1)] (20%ige Lösung in Äther): $\delta(F^2,F^6)=9.5$[6)] (br, qu), $\delta(F^3,F^5)=29.6$[6)] (qu), $\delta(N\text{-}OCF_2O)=-16.0$ (br), $\delta(CF_2\text{-}CONH_2)=$ 2.5 (tr) ^{1}H-NMR[4)]: $\delta(NH_2)=0.9$ (br) IR (Verreibung): 3436 (m), 3300 (w), $\nu(NH)=$ 3215 (m), $\nu(C{=}O)=1695$ (s), ν(CO, H-gebunden) = 1656 (w), $\delta(NH_2)=1631$ (w), $\nu(N\text{-}C{=}O)=$ 1445 (w) MS: m/e = 387, M^+-F (<1)
$R'NO$ [6]	–	^{19}F-NMR[11)] (30%ige Lösung in $CFCl_3$): $\delta(F^2,F^6)=88.0$ (br), $\delta(F^3,F^5)=107.2$ (br) IR (Gas): $\nu(ONO)=1832$ (s), 1802 (m)
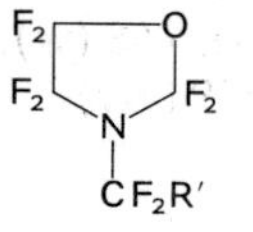 Ring: F_2, O, F_2, N, F_2; N–CF_2R' [6]	131[14)]	^{19}F-NMR[1)]: $\delta(F^2,F^6)=10.0$[6)] (qu), $\delta(F^3,F^5)=$ 30.0[6)] (qu), $\delta(NOCF_2N)=-11.6$ (br, komplex), $\delta(NCF_2O)=-19.3$ (br), $\delta(NCF_2CF_2O)=10.0$ (tr) und 15.7 (m) IR (Gas): 1420 (vw), 1353 (s), 1321 (s), 1299 (s), 1261 (s), 1233 (sh, vs), 1227 (vs), 1149 (s), 1129 (m-s), 1082 (m), 1018 (ms) $n_D^{20}=1.2988$ MS: m/e = 296, $C_5F_{10}NO_2^+$ (1); 230, $C_4F_8NO^+$ (83); 164, $C_3F_6N^+$ (100); 114, $C_2F_4N^+$ (76); 100, C_2F_4 (16); 69, CF_3^+ (17); 50, CF_2^+ (51)
$R'CF_2CF_2R'$ [6]	(72.5)	^{19}F-NMR[1)] (20%ige Lösung in $CF_2ClCFCl_2$): $\delta(F^2,F^6)=12.0$ (m, komplex), $\delta(F^3,F^5$ und $NOCF_2CF_2)=29.0$ (br, komplexe unsymmetrische Bande)
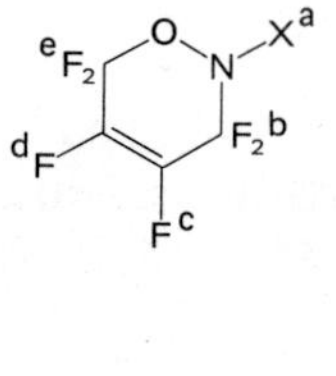 Ring: $^eF_2$, O, N–X^a, F_2^b, F^c, ^dF; $X=CF_3$	52.4[15)] [11] 47.5 bis 50/748 [13]	^{19}F-NMR[1)]: $\delta(F_a)=-8.83$ (tr), $J(F_a\text{-}F_b)$ = 11.7 Hz, $\delta(F_c)=11.13$ (br, d von d), $J(F_e\text{-}F_c)=11.4$ Hz, $J(F_d\text{-}F_e)=14.4$ Hz, $\delta(F_b)=23.60$[16)], $J(F_b\text{-}F_c)=16.5$ Hz, $J(F_b\text{-}F_d)=10.1$ Hz, $J(F_b\text{-}F_e)=1.6$ Hz, $\delta(F_d)=$ 80.13 (tr von tr von d), $J(F_c\text{-}F_d)=2.0$ Hz, $\delta(F_c)=$ 82.05[17)] [11]

Literatur s. S. 13

Tabelle 14 [Fortsetzung]

Physical Properties

Verbindung	Sdp./Torr (Schmp.) in °C	^{19}F- und ^{1}H-NMR (δ in ppm) IR- und UV-Spektrum Massenspektrum, n_D, D
(Ring: $^eF_2$C–O–N(X^a)–C$F_2{}^b$–C(F^c)=C(^dF))		^{19}F-NMR[11]: $\delta(F_a)$[18] $=67.7$, $\delta(F_b)=100.1$, $\delta(F_e)=87.6$, $\delta(F_c)=158.6$, $\delta(F_d)=156.6$, $J(F_a\text{-}F_b)=11.7$ Hz, $J(F_a\text{-}F_e)=<0.5$ Hz, $J(F_b\text{-}F_e)=1.6$ Hz, $J(F_a\text{-}F_c)=0.8$ Hz, $J(F_a\text{-}F_d)=<0.5$ Hz, $J(F_b\text{-}F_c)=16.5$ Hz, $J(F_b\text{-}F_d)=10.1$ Hz, $J(F_e\text{-}F_c)=11.4$, $J(F_e\text{-}F_d)=18.4$, $J(F_c\text{-}F_d)=2.0$ Hz [20] IR: ν(C=C) = 1764 (s) $n_D^{20}<1.2960$, $D_4^{20}=1.6370$ g/cm^3 [13] MS: m/e = 261 (2.0); 242 (2.5); 223 (0.2); 214 (0.2); 195 (0.4); 192 (1.1); 181 (0.3); 178 (3.6); 176 (0.3); 164 (4.7); 162 (85.1); 159 (0.2); 154 (7.7); 150 (2.7); 145 (0.7); 143 (1.5); 131 (4.5); 128 (0.7); 126 (2.3); 124 (0.5); 123 (0.2); 119 (0.2); 114 (7.8); 112 (7.7); 109 (4.4); 107 (1.1); 100 (4.2); 99 (0.3); 95 (1.4); 93 (42.0); 92 (0.4); 88 (0.4); 85 (0.4); 81 (2.1); 76 (4.5); 74 (2.0); 71 (0.3); 69 (100.0); 64 (0.4); 62 (6.2); 57 (0.4); 55 (0.6); 50 (3.9); 47 (3.7); 43 (0.7); 31 (20.5); 30 (7.1) [11]
X = CF_2Cl [13]	82 bis 83	$n_D^{25}=1.3330$, $D_4^{25}=1.6210$ g/cm^3
X = $CF_2CF_2NO_2$ [13]	66 bis 67/100	$n_D^{20}=1.3375$, $D_4^{20}=1.7420$ g/cm^3
(Ring: F_2C–O–N(CF_3)–CF_2–CF_2–CF_2) [12]	47.5	^{19}F-NMR[1]: $\delta(CF_3)=-10.2$ (tr), $J(CF_3N\text{-}CF_2)=11.5$ Hz, $\delta(CF_2O)=20.9$ (br), $\delta(CF_2N)=28.8$ (br), $\delta(CF_2)=44.9$ (br) und 51.0 (br) IR (Gas): 1348, 1287, 1242, 1214, 1172, 1125, 1056, 1031, 970, 879, 786, 725 $n_D^{20}=1.2243$ MS: m/e = M^+ (1); $C_5F_{10}NO^+$ (9); $C_2F_5N^+$ (6); $C_2F_4N^+$ (5); $C_3F_4^+$ (5); $C_2F_5^+$ (4); $C_2F_4^+$ (34); $C_2F_3O^+$ (4); CF_3^+ (100); CF_2^+ (5); CF^+ (7)
(Ring: F_2C–O–N($CF_2CF_2NO_2$)–CF_2–CFBr–CFBr) [13]	58 bis 59/2	$n_D^{20}=1.3880$, $D_4^{20}=2.1420$ g/cm^3
(Ring: F_2C–O–N(CF_3)–CF_2–CFCl–CFCl) [11]	109/753	MS: m/e = $C_5Cl_2F_9NO^+$ (0.7); $C_5Cl_2F_8NO^+$ (2.4); $C_5ClF_9NO^+$ (0.5); $C_5ClF_7NO^+$ (1.0); $C_4ClF_7NO^+$ (5.1); $C_4Cl_2F_4NO^+$ (0.5); $C_4ClF_6^+$ (0.9); $C_3ClF_5NO^+$ (3.0); $C_3ClF_6^+$ (0.5); $C_3F_6NO^+$ (2.6); $C_4ClF_5^+$ (0.7); $C_3Cl_2F_4^+$ (5.2); $C_4F_6^+$ (3.0); $C_3ClF_3NO^+$ (0.9); $C_2Cl_2F_3^+$ (1.1);

Literatur s. S. 13

Physical Properties

Tabelle 14 [Fortsetzung]

Verbindung	Sdp./Torr (Schmp.) in °C	^{19}F- und ^{1}H-NMR (δ in ppm) IR- und UV-Spektrum Massenspektrum, n_D, D
		$C_2F_5NO^+$ (8.8); $C_3ClF_4^+$ (23.9); $C_2ClF_3NO^+$ (1.1); $C_2ClF_4^+$ (4.3); $C_2Cl_2F_2^+$ (21.4); $C_2F_5N^+$ (5.3); $C_3F_7^+$ (1.6); $C_2F_4NO^+$ (11.9); $C_2ClF_3^+$ (20.2); $C_2F_4N^+$ (4.3); $C_2ClF_2O^+$ (3.3); $C_3F_4^+$ (1.6); $C_3ClF_2^+$ (2.0); CCl_2F^+ (3.9); CF_3NO^+ (1.6); $C_2ClF_2^+$ (6.0); $C_2F_3N^+$ (0.7); $C_3F_3^+$ (7.1); C_2ClFN^+ (1.1); $CClF_2^+$ (20.5); CCl_2^+ (3.6); $C_2F_3^+$ (0.5); C_2ClF^+ (1.2); $C_2F_2N^+$ (0.8); $C_3F_2^+$ (0.9); CF_3^+ (100.0); $CClF^+$ (10.7); CF_2N^+ (1.5); $CClO^+$ (1.0); $C_2F_2^+$ (1.3); CF_2^+ (2.0); CCl^+ (4.2); CFO^+ (1.3); CF^+ (6.4); NO^+ (4.4)
F(4), F(5), F(6), N—CF_3(3), F—Y(7), O, X(1); X=F, Y=Cl [15]	78.2	^{19}F-NMR[1]: δ(3-F) = −7.0, δ(7-F) = 52.8, δ(5- und 6-F) = 71.7 und 78.2, δ(1-F) = 93.6, δ(4-F) = 106.0[19] IR (Film): ν(C=C) = 1754 (s)
X=Cl, Y=F [15]	81.7	^{19}F-NMR[1]: δ(3-F) = −7.0, δ(7-F) = 60.2[6] (m, J(AB) = 158 Hz, δ_A = 53.5, δ_B = 66.9), δ(5- und 6-F) = 70.2 und 72.0, δ(4-F) = 107.8 IR (Gas): ν(C=C) = 1742 (s)
F_3C, CF_3, F_3C, CF_3, O, N, O, Cl [17]	59 bis 61/116	^{19}F-NMR[1]: δ(CF_3) = 2.14 (sept) und 3.96 (sept), J = 3.2 Hz IR: ν(C=N) = 1695

[1] Äußerer Standard CF_3COOH. — [2] Extrapolierter Wert, Dampfdruck: lg p (in Torr) = 7.027 − 1706/T (0 bis 50 °C, T in K); ΔH_v = 7850 cal/mol, $\Delta H_v/T_s$ = 23.7 cal · $mol^{-1} \cdot K^{-1}$. — [3] Halbwertsbreite. — [4] Äußerer Standard C_6H_6. — [5] Extrapolierter Wert, Dampfdruck: lg p (in Torr) = 6.686 − 1428/T (−24 bis 20 °C, T in K), ΔH_v = 6539 cal/mol, $\Delta H_v/T_s$ = 22.0 cal · $mol^{-1} \cdot K^{-1}$.

[6] AB-Spektrum. — [7] Spezifische Wärme: 0.25 cal · $g^{-1} \cdot K^{-1}$, Oberflächenspannung: 14.5 dyn/cm, spezifischer Widerstand: $>5 \times 10^{-6}$ mΩ [7]. — [8] ^{19}F-NMR-Spektrum in [21] als Liniendiagramm abgebildet. — [9] Gemessen mit einem Refraktometer mit einem Meßbereich bis 1.300 [8]. — [10] Spezifische Wärme: 0.25 cal · $g^{-1} \cdot K^{-1}$, Oberflächenspannung: 17.7 dyn/cm, spezifischer Widerstand $>5 \times 10^{-6}$ mΩ [7].

[11] Innerer Standard $CFCl_3$. — [12] Verunreinigt mit 31% $R'CF_2OCF_2CF_2N{=}CF_2$. — [13] Verunreinigt mit $R'CF_2OCF_2CF{=}NCF_3$. — [14] Verunreinigt mit Perfluor-(4,4'-bimorpholyl). — [15] Extrapolierter Wert, Dampfdruck: lg p (in Torr) = 7.9108 − 1628/T (−10 bis 50 °C T in K), ΔH_v = 7530 cal/mol, $\Delta H_v/T_s$ = 23.1 cal · $mol^{-1} \cdot K^{-1}$.

[16] 34 Banden (d von qu von d von tr). — [17] 63 aufgelöste Banden (tr von tr von d von qu). — [18] Zusätzlich entstehen 5% eines Isomers mit einer etwas längeren

Literatur s. S. 13

Fußnoten zu Tabelle 14

Retentionszeit. MS: m/e=364, M^+-F (30); 314, M^+-CF_3 (51); 100, $C_2F_4^+$ (22); 69, CF_3^+ (100). Ferner bilden sich etwa 4% einer Substanz mit einer etwas kürzeren Retentionszeit. Vermutlich handelt es sich um ein 5-CF_3-2-C_2F_5-C_5F_8NF. MS: m/e=364, $C_7F_{14}N^+$ (17); 314, $C_6F_{12}N^+$ (34); 264, $C_5F_{10}N^+$ (16); 176, $C_4F_6N^+$ (11); 131, $C_3F_5^+$ (10); 119, $C_2F_5^+$ (100); 114, $C_2F_4N^+$ (10); 100, $C_2F_4^+$ (22); 69, CF_3^+ (74). – [19] Ein nicht genauer charakterisiertes Stereoisomeres zeigt folgendes ^{19}F-NMR Spektrum: δ(3-F) = −7.0, δ(7-F) = 56.0, δ(5- und 6-F) = 70.2 und 73.5, δ(4-F) = 110.7; δ(1-F) vermutlich durch Bande des Hauptproduktes verdeckt.

4.1.2.3 Chemisches Verhalten

Chemical Reactions

4.1.2.3.1 Pyrolyse, Photolyse

Pyrolysis. Photolysis

Siehe hierzu weitere Angaben bei Darstellung unter 4.1.2.1. – Nonafluormorpholin zerfällt bei der Strömungspyrolyse (N_2-Strom) im Pt-Rohr bei 600 °C in CF_4, C_2F_6, CF_3CF_2N=CF_2, CF_3CF=NCF_3, CF_3N=CF_2, Perfluor-(4-methyloxazolidin), Perfluor-5,6-dihydro-2H-1,4-oxazin sowie möglicherweise CF_2=NF, jedoch nicht, wie bei ähnlichen Untersuchungen [2] angenommen wurde, in CF_3CF_2OCF=NCF_3; Diskussion des Mechanismus s. Original [6].

Perfluor-(2-methyl-tetrahydro-2H-1,2-oxazin) ist in einem Pt-Autoklaven bei 400 °C 15 h beständig. Pyrolyse erfolgt erst bei 480 °C (15 h) zu 74%. Hierbei entstehen 7% Perfluorcyclobutan, 24% CF_3N=CF_2, Perfluor-(1-methylazetidin), 100% COF_2 und geringe Mengen Perfluor-(1-methyl-2-pyrrolidon), $(CF_3)_2NH$ sowie CF_3NCO [12]. Perfluor-(2-methyl-3,6-dihydro-2H-1,2-oxazin) zerfällt in einem Pt-Autoklaven bei 300 °C (15 h) nicht, bei 360 °C (40 h) und 380 °C (15 h) zu 1%, bei 470 °C (15 h) zu 65% sowie bei 500 °C (15 h) zu 80%. Das Zersetzungsgemisch enthält COF_2, CF_3N=CF_2 und möglicherweise CO [12].

Ähnlich verläuft auch die Pyrolyse von Perfluor-(2-methyl-3,6-dihydro-2H-1,2-oxazin). Bei 600 °C/1 Torr (Verweilzeit 15 s) werden 86% des Oxazins zurückgewonnen. Bezogen auf umgesetzte Substanz fallen noch 42% COF_2, 49% CF_3N=CF_2, CF_3CF_3 und CF_2=CF_2 an [11].

Bei Zersetzung von Perfluor-(4,5-dichlor-2-methyl-tetrahydro-2H-1,2-oxazin) in einem Quarzrohr bei 600 °C/4 bis 5 Torr (20 s) werden 17% der Ausgangsverbindung zurückgewonnen, es entstehen 32% Perfluor-(2,3-dichlor-1-methylazetidin), 65% CF_3N=CF_2, 59% cis-, trans-CFCl=CFCl, CF_2=CFCl, 4% CF_3N=CFCl, 99% COF_2 und Spuren von CF_3NCO, CF_2=CF_2, CF_2Cl_2. Bei 575 °C/20 Torr (Verweilzeit 10 s) und fünfmaligem Rückführen der nicht zersetzten Ausgangsverbindung erzielt man einen 92%igen Umsatz. Hierbei entstehen 64% Perfluor-(2,3-dichlor-1-methylazetidin), 35% cis- und trans-CFCl=CFCl, 54% CF_3N=CF_2, 100% COF_2, 1% CF_3N=CFCl, 1% CF_2=CFCl und Spuren CF_3NCO. Bei 520 °C/4 bis 5 Torr (20 s) erfolgt ein 47%iger Umsatz unter Bildung von 39% Perfluor-(2,3-dichlor-1-methylazetidin), 50% cis- und trans-CFCl=CFCl, 54% CF_3N=CF_2, 7% CF_3N=CFCl, 8% CF_2=CFCl, 98% COF_2 sowie Spuren von C_2F_6, CF_2=CF_2 und CF_2Cl_2. In allen Pyrolysereaktionen entstehen zusätzlich CO_2 und SiF_4 durch Sekundärreaktionen mit Glas [11].

4.1.2.3.2 Solvolyse, Oxidation, Hydrierung, Umsetzung mit CF_3NO und HBr

Solvolysis. Oxidation. Hydrogenation. Reaction with CF_3NO and HBr

Gegenüber konzentriertem HCl bzw. 10 normalem NaOH ist Perfluor-(2-methyl-tetrahydro-2H-1,2-oxazin) bei 80 °C (15 h) beständig. Es wird in 95 bzw. 96% Ausbeute zurückgewonnen [12]. Nonafluormorpholin ist gegen 2 normalem NaOH

Chemical Reactions

bei 80 °C (5 Wochen) und 5 normalem HCl bei 80 °C (5 d) beständig. In wäßriger Lösung wird es von 2 normalem KJ bzw. 1 normalem HJ bei 60 °C (48 h) bzw. 50 °C (14 d) zu 38 bzw. 32% in Perfluor-(2-oxaglutarsäure) umgewandelt, die als Dibenzylthiouronium- bzw. Dianilinsalz (Schmelzpunkt unter Zersetzung 190.5 bis 191 °C bzw. 189 bis 190 °C) isoliert wird. Die Reaktion mit einer Lösung von NaJ in Aceton mit 10 Vol.-% H_2O ist nach Freisetzen von 95% der theoretischen J-Menge nach 1 h bei Raumtemperatur beendet. Die Hydrolyse des Perfluor-5,6-dihydro-2H-1,4-oxazin mit 2 normalem NaOH liefert bei 20 °C (2 h) nahezu quantitativ und bei 20 °C (0.75 h) 55% Perfluor-(2-oxaglutarsäure), die als 5-Benzylthiouroniumsalz charakterisiert wurde [2]. Die Äthanolyse des Nonafluormorpholin bei 100 °C (4 Wochen) im Bombenrohr liefert 48% und die des Perfluor-5,6-dihydro-2H-1,4-oxazin bei 85 °C (6 d) 89% Perfluor-2-oxaglutarsäurediäthylester, Siedepunkt 52 bis 54 °C/2 Torr, IR: $\nu(C{=}O) = 1786\ cm^{-1}$ [2].

Die Oxidation von Perfluor-(2-methyl-3,6-dihydro-2H-1,2-oxazin) bei −15 °C (2.5 h) in $CH_3C(O)CH_3$ führt zu $HOC(O)CF_2O\text{-}N(CF_3)\text{-}CF_2C(O)OH$. Gegenüber CF_3NO ist das Oxazin bei 100 °C (2 d) und 130 °C (5 d) beständig [11].

Perfluor-(4-vinylmorpholin) reagiert mit HBr beim Aufbewahren in einem Quarzrohr bei 22 °C (7 d) nur zu 8%. Dagegen erfolgt bei UV-Bestrahlung (22 °C, 2.5 d) Addition von HBr zu Perfluor-[4-(1′,2′-dibromäthyl)-morpholin] und 4-(2′-Brom-1′,2′,2′-trifluoräthyl)-2,2,3,3,5,5,6,6-octafluormorpholin [^{1}H-NMR (äußerer Standard C_6H_6): $\delta(CHF) = 0.63$ ppm (Dublett von Tripletts), $J(H\text{-}F_{geminal}) = 42$ Hz, $J(F\text{-}F_{vicinal}) = 8$ Hz, ^{19}F-NMR (äußerer Standard CF_3COOH): $\delta(CF_2Br) = -14.8$, $\delta(CF_2OCF_2) = 9.4$, $\delta(CF_2NCF_2) = 15.2$ und $\delta(CHF) = 87.8$ ppm]. Zusätzlich entsteht ein Produkt mit einem Signal bei 32 ppm, das einer CHF_2-Gruppe zugeordnet wird; vermutlich handelt es sich um das 4-(1′-Brom-2′,2′,2′-trifluoräthyl)-perfluormorpholin [6].

Die Hydrierung von Perfluor-(2-methyl-3,6-dihydro-2H-1,2-oxazin) mit einem H_2-Strom (200 ml/m, ohne Temperaturkontrolle) in einem mit einem $Pd\text{-}Al_2O_3$-Katalysator gefüllten Quarzrohr, führt zu einem Gemisch, aus dem 85% 4H,5H-Hexafluortetrahydro-2-trifluormethyl-1,2-oxazin (A), 4H,4H,5H- (B) und 3% 4H,5H,5H-Pentafluortetrahydro-2-trifluormethyl-1,2-oxazin (C) gaschromatographisch isoliert werden konnten [22].

Oxazin A: Siedepunkt 94.4 °C, IR(Gas): $\nu(C\text{-}H) = 2994$ (w), $\nu(C\text{-}F) = 1379$ (m), 1330 (ms), 1282 (s), 1247 (s), 1211 (s), 1167 (ms), 1135 (s), 1114 (s), 1087 (m), 1047 (m), 982 (m), 913 (m), 836 (m), 805 (m), 760 (m), 715 (m), 687 (m) cm^{-1}. ^{1}H-NMR (innerer Standard $Si(CH_3)_4$): $\delta(CH) = -5.3$ ppm, komplexes asymmetrisches Signal mit Dublettaufspaltung (J = 46 Hz). Diese wird auf eine große geminale H-F Kopplung zurückgeführt. Die beiden Protonen unterscheiden sich kaum. ^{19}F-NMR (äußerer Standard CF_3COOH): $\delta(CF_3) = -10.0$ (Triplett), $J(CF_3N\text{-}CF_2) = 11.3$ Hz, $\delta(CF_2O)$ und $\delta(CF_2N) = 12.8$ und 26.9 erscheinen als AB-Subspektrum ($J(A\text{-}B) = 147$ Hz, $\delta_A\text{-}\delta_B = 6.56$ ppm und $J(A\text{-}B) = 199$ Hz, $\delta_A\text{-}\delta_B = 4.89$ ppm), $\delta(CHF) = 141.5$ (Triplett, J = 50 Hz).

Die Oxazine B und C konnten nicht rein isoliert werden. Ein Gemisch aus 75% B und 25% A zeigt im ^{1}H-NMR-Spektrum (innerer Standard $Si(CH_3)_4$) folgende Signale: $\delta(CHF) = -5.2$ (Dublett von verbreiterten Quintetts, $J(H\text{-}F_{geminal}) = 47$ Hz), $\delta(CH_2) \approx -3.0$ Hz; ^{19}F-NMR (äußerer Standard CF_3COOH) von Oxazin B: $\delta(CF_3) = -9.70$, $\delta(CF_2O) = 12.05$ (AB-Spektrum, $J(A\text{-}B) = 148$ Hz, $\delta_A\text{-}\delta_B = 8.22$ ppm), $\delta(NCF_2) = 15.15$ (AB-System, $J(A\text{-}B) = 191$ Hz, $\delta_A\text{-}\delta_B = 2.96$ ppm), $\delta(CHF) = 123.5$ ppm, von Oxazin C: $\delta(CF_3) = -9.75$, $\delta(CF_2O) = -2.55$ (das erwartete AB-Spektrum wurde nicht beobachtet), $\delta(CF_2N) = 28.0$, (AB-Spektrum, $J(A\text{-}B) = 195$ Hz, $\delta_A\text{-}\delta_B = 10.89$ ppm), $\delta(CHF) = 122.5$ ppm [22].

Literatur:

[1] R.E. Banks, R.N. Haszeldine, R. Hatton (J. Chem. Soc. C **1967** 427/30). – [2] R.E. Banks, E.D. Burling (J. Chem. Soc. **1965** 6077/83). – [3] Agency of Industrial Sciences and Technology, T.Abe, S. Nagase, H. Baba (Japan. P. 7427588 [1970/74]; C.A. **82** [1975] Nr. 170979). – [4] T.C. Simmons, F.W. Hoffmann, R.B. Beck, H.V. Holler, T. Katz, R.J. Koshar, E.R. Larsen, J.E. Mulvaney, K.E. Paulson, F.E. Rogers, B. Singleton, R.E. Sparks (J. Am. Chem. Soc. **79** [1957] 3429/32). – [5] R.E. Banks, R.N. Haszeldine, D.R. Taylor (J. Chem. Soc. **1965** 978/90).

[6] R.E. Banks, A.J. Parker, M.J. Sharp, G.F. Smith (J. Chem. Soc. Perkin Trans. I **1973** 5/13). – [7] Minnesota Mining and Manufacturing Co., P.E. Ashley, R.A. Guenther (F. Demande 1389724 [1963/65]; C.A. **63** [1965] 612). – [8] S.A. Mazalov, S.I. Gerasimov, S.V. Sokolov, V.L. Zolotavin (Zh. Obshch. Khim. **35** [1965] 485/9; J. Gen. Chem. USSR **35** [1965] 484/8; C.A. **63** [1965] 2628). – [9] J.A. Young, T.C. Simmons, F.W. Hoffmann (J. Am. Chem. Soc. **78** [1956] 5637/9). – [10] R.E. Banks, D.R. Chaudhury, R.N. Haszeldine, C. Oppenheim (J. Organometal. Chem. **43** [1972] C20/C21).

[11] R.E. Banks, M.G. Barlow, R.N. Haszeldine (J. Chem. Soc. **1965** 6149/63). – [12] R.E. Banks, R.N. Haszeldine, V. Matthews (J. Chem. Soc. C **1967** 2263/7). – [13] A.V. Fokin, A.T. Uzun, O.V. Dement'eva (Zh. Obshch. Khim. **37** [1967] 834/6; J. Gen. Chem. USSR **37** [1967] 784/6; C.A. **67** [1967] Nr. 90746). – [14] E.I. du Pont de Nemours & Co., S. Andreades (U.S.P. 3248394 [1960/66]; C.A. **65** [1966] 15392). – [15] R.E. Banks, M. Bridge, R.N. Haszeldine, D.W. Roberts, N.I. Tucker (J. Chem. Soc. C **1970** 2531/5).

[16] Minnesota Mining and Manufacturing Co., R.A. Mitsch (U.S.P. 3674785 [1964/72]; C.A. **77** [1972] Nr. 151998). – [17] U. Utebaev, E.M. Rokhlin, I.L. Knunyants (Izv. Akad. Nauk SSSR Ser. Khim. **1974** 2260/4; Bull. Acad. Sci. USSR Div. Chem. Sci. **1974** 2177/80; C.A. **82** [1975] Nr. 57796). – [18] R.E. Banks, R.N. Haszeldine, D.R. Taylor (J. Chem. Soc. **1965** 5602/12). – [19] J. Lee, K.G. Orrell (Trans. Faraday Soc. **63** [1967] 16/25). – [20] J. Lee, K.G. Orrell (Trans. Faraday Soc. **61** [1965] 2342/56).

[21] S.V. Sokolov, A.P. Stepanov, L.N. Pushkina, S.A. Mazalov, O.K. Shabalina (Zh. Obshch. Khim. **36** [1966] 1613/8; J. Gen. Chem. USSR **36** [1966] 1615/9; C.A. **66** [1967] Nr. 54884). – [22] R.E. Banks, M.G. Barlow, R.N. Haszeldine, M. Lappin, V. Matthews, N.I. Tucker (J. Chem. Soc. C **1968** 548/50).

4.1.3 Verwendung der sechsgliedrigen Heterocyclen mit einem N-Atom

Uses of the Six-membered Heterocycles with One N Atom

Perfluorhalogenpyridine und deren Derivate zeigen ein weites biozides Spektrum. Amino- bzw. Hydroxytrichlorfluorpyridine zeigen eine herbizide, insektizide, nematozide und fungizide Wirkung [1]. Ähnlich können Bis(perfluorhalogenpyridyl)amine und Abkömmlinge als Aeorizide, Algizide, Bakterizide, Fungizide, Herbizide, Insektizide und Mollusskizide eingesetzt werden [2, 3]. Arylsubstituierte 3,5-Dichlor-2,6-difluoraminopyridine sind gegen eine Vielzahl von Insekten, gegen Cryptogame und Bakterien wirksam. Einige von ihnen sind auch Unkrautvertilgungsmittel [4]. Als Herbizide eignen sich auch Perfluorchlorpyridine, die Hydroxy-, Acyloxy- und Acylthiogruppen enthalten [5]. Herbizide niedrigerer Phytotoxizität im Getreide sind 4-Hydroxypyridine, die als weitere Substituenten Fluor, Chlor, Brom oder Jod enthalten [6]. Fungizide, bakterizide und nematozide Eigenschaften sind auch bei Perfluorchlorcyanpyridinen festgestellt worden [7]. 3,5-Dichlor-2,6-difluorpyridyl-phosphate dienen als Pestizide [8]. Zur Aufbereitung des Ackerbodens und Förderung des Pflanzenwuchses eignen sich 3,5-Dichlor-trifluor-, 2,3,5-Trichlor-difluor und 2,3,5,6-Tetrachlor-fluorpyridine [9, 10]. Salze, Äther oder Ester des 4-HO-C_3F_4N dienen als Wachstumshemmer. Gegen Rinderzecken (Boophilus mierophes) kann 4-Amino-3,5-dichlor-difluorpyridin eingesetzt werden [11]. Als schwer entflammbare Flüssigkeit wird N-Trifluormethyl-perfluoroxazin in Kondensatoren als dielektrisch imprägnierende Flüssigkeit benutzt [12].

Ein sehr aktives Herbizid ist 4-HO-C_5F_4N [14]. Pyridinverbindungen der Formel 2-X-4-RCH_2O-3,5-Cl_2-C_5FN verhindern das Wachstum von Unkraut in Kartoffeln, Erdnüssen, Getreide, Reis, ohne die Nutzpflanze wesentlich zu schädigen. Nachfolgend werden X und R angegeben: Cl, C_6H_5; F, C_6H_5, F, 3-Cl-C_6H_4, F, 4-Cl-C_6H_4; F, 3-NO_2-C_6H_4; F, 4-NO_2-C_6H_4; F, 3-CH_3-C_6H_4, F, CH_3O-C_6H_4 usw. s. „Perfluorhalogenorgano-Verbindungen der Hauptgruppenelemente" 5, S. 136 [15]. Pestizid wirken substituierte (Pyridylamino)pyridine [13].

Literatur:

[1] Imperial Chemical Industries Ltd., C.D.S. Tomlin, J.W. Slater, D. Hartley (B.P. 1161492 [1965/69]; C.A. **71** [1969] Nr. 91313). – [2] Imperial Chemical Industries Ltd., C.B. Barlow, C.D.S. Tomlin, G.M. Farrell, P.F. Freeman, J.W. Slater, J. Clayton (Deut. Offenlegungsschrift 2139042 [1970/72]; C.A. **76** [1972] Nr. 126795). – [3] Imperial Chemical Industries Ltd., C.B. Barlow, C.D.S. Tomlin (Deut. Offenlegungsschrift 2143426 [1970/72]; C.A. **76** [1972] Nr. 140858). – [4] Imperial Chemical Industries Ltd. (F. Demande 2130420 [1971/72]; C.A. **78** [1973] Nr. 120275). – [5] Imperial Chemical Industries Ltd., C.D.S. Tomlin, J.W. Slater, D. Hartley (B.P. 1161491 [1965/69]; Neth. Appl. 6611714 [1965/67]; C.A. **68** [1968] Nr. 21842).

[6] Imperial Chemical Industries Ltd., R.D. Bowden, J.W. Slater, B.G. White (Deut. Offenlegungsschrift 2241665 [1971/73]; C.A. **78** [1973] Nr. 147808). – [7] Dow Chemical Company, F.E. Torba (Deut. Offenlegungsschrift 1816685 [1967/69]; C.A. **72** [1970] Nr. 12595). – [8] Institut National de la Propsiete Industrielle, R. Aries (F. Demande 2168185 [1970/72]; C.A. **80** [1974] Nr. 47861). – [9] Dow Chemical Corp., J. Griffith (U.S.P. 3629422 [1969/71]; C.A. **76** [1972] Nr. 122962). – [10] Dynachim. S.a.r.l (F. Demande 2207648 [1972/74]; C.A. **82** [1975] Nr. 39563).

[11] Imperial Chemical Industries Ltd. (B.P. 1300851 [1970/72]; C.A. **78** [1973] Nr. 120253). – [12] J. Kotschy (U.S.P. 3786324 [1972/74]; C.A. **80** [1974] Nr. 88747). – [13] Imperial Chemical Industries Ltd., C.B. Barlow, B.G. White, C.D.S. Tomlin (B.P. 1394817 [1971/75]; C.A. **83** [1975] Nr. 114471). – [14] A.N. Kasikhin, N.P. Zhukov, A.A. Klimenko u.a. (UdSSR P. 279254 [1968/70]; C.A. **74** [1971] Nr. 63410). – [15] Imperial Chemical Industries Ltd., F.A. Hawkins, D. Riley, R.L. Sunley, C.D.S. Tomlin (Deut. Offenlegungsschrift 2428305 [1975]; C.A. **82** [1975] Nr. 156090).

Six-membered Heterocycles with Two N Atoms

4.2 Sechsgliedrige Heterocyclen mit zwei N-Atomen

Formation. Preparation

4.2.1 Bildung und Darstellung

1,2-Diazines (Pyridazines)

4.2.1.1 1,2-Diazine (Pyridazine)

Tetrafluorpyridazin X=Y=Z=F

4,5-Dichlor-3,6-difluorpyridazin X=F, Y=Z=Cl

3-Hydroxy-4,5,6-trifluorpyridazin X=OH, Y=Z=F

4-Amino-3,5,6-trifluorpyridazin X=Z=F, Y=NH_2

Formation and Preparation of 1,2-Diazines

4,5-Difluor-1 H, 2 H-pyridazin-3,6-dion

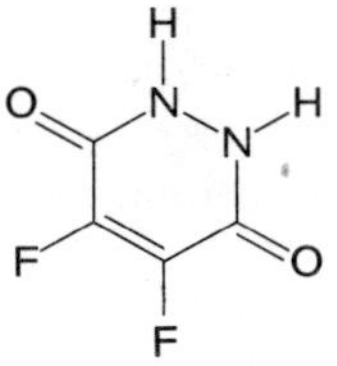

Perfluor-(1,2-dimethyl-perhydropyridazin-3,6-dion)

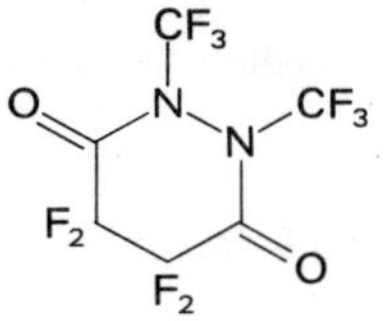

Tetrachlorpyridazin wird in einem Autoklaven von KF bei 340 °C (25 h) in 60% Ausbeute zu Tetrafluorpyridazin fluoriert [1], das auch analog in einem Bombenrohr bei 305 bis 310 °C (8 h) in 40 bis 60% Ausbeute synthetisiert werden kann [2]. Eine Lösung von Tetrafluorpyridazin in konzentriertem H_2SO_4 hydrolysiert beim Zutropfen von H_2O unter kräftigem Rühren, wobei 60 °C (3 h) nicht überschritten werden dürfen, zu 3-Hydroxy-trifluorpyridazin [3, 5, 6]. Die Ammonolyse des Tetrafluorpyridazin in wäßriger Lösung (D = 0.880 g/cm^3) bei 0 °C (0.5 bis 1.5 h) führt zu 90% 4-Amino-trifluorpyridazin [1 bis 4]. In konzentriertem H_2SO_4 hydrolysiert Tetrafluorpyridazin auf Zugabe von einem Tropfen H_2O bei 150 °C (20 h) zu 4,5-Difluor-1 H,2 H-pyridazin-3,6-dion in 90% Ausbeute [8]. Behandelt man Tetrafluorpyridazin mit LiCl in $(CH_3)_2NCHO$ kurzzeitig bei 100 °C, so bildet sich in hoher Ausbeute 4,5-Dichlor-difluorpyridazin als einziges Produkt [47]. Das Perhydropyridazindion wird dargestellt (67% Ausbeute) durch Reaktion von $F_2C{=}NN{=}CF_2$ mit Perfluorsuccinylfluorid (Stehenlassen über Nacht unter Rühren) [75].

Perfluor-(4-äthylpyridazin) X = Y = Z = F

Perfluor-(4,5-diäthylpyridazin) X = Z = F, Y = C_2F_5

Perfluor-(3,4,5-triäthylpyridazin) Z = F, X = Y = C_2F_5

Perfluor-(tetraäthylpyridazin) X = Y = Z = C_2F_5

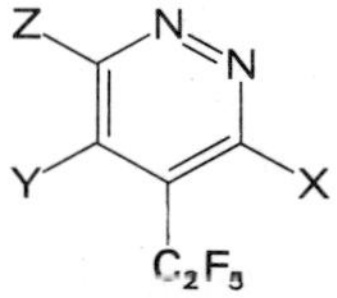

Umsetzungen von Tetrafluorpyridazin mit $CF_2{=}CFCl$ bei 90 °C (4 h) in Gegenwart von CsF, aufgeschlämmt in Tetramethylensulfon bzw. 2,5,8,11,14-Pentaoxapentadecan unter starkem Rühren liefern in 57 bzw. 41% Ausbeute Perfluor-(4-äthylpyridazin) und in 19 bzw. 9% Ausbeute Perfluor-(4,5-diäthylpyridazin). Der Gesamtumsatz beträgt 58 bzw. 53%. Die analog geführte Umsetzung mit $CF_2{=}CFBr$ ergibt innerhalb 2 h in Tetramethylensulfon 30 bzw. 9% und in Pentaoxapentadecan 51 bzw. 18% Mono- bzw. Disubstitutionsprodukt bei Umsätzen von 62 bzw. 64%. Bei 90 °C (18 h) in Tetramethylensulfon entstehen Perfluor-(3,4,5-triäthylpyridazin) und geringe Mengen Perfluor-(tetraäthylpyridazin). Mit $CF_2{=}CCl_2$ erfolgt bei 80 °C (2 h) ein 40%iger Umsatz, und es fallen 65% des mono- und 5% des disubstituierten Tetrafluorpyridazins an [9]. Addition von $CF_2{=}CF_2$ an Tetrafluorpyradizin in einer Aufschlämmung von CsF in Pentaoxapentadecan liefert Mono-, Di- und Trisubstitutionsprodukte gemäß:

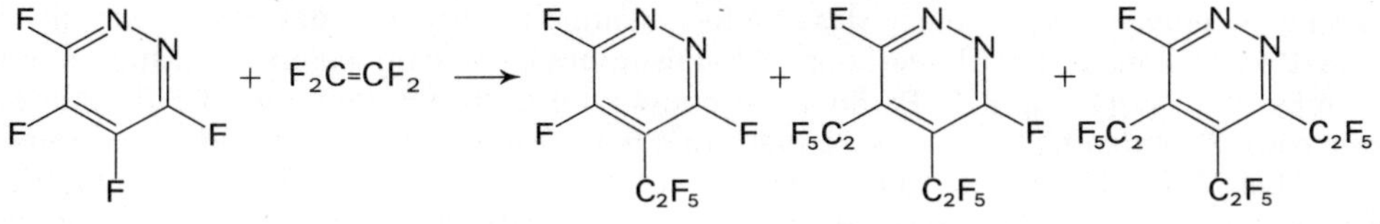

A B C

Nachfolgend werden Reaktionstemperatur in °C (-zeit in h), Molverhältnis $C_4F_4N_2$ zu $CF_2{=}CF_2$, Umsatz sowie die Ausbeute für A, B und C (in %), bezogen auf verbrauchtes $C_4F_4N_2$, angegeben: 80 °C (1 h), 3:10, 45, 37 (A), 7 (B), – (C); 80 °C (2 h), 3:10,

Formation and Preparation of 1,2-Diazines

94, 21 (A), 11 (B), 2 (C); 80 °C (3 h), 3:10, 100, 13 (A), 8 (B), 3 (C); 80 °C (4 h), 3:10, 100, 9 (A), 6 (B), 5 (C); 80 °C (5 h), 3:10, 4 (A), 3 (B), 4 (C); 25 °C (6 h), 29.6, >50.0, <3 (A), – (B), – (C); 25 °C (96 h), 21.1:80.0, 98 (A), 4 (B), 4.4 (C). In allen Umsetzungen fällt ein nicht identifizierter Rückstand an [10].

Perfluor-(4-isopropylpyridazin) X′ = F

Perfluor-(4,5-diisopropylpyridazin) X′ = $CF(CF_3)_2$

Perfluor-(3,5-diisopropylpyridazin)

Perfluor-(3,5,6-triisopropylpyridazin) X = $CF(CF_3)_2$

Perfluor-(4,5-diäthyl-3,6-diisopropylpyridazin)

Tetrafluorpyridazin reagiert mit $CF_3CF{=}CF_2$ in Gegenwart von KF, aufgeschlämmt in Tetramethylensulfon, in einem Bombenrohr bei 80 °C (20 h) zu 80% Perfluor-(4,5-diisopropylpyridazin). Auch bei 20 °C (20 h) bildet es sich in 80% Ausbeute. Bei 50 °C (17 h) in einem sorgfältig getrockneten System (in Tetramethylensulfon, CsF oder KF, $CF_3CF{=}CF_2$) beträgt die Ausbeute 95%. Bewahrt man beide Reaktionspartner (in KF, Tetramethylensulfon) bei 8 bis 10 °C (6 d) so bildet sich neben dem 4,5-Diisopropylpyridazin (15%) Perfluor-(4-isopropylpyridazin) in 35% Ausbeute. In Anwesenheit von CsF fallen in einem Autoklaven bei 150 °C (17 h) 40% des 3,5-di- und 20% des 3,5,6-trisubstituierten Derivates an. In Gegenwart von KF, suspendiert in Tetramethylensulfon, lagert sich Perfluor-(4,5-diisopropylpyridazin) in einem Bombenrohr bei 150 °C (18 h) in das entsprechende 4,5-di-, 3,5,6-tri- und 4-monosubstituierte Produkt um [8]. Im Temperaturbereich 20 bis 60 °C reagieren $CF_3CF{=}CF_2$ und Tetrafluorpyridazin zum 4,6- und bei 150 °C zum 3,5,6-substituierten Pyridazin [11]. In einem polaren aprotischen Lösungsmittel wie z.B. CH_3CN setzt sich Tetrafluorpyridazin mit $CF_3CF{=}CF_2$ in Gegenwart von CsF bei 70 °C zu 35% Perfluor-(3,5,6-triisopropylpyridazin) um, das sich auch aus dem 4,5-Disubstitutionsprodukt und $C_3F_7^-$ (aus $CF_3CF{=}CF_2 + CsF$) in 57% Ausbeute bildet. Hierbei wandert die $(CF_3)_2CF$-Gruppe aus einer 4- oder 5-Position unter den Einfluß von F^-. Vermutlich entsteht hier primär das 3,4,5-substituierte Produkt, das sich dann in das 3,5,6-Derivat umlagert [19]. Perfluor-(4,5-diisopropylpyridazin) liefert mit Tetrafluorpyridazin bei 120 °C (18 h) 81% Perfluor-(4-isopropyl-) und 19% Perfluor-(3,5-diisopropylpyridazin). Analog erhält man aus Perfluor-(3,4,6-triisopropylpyridazin) und Tetrafluorpyridazin bei 120 °C (48 h) 16.8% Perfluor-(4-isopropyl-) und 77.4% Perfluor-(3,5-diisopropylpyridazin). Zusätzlich werden 5.8% der Ausgangsverbindung zurückgewonnen [15].

Perfluor-(4,5-diäthylpyridazin) addiert $CF_3CF{=}CF_2$ bei 80 °C (2 h) in Gegenwart von CsF, aufgeschlämmt in Tetramethylensulfon, und liefert 75% Perfluor-(4,5-diäthyl-3,6-diisopropylpyridazin [12].

Formation and Preparation of 1,2-Diazines

3-Amino-6-fluor-4,5-bis(heptafluorisopropyl)-pyridazin $X=NH_2$, $Y=CF(CF_3)_2$

4-Amino-6-fluor-3,5-bis(heptafluorisopropyl)-pyridazin $X=CF(CF_3)_2$, $Y=NH_2$

3-Fluor-4,5-bis(heptafluorisopropyl)-1H-pyridazin-6-on

4,5-Bis(heptafluorisopropyl)-1H, 2H-pyridazin-3,6-dion

cis- und trans-Perfluor-[4-(2′-buten-2′-yl)-pyridazin]

Perfluor-(4-äthyl-5-vinylpyridazin) $X=CF=CF_2$

Perfluor-[4-äthyl-5-(2′-prop-2′-enyl)-pyridazin] $X=C(CF_3)=CF_2$

In Äther gelöstes Perfluor-(4,5- bzw. 3,5-diisopropylpyridazin) reagiert mit in Wasser gelöstem NH_3 ($D=0.880$ g/cm^3) unter Rühren bei 20 °C (0.5 h) zu 3-Amino-6-fluor-4,5- bzw. 4-Amino-6-fluor-3,5-bis(heptafluorisopropyl)-pyridazin [7]. Hydrolyse des Perfluor-(4,5-diisopropylpyridazin) mit konzentriertem H_2SO_4, dem man 2 Tropfen H_2O hinzufügt, führt zu dem Pyridazin-6-on (A) in 40% Ausbeute und dem Pyridazin-3,6-dion (B) [8].

Bei der Zugabe von $CF_3C{\equiv}CCF_3$ zu einem Gemisch aus CsF, Tetramethylensulfon und Tetrafluorpyridazin in einer N_2-Atmosphäre entsteht bei 105 °C (8 h) cis- und trans-Perfluor-[4-(2′-buten-2′-yl)-pyridazin]. Bei 80 °C steigt die Ausbeute auf 60% [13]. Ein in [14] angegebenes 4-$[C(CF_3)=C(CF_3)]_2F$-Derivat des Pyridazins konnte in [13] nicht bestätigt werden. Setzt man Perfluor-(4,5-diisopropylpyridazin) in einem mit Quarzwolle gefüllten Quarzrohr der Vakuumpyrolyse bei 750 °C (0.04 Torr) aus, so bilden sich 8% Perfluor-(4-äthyl-5-vinylpyridazin) und ein nicht auftrennbares Gemisch (11%), das vermutlich Perfluor-[4-äthyl-5-(2′-prop-2′-enyl)-pyridazin] enthält [12].

Perfluor-(3-tert-butylpyridazin) $Z=C(CF_3)_3$, $U=X=Y=F$

Perfluor-(4-tert-butylpyridazin) $Y=C(CF_3)_3$, $U=X=Z=F$

Perfluor-(3,5-di-tert-butylpyridazin) $X=Z=C(CF_3)_3$, $U=Y=F$

Formation and Preparation of 1,2-Diazines

Perfluor-(3,6-di-tert-butylpyridazin) $U=Z=C(CF_3)_3$, $X=Y=F$

Perfluor-(4-sec-butylpyridazin) $Y=CF(CF_3)CF_2CF_3$, $Z=X=U=F$

Perfluor-(3,5-di-sec-butylpyridazin) $Z=X=CF(CF_3)CF_2CF_3$, $Y=U=F$

Perfluor-(4,5-di-sec-butylpyridazin) $Y=X=CF(CF_3)CF_2CF_3$, $Z=U=F$

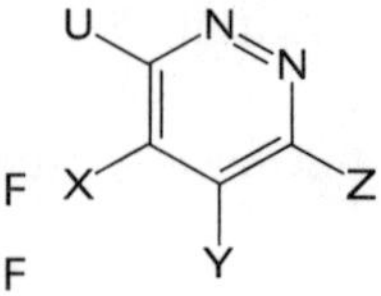

Die F^--katalysierte Addition von Perfluorolefinen an Tetrafluorpyridazin dient auch zur Synthese von $(CF_3)_3C$-Derivaten. Bei 20 °C (4 h) reagiert Tetrafluorpyridazin mit $(CF_3)_2C{=}CF_2$, gelöst in Tetramethylensulfon, in Gegenwart von CsF zu 80% Perfluor-(4-tert-butylpyridazin). Bei 40 °C (24 h) entsteht neben den Hauptprodukten Perfluor-(3,6-di-tert-butylpyridazin) und Perfluor(3,5-di-tert-butylpyridazin) noch ein (nicht näher charakterisiertes) cis-trisubstituiertes Derivat. Bei 80 °C (10 h) steigt die Ausbeute an 3,6-Produkt auf 75%. Perfluor-(3,5-di-tert-butylpyridazin) wandelt sich bei 110 °C (15 h) in Anwesenheit von CsF zu 50% in die 3,6-Verbindung um. Ein Gemisch aus Perfluor-(3,5-di-tert-butylpyridazin) und Tetrafluorpyridazin reagieren bei 80 °C (4 h) zu gleichen Mengen von Perfluor-4- und -3-tert-butylpyridazin [15]. Die in einem Ni-Autoklaven durchgeführte Umsetzung von Tetrafluorpyridazin mit $CF_3CF{=}CFCF_3$ bei 160 °C (24 h, CsF in Tetramethylensulfon) führt zu 30% Perfluor-(4-sec-butyl-) und 30% Perfluor-(3,5-di-sec-butylpyridazin). Führt man die Umsetzung unter Normaldruck bei 65 °C (20 h) durch, so fallen 16% Perfluor-(4-sec-butylpyridazin) und 38% Perfluor-(4,5-di-sec-butylpyridazin) an [16].

Perfluor-(4-cyclohexylpyridazin) $X'=F$

Perfluor-(3,5-dicyclohexylpyridazin) $X'=C_6F_{11}$

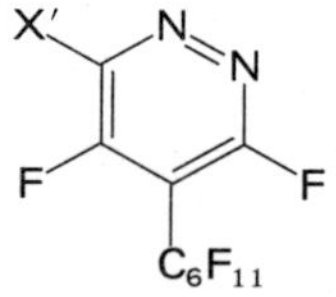

Perfluor-(4-cyclohexylpyridazin-6-on) $X=C_6F_{11}$, $Y=F$
oder $Y=C_6F_{11}$, $X=F$

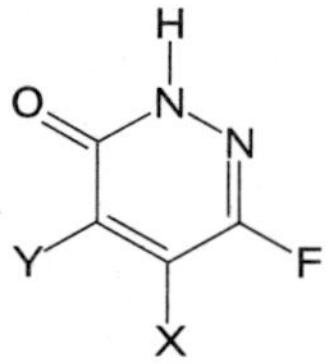

Perfluor-(4,5-diphenylpyridazin) $R^2=R^3=C_6F_5$, $R^1=R^4=F$

Perfluor-(4,5-diäthyl-3,6-diphenylpyridazin)
$R^2=R^3=C_2F_5$, $R^1=R^4=C_6F_5$

Perfluor-(4,5-diisopropyl-3,6-diphenylpyridazin)
$R^2=R^3=CF(CF_3)_2$, $R^1=R^4=C_6F_5$

Perfluor-(tetraphenylpyridazin) $R^1=R^2=R^3=R^4=C_6F_5$

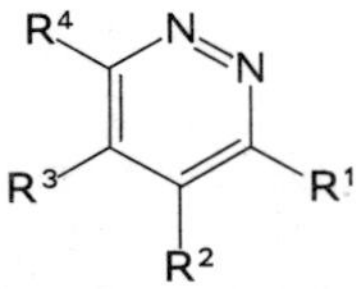

Perfluor-[4,5-diisopropyl-3,6-di-(4′-pyridyl)-pyridazin]
$R^2=R^3=CF(CF_3)_2$, $R^1=R^4=$ (Tetrafluor-4-pyridyl)

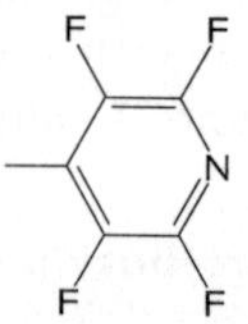

In einer N_2-Atmosphäre reagieren Decafluorcyclohexen mit Tetrafluorpyridazin bei Normaldruck bei 20 °C (93 h, CsF in Tetramethylensulfon) zum 4-Cyclohexylpyridazin.

Literatur s. S. 72

Formation and Preparation

Zusätzlich entsteht infolge Hydrolyse Pyridazinon. Bei 90 °C (117 h) bilden sich 60% des Monosubstitutionsproduktes und eine geringe Menge Perfluor-(3,5-dicyclohexylpyridazin) [17].

Die Synthese von C_6F_5-Derivaten des Tetrafluorpyridazins erfolgt durch Umsetzung mit C_6F_5Li in Äther/Hexan (2:1) bei −78 °C (1 h). Hierbei entsteht Perfluor-(tetraphenylpyridazin) in 86% Ausbeute. Reduziert man die Menge eingesetztes C_6F_5Li um etwa 50% und setzt analog bei −78 °C (2 h) um, so entstehen 30% Perfluor-(4,5-diphenylpyridazin). Ähnlich verlaufen Reaktionen von Perfluor-(4,5-diäthylpyridazin) bzw. Perfluor-(4,5-diisopropylpyridazin) mit C_6F_5Li in Äther/Hexan (2:1) bei −78 °C. Nach 6 h bilden sich 60% Perfluor-(4,5-diäthyl-3,6-diphenylpyridazin) und 65% Perfluor-(4,5-diisopropyl-3,6-diphenylpyridazin). Mit Tetrafluor-4-pyridyllithium liefert Perfluor-(4,5-diisopropylpyridazin) bei −78 °C (1 h, Äther) 50% Perfluor-[4,5-diisopropyl-3,6-di-(4′-pyridyl)-pyridazin] [18].

4.2.1.2 1,3-Diazine (Pyrimidine)

1,3-Diazines (Pyrimidines)

4.2.1.2.1 Perfluorhalogenpyrimidine (mit weiteren Substituenten, ohne Perfluorhalogenorganogruppen)

Perfluorohalogenopyrimidines

Tetrafluorpyrimidin

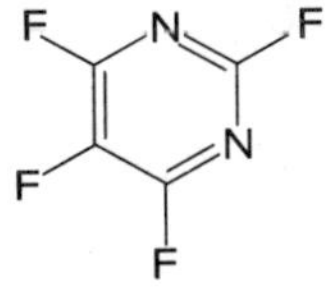

5-Chlor-pentafluor-5,6-dihydropyrimidin

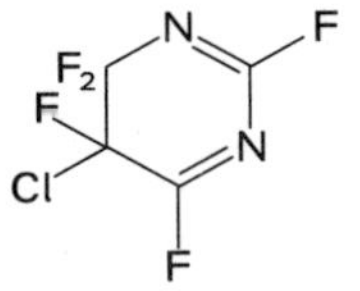

2,3-Dichlor-tetrafluor-3,4-dihydropyrimidin X = F

2,3,4-Trichlor-trifluor-3,4-dihydropyrimidin X = Cl

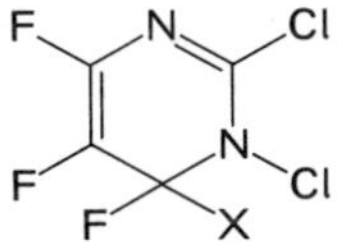

5-Chlor-trifluorpyrimidin X′ = Y′ = F

5,6-Dichlor-difluorpyrimidin X′ = F, Y′ = Cl

4,5,6-Trichlor-fluorpyrimidin X′ = Y′ = Cl

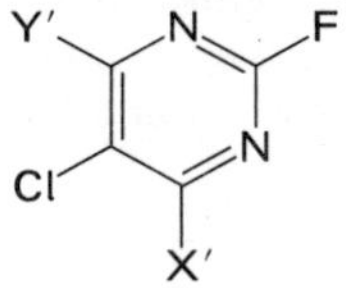

6-Jod-trifluorpyrimidin X = F

4,6-Dijod-difluorpyrimidin X = J

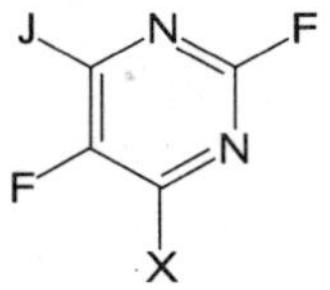

Bei 820 °C (Kontaktzeit 40 s) pyrolysiert Tetrafluorpyridazin in einem Quarzrohr, gefüllt mit Quarzwolle, zu 60% Tetrafluorpyrimidin [34]. Pyrolyse von Tetrafluorpyridazin in einem Quarzrohr, gefüllt mit Quarzwolle, in einem N_2-Strom bei 815 ± 15 °C liefert ein Gemisch,

Formation and Preparation of 1,3-Diazines

aus dem geringfügig verunreinigtes Tetrafluorpyrimidin isoliert werden konnte. Bei 745±15 °C werden 30% des Tetrafluorpyridazins in Tetrafluorpyrimidin umgewandelt [7]. Beim Erhitzen eines Gemisches aus Trifluorpyrimidin, AgF_2 und $(C_4F_9)_3N$ entsteht bei einer Badtemperatur von 130 °C (15 min) unter Rühren Tetrafluorpyrimidin (30.4% Ausbeute) [20]. Fluorierung von Tetrachlorpyrimidin mit KF bei 325 bis 345 °C (25 h) führt zu 35% 5-Chlor-trifluor- und 15% Tetrafluorpyrimidin [24], bei 410 °C (22 h) bilden sich in einem verschlossenen Stahlrohr 57% Tetrafluorpyrimidin [25]. In einem Autoklav wird Tetrachlorpyrimidin mit KF bei 500 °C (18 h) zu Tetrafluorpyrimidin umgesetzt [70]. Es entsteht auch beim Erhitzen von 2,4,6-Trifluorpyrimidin mit AgF_2 in $(C_4F_9)_3N$ auf 90 °C in 30% Ausbeute [71]. Die wiederholte Fluorierung von Tetrachlorpyrimidin mit AgF_2 bei 90 °C (nach Beruhigung der exothermen Reaktion wird noch 1 h im Rückfluß erhitzt) führt zu 84% 5-Chlor-trifluorpyrimidin. Zunächst wird Tetrachlorpyrimidin portionsweise zu AgF_2 zugegeben und nach jeder Zugabe auf 100 °C erhitzt (anschließend wird jedesmal heruntergekühlt und AgF_2 erneut zugesetzt). Dann wird auf 150 °C (1 h) erwärmt und destilliert. Es werden 20% 5-Chlor-trifluorpyrimidin und 5-Chlor-pentafluor-5,6-dihydropyrimidin isoliert [20]. 5-Chlor-trifluorpyrimidin ist auch aus Tetrachlorpyrimidin und KF bei 530 °C (18 h) in 7% Ausbeute erhältlich [27]. Die photochemisch induzierte Chlorierung des Tetrafluorpyrimidins führt zu einem Gemisch gemäß:

$$C_4F_4N_2 + Cl_2 \xrightarrow{h\nu} \text{(20\%)} + \text{(15\%)} + \text{Dimere (50\%)}$$

Die Strukturen der dimeren Produkte konnten nicht ermittelt werden [21]. In Gegenwart eines Katalysators (hergestellt aus Chromoxidhydrat und HF bei 350 bis 500 °C) wird Tetrachlorpyrimidin mit einem fünffachen Überschuß HF bei 500 °C (Verweilzeit 11 s) fluoriert. Aus dem Fluorierungsgemisch werden 61% 5-Chlor-trifluor-, 33% 5,6-Dichlor-difluor- und 6% 4,5,6-Trichlor-fluorpyrimidin isoliert. Durch Variierung der Reaktionsbedingungen und der eingesetzten Mengen können die Ausbeuten für die drei Produkte beeinflußt werden. Mit einem 1.9fachen HF-Überschuß fallen zum Beispiel 35% Trifluorchlor-, 44% Difluordichlor- und 17% Trichlorfluorpyrimidin an. Bei 300 °C (3facher HF-Überschuß) entstehen 5% Chlortrifluor-, 38% Dichlordifluor- und 45% Fluortrichlorpyrimidin [22]. Tetrachlorpyrimidin wird auch bei 300 °C (4 h, Druckanstieg auf 32 atm) von NaF unter Rühren (weitere zwei Stunden) zu 95.8% 5-Chlortrifluor- und 4.2% Dichlordifluorpyrimidin fluoriert. Bei 260 °C entstehen unter analogen Bedingungen 93.5% 5-Chlortrifluorpyrimidin [23].

Erhitzt man ein Gemisch aus Tetrafluorpyrimidin mit NaJ in $(CH_3)_2NCHO$ auf 115 °C (20 h) in einem Bombenrohr, so entstehen 55% 6-Jod-trifluor- und 10% 4,6-Dijod-difluorpyrimidin [26].

4-Hydroxy-trifluorpyrimidin X=F, Y=OH

4-Amino-trifluorpyrimidin X=F, Y=NH_2

4,6-Diamino-difluorpyrimidin X=Y=NH_2

4-Amino-6-jod-difluorpyrimidin X=J, Y=NH_2

Literatur s. S. 72

Formation and Preparation of 1,3-Diazines

5-Cyan-trifluorpyrimidin A=CN, B=C=D=F

5-Nitro-trifluorpyrimidin A=NO_2, B=C=D=F

2,4-Dichlor- und 4,6-Dichlor-5-cyan-fluorpyrimidin
B=C=Cl, A=CN, D=F und C=D=Cl, A=CN, B=F

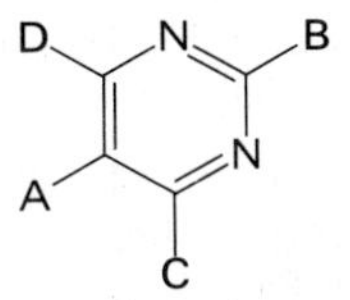

2-Amino-5-chlor-difluorpyrimidin A=Cl, B=NH_2, C=D=F

4-Amino-5-chlor-difluorpyrimidin A=Cl, C=NH_2, B=D=F

4,6-Diamino-5-nitro-fluorpyrimidin A=NO_2, C=D=NH_2, B=F

2,4-Diamino-5-cyan-fluorpyrimidin A=CN, B=C=NH_2, D=F

4-Chlor-5-cyan-difluorpyrimidin A=CN, C=Cl, B=D=F

4-(2′,3′,5′,6′-Tetrafluor-4′-trifluormethylanilino)-2,5,6-trichlorpyrimidin

4′—CF_3—C_6F_4—NH—

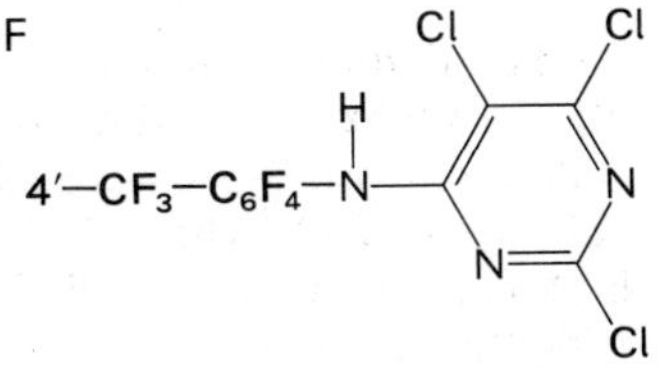

4 (2′ Amino-3′,5′-dichlor-6′-fluor-pyrid-4′-yl-amino)-2,5,6-trichlorpyrimidin

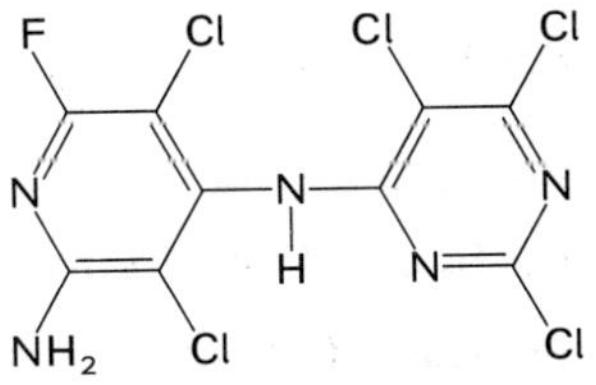

5-Fluororotsäure (und Monohydrat)

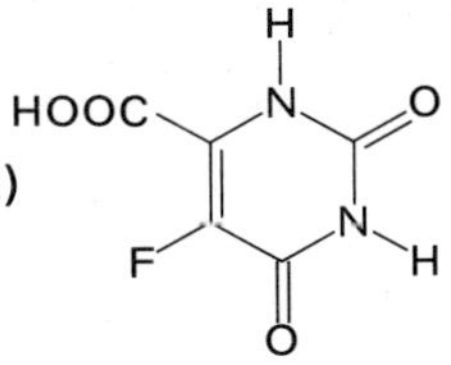

5,5-Difluorbarbitursäure

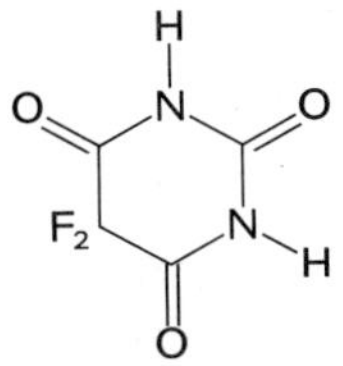

In Tetrahydrofuran hydrolysiert Tetrafluorpyrimidin mit H_2O bei 20 °C (2 h) zu 31% [20] bzw. bei 20 °C (72 h) zu 58% [25] 4-Hydroxytrifluorpyrimidin. Eine eiskalte Lösung von NH_3 in Äther setzt sich mit Tetrafluorpyrimidin (in Äther) unter Rühren (0.5 h) zu 36% 4-Aminotrifluorpyrimidin um [20].

Setzt man wäßriges NH_3 (D=0.880 g/cm^3) langsam (0.5 h) unter Rühren zu Tetrafluorpyrimidin zu, so entstehen in einer exothermen Reaktion 54% 4-Aminotrifluorpyrimidin. In Dioxan bei 60 °C (3.5 h) erfolgt Disubstitution zu 77% 4,6-Diaminodifluorpyrimidin [25]. Die Ammonolyse des in Dioxan gelösten 6-Jodtrifluorpyrimidin mit wäßrigem NH_3 bei 10 °C (1 h rühren) führt zu 63% 4-Amino-6-joddifluorpyrimidin [26]. Sowohl 5-Cyan- als auch 5-Nitro-trichlorpyrimidin werden durch feinverteiltes, H_2O-freies KF in einem Autoklaven bei 250 °C (3 h bzw. 2 h) zu 22% 5-Cyan- bzw. 40% 5-Nitro-trifluorpyrimidin fluoriert. Im Falle des 5-Cyanderivates entstehen zusätzlich 22% 4-Chlor-5-cyandifluorpyrimidin sowie ein 25:75-Gemisch aus 2,4-Dichlor-5-cyan- und 4,6-Dichlor-5-cyan-fluorpyrimidin. Mit NH_4OH (D=0.850 g/cm^3) kondensiert

Formation and Preparation of 1,3-Diazines

5-Chlortrifluorpyrimidin in Tetrahydrofuran bei 0 °C (1 h rühren) zu einem 91:9-Gemisch aus 4-Amino- und 2-Amino-5-chlor-difluorpyrimidin in 90% Ausbeute. Analog erhält man aus 5-Nitro-trifluorpyrimidin bei −20 °C (15 min rühren) 73% 4,6-Diamino-5-nitro-fluorpyrimidin und aus 5-Cyantrifluorpyrimidin bei 20 °C (1 h rühren) 84% 2,4-Diamino-5-cyan-fluorpyrimidin [27].

Nach Metallierung des 4-Amino-trichlorpyrimidins mit NaH in $(CH_3)_2NCHO$ bei 0 °C wird zu dieser Lösung Perfluortoluol, gelöst in $(CH_3)_2NCHO$, hinzugetropft und bei 21 °C (0.5 h) gerührt. Es bildet sich hierbei 4-(Tetrafluor-4′-trifluormethylanilino)-2,5,6-trichlor-pyrimidin (Schmelzpunkt 152.4 bis 153 °C). Analog erhält man aus 2,4-$(NH_2)_2$-3,5-Cl_2-C_5FN und Tetrachlorpyrimidin 4-(2′-Amino-3′,5′-dichlorfluorpyrid-4′-ylamino)-2,5,6-trichlor-pyrimidin (123 bis 133 °C) [74].

Fluorierungen von Orotsäuremonohydrat bzw. Barbitursäuredihydrat mit CF_3OF bei 20 °C (4 h bzw. 1 h) führt zu 5-Fluororotsäure bzw. 5,5-Difluorbarbitursäure. Beim Umkristallisieren von 5-Fluororotsäure aus H_2O bildet sich das Monohydrat [57]. 2-Methylthio- [58] bzw. 2-Äthylthio-5-fluororotsäure [59] liefern beim Erhitzen im Rückfluß (4 h) in konzentriertem HCl 5-Fluororotsäuremonohydrat, das auch analog (24 h) aus 2-Äthylthio-5-fluororotsäureäthylester hergestellt werden kann [60].

Perfluorohalogenoorganopyrimidines

4.2.1.2.2 Perfluorhalogenorgano-pyrimidine (mit weiteren Substituenten)

Perfluor-(2-methylpyrimidin) $X'=CF_3$, $Y'=Z'=F$

Perfluor-(4-methylpyrimidin) $Y'=CF_3$, $X'=Z'=F$

Perfluor-(5-methylpyrimidin) $Z'=CF_3$, $X'=Y'=F$

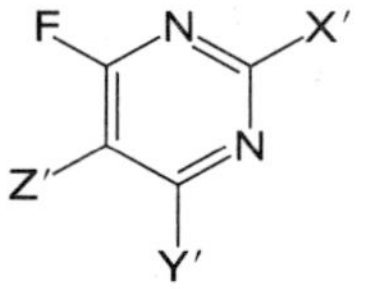

Perfluor-(4-äthylpyrimidin) $X=C_2F_5$, $Y=F$

Perfluor-(5-äthylpyrimidin) $X=F$, $Y=C_2F_5$

Perfluor-(4,5-diäthylpyrimidin) $X=Y=C_2F_5$

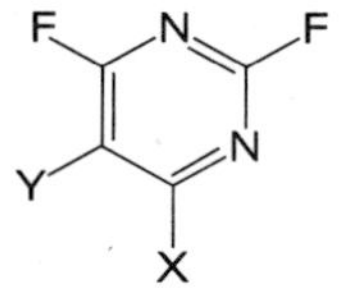

Tetrachlorpyrimidin wird von KF bei 500 °C (18 h) zu einem 90:8:2-Gemisch aus Perfluor-(5-, 4- und 2-methylpyrimidin) in 6% Ausbeute fluoriert. Die 3 Isomeren sind ^{19}F-NMR-spektroskopisch charakterisiert worden [27]. Die Pyrolyse von Tetrafluorpyridazin in einem Quarzrohr, gefüllt mit Quarzwolle, bei 815±15 °C im N_2-Strom liefert ein Reaktionsgemisch, in dem ^{19}F-NMR-spektroskopisch Perfluor-(5-methylpyrimidin) in 18% Ausbeute nachgewiesen werden konnte [7].

Leitet man Perfluor-4-äthylpyridazin mittels eines N_2-Stromes durch ein mit Pt-Folie ausgekleidetes Quarzrohr bei 700 °C (Kontaktzeit 35 s), so entstehen 35% Perfluor-(4-äthylpyrimidin) und 50% Perfluor-(5-äthylpyrimidin) bei 85% Umwandlung [12]. Auf ähnliche Weise wird auch Perfluor-(4,5-diäthylpyridazin) bei 650 °C (Verweilzeit 60 s) zu 85% Perfluor-(4,5-diäthylpyrimidin) umgewandelt. Ein ähnliches Ergebnis erzielt man bei 790 °C im Vakuum [12].

Perfluor-(5,6-diäthyl-2,4-diisopropylpyrimidin)

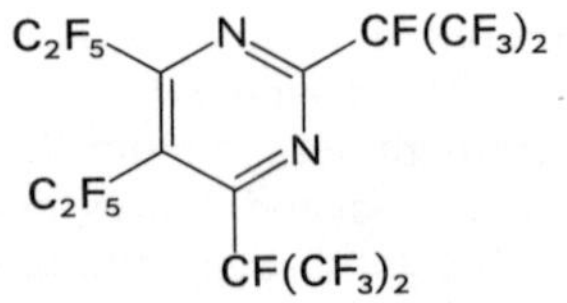

Formation and Preparation of 1,3-Diazines

Perfluor-(4-isopropylpyrimidin) X′=Y′=Z′=F

Perfluor-(4,6-diisopropylpyrimidin) Z′=CF(CF_3)$_2$, X′=Y′=F

Perfluor-(2,4,6-triisopropylpyrimidin) X′=Z′=CF(CF_3)$_2$, Y′=F

Perfluor-(tetraisopropylpyrimidin) X′=Y′=Z′=CF(CF_3)$_2$

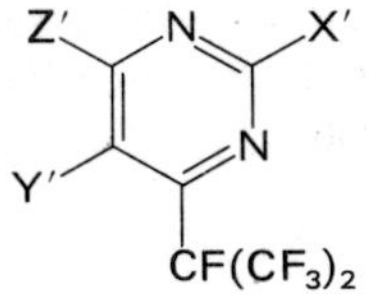

Perfluor-(5-isopropylpyrimidin) A=F

Perfluor-(4,5-diisopropylpyrimidin) A=CF(CF_3)$_2$

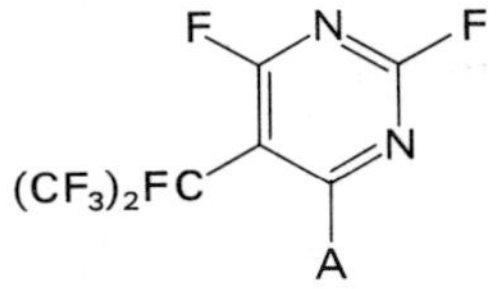

Perfluor-(4,5-diäthylpyrimidin) und CF_3CF=CF_2, gelöst in Tetramethylensulfon, reagieren in Gegenwart von CsF bei 70 °C (1.5 h, 760 Torr) zu Perfluor-(5,6-diäthyl-2,4-diisopropylpyrimidin), das auch bei der Pyrolyse (650 °C, 0.01 Torr, Quarzrohr gefüllt mit Quarzwolle) von Perfluor-(4,5-diäthyl-3,6-diisopropylpyridazin) anfällt. Das mittels eines N_2-Stroms durch ein Quarzrohr, gefüllt mit Quarzwolle, geleitete Perfluor-(4-isopropylpyridazin) isomerisiert bei 640 °C (Verweilzeit 100 s) zu einem 1:1-Gemisch aus Perfluor-(4- und 5-isopropylpyrimidin). In der angegebenen Apparatur lagert sich Perfluor-(4,5-diisopropylpyridazin) bei 0.3 atm zum 4,5-Diisopropylpyrimidin um. Nachfolgend werden Temperatur in °C, Verweilzeit in Sekunden, Umsatz und Ausbeute in % angegeben: 530 °C, 40 s, 25%, 30%; 580 °C, 60 s, 50%, 80%; 630 °C, 30 s, 60%, 20%. Die Umlagerung in einem Ni-Autoklaven bei 370 °C (16 h) liefert nahezu quantitativ Perfluor-(4,5-diisopropylpyrimidin), bei 300 °C (24 h) erfolgt nur eine 20%ige Umwandlung [12]. Die Pyrolyse von Perfluor-(4,5-diisopropylpyridazin) bei 580 °C (Quarzrohr, gefüllt mit Quarzwolle, N_2-Strom) führt nicht zu Perfluor-(2,5-diisopropylpyrimidin), wie in [7] angegeben, sondern zu Perfluor-(4,5-diisopropylpyrimidin), wie in [12] nachgewiesen wird. Auch die Vakuumpyrolyse von Perfluor-(4,5-diisopropylpyridazin) bei 750 °C (Druck 0.04 Torr; Quarzrohr, gefüllt mit Quarzwolle) liefert zu 15% Perfluor-(4,5-diisopropylpyrimidin) [12]. Das in einem Quarzrohr unter Hochvakuum abgeschmolzene Perfluor-(4,5-diisopropylpyridazin) geht beim Bestrahlen (800 h) in das entsprechende Pyrazin (75%) und in Perfluor-(4,5-diisopropylpyrimidin) (10%) über [42].

Tetrafluorpyrimidin addiert CF_3CF=CF_2 in Gegenwart von CsF in einem Lösungsmittel bei 70 °C (20 h, schütteln) zu den Derivaten A bis D gemäß:

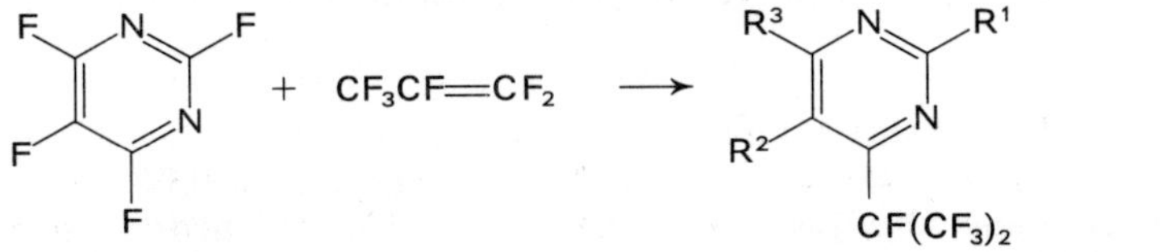

A: R¹=R²=R³=F C: R²=F, R¹=R³=CF(CF_3)$_2$

B: R¹=R²=F, R³=CF(CF_3)$_2$ D: R¹=R²=R³=CF(CF_3)$_2$

Anschließend werden Molverhältnis von CF_3CF=CF_2 zu Tetrafluorpyrimidin, Lösungsmittel, Gesamtausbeute sowie Ausbeuten an A, B, C und D in % angegeben: 1:1, Tetramethylensulfon, 87, 23 (A), 35 (B), 1 (C), 0 (D); 2:1, CH_3CN, 88, 1 (A), 84 (B), 3 (C), 0 (D); 3:1, Tetramethylensulfon, 88, 0 (A), 45 (B), 43 (C), 0 (D); 5:1, Tetramethylensulfon, 90, 0 (A), 6 (B), 81 (C), 3 (D). Zusätzlich entstehen wechselnde Mengen von CF_3CF=CF_2-Oligomeren. Ohne Lösungsmittel erfolgt keine Reaktion. In Gegenwart einer geringen Menge

Literatur s. S. 72

Formation and Preparation of 1,3-Diazines

CH_3CN und CsF reagiert Perfluor-(2,4,6-triisopropylpyrimidin) mit $CF_3CF{=}CF_2$ beim Erhitzen (2 h) zu 42% Perfluor-(2,4,5,6-tetraisopropylpyrimidin). Dieses wandelt sich nach 20stündigem Erhitzen zu 93% in die trisubstituierte Verbindung zurück [33].

cis- und trans-Perfluor-[4-(2′-buten-2′-yl)-pyrimidin]

trans-Perfluor-[4,6-bis(2′-buten-2′-yl)-pyrimidin]

Perfluor-(4-sec-butylpyrimidin) $R^1 = F$, $R^2 = F$

Perfluor-(4,6-di-sec-butylpyrimidin) $R^1 = F$, $R^2 = CF(CF_3)C_2F_5$

Perfluor-(2,4,6-tri-sec-butylpyrimidin) $R^1 = R^2 = CF(CF_3)C_2F_5$

Perfluor-(4,4′-bipyrimidyl)

Perfluor-bi-[1-(1′,4′,5′,6′-tetrahydropyrimidinyl)]

Bei 20 °C setzt sich Tetrafluorpyrimidin mit $CF_3C{\equiv}CCF_3$, gelöst in Tetramethylensulfon (rühren, CsF), bei 20 °C in einer N_2-Atmosphäre zu 63% cis- und 7% trans-Perfluor-4-(2′-buten-2′-yl)pyrimidin um. Bei 100 °C bilden sich 31% trans-Perfluor-[4,6-bis-(2′-buten-2′-yl)pyrimidin] [13]. Rührt man ein Gemisch aus Tetrafluorpyrimidin, CsF und Tetramethylensulfon bei 20 °C (2 h) in einer trockenen $CF_3CF{=}CF{-}CF_3$-Atmosphäre, so entstehen 25% Perfluor-(4-sec-butylpyrimidin) und 54% Perfluor-(4,6-di-sec-butylpyrimidin). Die Ausbeute an disubstituiertem Produkt wird bei 75 bis 85 °C (15 h) auf 85% gesteigert. Bei 135 °C (3.5 d) bilden sich 51% Perfluor-(2,4,6-tri-sec-butylpyrimidin) [16].

6-Jodtrifluorpyrimidin reagiert mit Cu-Bronze bei 180 °C (24 h) zu 58% Perfluor-(4,4′-bipyrimidyl) [26]. Tetrafluorpyrimidin wird in einem Ni-Reaktor von einem CoF_3-CaF_2-Gemisch bei 175 °C zu Perfluor-bi-[1-(1′,4′,5′,6′-tetrahydropyrimidinyl)] fluoriert [55].

Formation and Preparation of 1,3-Diazines

4,6-Dihydroxy-5-nitro-2-trifluormethylpyrimidin X=Z=OH, Y=NO_2

4,6-Dihydroxy-5-amino-2-trifluormethylpyrimidin X=Z=OH, Y=NH_2

4,6-Dichlor-5-nitro-2-trifluormethylpyrimidin X=Z=Cl, Y=NO_2

4,6-Diamino-5-nitro-2-trifluormethylpyrimidin X=Z=NH_2, Y=NO_2

4,5,6-Triamino-2-trifluormethylpyrimidin X=Y=Z=NH_2

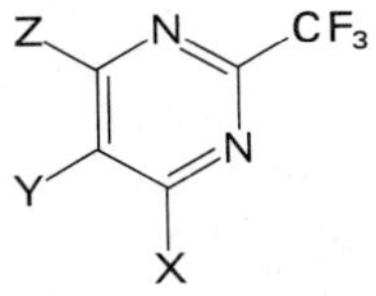

5-Amino-4,6-dichlor-2-trifluormethylpyrimidin
X=Z=Cl, Y=NH_2

4,5-Diamino-6-chlor-2-trifluormethylpyrimidin
X=Y=NH_2, Z=Cl

5-Amino-6-chlor-4-mercapto-2-trifluormethylpyrimidin
X=SH, Y=NH_2, Z=Cl

4-Amino-5-cyan-2,6-bis(trifluormethyl)-pyrimidin X=NH_2, Y=CN, Z=CF_3

4-Amino-6-hydroxy-5-nitro-2-trifluormethylpyrimidin X=NH_2, Y=NO_2, Z=OH

4-Amino-6-hydroxy-5-nitroso-2-trifluormethylpyrimidin X=NH_2, Y=NO, Z=OH

4,5-Diamino-6-hydroxy-2-trifluormethylpyrimidin X=Y=NH_2, Z=OH

4,6-Dihydroxy-5-nitroso-2-trifluormethylpyrimidin X=Z=OH, Y=NO

4,6-Dihydroxy-2-trifluormethylpyrimidin wird durch 70%iges HNO_3 zum entsprechenden 5-Nitroderivat nitriert, das in alkalischer Lösung mittels $Na_2S_2O_4$ in 93% Ausbeute zum Amin reduziert wird gemäß:

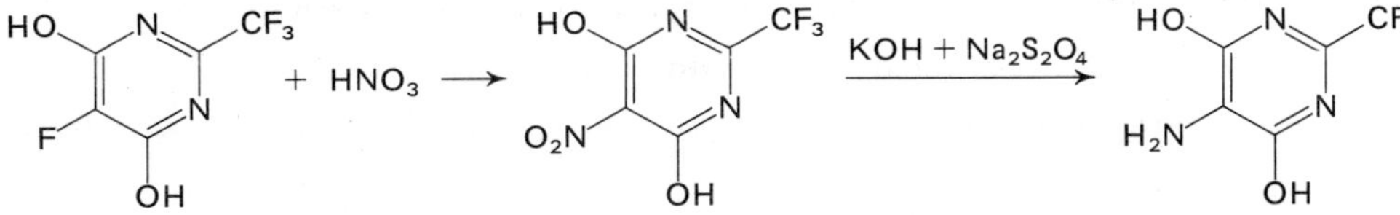

$$\text{(HO, F, OH)-pyrimidin-}CF_3 + HNO_3 \longrightarrow \underset{A}{\text{(HO, }O_2N\text{, OH)-pyrimidin-}CF_3} \xrightarrow{KOH + Na_2S_2O_4} \underset{B}{\text{(HO, }H_2N\text{, OH)-pyrimidin-}CF_3}$$

Zu einem Gemisch aus A und $POCl_3$ wird portionsweise Dimethylanilin zugesetzt und auf 70 bis 80 °C (1.5 h) erhitzt, wobei 4,6-Dichlor-5-nitro-2-trifluormethylpyrimidin entsteht (89%). Dieses reagiert mit NH_3 in Benzol bei 50 bis 60 °C (2 h) zu 92% 4,6-Diamino-5-nitro-2-trifluormethylpyrimidin, das in CH_3COOH mit Fe bei 50 °C (3 h) 92.6% 4,5,6-Triamino-2-trifluormethylpyrimidin liefert. Analog wird 4,6-Dichlor-5-nitro-2-trifluormethylpyrimidin in CH_3COOH mit Fe bei 40 bis 50 °C (2 h) in 76% Ausbeute zu 4,6-Dichlor-5-amino-2-trifluormethylpyrimidin reduziert. Partielle Ammonolyse des 4,6-Dichlor-5-amino-2-trifluormethylpyrimidin mit NH_3 in C_2H_5OH bei 100 °C (4 h) ergibt das entsprechende 4,5-Diamino-6-chlor-Derivat in 96% Ausbeute. Das in einem Gemisch aus H_2O und C_2H_5OH (2:13) gelöste KHS setzt sich mit 4,6-Dichlor-5-amino-2-trifluormethylpyrimidin bei 50 bis 60 °C (1.5 h) zu 81% 5-Amino-6-chlor-4-mercapto-2-trifluormethylpyrimidin um [28].

Kondensation von $CF_3C(NH)NH_2$ mit $CH_2(CN)_2$ in C_2H_5OH in Gegenwart von C_2H_5ONa erfolgt bei 20 °C unter Rühren (anschließend bei 20 °C 24 h aufbewahren) und liefert 4-Amino-5-cyan-2,6-bis(trifluormethyl)pyrimidin in 17% Ausbeute. Setzt man

Literatur s. S. 72

Formation and Preparation of 1,3-Diazines

6-Hydroxy-4-(nitramino)-2-trifluormethylpyrimidin portionsweise unter Rühren zu 96%igem H_2SO_4 bei ≈0 °C zu, so erhält man nach 12 h 70% 4-Amino-6-hydroxy-5-nitro-2-trifluormethylpyrimidin. In Anwesenheit von 2 mol C_2H_5ONa kondensieren $CF_3C(NH)NH_2$ und $C_2H_5OC(O)CH(NO)CN$ in C_2H_5OH bei 20 °C (0.5 h rühren, anschließend 12 h aufbewahren) zu 32% 4-Amino-6-hydroxy-5-nitroso-2-trifluormethylpyrimidin, das, in H_2O suspendiert, von $NaHSO_3$ bei 20 °C (3 h) zu 4,5-Diamino-6-hydroxy-2-trifluormethylpyrimidin reduziert wird. Das 4,5-Diaminoderivat kann auch aus der entsprechenden 5-Nitroverbindung mit $NaHSO_3$ synthetisiert werden. Die Ausbeuten betragen 79 bzw. 76%. Versetzt man eine alkalische Lösung von 4,6-Dihydroxy-2-trifluormethylpyrimidin bei 0 bis 5 °C mit $NaNO_2$, fügt konzentriertes H_2SO_4 zu und rührt 1.75 h, so bildet sich 83% 4,6-Dihydroxy-5-nitroso-2-trifluormethylpyrimidin. Die Reduktion mit $NaHSO_3$ ergibt 4,6-Dihydroxy-5-amino-2-trifluormethylpyrimidin, das auch analog aus der entsprechenden 5-Nitroverbindung zugänglich ist [32].

5-Nitro-2,4-dichlor-6-trifluormethylpyrimidin A = B = Cl, C = NO_2

5-Amino-2,4-dichlor-6-trifluormethylpyrimidin A = B = Cl, C = NH_2

4,5-Diamino-2-chlor-6-trifluormethylpyrimidin A = Cl, B = C = NH_2

5-Amino-2,4-dimercapto-6-trifluormethylpyrimidin A = B = SH, C = NH_2

5-Amino-2-chlor-4-mercapto-6-trifluormethylpyrimidin A = Cl, B = SH, C = NH_2

4-Amino-2-chlor-5-nitro-6-trifluormethylpyrimidin A = Cl, B = NH_2, C = NO_2

2,4-Diamino-5-nitro-6-trifluormethylpyrimidin A = B = NH_2, C = NO_2

4,5-Diamino-2-mercapto-6-trifluormethylpyrimidin B = C = NH_2, A = SH

2,4,5-Triamino-6-trifluormethylpyrimidin A = B = C = NH_2

5-Amino-2-chlor-4-hydrazino-6-trifluormethylpyrimidin A = Cl, B = $NHNH_2$, C = NH_2

F_3C N A N C B

5-Nitro-2,4-dichlor-6-trifluormethylpyrimidin wird in CH_3COOH mittels Fe bei 60 °C (1 h) zu 86.6% des entsprechenden 5-Amins reduziert. Dieses liefert mit NH_3 in C_2H_5OH bei 100 °C (4 h) 99% 4,5-Diamino-2-chlor-6-trifluormethylpyrimidin. Tropft man 2,4-Dichlor-5-nitro-6-trifluormethylpyrimidin bei 20 °C (1.5 h rühren) zu in H_2O gelöstem KHS und leitet in das Gemisch bei Wasserbadtemperatur (2 h) langsam H_2S ein, so bilden sich 93% 5-Amino-2,4-dimercapto-6-trifluormethylpyrimidin. Beim Zutropfen von 5-Amino-2,4-dichlor-6-trifluormethylpyrimidin zu einer Lösung von KHS in CH_3OH, das wenig H_2O enthält, fallen 76.6% 5-Amino-2-chlor-4-mercapto-6-trifluormethylpyrimidin an [28]. Zu 5-Nitro-6-trifluormethyluracil werden Dimethylanilin sowie PCl_3 (beides frisch destilliert) bei 0 °C zugetropft und 2 h im Rückfluß erhitzt, nach weiteren 12 Stunden bei 20 °C entstehen 54% 2,4-Dichlor-5-nitro-6-trifluormethylpyrimidin [29], das in $CHCl_3$ gelöst, bei Zugabe einer 2.83 n äthanolischen NH_3-Lösung bei 5 °C (0.5 h) und Rühren bei 20 °C (1 h) zu 4-Amino-2-chlor-5-nitro-6-trifluormethylpyrimidin reagiert. Letzteres wird zu einer Lösung von $NaHS \cdot H_2O$ in wenig H_2O, die mit H_2S gesättigt wurde, zugegeben und bei 60 °C so lange gerührt, bis der gesamte Feststoff aufgelöst war. Bei 20 °C wird dann das Reaktionsprodukt mit $Na_2S_2O_4$ zu 4,5-Diamino-2-mercapto-6-trifluormethylpyrimidin reduziert [30]. Zu einer eisgekühlten Lösung von NH_3 in C_2H_5OH werden 2,4-Dichlor-5-nitro-6-trifluormethylpyrimidin zugefügt und kurz im Rückfluß er-

Literatur s. S. 72

Formation and Preparation of 1,3-Diazines

hitzt. Nach 24 h bei 20 °C werden 79% 2,4-Diamino-5-nitro-6-trifluormethylpyrimidin isoliert, das mit H_2 katalytisch (2 atm) in absolutem C_2H_5OH zu 87% 2,4,5-Triamino-6-trifluormethylpyrimidin reduziert wird. 10%iges H_2SO_4 wandelt das Triaminderivat zu 88% in das Sulfat um (Schmelzpunkt 173 bis 145, Zersetzung, Erweichung bei 160 °C) [29]. Eine wäßrige $NaHCO_3$-Lösung wird zu in Aceton gelöstem 4,5-Diamino-5-nitro-6-trifluormethylpyrimidin zugetropft und mit $Na_2S_2O_4$ bei 20 °C (20 min) zum entsprechenden 2,4,5-Triamin reduziert. Auch 4-Amino-2-chlor-5-nitro-6-trifluormethylpyrimidin wird durch H_2 in Gegenwart von Raney-Nickel in CH_3OH zum entsprechenden 4,5-Diamino-Derivat hydriert [31].

In CH_3OH gelöstes NH_2NH_2 kondensiert mit 5-Amino-2,4-dichlor-6-trifluormethylpyrimidin beim Erhitzen im Rückfluß (2 h) zu 5-Amino-2-chlor-4-hydrazino-6-trifluormethylpyrimidin [49].

5-Cyan-2,4,6-tris(perfluorisopropyl)-pyrimidin $X = CF(CF_3)_2$

2,5-Dicyan-4,6-bis(perfluorisopropyl)-pyrimidin $X = CN$

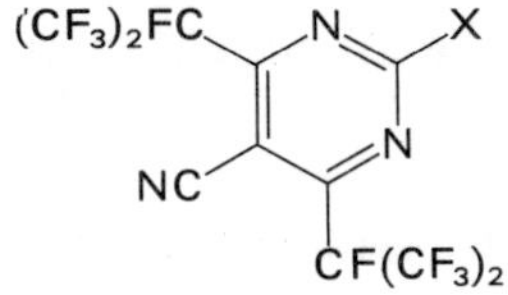

4-Amino-2,5-bis(perfluorisopropyl)-fluorpyrimidin

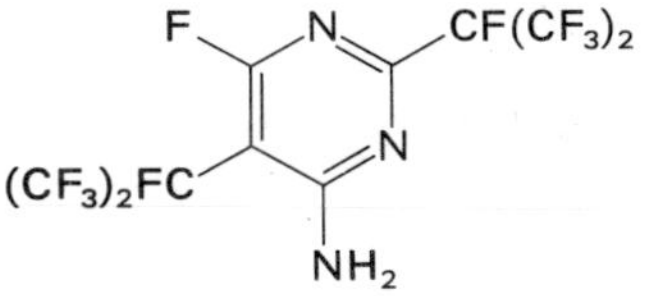

6,6-Bis(chlordifluormethyl)-perhydro-1,3,5-oxadiazin-2,4-dion $X = CF_2Cl$

6,6-Bis(trifluormethyl)-perhydro-1,3,5-oxadiazin-2,4-dion $X = CF_3$

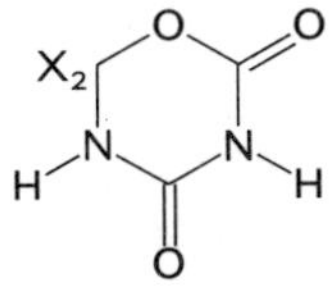

5-Cyan-6-trifluormethyl-2,2,4-trichlor-1,3,2-diazaphosphorin

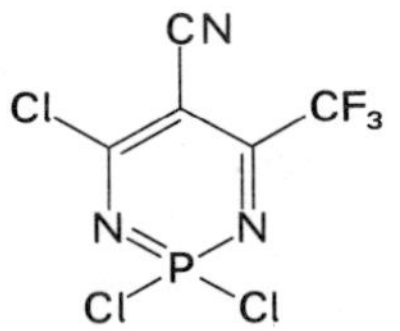

Bei Zugabe von NaCN (innerhalb 0.5 h) zu einer Lösung von Perfluor-(4,6-diisopropylpyrimidin) in CH_3CN erfolgt unter Rühren bei 20 °C (2 h) Umsetzung zu 42% 2,5-Dicyan-4,6-bis(heptafluorisopropyl)-pyrimidin, das mit $CF_3CF{=}CF_2$, gelöst in CH_3CN, in Gegenwart von CsF beim Erhitzen (20 h) zu 60% 5-Cyan-2,4,6-tris(heptafluorisopropyl)-pyrimidin reagiert [33]. Perfluor-(2,5-diisopropylpyrimidin), gelöst in Äther, setzt sich mit einer wäßrigen Lösung von NH_3 ($D = 0.880$ g/cm^3) bei tropfenweiser Zugabe und anschließendem Rühren (0.5 h) in guter Ausbeute zu 4-Amino-2,5-perfluor-(diisopropyl)-fluorpyrimidin um [7].

Während sich $(CF_2Cl)_2C(OH)NCO$ in Gegenwart von Pyridin in einer exothermen Reaktion zu 6,6-Bis(chlordifluormethyl)-1,3,5-oxadiazin-2,4-dion cyclisiert, entsteht die entsprechende CF_3-substituierte Verbindung aus $(CF_3)_2C(OH)NCO$ beim Aufbewahren in einem Glasgefäß bei 20 °C (1 Woche) [72].

Literatur s. S. 72

Formation. Preparation

In Dichloräthan oder Chlorbenzol gelöstes $CF_3CCl_2N{=}PCl_3$ reagiert in Gegenwart von $AlCl_3$ mit $CH_2(CN)_2$ in der Siedehitze unter HCl-Abspaltung zu 70% des Diazaphosphorins [48].

1,4-Diazines (Pyrazines)

4.2.1.3 1,4-Diazine (Pyrazine)

Tetrafluorpyrazin

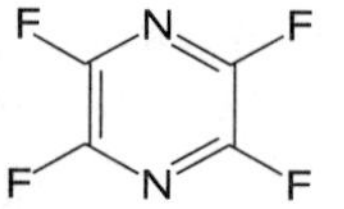

2-Chlor-trifluorpyrazin X=Y=Z=F

2,5-Dichlor-difluorpyrazin X=Z=F, Y=Cl

2,6-Dichlor-difluorpyrazin X=Y=F, Z=Cl

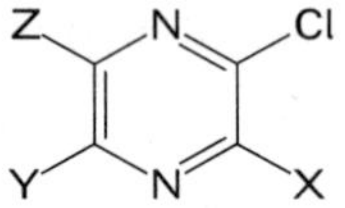

Hexafluor-2,3-dihydropyrazin

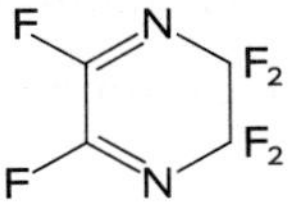

5,6-Dichlor-tetrafluor-2,3-dihydropyrazin

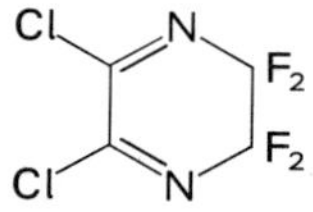

3,6-Dichlor-tetrafluor-2,5-dihydropyrazin

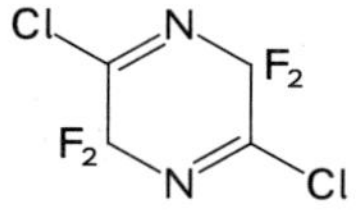

2,3,5-Trichlor-fluorpyrazin

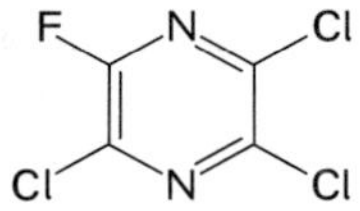

2-Brom-trifluorpyrazin

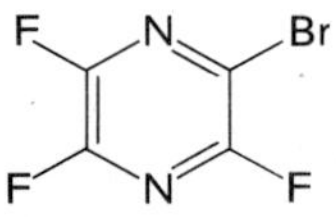

Dibromdifluorpyrazin

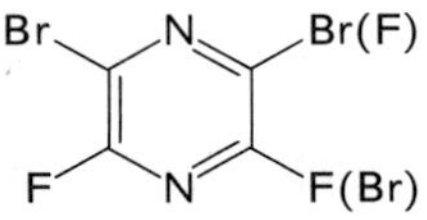

2-Chlor-5-hydrazino-difluorpyrazin

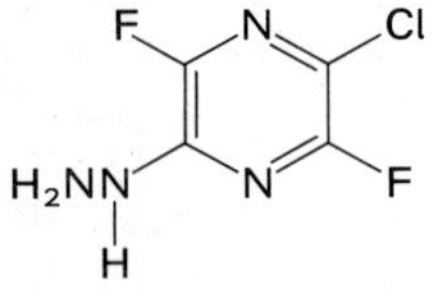

2-Hydroxy-trifluorpyrazin A=OH

2-Amino-trifluorpyrazin A=NH_2

2-Hydrazino-trifluorpyrazin A=$NHNH_2$

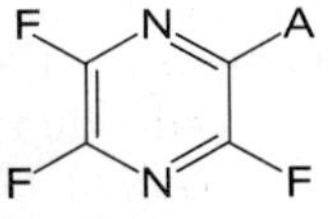

Literatur s. S. 72

Formation and Preparation of 1,4-Diazines

5-Hydroxy-2-chlor-difluorpyrazin

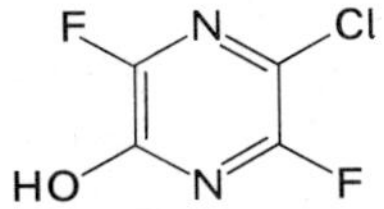

2,6-Diamino-difluorpyrazin

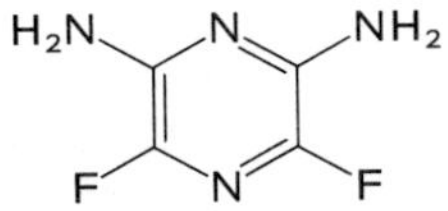

Diazidodifluorpyrazin

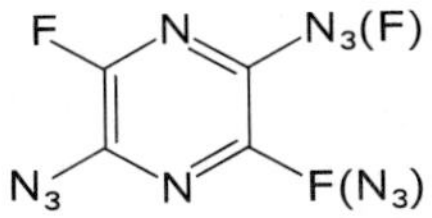

Tetrafluorpyrazinium-hexafluorantimonat (V)

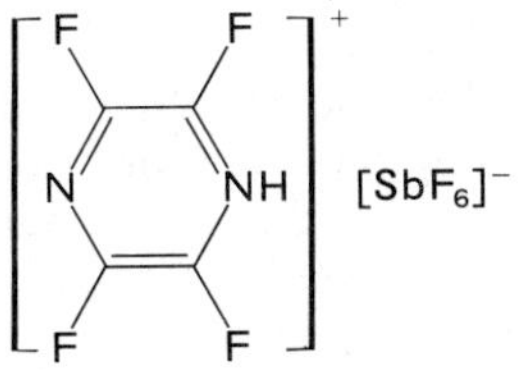

Decafluorpiperazin

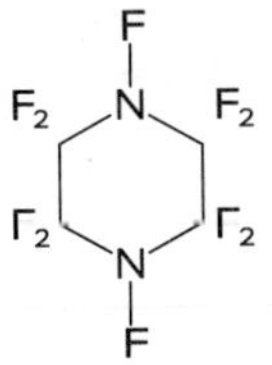

1-Poly-(perfluorpiperazin-1′-yloxy)-perfluorpiperazin

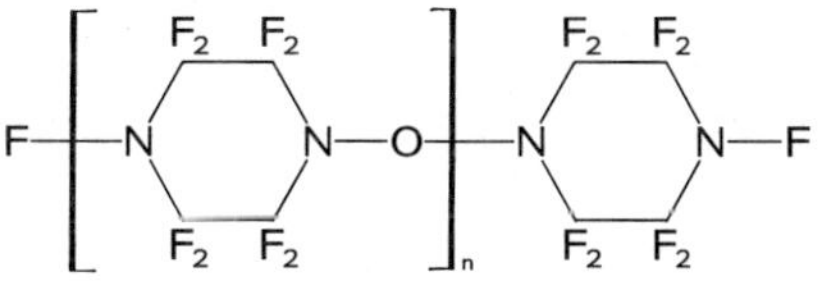

1-Poly-(perfluorpiperazin-1′-yl)-perfluorpiperazin

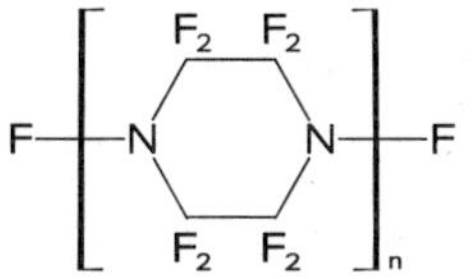

Tetrachlorpyrazin wird bei 340 °C (15 h) von KF in einem Bombenrohr zu 69% Tetrafluorpyrazin fluoriert. Die analog durchgeführte Fluorierung bei 300 °C (22 h) liefert 2-Chlor-trifluor- und 2,5-Dichlor-difluorpyrazin [3, 24]. Beim Bestrahlen von gasförmigem Tetrafluorpyridazin bei 60 °C (6 d) in einem Quarzrohr mit ungefiltertem Licht einer Mitteldruck-Hg-Lampe entsteht Tetrafluorpyrazin in 80% Ausbeute. Bestrahlung des Pyridazin in einem Pyrexrohr (112 h) führt zum Pyrazin in 89% Ausbeute [42], s. auch [34]. Die Fluorierung von Tetrachlorpyrazin mit KF im Ni-Autoklaven liefert in 95% Ausbeute Tetrafluorpyrazin. Bei 280 °C (9 h) fallen 20% Tetrafluor- sowie 50% 2-Chlor-trifluorpyrazin an und bei 250 °C (22 h) bilden sich 10% Tetrafluor-, 35% 2-Chlor-trifluor- sowie 40% 2,6-Dichlor-difluorpyrazin. Senkt man die Reaktionsdauer auf 10 h bei 250 °C, so entstehen 10% Tetrafluor-, 10% 2-Chlor-trifluor-, 25% Dichlor-difluor- und 50% 2,3,5-Trichlor-fluorpyrazin. In HCl gelöstes 2-Hydrazino-trifluorpyrazin wird von $FeCl_3$ zu 2-Chlor-trifluorpyrazin gespalten [35]. Analog wird 2-Hydrazino-5-chlor-difluorpyrazin zu 2,5-Dichlor-difluorpyrazin umgewandelt [36].

Tetrafluorpyrazin wird in einem kontinuierlichen N_2-Strom mittels CoF_3-CaF_2 bei 80 °C zu Perfluor-(2,3-dihydropyrazin) fluoriert [55]. Die photochemisch induzierte Chlorierung

Formation and Preparation of 1,4-Diazines

des Tetrafluorpyrazin liefert 50% 3,6-Dichlor-tetrafluor-2,5- und 10% 5,6-Dichlor-tetrafluor-2,3-dihydropyrazin [21]. Bei der Bestrahlung von in Freon 114 gelöstem 4,5-Dichlor-difluorpyridazin mit UV-Licht ($\lambda=254$ nm) entsteht als einzige Substanz 2,5-Dichlor-difluorpyrazin [47].

In 50%igem HBr gelöstes 2-Hydrazino-trifluorpyrazin reagiert auf Zugabe von $CuBr_2$ zu 2-Brom-trifluorpyrazin in 75% Ausbeute. Einen Fluor-Brom-Austausch erzielt man bei der Umsetzung von Tetrafluorpyrazin mit $AlBr_3$ in einem Bombenrohr bei 100 °C (48 h). Hierbei entsteht in 10% Ausbeute ein Dibrom-difluorpyrazin. Die in siedendem $(CH_3)_3COH$ (15 h) vorgenommene Hydrolyse des Tetrafluorpyrazin mit KOH führt zu 60% 2-Hydroxy-trifluorpyrazin. Ammonolyse (D = 0.880 g/cm^3) des Tetrafluorpyrazin bei 40 °C (1 h) und 20 °C (36 h) [3] bzw. 20 °C (8 h) liefert 41 bzw. 60% 2-Amino-trifluorpyrazin. Beim Behandeln von Tetrafluorpyrazin (gelöst in C_2H_5OH) mit einer äthanolischen N_2H_4-Lösung bei 20 °C (10 min rühren) entstehen 40% 2-Hydrazino-trifluorpyrazin [35]. Ein Gemisch aus 2-Chlor-trifluorpyrazin wird mit wasserfreiem CH_3COONa in N-Methyl-2-pyrrolidon 3 Tage gerührt. Hierbei entstehen 83% 5-Hydroxy-2-chlor-difluorpyrazin [50]. In einem geschlossenen Kolben werden Tetrafluorpyrazin und wäßriges NH_3 (D = 0.880 g/cm^3) bei 25 °C (14 d) gerührt, anschließend wird der Kolben geöffnet und erneut gerührt (2 h). Hierbei entsteht 2,6-Diamino-difluorpyrazin [39]. In N-Methyl-2-pyrrolidon gelöstes Tetrafluorpyrazin reagiert bei portionsweiser Zugabe von NaN_3 unter Rühren (1 h) zu Diazidodifluorpyrazin [3].

Hexafluorantimonsäure, dargestellt durch Schütteln von H_2O-freiem HF mit SbF_5 in einer Polyäthylenflasche, setzt sich mit Tetrafluorpyrazin (gelöst in SO_2) zum Antimoniat(V) um. Durch Elektrofluorierung von in HF gelöstem Piperazin (25 A, 6 V, Stromdichte 0.025 A/cm^2) erhält man Perfluor-(1,4-difluorpiperazin) in 8% Ausbeute. UV-Photolyse des Piperazin (7 d) in Gegenwart von O_2 liefert eine wachsartige Verbindung, die vermutlich ein Gemisch aus 1-Poly-(perfluorpiperazin-1′-yloxy)-perfluorpiperazin und 1-Poly-(perfluorpiperazin-1′-yl)-perfluorpiperazin darstellt [38, 40].

Perfluor-(2-äthylpyrazin) X = C_2F_5, Y = Z = F

Perfluor-(2-isopropylpyrazin) X = $CF(CF_3)_2$, Y = Z = F

Perfluor-(2-sec-butylpyrazin) X = $CF(CF_3)CF_2CF_3$, Y = Z = F

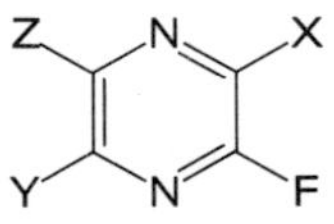

Perfluor-(2,5-diäthylpyrazin) X = Y = C_2F_5, Z = F

Perfluor-(2,5-diisopropylpyrazin) X = Y = $CF(CF_3)_2$, Z = F

Perfluor-(2,5-di-sec-butylpyrazin) X = Y = $CF(CF_3)CF_2CF_3$, Z = F

Perfluor-(2,6-diäthylpyrazin) X = Z = C_2F_5, Y = F

Perfluor-(2,6-diisopropylpyrazin) X = Z = $CF(CF_3)_2$, Y = F

Perfluor-(2,6-di-sec-butylpyrazin) X = Z = $CF(CF_3)CF_2CF_3$, Y = F

6-Amino-perfluor-(2,5-isopropylpyrazin) X = Y = $CF(CF_3)_2$, Z = NH_2

Perfluor-(1-cyclobutyl-4-fluorpiperazin)

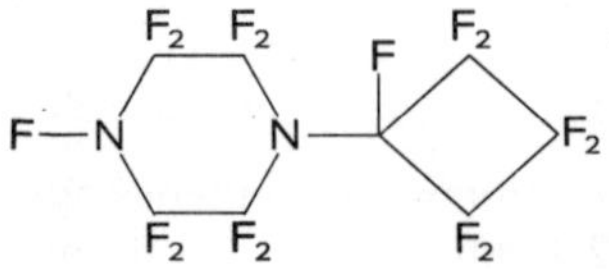

Literatur s. S. 72

Formation and Preparation of 1,4-Diazines

Hexafluorbipyrazin-2-yl

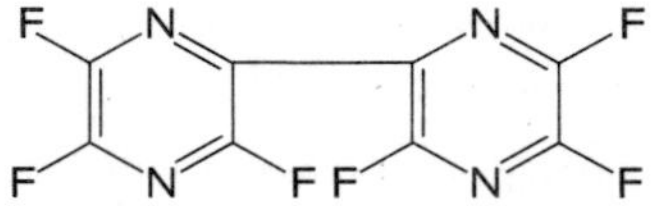

Perfluor-(1,4-diisopropylpiperazin) $R_f'=R_f=CF(CF_3)_2$

Perfluor-(1,4-di-n-butylpiperazin) $R_f'=R_f=CF_2CF_2CF_2CF_3$

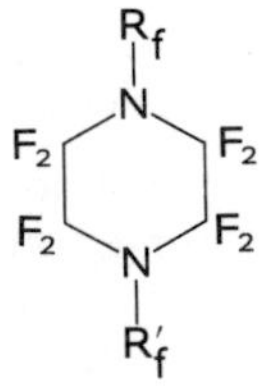

Perfluor-[piperazidin-1',4'-yl-bis-(3-propionylfluorid)]
$R_f=R_f'=CF_2CF_2C(O)F$

Perfluor-[4'-äthylpiperazidin-1'-yl-(3-propionylfluorid)]
$R_f=C_2F_5$, $R_f'=CF_2CF_2C(O)F$

Perfluor-[4'-propylpiperazidin-1'-yl-(3-propionsäure)]
$R_f=C_3F_7$, $R_f'=CF_2CF_2C(O)OH$

Die Synthese von Perfluoralkylpyrazinen erfolgt durch katalytische Addition eines Perfluorolefins an Tetrafluorpyrazin in einem aprotischen Lösungsmittel in Gegenwart von CsF. Nachfolgend werden Pyrazin, Olefin, Lösungsmittel, Reaktionstemperatur in °C, (Reaktionszeit in h), Produkt und Ausbeute in % angegeben: Tetrafluorpyrazin, $CF_3CF{=}CF_2$, Tetramethylensulfon, 110 (4.5), Perfluor-(2,5-diisopropylpyrazin), 60 [7], Tetrafluorpyrazin, $CF_3CF{=}CFCF_3$, Tetramethylensulfon, 160 (48), Perfluor-(2,5-di-sec-butylpyrazin), 55 [42].

Perfluoralkylpyrazine entstehen auch durch thermisch oder photolytisch induzierte Isomerisierung von Perfluoralkylpyridazinen. Die Pyrolyse erfolgt in einem Quarzrohr, ausgekleidet und gefüllt mit Pt-Folie, in einer N_2-Atmosphäre. Perfluor-(4,5-diäthylpyridazin) wird bei 650 °C (Verweilzeit 60 s) zum Perfluor-(2,6-diäthylpyrazin) umgewandelt. Die bei 0.3 atm durchgeführte Strömungspyrolyse von Perfluor-(4,5-diisopropylpyridazin) führt bei 600 °C (30 s) zu 10%, bei 630 °C (30 s) zu 35% Perfluor-(2,5-diisopropylpyrazin) [12]. Letzteres entsteht auch analog bei 560 °C (50 s) in 3% Ausbeute [34], bei 580 °C (3 h) [7] und bei der Photolyse (bei 253.7 nm) in der Gasphase [41].

Zur photolytisch induzierten Isomerisierung von Perfluoralkylpyridazinen werden die Proben in einem Quarzrohr in der Gasphase mit einer Mitteldruck-Hg-Lampe (U.V.S. 1000) im Abstand von 10 cm bei 60 °C bestrahlt. Die mit *) markierten Ausgangsverbindungen sind analog in einem Pyrexrohr bestrahlt worden. Die mit **) gekennzeichneten Proben wurden bei 253.7 nm mit einer Niederdruck-Hg-Lampe in einem Rayonet R.P.R.-208 Reaktor (Southern New England Ultraviolet Company) bei 40 °C behandelt. Anschließend werden Ausgangsverbindung, Bestrahlungsdauer, Pyrazin und Ausbeute in % angegeben: Perfluor-(4-isopropylpyridazin), 66.5 h, Perfluor-(2-isopropylpyrazin), 92; Perfluor-(4,5-diisopropylpyridazin), 96 h, Perfluor-(2,5-diisopropylpyrazin), 77; Perfluor-(4-äthylpyridazin), 144 h, Perfluor-(2-äthylpyrazin), 80; Perfluor-(4,5-diäthylpyridazin), 125 h, Perfluor-(2,5-diäthylpyrazin), 44.4; Perfluor-(4,5-di-sec-butylpyridazin), 144 h, Perfluor-(2,5-di-sec-butylpyrazin), 46.0; Perfluor-(3,5-diisopropylpyridazin), 115 h, Perfluor-(2,6-diisopropylpyrazin), 74; Perfluor-(4,5-diisopropylpyridazin) *), 90 h, Perfluor-(2,5-diisopropylpyrazin), –; Perfluor-(3,5-diisopropylpyridazin) *), 143 h, Perfluor-(2,6-diisopropylpyrazin), 95; Perfluor-(4-sec-butylpyridazin) **), 330 h, Perfluor-(2-sec-butylpyrazin), 100; Perfluor-(3,5-di-sec-butylpyridazin) **), 400 h, Perfluor-(2,6-di-sec-butylpyrazin), 67; Perfluor-(2,5-diisopropylpyridazin) **) flüssig, 240 h, Perfluor-(2,6-diisopropylpyrazin), 3; Perfluor-(2,6-diisopropylpyrazin) *) flüssig, 240 h, Perfluor-(2,5-diisopropylpyridazin) **), 800 h, Perfluor-(2,5-diisopropylpyrazin), 75 und Perfluor-

Formation and Preparation

(2,6-diisopropylpyrazin), 10 [42]. Diese Umlagerungen laufen über die Bildung von Diazabicyclo[2.2.0]hexa-2,5-dienen (s. unten) [43].

Tropft man NH_4OH (D = 0.880 g/cm^3) zu einer ätherischen Lösung von Perfluor-(3,6-diisopropylpyrazin) unter Rühren (0.5 h) zu, so erhält man 2-Amino-perfluor-(3,6-diisopropylpyrazin) [7]. – Beim Bestrahlen von Perfluor-(1,4-difluorpiperazin) mit Perfluor-cyclobuten (20 h) bildet sich Perfluor-(1-cyclobutyl-4-fluorpiperazin) in 93% Ausbeute, bezogen auf verbrauchtes Piperazin [38]. – Bromtrifluorpyrazin wird von Bronzepulver bei 190 °C (24 h) zu Hexafluorbipyrazin-2-yl umgewandelt [44].

Perfluor-(1,4-diisopropyl- und 1,4-dibutylpiperazin) sind vermutlich durch Elektrofluorierung von entsprechenden Pyrazinen synthetisiert worden [46]. Analog entstehen aus $ClC(O)CH_2CH_2N(C_2H_4)_2NCH_2CH_2C(O)Cl \cdot 2HCl$ (3- bis 6%ige Lösung in HF) bei einer Elektrolysespannung von 5.8 bis 6.3 V die drei Propionyl-Derivate [56].

Diazabicyclo Compounds

4.2.1.4 Diazabicyclo-Verbindungen

Perfluor-(2,5-diazabicyclo[2.2.0]hexa-2,5-dien) $R^1 = R^2 = F$

Perfluor-(1,4-diäthyl-2,5-diazabicyclo[2.2.0]hexa-2,5-dien) $R^1 = R^2 = C_2F_5$

Perfluor-(1,4-diisopropyl-2,5-diazabicyclo-[2.2.0]hexa-2,5-dien) $R^1 = R^2 = CF(CF_3)_2$

Perfluor-(1-isopropyl-2,5-diaza-bicyclo[2.2.0] hexa-2,5-dien) $R^1 = CF(CF_3)_2$, $R^2 = F$

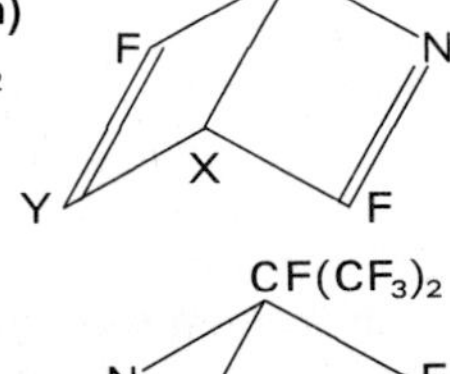

Perfluor-(1,4-di-sec-butyl-2,5-diazabicyclo-[2.2.0]hexa-2,5-dien) $R^1 = R^2 = CF(CF_3)CF_2CF_3$

Perfluor-(1-sec-butyl-2,5-diazabicyclo[2.2.0]hexa-2,5-dien) $R^1 = CF(CF_3)CF_2CF_3$, $R^2 = F$

Perfluor-(1-äthyl-2,5-diazabicyclo[2.2.0]hexa-2,5-dien) $R^1 = C_2F_5$, $R^2 = F$

Perfluor-(4,5-diisopropyl-1,2-diazabicyclo[2.2.0]hexa-2,5-dien) $X = Y = CF(CF_3)_2$

Perfluor-(4,5-di-sec-butyl-1,2-diazabicyclo[2.2.0] hexa-2,5-dien) $X = Y = CF(CF_3)CF_2CF_3$

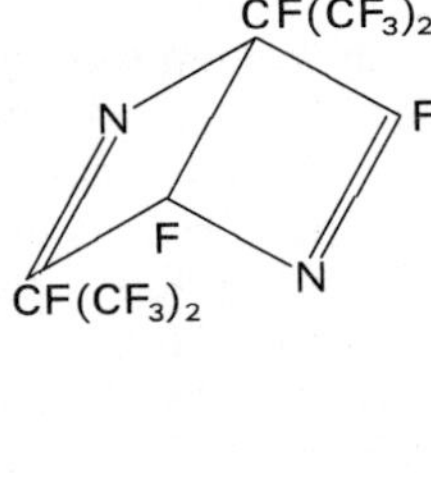

Perfluor-(1,3-diisopropyl-2,5-diazabicyclo[2.2.0] hexa-2,5-dien)

Perfluor-(1,4-diazabicyclo[2.2.2]octan)

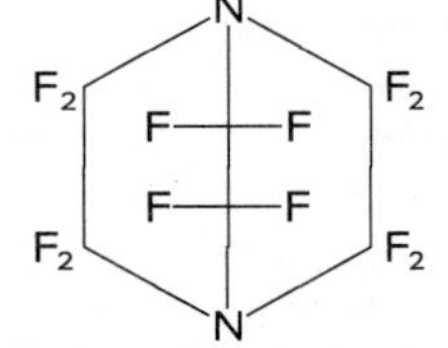

Bei UV-Bestrahlung von Perfluor-(4,5-dialkylpyridazinen) (Quarzapparatur, 40 °C, λ = 253 nm, mit *): λ = 300 nm) erfolgt eine Isomerisierung gemäß:

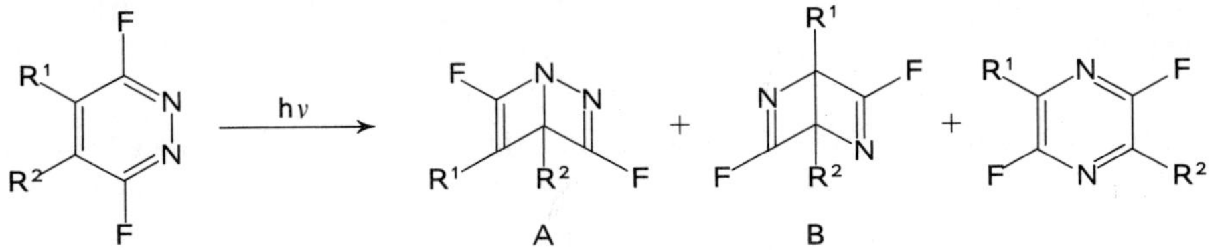

Die nach diesem Verfahren synthetisierten Pyrazine sind auf S. 31 beschrieben. Nachfolgend werden R^1, R^2, Bestrahlungsdauer sowie die beiden Isomere A und B angegeben: F, F, 65 h, –, B; $CF(CF_3)_2$, $CF(CF_3)_2$, 119 h, A, B; $CF(CF_3)CF_2CF_3$, $CF(CF_3)CF_2CF_3$, 70 h, A, B; C_2F_5, C_2F_5, –, –, B; F, $CF(CF_3)_2$, –, –, B; F, $CF(CF_3)CF_2CF_3$, –, –, B; F, C_2F_5, –, –, B; F*⁾, $CF(CF_3)_2$*⁾, –, –, B (95%); F*⁾, $CF(CF_3)CF_2CF_3$*⁾, –, –, B (57%).

Für $R^1 = R^2 = CF(CF_3)_2$ wandelt sich A beim Bestrahlen (λ=253.7 nm, Quarzgefäß, 19 h) zu einem 1:1:1-Gemisch um, das aus Ausgangsverbindung, B und Pyrazinderivat besteht [43]. Leitet man das 4,5-Diisopropylpyradizin ($R^1 = R^2 = CF(CF_3)_2$) bei 71 °C (4 bis 5 min) mit einem N_2-Strom durch ein Rohr, gefüllt mit Ziegelmehl, so erhält man die Verbindung B (68%) und das entsprechende Pyrazin (6%) sowie die nicht umgesetzte Ausgangsverbindung (26%). Mit O_2 als Trägergas fallen die drei Produkte in 10%, 2% und 88% Ausbeute an. Auch die Bestrahlung von Perfluor-(3,5-diisopropylpyridazin) führt nach 18 h zu einem Gemisch aus Ausgangsverbindung, Perfluor-(2,6-diisopropylpyrazin) und Perfluor-(1,3-diisopropyl-2,5-diazabicyclo[2.2.0]hexan-2,5-dien) [43].

Durch Elektrofluorierung von Triäthylendiamin (gelöst in C_6F_{12}, HF als Elektrolyt, bei 7 V, 20 bis 24 A, 80 h) gewinnt man Perfluor-(1,4-diaza-bicyclo[2.2.2]octan) [45].

4.2.2 Physikalische Eigenschaften

Physical Properties

Die physikalische Daten der Diazine sind in Tabelle 15, S. 34, aufgeführt. Darüber hinausgehende Informationen werden in dem nachfolgenden Kapitel gegeben.

Photoelektronenspektren und Massenspektren

Photo-electron Spectra and Mass Spectra

Die Ionisierungsenergien der 1 s-Elektronen der N- sowie der C- und F-Atome werden mittels der Röntgenphotoelektronenspektren für Tetrafluorpyridazin, -pyrimidin und -pyrazin gemessen. Die Ergebnisse sind auf Grund von CNDO/2-SCF-MO-Rechnungen interpretiert worden. Hieraus ergeben sich folgende Orbitalenergien (in eV) [52]:

Verbindung	Stellung	C_{1s}	F_{1s}	N_{1s}
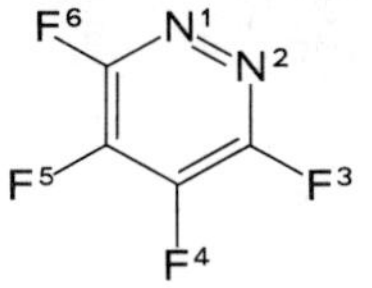 Tetrafluorpyridazin	2	–	–	402.7
	3	289.9	691.2	–
	4	289.7	691.2	–
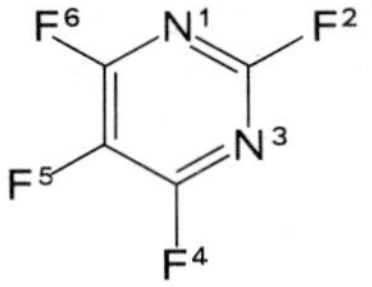 Tetrafluorpyrimidin	2	290.4	691.2	–
	3	–	–	402.3
	4	290.2	691.2	–
	5	289.1	691.2	–
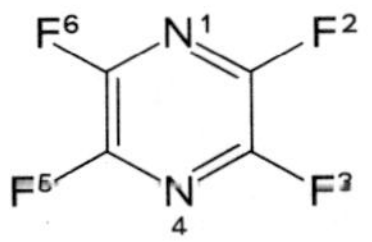 Tetrafluorpyrazin	1	–	–	402.9
	2	290.6	691.0	–

Literatur s. S. 72

Physical Properties

All-Valenz-Elektronen-CNDO/2-SCF-MO-Berechnungen ergeben für das Dipolmoment des Pyridazins $\mu = 1.29$ D, des Pyrimidins $\mu = 0.66$ D und des Pyrazins $\mu = 0$ D, berechnete Ladungsverteilungen s. Original [69].

Die Massenspektren von Trichlorfluor-, Dichlordifluor-, Chlortrifluor- und Tetrafluorpyrimidinen sind in [53] in Form von Strichdiagrammen angegeben. Ihr Fragmentierungsmuster wird diskutiert [53].

Tabelle 15:
Physikalische Eigenschaften der sechsgliedrigen Perfluorhalogenorgano-Heterocyclen mit zwei N-Atomen im Ring. Siedepunkt (Sdp.) in °C/Druck in Torr, Schmelzpunkt (Schmp.) in °C, Brechungsindex n_D, chemische Verschiebung δ und Spin-Spin-Kopplungskonstante J im NMR-Spektrum (d=Dublett, tr=Triplett, qu=Quartett, qui=Quintett, sept=Septett, m=Multiplett), IR-Spektrum (in cm^{-1}), Wellenlängen λ_{max}, λ_{min} und Extinktionskoeffizienten ε der UV-Absorptionsmaxima bzw. -minima, Massenspektrum MS (m/e, Bruchstück, relative Intensität):

Verbindung	Sdp./Torr (Schmp.) in °C	^{19}F- und ^{1}H-NMR (δ in ppm) IR- und UV-Spektrum Massenspektrum, n_D
X=Y=F	117 [1] 58 bis 60/6.5 [2]	^{19}F-NMR [2)]: δ(6-F) = −79.6, δ(5-F) = −18.0 [1], δ(6-F) = −71.7, δ(5-F) = −18.1 [2, 6] ^{19}F-NMR [1)]: δ(6-F) = 93.9, δ(5-F) = 147.6 [15] IR (Film): 2941 (w), 2632 (w), 1953 (w), 1779 (w), 1645, 1587, 1497, 1445 (vs), 1412, 1355, 1340, 1279, 1196, 1126, 1101 (vs), 1053, 1016 (vs), 990 (w), 971, 926, 855 (w), 763, 719 (w), 676, 662, 654, 538, 488 [2] UV (in Cyclohexan): λ_{max} = 248 nm (ε = 14125), λ_{max} = 283.5 nm (ε = 3090); UV (in Äthanol): λ_{max} = 246.5 nm (ε = 14125), $\lambda_{max} \approx 270$ (infl) nm (ε = 3630) [2]; UV (in Cyclohexan): λ_{max} = 284, 248 nm; UV (in Äthanol): λ_{max} = 270, 247 nm [1], λ_{max} = 248 nm (ε = 4160), 283 nm (ε = 900) [17)] [42] MS: m/e = 152, M^+ (100); 124, $C_4F_4^+$ (11); 93, $C_3F_3^+$ (68); 74, $C_3F_2^+$ (27); 62, $C_2F_2^+$ (13); 55, C_3F^+ (8); 31, CF^+ (51) [3)] [7]
X=OH, Y=F	(129 bis 131) [3, 5, 6]	^{19}F-NMR [2)] (in Aceton): δ(F) = −16.6, −23.5, −59.6 [3, 5, 6] IR (KBr): 3086, 3030, 2907, 2353, 1701, 1667, 1597, 1475, 1364 (w), 1299, 1279, 1232, 1129, 1020, 1016, 881, 781, 752, 662, 654 [5, 6] UV (in C_2H_5OH): λ_{max} = 277.5 nm (ε = 2692) [5, 6], λ_{max} = 279 nm [3], UV (in Cyclohexan): λ_{max} = 276 nm [5, 6]
X=F, Y=NH_2	(89.5 bis 91) [1 bis 4]	^{19}F-NMR [2)] (in CCl_4): δ(CF) = −8.0, −60.1, −70.8 [1 bis 4] IR (KBr): 3333, 3175, 2924 (w), 2857 (w), 1647,

Tabelle 15 [Fortsetzung]

Physical Properties

Verbindung		Sdp./Torr (Schmp.) in °C	^{19}F- und ^{1}H-NMR (δ in ppm) IR- und UV-Spektrum Massenspektrum, n_D
			1621, 1585, 1515 (w), 1453, 1385, 1319, 1264 (w), 1195, 1183 (sh), 1115, 953, 801 (w), 769, 697, 660 [2 bis 4] UV (in C_2H_5OH): λ_{max}=251 nm (infl, ε=4571) [2, 4], λ_{max}=269 nm (ε=58884) [1 bis 4]
[Strukturformel: 3,6-Difluor-4,5-dichlorpyridazin]	[47]	(50 bis 52)	^{19}F-NMR [7)]: δ(F)=81.3 IR (KBr): 1541, 1166, 1152, 966, 868 UV (in Cyclohexan): λ_{max}=228 nm (ε=8650), 263 nm (ε=2340), 305 nm (ε=177) MS: m/e=184, 156, 125, 121, 106
[Strukturformel: 4,5-Difluor-1,2-dihydropyridazin-3,6-dion]	[8]	257	^{19}F-NMR [2)] (in Aceton): δ(F)=−17.5 IR (Nujol): 3100 (br), 1697, 1602, 1570 (sh), 1508, 1447, 1397, 1297 bis 1277 (m), 1235, 1103, 1032, 793, 679 (w) UV (in C_2H_5OH): λ_{max}=285 nm
[Strukturformel: 1,2-Bis(trifluormethyl)-4,4,5,5-tetrafluorhexahydropyridazin-3,6-dion]	[75]	–	^{19}F-NMR [7)]: $\delta(CF_3)$=60.8, $\delta(CF_2)$=118.2, 135.4 (AB-Spektrum), J(A-B)=282 Hz IR: ν(C=O)=1802. – MS: m/e=397, $C_7F_{13}N_4O_3^+$ (2.4); 388, $C_6F_{12}N_4O_2^+$ (9.7); 175, $C_3F_5N_2O^+$ (2.2); 111, $C_2F_3NO^+$ (11.0); 92, $C_2F_2NO^+$ (2.7); 69, CF_3^+ (100); 50, CF_2^+ (4.0); 47, CFO^+ (3.1); 28, N_2^+ (2.5)
[Strukturformel: 3-X-4-C_2F_5-5-Y-6-Z-pyridazin]	X=Y=Z=F	144 [10]	^{19}F-NMR [1)]: $\delta(CF_3)$=87.0, $\delta(CF_2)$=115.0, δ(3-F)=77.4, δ(5-F)=120.6, δ(6-F)=97.5 [10] IR s. [27)]. – UV (in Cyclohexan): λ_{max}=262.5 nm (ε=2570) [10], λ_{max}=262 nm (ε=2580), 312 nm (ε=330) [17)] [42]
	X=Z=F Y=C_2F_5	(37 bis 37.5) [10]	^{19}F-NMR [1)]: $\delta(CF_3)$=82.6, $\delta(CF_2)$=107.2, δ(CF)=77.7 [10] IR s. [28)]. – UV (in Cyclohexan): λ_{max}=277 nm (ε=4989), 285.5 nm (ε=4457) [10], λ_{max}=278 nm (ε=4990), 349 nm (ε=410) [17)] [42]
	X=Y= C_2F_5 Z=F	174 bis 175 [10]	^{19}F-NMR [1)]: δ(4-, 5-CF_3)=81.0, δ(3-CF_3)=74.5, $\delta(CF_2)$=93.0 (br), 104.7 (br), 108.0 (br), δ(CF)=70.2 [10] IR (Film): 1548, 1420 (s), 1321 (s), 1299 (s), 1274 (s), 1250 bis 1163 (s), 1152 (s), 1131 (s), 1111 (s), 1054 (s), 1019 (s), 894 (s), 760, 752, 731 (s), 693, 679 [10] UV (in Cyclohexan): λ_{max}=268 nm (ε=3148) [10], λ_{max}=266 nm (ε=2720), 346 nm (ε=410) [17)] [42]

Physical Properties

Tabelle 15 [Fortsetzung]

Verbindung	Sdp./Torr (Schmp.) in °C	^{19}F- und ^{1}H-NMR (δ in ppm) IR- und UV-Spektrum Massenspektrum, n_D
3,4,5,6-Tetrakis(C_2F_5)-pyridazin	(37 bis 38) [9]	^{19}F-NMR 1): δ(3-, 6-CF_3)=73.2, δ(4-, 5-CF_3)=80.8, δ(3-, 6-CF_2)=91.2, δ(4-, 5-CF_2)=108.8 [9] IR: 1332, 1299 (s), 1239 (s), 1217 (s), 1182 (s), 1161 (s), 1140 (s), 1119 (s), 1104 (s), 1049 (s), 1025 (s), 759 (w), 741, 734, 725 (s) [9] UV (in Cyclohexan): λ_{max}=260 (ε=743), 356 nm (ε=200) [9], λ_{max}=260 nm (ε=980), 356 nm (ε=240) [42]
X′=F	145 bis 146 [8], 145 [11]	^{19}F-NMR 2) (in Aceton): δ(3-F)=−94.7, δ(5-F)=−47.4, δ(6-F)=−68.5, δ(CF_3)= −89.1, δ(CF)=17.1 (komplexe Banden) [8] IR (Film): 1568, 1468, 1419, 1300 bis 1240 (vs), 1200, 1181, 1142, 1077, 1043, 1007, 976, 857, 838, 770 (w), 758, 740 (w), 722 [8] UV (in Cyclohexan): λ_{max}=261.5, 287, 307.5 nm [8, 11], 262 nm (ε=1920), 313 nm (ε=250) 17) [42]
3,6-Difluor-4-$CF(CF_3)_2$-5-X′-pyridazin, X′=$CF(CF_3)_2$	(67 bis 68) Sublimation 80/20 [8]	^{19}F-NMR 2) (in CCl_4): δ(3-, 6-F)=−93.7 (br), δ(CF_3)=−91.4 (m, br), δ(CF)=6.3 (m, br) [8] IR (Film): 1412, 1383 (w), 1290 bis 1240 (vs, d), 1182, 1130, 1044, 973, 887, 817, 762 bis 758 (d), 740, 723, 700, 660 UV (in Cyclohexan): λ_{max}=277.5 nm (ε=4074), 284 nm (infl, ε=3802) [8], 278 nm (ε= 4100), 340 nm (ε=370) 17) [42]
3-$CF(CF_3)_2$-4-F-5-A-6-B-pyridazin, A=B=$CF(CF_3)_2$	(37 bis 38) [8, 11]	^{19}F-NMR 2) (in Aceton): δ(CF_3)=−90 (komplex), δ(4-F)=−63 (br), δ(5-, 6-CFC_2)=11 (br), δ(3-CFC_2)=23 (d von sept) J=52 Hz [8] IR (Film): 1570 (w), 1522, 1485 (w), 1405, 1310 bis 1230 (vs), 1180, 1165, 1140 (w), 1117, 1074, 1020, 980, 969, 946, 876, 800 (w), 782 (w), 758, 735, 730, 718, 660 (w) [8] UV (in Cyclohexan): λ_{max}=255.5, 326.5 nm [8, 11], 255 nm (ε=1940), 326 nm (ε= 240) 17) [42]
A=$CF(CF_3)_2$ B=F	160 bis 161 [8], 160 [11]	^{19}F-NMR 2) (in Aceton): δ(6-F)=−97 (br), δ(4-F)=−62 (br), δ(CF_3)=−89 (komplex), δ(3-CFC_2)=18 5), δ(5-CFC_2)=23 6) [8] IR (Film): 1588, 1547, 1437, 1411, 1300 (vs), 1240 (vs), 1185, 1133, 1100, 1077, 1044, 1018,

Literatur s. S. 72

Tabelle 15 [Fortsetzung]

Physical Properties

Verbindung	Sdp./Torr (Schmp.) in °C	^{19}F- und ^{1}H-NMR (δ in ppm) IR- und UV-Spektrum Massenspektrum, n_D
		980, 944, 790, 759, 747, 730 (w), 720, 655 [8] UV (in Cyclohexan): λ_{max}=255.5, 323 nm [8, 11], 256 nm (ε=1940), 325 nm (ε=270) [17] [42]
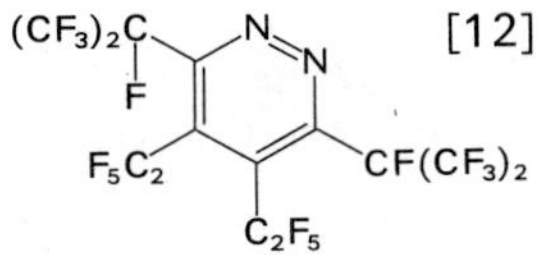 $(CF_3)_2CF$, N=N, F_5C_2, $CF(CF_3)_2$, C_2F_5 [12]	(79 bis 80)	^{19}F-NMR [7] (in Aceton): δ(4-, 5-CF_3)=69.5, δ(4-, 5-CF_2)=83.3, δ(3-, 6-CF_3)=70.6, δ(3-, 6-CF)=178.5 IR: 1500, 1251, 1231, 1205, 1170, 1141 (w), 1122, 1109, 1044, 1021, 978 UV: λ_{max}=267 nm (ε=900), 365 nm (ε=150) MS: m/e=652, M^+ (100); 633, M^+-F (50)
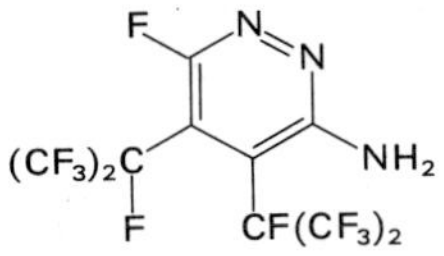 F, N=N, $(CF_3)_2CF$, NH_2, $CF(CF_3)_2$ [7]	(87 bis 88.5)	IR (KBr): $\nu(NH_2)$=3534, 3322, 3226; ν(Ring)=1639, 1453, 1391; ν(CF, aliphatisch)=1290 bis 1242 (s), 1176; ν(CF, Ring)=1116, 1039, 961, 877, 862 (w), 826, 769 (w), 754, 735, 720 (w), 702 UV (in Cyclohexan): λ_{max}=232, 347.5 nm
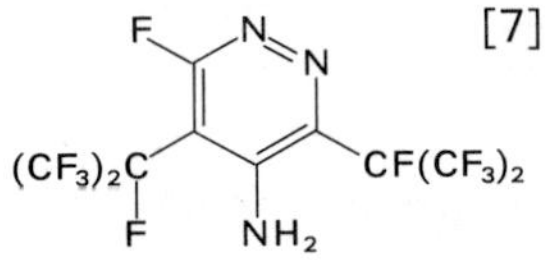 F, N=N, $(CF_3)_2CF$, $CF(CF_3)_2$, NH_2 [7]	(124 bis 126)	^{19}F-NMR [1] (in Aceton): δ(CF) und $\delta(CF_3)$ =70 und 182, $\delta(CFC_2)$=186 (br) IR (KBr): $\nu(NH_2)$=3534, 3367, 3268; ν(Ring)=1653, 1580, 1558, 1473, 1429; ν(CF, aliphatisch)=1351, 1302, 1258 (s), 1245 (s), 1181; ν(CF, Ring)=1159 (w), 1138 (w), 1114, 1083, 980, 935, 794, 787, 763, 751, 735, 721, 685, 655, 625 (br), 579, 542, 531, 509 (s)
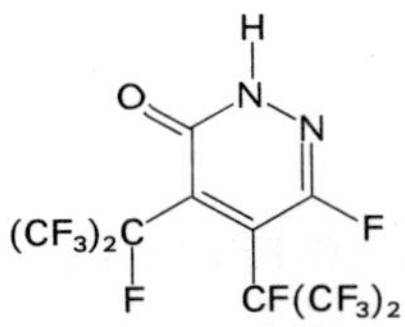 H, O, N–N, $(CF_3)_2CF$, F, $CF(CF_3)_2$ [8]	(147 bis 148)	^{19}F-NMR [2] (in Aceton): $\delta(CF_3)$=−96 und −94, δ(3-F)=−79, $\delta(CFC_2)$=3 IR (Nujol): 3120, 1675, 1612, 1530 (w), 1392, 1290 bis 1215 (vs), 1167, 1103, 1038, 966, 870, 828, 780 (w), 760, 755 (sh), 738, 719, 694, 658 (w) UV (in C_2H_5OH): λ_{max}=348.5 nm
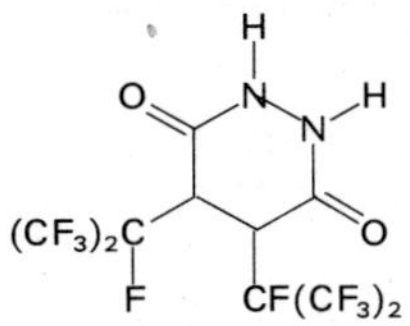 H, O, N–N–H, $(CF_3)_2CF$, O, $CF(CF_3)_2$ [8]	(267 bis 269)	^{1}H-NMR [4] (in Aceton): δ(NH)=−8.4 (br) ^{19}F-NMR [2] (in Aceton): $\delta(CF_3)$=−95 (komplex), δ(CF)=−0.2 (komplex) IR (Nujol): 3130, 1675, 1605, 1280 bis 1200 (vs), 1167, 1102, 1043, 963, 870, 850, 764, 754 (w), 741, 720 (w), 702, 674 (w) UV (in C_2H_5OH): λ_{max}=381 nm (ε=3090)
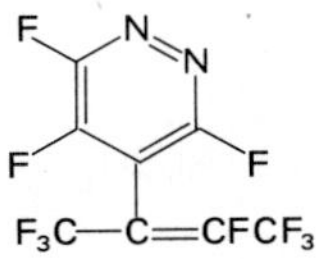 F, N=N, F, F, F_3C–C=CFCF_3	–	^{19}F-NMR: J (cis-CF_3-CF)=21 Hz, J (trans-CF_3-CF_3)=1 Hz [14] UV (in Cyclohexan): λ_{max}=259 nm (ε=3526) [13]

Literatur s. S. 72

Physical Properties

Tabelle 15 [Fortsetzung]

Verbindung	Sdp./Torr (Schmp.) in °C	^{19}F- und ^{1}H-NMR (δ in ppm) IR- und UV-Spektrum Massenspektrum, n_D
[Strukturformel: 3,6-Difluor-4-pentafluorethyl-5-X-pyridazin] $X=CF{=}CF_2$ [12] 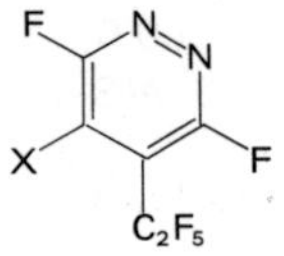	–	^{19}F-NMR[7] (in Aceton): δ(3-F)=80.5, δ(6-F)=83.0, $\delta(4\text{-}CF_3)$=85.2, $\delta(4\text{-}CF_2)$=115.2, $\delta(5\text{-}CF_2)$=95.5 und 109.7, δ(5-CF)=170.3 IR: 1786, 1420, 1333, 1220, 1163, 1143, 1098, 1033, 914, 843, 758, 726 UV: λ_{max}=273, 285, 298 und 337 nm MS: m/e=314, M^+ (100); 295, M^+-F (19); 245, M^+-CF_3 (44)
$X=C(CF_3){=}CF_2$ [12]	–	^{19}F-NMR[7] (in Aceton): δ(3-F)=79.5, δ(6-F)=82.1, $\delta(4\text{-}CF_3)$=85.4, $\delta(4\text{-}CF_2)$=170.3, $\delta(5\text{-}CF_3)$=60.5, $\delta(5\text{-}CF_2)$=69.3 und 69.6
$Z=C(CF_3)_3$ U=X=Y=F [15]	–	^{19}F-NMR[1]: δ(4-F)=126.2, δ(5-F)=153.9, δ(6-F)=92.2, $\delta(CF_3)$=62.4 (d), J=19.5 Hz
$Y=C(CF_3)_3$ U=X=Z=F [15]	(36 bis 38)	^{19}F-NMR[1]: δ(3-F)=62.9, δ(5-F)=107.3, δ(6-F)=97.0
X=Z= $C(CF_3)_3$ U=Y=F [15]	(50)	^{19}F-NMR[1]: δ(4-F)=87.8, δ(6-F)=62.9[8]
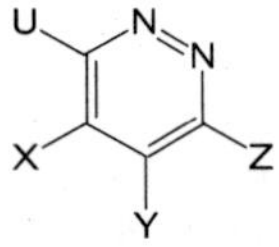 [Strukturformel: 3-U-4-X-5-Y-6-Z-pyridazin] U=Z= $C(CF_3)_3$ X=Y=F [15]	(135 bis 136)	^{19}F-NMR[1]: δ(4-, 5-F)=129.2, $\delta(CF_3)$=62.4
$Y=CF(CF_3)CF_2CF_3$ (a b c d) Z=X=U=F	149 bis 150 [16]	^{19}F-NMR[1]: δ(6-F)=69.1, δ(3-, 5-F)=102.9, $\delta(F_a)$=181.5 und 187.0, $\delta(F_b)$=73.9, $\delta(F_c)$=121.0, $\delta(F_d)$=82.3 [16] UV (in Cyclohexan): λ_{max}=261 nm (ε=2880), 306 nm (ε=360)[17] [42]
$X=Z=CF(CF_3)CF_2CF_3$ (a b c d) Y=U=F	182 bis 184 [16]	^{19}F-NMR[1]: δ(4-F)=71.1, δ(6-F)=97.8, $\delta(F_a)$=182.5, $\delta(F_b)$=72.7, $\delta(F_c)$=121.1, $\delta(F_d)$=82.2 [16] UV (in Cyclohexan): λ_{max}=257 nm (ε=2820), 325 nm (ε=360)[17] [42]
$Y=X=CF(CF_3)CF_2CF_3$ (a b c d) Z=U=F	–	^{19}F-NMR[1]: δ(3-, 6-F)=69.0, $\delta(F_a)$=171.6, $\delta(F_b)$=72.9, $\delta(F_c)$=108.6, $\delta(F_d)$=82.3 [16] UV (in Cyclohexan): λ_{max}=277 nm (ε=8060), 338 nm (ε=770)[17] [42]

Literatur s. S. 72

Physical Properties

Tabelle 15 [Fortsetzung]

Verbindung	Sdp./Torr (Schmp.) in °C	^{19}F- und ^{1}H-NMR (δ in ppm) IR- und UV-Spektrum Massenspektrum, n_D
X′ = F [17]	200	^{19}F-NMR[1)]: δ(3-F) = 74.7, δ(6-F) = 98.2, δ(CF) = 182.3[9)] IR: 1453, 1404, 1287, 1264, 1239, 1220, 1202, 1183, 1163, 1020, 1015, 962, 799 UV (in Cyclohexan): λ_{max} = 230 nm (ε = 7403), 272 nm (ε = 6963)
X′ = cyclo-C_6F_{11} [17]	–	^{19}F-NMR[1)]: δ(3-F) = 65.8, δ(5-F) = 97.5, δ(CF) = 182.2 und 186.3[10)] IR: 1339, 1330, 1266, 1248, 1225, 1203, 973
X = cyclo-C_6F_{11}, Y = F oder Y = cyclo-C_6F_{11}, X = F	100/0.01 Sublimation (251) [17]	IR: 1656, 1359, 1215, 1190, 1028, 969 [17] UV (in Äthanol): λ_{max} = 241 nm (ε – 8900), 276 (br) nm (ε = 5600) [17]
$R^2 = R^3 = C_6F_5$ $R^1 = R^4 = F$ [18]	(216 bis 217)	^{19}F-NMR[7)] (in Aceton): δ(3-,6-F) = 84.1, δ(2′-F) = 140.8, δ(4′-F) = 150.9, δ(3′-F) = 162.3 IR (KBr): 1660, 1522, 1500 (vs), 1445, 1398, 1388, 1336 (w), 1309, 1129, 1098, 1043 (w), 1015, 1002, 997, 956, 807, 795, 782, 684 (w), 672 (w) UV: λ_{max} = 268 nm (ε = 13182) MS: m/e = 448, M^+ (100); 210, $C_8F_6^+$ (35)
$R^2 = R^3 = C_2F_5$ $R^1 = R^4 = C_6F_5$ [18]	(144)	^{19}F-NMR[11)]: $\delta(CF_3)$ = 77.0, $\delta(CF_2)$ = 98.6, δ(2′-F) = 138.3, δ(4′-F) = 150.2, δ(3′-F) = 161.8; J (2′-F-4′-F) ≈ 18.5 Hz UV: λ_{max} = 253.5 nm (ε = 6607), 373 nm (ε = 219) MS: m/e = 648, M^+ (30); 629, $M^+ - F$ (7); 620, $M^+ - N_2$ (6); 358, $C_6F_5C{\equiv}CC_6F_5^+$ (5); 310, $C_6F_5C{\equiv}CC_2F_5^+$ (60); 241, $C_9F_7^+$ (100)
$R^2 = R^3 = \underset{b}{CF}(\underset{a}{CF_3})_2$ $R^1 = R^4 = C_6F_5$ [18]	(139)	^{19}F-NMR[11)]: $\delta(F_a)$ = 67.3 und 69.5, $\delta(F_b)$ = 145.2 und 169.1, δ(2′-F) = 136.0 und 139.8, δ(4′-F) = 148.4 und 151.2, δ(3′-F) = 161.1 UV (in CH_3CN): λ_{max} = 227 nm (ε = 9772), 257 nm (ε = 11482), 381 nm (ε = 263) MS: m/e = 748, M^+ (12); 729, $M^+ - F$ (10); 720, $M^+ - N_2$ (20); 360, $C_6F_5C{\equiv}CC_3F_7^+$ (100); 358, $C_6F_5C{\equiv}CC_6F_5^+$ (10); 291, $C_{10}F_9^+$ (90); 241, $C_9F_7^+$ (40)

Literatur s. S. 72

Physical Properties

Tabelle 15 [Fortsetzung]

Verbindung	Sdp./Torr (Schmp.) in °C	^{19}F- und ^{1}H-NMR (δ in ppm) IR- und UV-Spektrum Massenspektrum, n_D
$R^1 = R^2 = R^3 = R^4 = C_6F_5$ [18] 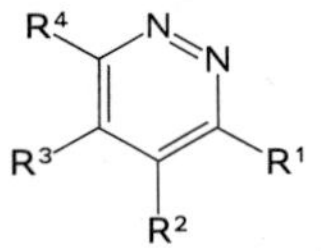 (Pyridazin mit R^4, R^3, R^2, R^1)	(250 bis 251)	^{19}F-NMR [7] (in Aceton): für 3- und 6-C_6F_5, δ(2'-F) = 140.6, δ(4'-F) = 149.2, δ(3'-F) = 159.8, für 4- und 5-C_6F_5, δ(2'-F) = 141.8, δ(4'-F) = 150.9, δ(3'-F) = 161.3 IR: 1657, 1502, 1448, 1373, 1114, 997, 940, 855 UV: λ_{max} = 221 nm (ε = 17783), 246.5 nm (ε = 22909) MS: m/e = 744, M^+ (50); 716, $M^+ - N_2$ (6); 358, $C_{14}F_{10}^+$ (100); 289, $C_{13}F_7^+$ (35)
$R^2 = R^3 = \underset{b}{C}F(\underset{a}{C}F_3)_2$ [18] $R^1 = R^4 =$ 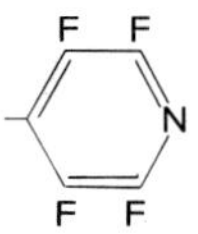 2,3,5,6-Tetrafluor-4-pyridyl	(120 bis 121)	^{19}F-NMR [7]: $\delta(F_a)$ = 67.3 und 69.7, $\delta(F_b)$ = 143.3 und 168.4, δ(2'-F) = 88.0, δ(3'-F) = 137.0 und 141.5 MS: m/e = 714, M^+ (35); 695, $M^+ - F$ (15); 686, $M^+ - N_2$ (15); 343, C_5F_4N-C≡$CC_3F_7^+$ (100); 274, $C_9F_8N^+$ (50); 224, $C_8F_6N^+$ (40)
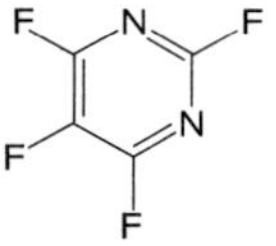 Tetrafluorpyrimidin (2,4,5,6-F)	89 [20, 71] 82 bis 83/750 [25]	^{19}F-NMR [12]: δ(2-F) = −31.3, δ(4-, 6-F) = −6.3, δ(5-F) = 95.2 [20], δ(2-F) = −30.6, δ(4-, 6-F) = −3.8, δ(5-F) = 99.0, $\lvert J(2\text{-F-}5\text{-F})\rvert$ = 26.0 Hz, $\lvert J(5\text{-F-}6\text{-F})\rvert$ = 17.9 Hz [25] IR (Gas): ν(Ring) = 1658 (w), 1616 (s), 1570 (m), 1497 (s), 1439 (s); ν(C-F) = 1092 (m), 1085 (m), 1057 (m), 1052 (m), 1048 (sh), 803 (m, br), 778 (m), 772 (m bis s), 765 (m) UV (in Hexan): λ_{max} = 240 nm (ε = 2660) MS: m/e = 152, $C_4F_4N_2^+$ (100); 133, $C_4F_3N_2^+$ (20); 121, $C_3F_3N_2^+$ (10); 107, $C_3F_3N^+$ (35); 88, $C_3F_2N^+$ (15); 83, $C_3FN_2^+$ (10); 81, C_4FN^+ (10); 76, $C_2F_2N^+$ (10); 69, C_3FN^+ (25); 62, $C_2F_2^+$ (40); 57, C_2FN^+ (10); 43, C_2F^+ (10); 31, CF^+ (70) [25] n_D^{25} = 1.3875 [20, 71]
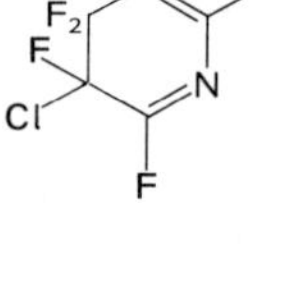 5-Chlor-2,4,4,5,6-pentafluor-4,5-dihydropyrimidin (F_2, F, Cl) [20]	78 bis 82	n_D^{25} = 1.3945
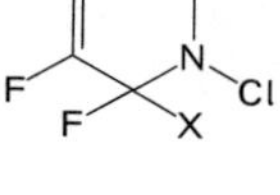 X = F [21] (1,2-Dichlor-4,5,6-trifluor-6-X-1,6-dihydropyrimidin)	—	^{19}F-NMR [1]: δ(4-F) = 89.9 und 95.9 (AA'-System), J (AA') = 205 Hz, δ(5-F) = 143.3 (tr), J (5-F-4-F) = 15 Hz, δ(6-F) = 29.6
X = Cl [21]	—	^{19}F-NMR [1]: δ(4-F) = 98.8, δ(5-F) = 130.1, δ(6-F) = 34.3, J (4-F-5-F) = 16 Hz

Literatur s. S. 72

Tabelle 15 [Fortsetzung]

Physical Properties

Verbindung	Sdp./Torr (Schmp.) in °C	^{19}F- und ^{1}H-NMR (δ in ppm) IR- und UV-Spektrum Massenspektrum, n_D
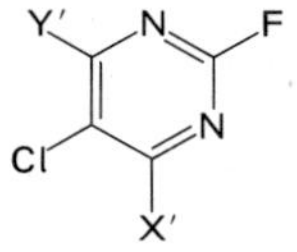 X′=Y′=F	114 bis 115 [20], 115 [22], 115 bis 116 [23], 114.5/750 [25]	^{19}F-NMR [12]: δ(2-F)=−33.8, δ(4-, 6-F)=−21.0 [25] ^{19}F-NMR [20]: δ(2-F)=−119.7, δ(4-F)=δ(6-F)=−107.0 [24] IR (Film): ν(Ring)=1639, 1597, 1560, 1449, 1420, 1412; ν(C-F)=1065, 1038; ν(Ring?)=772; ν(C-Cl)=698 UV (in Hexan): λ_{max}=245 nm (ε=2780) MS: m/e=170, $C_4{}^{37}ClF_3N_2^+$ (33); 168, $C_4{}^{35}ClF_3N_2^+$ (100); 149, $C_4{}^{35}ClF_2N_2^+$ (5); 133, $C_4F_3N_2^+$ (15); 125, $C_3{}^{37}ClF_2N^+$ (5); 123, $C_3{}^{35}ClF_2N^+$ (15); 88, $C_3F_2N^+$ (8); 80, $C_2{}^{37}ClF^+$ (−); 78, $C_2{}^{35}ClF^+$ (25); 69, C_3FN^+ (10); 31, CF^+ (25) [25] n_D^{25}=1.4390 [20, 22]
X′=F, Y′=Cl [22]	156	n_D^{20}=1.4908
X′=Y′=Cl [22]	195	n_D^{20}=1.5392
X=NH$_2$, Y=F	(158) [20] (156 bis 157) [25]	^{19}F-NMR [12]: δ(2-F)=−28.0, δ(6-F)=10.7, δ(5-F)=103.0 [20], δ(2-F)=−27.6, δ(5-F)=103.2, δ(6-F)=11.2, |J(2-F-5-F)|=25.7 Hz, |J(5-F-6-F)|=17.5 Hz [25] IR (Verreibung): 3356, 3289, 3135, 1661, 1639 (br), 1603, 1517, 1484, 1385, 1340, 1224, 1185, 1056, 1008, 777, 759 UV (in C_2H_5OH): λ_{max}=222 (ε=9100), 260 nm (ε=7650), λ_{min}=240 nm (ε=3520) [25]
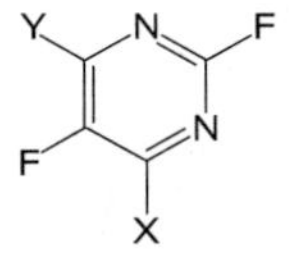 X=OH, Y=F	(121) [20] (125 bis 126) [25]	^{19}F-NMR [12] (in Aceton): δ(2-F)=−25.4, δ(5-F)=103.0, δ(6-F)=7.8, |J(2-F-5-F)|=24.8 Hz, |J(5-F-6-F)|=16.4 Hz, |J(2-F-6-F)|=4.6 Hz [25] IR (in $CHCl_3$): ν(OH)=3690, 3623; ν(OH, gebunden)=3571 bis 2222 (br); ν(Ring)=1629, 1506; ν(C-F)=1106, 1045 UV (in Hexan): λ_{max}=246 nm (ε=5250) [25]
X=Y=NH$_2$ [25]	(232 bis 233)	^{19}F-NMR [12] [in $(CH_3)_2NCHO$]: δ(2-F)=−24.8, δ(5-F)=107.2, |J(2-F-5-F)|=27.1 Hz IR (Verreibung): 3356, 3289, 3135, 1661, 1639 (d, br), 1603, 1517, 1484, 1385, 1340, 1224, 1185, 1056, 1008, 777, 759

Literatur s. S. 72

Physical Properties

Tabelle 15 [Fortsetzung]

Verbindung	Sdp./Torr (Schmp.) in °C	^{19}F- und ^{1}H-NMR (δ in ppm) IR- und UV-Spektrum Massenspektrum, n_D
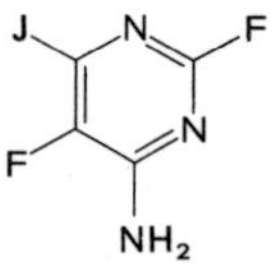 [26]	(195 bis 197)	^{19}F-NMR[12)] (40%ige Lösung in Aceton): δ(2-F) = −26.8, |J(2-F-5-F)| = 26.0, δ(5-F) = 62.2 IR (Verreibung): ν(NH) = 3484, 3322, 3195; ν(Ring) = 1645, 1585, 1558, 1517, 1410 UV (in C_2H_5OH): λ_{max} = 222.5 bis 224 (ε = 15400), 279 bis 281 nm (ε = 8850), λ_{min} = 250 nm (ε = 3470), λ = 210.5 bis 214.5 nm (infl, ε = 13200)
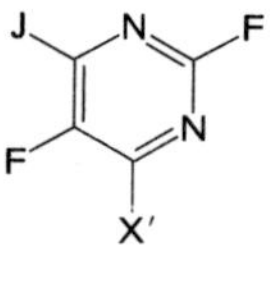 X′ = F [26]	66 bis 68/18 (25 bis 26)	^{19}F-NMR[12)]: δ(2-F) = −33.2, |J(2-F-4-F)| = 3.3 Hz, |J(2-F-5-F)| = 26.6 Hz, δ(4-F) = −4.4, |J(4-F-5-F)| = 20.6 Hz, δ(5-F) = 56.8 IR (Schmelze): ν(Ring) = 1595, 1565, 1460, 1414 UV (in Hexan): λ_{max} = 222 (ε = 4350), 263.5 nm (ε = 10250), λ_{min} = 213.5 (ε = 3410), 230 nm (ε = 1690), λ = 242 bis 244 (infl, ε = 2860 bis 2990), 268 bis 270 nm (ε = 8580 bis 7930)
X′ = J [26]	(185)	^{19}F-NMR[12)] [37%ige Lösung in $(CH_3)_2NCHO$]: δ(2-F) = −27.4, |J(2-F-5-F)| = 27.4 Hz, δ(5-F) = 24.4 IR (Verreibung): ν(Ring) = 1536, 1401
A = CN, B = C = D = F [27]	81 bis 82/40 (33 bis 34)	^{19}F-NMR[12)]: δ(2-F) = −46.8, δ(4-, 6-F) = −33.0 IR (Schmelze): ν(C≡N) = 2247; ν(Ring) = 1647 (s), 1616 (s), 1563 (s), 1427 (s)
A = NO_2, B = C = D = F [27]	36 bis 38	^{19}F-NMR[12)] (30%ige Lösung in Aceton): δ(2-F) = −44.0, δ(4-, 6-F) = −22.6 IR (Schmelze): ν(Ring) und $\nu_{as}(NO_2)$ = 1704 (sh), 1645, 1600, 1559; ν(Ring) = 1429; $\nu_s(NO_2)$ = 1353
A = Cl, B = NH_2, C = D = F und A = Cl, C = NH_2 B = D = F[13)] [27]	(160 bis 162)	^{19}F-NMR[12)] (22%ige Lösung in Aceton): δ(2-F) = −29.2, δ(4-, 6-F) = −13.4, δ(6-F) = −8.2
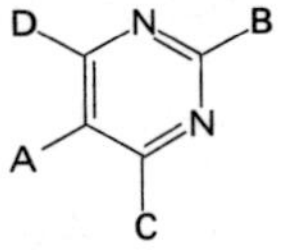 A = CN D = Cl B = C = F	108 bis 110/40 [27]	^{19}F-NMR[12)]: δ(2-F) = −46.0, δ(4-F) = −31.6 [27]
A = NO_2 C = D = NH_2 B = F [27]	(>250)	^{19}F-NMR[12)] (30%ige Lösung in Hexamethylphosphoramid): δ(2-F) = −37.0 IR (Verreibung): ν(NH) = 3425 (s), 3311 (s), 3215 (w); ν(Ring) und $\nu_{as}(NO_2)$ = 1616 (s), 1585 (s), 1531 (s); $\nu_s(NO_2)$ = 1393 (s)

Tabelle 15 [Fortsetzung]

Physical Properties

Verbindung	Sdp./Torr (Schmp.) in °C	^{19}F- und ^{1}H-NMR (δ in ppm) IR- und UV-Spektrum Massenspektrum, n_D
A=CN, B=C=NH_2 D=F [27]	(>300)	^{19}F-NMR [12] (23%ige Lösung in Hexamethylphosphoramid): δ(6-F)=−20.0 IR (Verreibung): ν(NH)=3448, 3413, 3311 (br); ν(C≡N)=2222
B=C=Cl, A=CN D=F [14] [27]	138 bis 140/40	^{19}F-NMR [12] (40%ige Lösung in Aceton): δ(2-F)=−43.0, δ(6-F)=−27.6
C=D=Cl, A=CN B=F [14]		
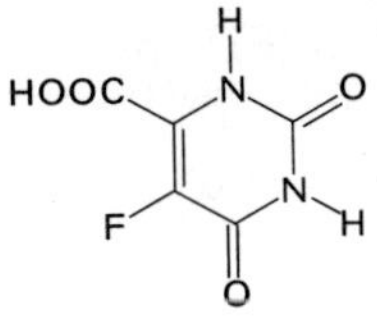 HOOC, F, N-H, O (Pyrimidin-2,4-dion) (=A)	(256 bis 259) [15] [57] (255) [15] [58, 59] (245 bis 250) [15] [60]	–
A·H_2O [57]	(258 bis 259)	–
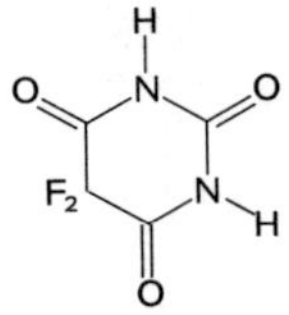 F_2, N-H, O (Pyrimidin-2,4,6-trion) [57]	(210 bis 213) [15]	–
X'=CF_3, Y'=Z'=F [27]	–	^{19}F-NMR [12]: δ(2-CF_3)=−5.5, δ(4-, 6-F)=−2.6 (d), δ(5-F)=88.8 (tr), |J(4-F-5-F)|=18.8 Hz
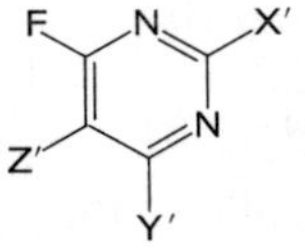 F, X', Z', Y' (Pyrimidin) Y'=CF_3 X'=Z'=F [27]	95 bis 96/762	^{19}F-NMR [12]: δ(2-F)=−31.8 (d, br), |J(2-F-5-F)|≈30 Hz, δ(4-CF_3)=−9.6 (d), |J(4-CF_3-5-F)|=17.2 Hz, δ(6-F)=−7.9 (d), |J(5-F-6-F)=19.5 Hz, δ(5-F)=78.4 (m) IR (Film): ν(Ring)=1661, 1621, 1595, 1441
Z'=CF_3 X'=Y'=F [27]	–	^{19}F-NMR [12]: δ(2-F)=−42.0 (br), δ(4-, 6-F)=−27.4 (qu), |J(5-CF_3-4-F)|=18.1 Hz, |J(5-CF_3-2-F)|≈1 Hz, δ(5-CF_3)=−18.1 (tr von d)
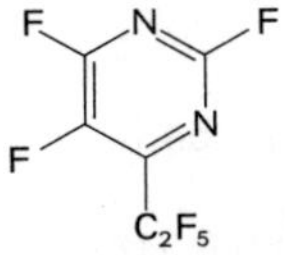 F, F, F, C_2F_5 (Pyrimidin) [12]	–	^{19}F-NMR [7]: δ(2-F)=44.8, δ(6-F)=69.0, δ(5-F)=152.0, δ(CF_3)=83.6, δ(CF_2)=117.0, J (2-F-5-F)=29 Hz, J (CF_2-CF_3)=1.5 Hz, J (CF_2-5-F)=23 Hz, J (CF_3-5-F)=6.1 Hz, J (5-F-6-F)=20 Hz IR: 1650 (w), 1620, 1594, 1478, 1422, 1335, 1220, 1165, 1051, 1042, 861, 744

Literatur s. S. 72

Physical Properties

Tabelle 15 [Fortsetzung]

Verbindung	Sdp./Torr (Schmp.) in °C	^{19}F- und ^{1}H-NMR (δ in ppm) IR- und UV-Spektrum Massenspektrum, n_D
		UV: λ_{max}=257.5 nm (ε=4000) MS: m/e=252, M^+ (40); 233, M^+−F(15); 183, M^+−CF_3(100)
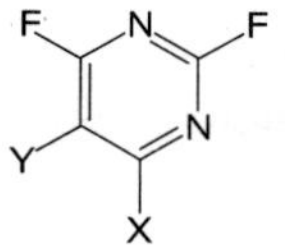 X=F Y=C_2F_5 [12]	–	^{19}F-NMR[7)]: δ(6-, 4-F)=34.8, δ(2-F)=47.4, δ(CF_3)=86.0, δ(CF_2)=112.7, J (4-F-CF_2)=25 Hz, J (4-F-CF_3)=6.5, J (CF_2-CF_3)=2 Hz IR: 1654, 1616, 1583, 1431, 1278, 1220, 1115, 1080, 1056, 965, 800 UV: λ_{max}=230 nm (ε=3830) MS: m/e=252, M^+ (4); 233, M^+−F(8); 183, M^+−CF_3(100)
X=Y=C_2F_5 [12]	129 bis 130	^{19}F-NMR[7)]: δ(2-F)=35.9, δ(6-F)=41.0, δ(CF_3)=81.0 und 83.0, δ(CF_2)=108.4 IR: 1618, 1580 UV: λ_{max}=248.5 (ε=2500) MS: m/e=352, M^+ (5); 333, M^+−F (30); 283, M^+−CF_3 (100); 233, M^+−C_2F_5 (60)
[12] 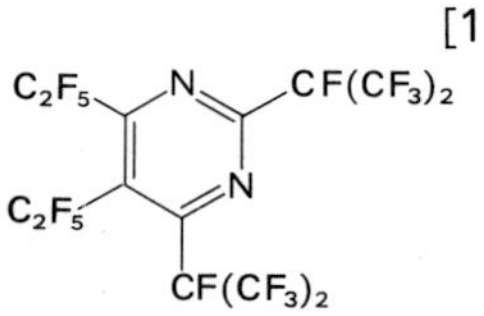	(79 bis 80)	^{19}F-NMR[7)] (in Aceton): δ(5-, 6-CF_3)=69.5, δ(5-, 6-CF_2)=83.8, δ(2-, 4-CF)=178.5, δ(2-, 4-CF_3)=70.6 IR: 1500, 1251, 1231, 1205, 1170, 1141 (w), 1112, 1109, 1044, 1021, 978 UV: λ_{max}=267 nm (ε=900), 365 nm (ε=150) MS: m/e=652, M^+ (100); 633, M^+−F(50)
X′=Y′=Z′=F	117/766 [33]	^{19}F-NMR[12)]: δ(2-F)=−30.6, δ(6-F)=−6.0, δ(5-F)=76.0, δ(CF)=110.2, δ(CF_3)=−0.4, J (CF-CF_3)=5.9 Hz, J (CF-5-F)=50.0 Hz, J(CF_3-5-F)=5.1 Hz, J(CF-2-F)=2.3 Hz, J(2-F-5-F)=29.0 Hz, J(5-F-6-F)=20.0 Hz [33]
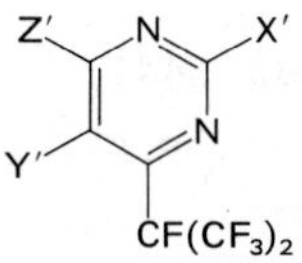		^{19}F-NMR[7)] (in Aceton)[16)]: δ(2-F)=47.8, δ(6-F)=69.2, δ(5-F)=152.8, δ(CF_3)=75.8, δ(CF)=187.1 [12] UV: λ_{max}=254 nm (ε=4200) MS: m/e=302, M^+ (65); 283, M^+−F (36); 233, M^+−CF_3 (20); 214, M^+−CF_4 (17); 183, M^+−C_2F_5 (57); 133, M^+−C_3F_7 (7); 69, CF_3^+ (100) [33]
X′=Y′=F, Z′=CF(CF_3)$_2$ [33]	147/766	^{19}F-NMR[12)]: δ(2-F)=−29.8, δ(5-F)=54.0, δ(4-, 6-CF)=107.8, δ(4-, 6-CF_3)=−2.0, J(CF-CF_3)=5.9 Hz, J(4-CF-5-F)=56.0 Hz, J(4-CF_3-5-F)=5.6 Hz, J(4-CF-2-F)=1.7 Hz, J(2-F-5-F)= 32.0 Hz

Literatur s. S. 72

Physical Properties

Tabelle 15 [Fortsetzung]

Verbindung	Sdp./Torr (Schmp.) in °C	^{19}F- und ^{1}H-NMR (δ in ppm) IR- und UV-Spektrum Massenspektrum, n_D
		UV: $\lambda_{max}=266$ nm ($\varepsilon=7200$) MS: m/e=452, M^+ (42); 433, M^+-F (44); 383, M^+-CF_3 (22); 364, M^+-CF_4 (9); 333, $M^+-C_2F_5$ (37); 283, $M^+-C_3F_7$ (<1); 69, CF_3^+ (100)
[Strukturformel: Pyrimidin mit Z′, X′, Y′, $CF(CF_3)_2$] Y′=F X′=Z′= $CF(CF_3)_2$ [33]	163/752	^{19}F-NMR [12]: δ(5-F)=44.6, δ(2-CF)=103.6, δ(4-, 6-CF)=107.8, δ(2-, 4-, 6-CF_3)=−2.0, J (4-CF-4-CF_3)=5.9 Hz, J (4-CF-5-F)= 56.0 Hz, J (4-CF_3-5-F)=5.1 Hz, J (2-CF-2-CF_3)=6.8 Hz UV: $\lambda_{max}=257$ nm ($\varepsilon=5300$), 303 nm ($\varepsilon=250$) MS [2]: m/e=602, M^+ (46); 583, M^+-F (50); 533, M^+-CF_3 (22); 514, M^+-CF_4 (10); 483, $M^+-C_2F_5$ (32); 433, $M^+-C_3F_7$ (4); 69, CF_3^+ (100)
X′=Y′=Z′=$CF(CF_3)_2$ [33]	191/749 (17 bis 18)	^{19}F-NMR [12]: δ(2-CF)=106.5, δ(4-CF)=103.2, δ(5-CF)=72.5, δ(6-CF)=98.3, δ(2-CF_3)=−1.8, δ(4-CF_3)=−4.0, δ(5-CF_3)=−6.5, δ(6-CF_3)= −4.9, J (4-CF-4-CF_3)=2.6 und 3.1 Hz, J (2-CF-2-CF_3)=6.9 Hz UV: $\lambda_{max}=220$ nm ($\varepsilon=7400$), 256 nm (ε= 1600) MS: m/e=752, M^+ (13); 733, M^+-F (29); 683, M^+-CF_3 (34); 664, M^+-CF_4 (4); 633, $M^+-C_2F_5$ (1); 583, $M^+-C_3F_7$ (8); 69, CF_3^+ (100)
[Strukturformel: Pyrimidin mit F, F, F, $(CF_3)_2C$, X] X=F [12]	–	^{19}F-NMR [7] (in Aceton) [16]: δ(2-F)=39.6, δ(4-, 6-F)=47.6, δ(CF_3)=77.1, δ(CF)=182.3
X=$CF(CF_3)_2$	149 [7] 148 bis 150 [12] 148 [34]	^{19}F-NMR [7]: δ(2-F)=36.2, δ(6-F)=34.9 (sept), δ(4-CF_3)=70.1 (d), δ(5-CF_3)= 71.9 (d von d), δ(4- oder 5-CF)=168.1 (d von sept), δ(5- oder 4-CF)=172.6 (d von sept), J(4-CF-4-CF_3)=J(5-CF-5-CF_3) =10 Hz, J(4-CF-5-CF_3)=185 Hz, J (5-CF-6-F)=27 Hz [12] IR (Film): 1603, 1546, 1445, 1414, 1290, 1242 (vs, br), 1209 (sh), 1181, 1126, 1071 (w), 1031 (w), 971, 941, 853 (w), 830, 802, 759, 747, 736, 713, 689 (w), 655, 640 (w), 539 UV (in Cyclohexan): $\lambda_{max}=248$ nm (ε= 4169) [7]

Literatur s. S. 72

Physical Properties

Tabelle 15 [Fortsetzung]

Verbindung	Sdp./Torr (Schmp.) in °C	^{19}F- und ^{1}H-NMR (δ in ppm) IR- und UV-Spektrum Massenspektrum, n_D
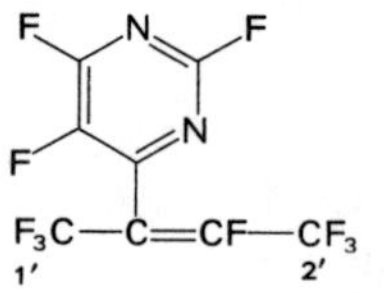 2,5,6-Trifluor-4-[F_3C—C(1')=CF—CF_3(2')]pyrimidin, trans-Isomeres [13]	–	^{19}F-NMR[1)]: δ(2-F) = 48.2, J (2-F-5-F) = 26 Hz, δ(1'-CF_3) = 62.8 (d von qu), J (1'-CF_3-CF) = 22 Hz, J(CF_3-CF_3) = 1.5 Hz, δ(2'-CF_3) = 72.3 (d von qu), J(CF_3-CF_3) = 1.5 Hz, J ($CF_{3\,geminal}$-CF) = 7.5 Hz, δ(6-F) = 74.0, J (6-F-5-F) = 22 Hz, δ(CF) = 109.4 (qu von qu), J (CF-1'-CF_3) = 22 Hz, J ($CF_{geminal}$-CF_3) = 7.5 Hz, δ(5-F) = 154.4 (tr, br), J = 25 Hz
cis-Isomeres [13]	–	^{19}F-NMR[1)]: δ(2-F) = 48.2, J (2-F-5-F) = 26 Hz, δ(1'-CF_3) = 59.3 (d von qu), J (CF_3-CF_3) = 11 Hz, J (1'-CF_3-CF) = 8.5 Hz, δ(2'-CF_3) = 70.8, J(CF_3-CF_3) = 12.0 Hz, J($CF_{3\,geminal}$-CF) = 7.0 Hz, δ(6-F) = 74.0, J(6-F-5-F) = 22 Hz, δ(CF) = 105.6, δ(5-F) = 154.4 (br, tr), J ≈ 25 Hz
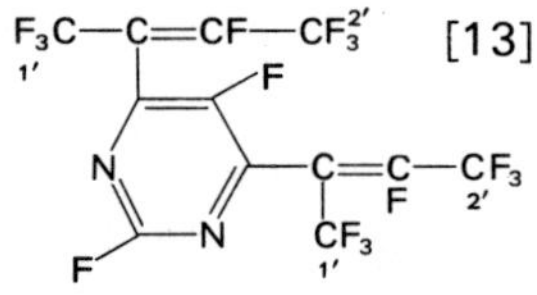 2,5-Difluor-4,6-bis[F_3C—C(1')=CF—CF_3(2')]pyrimidin [13]	–	^{19}F-NMR[1)]: δ(2-F) = 49.5 (br), δ(1'-CF_3) = 62.9 (d von qu), J(1'-CF_3-CF) = 20 Hz, J(CF_3-CF_3) = 1.5 Hz, δ(2'-CF_3) = 72.4 (d von qu), J(1'-CF_3-CF) = 7 Hz, δ(CF) = 109.5 (br), δ(5-F) = 136.0 (br, d), J ≈ 30 Hz
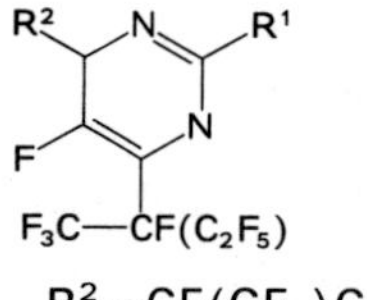 5-Fluor-4-[F_3C—$CF(C_2F_5)$]pyrimidin mit R^1 (2-Stellung), R^2 (6-Stellung): R^1 = R^2 = F [16]	–	^{19}F-NMR[1)]: δ(2-F) = 47.7, δ(6-F) = 71.9, δ(2'-CF_3) = 75.2, δ(1'-CF_3) = 83.2, δ(CF_2) = 122.4 und 122.8, δ(5-F) = 154.0, δ(CF) = 188.7
R^1 = F, R^2 = $CF(CF_3)CF_2CF_3$ (1', 2') [16]	–	^{19}F-NMR[1)]: δ(2-F) = 48.5, δ(2'-CF_3) = 74.6, δ(1'-CF_3) = 82.9, δ(CF_2) = 123.0 und 123.6, δ(5-F) = 134.8, δ(CF) = 189.0
R^1 = R^2 = $CF(CF_3)CF_2CF_3$ [16]	–	^{19}F-NMR[1)]: δ(2'-CF_3) = 75.0, δ(1'-CF_3) = 83.2, δ(CF_2) = 123.2, δ(5-F) = 125.3, δ(2-CF) = 184.5, δ(4- und 6-CF) = 188.4
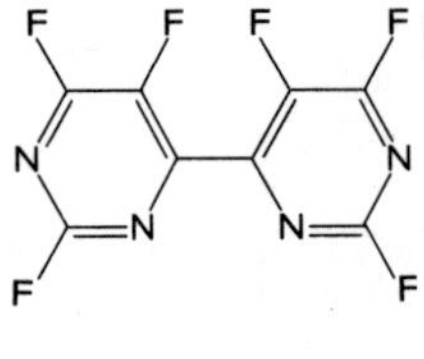 2,2',5,5',6,6'-Hexafluor-4,4'-bipyrimidin [26]	(67 bis 69)	^{19}F-NMR[12)] (70%ige Lösung in Äther): δ(2-, 2'-F) = −31.8, δ(6-, 6'-F) = −7.0, δ(5-, 5'-F) = 75.6 (drei Bandensysteme gleicher Intensität) IR (Schmelze): ν(Ring) = 1600, 1475, 1412 UV (in Hexan): λ_{max} = 210 nm (ε = 5490), 275 nm (ε = 9400), λ_{min} = 232 nm (ε = 960)
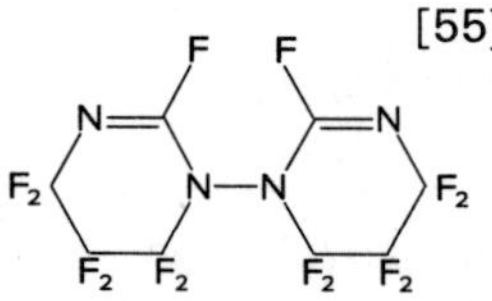 1,1'-Bi(2-fluor-4,4,5,5,6,6-hexafluor-1,4,5,6-tetrahydropyrimidinyl) [55]	145	^{19}F-NMR[7)]: δ(2-, 2'-F) = 62.25, δ(4-, 4'-F_{axial}) = 96.46, δ(6-, 6'-F_{axial}) = 99.08, δ(4-, 4'-$F_{äquatorial}$) = 101.55, δ(6-, 6'-$F_{äquatorial}$) = 111.07, δ(5-, 5'-F_{axial}) = 134.43, δ(5-, 5'-$F_{äquatorial}$) = 140.87, drei AB-Systeme mit J = 192, 233 und 267 Hz IR: 1735 (s)

Literatur s. S. 72

Tabelle 15 [Fortsetzung]

Physical Properties

Verbindung	Sdp./Torr (Schmp.) in °C	^{19}F- und ^{1}H-NMR (δ in ppm) IR- und UV-Spektrum Massenspektrum, n_D
X=Z=OH, Y=NO_2 [28]	(148 bis 150) [15)]	–
X=Z=OH, Y=NH_2 [28]	(257 bis 259) [15)]	–
X=Z=Cl, Y=NO_2 [28]	72/6, (49 bis 50)	–
X=Z=NH_2, Y=NO_2 [28]	(293)	–
X=Y=Z=NH_2 [28]	(263 bis 264)	–
X=Z=Cl, Y=NH_2 [28]	(56 bis 59)	–
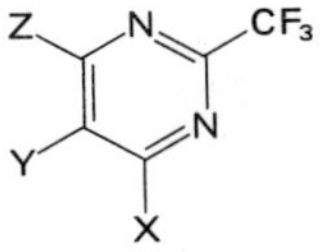 [Strukturformel: Pyrimidin mit Z, CF_3, Y, X] X=Z=NH_2, Y=Cl [28]	(243 bis 244)	–
X=SH, Y=NH_2, Z=Cl [28]	(175 bis 176)	–
X=NH_2, Y=CN, Z=CF_3 [32]	(176 bis 178)	–
X=NH_2, Y=NO_2, Z=OH [32]	(238 bis 240)	–
X=NH_2, Y=NO, Z=OH [32]	(160 bis 162) [15)]	–
X=Y=NH_2, Z=OH [32]	(284 bis 285)	–
X=Z=OH, Y=NO [32]	(157 bis 159)	–
A=B=Cl, C=NO_2 [29]	48/03	–
A=B=Cl, C=NH_2 [28]	(72)	–
A=Cl, B=C=NH_2 [28]	(226 bis 227)	–
A=B=SH, C=NH_2 [28]	(240) [15)]	–
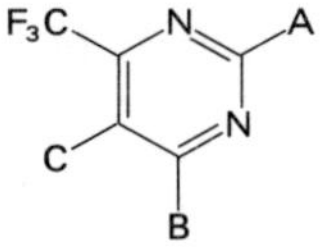 [Strukturformel: Pyrimidin mit F_3C, A, C, B] A=Cl, B=SH, C=NH_2 [28]	(132) [15)]	–
A=Cl, B=NH_2, C=NO_2 [30]	(125)	–
A=B=NH_2, C=NO_2 [29]	(188 bis 190)	–
A=Cl, B=C=NH_2 [28, 31]	(226 bis 227)	–
A=SH, B=C=NH_2 [30]	(225 bis 226)	–
A=B=C=NH_2 [29]	(197 bis 199)	–
A=Cl, B=$NHNH_2$, C=NH_2 [49]	(175)	–
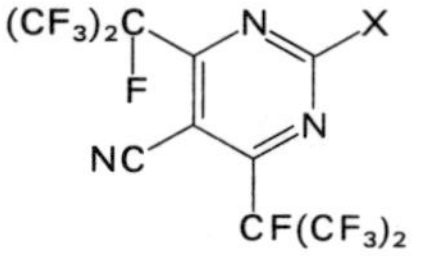 [Strukturformel: Pyrimidin mit $(CF_3)_2CF$, X, NC, $CF(CF_3)_2$] X=$CF(CF_3)_2$ [33]	(99 bis 100)	^{19}F-NMR [12)] (30%ige Lösung in Aceton): δ(2-CF)=104.6, δ(4-CF)=δ(6-CF)=102.2, δ(2-CF_3)=−2.8, δ(4-, 6-CF_3)=−3.6, $\lvert J(4\text{-CF-4-}CF_3)\rvert$=5.6 Hz, $\lvert J(2\text{-CF-2-}CF_3)\rvert$=6.8 Hz; UV (in Hexan): λ_{max}=227 (ε=10200), 258 (ε=2500), 297 nm (ε=260)
X=CN [33]	(169 bis 170)	^{19}F-NMR [12)] (30%ige Lösung in Aceton): δ(4-, 6-CF)=101.6, δ(4-, 6-CF_3)=−4.0, $\lvert J(4\text{-CF-4-}CF_3)\rvert$=6.2 Hz; UV (in C_2H_5OH): λ_{max}=242 (ε=17000), 289 nm (ε=4300)

Literatur s. S. 72

Physical Properties

Tabelle 15 [Fortsetzung]

Verbindung		Sdp./Torr (Schmp.) in °C	^{19}F- und ^{1}H-NMR (δ in ppm) IR- und UV-Spektrum Massenspektrum, n_D
4-Amino-6-fluor-5-[F-C(CF$_3$)$_2$]-2-[CF(CF$_3$)$_2$]-pyrimidin	[7]	(118.5 bis 119.5)	^{19}F-NMR[1]: δ(6-F)=48.6 (fünf Banden, J=26 Hz), δ(2-CF$_3$)=79.3 (d, J=10 Hz), δ(5-CF$_3$)=81.6 (d von d, J_1=26 Hz und J_2=11 Hz), δ(2-CF)=175.3 (sept, J=10 Hz), δ(5-CF)=176.9 (sept, J=11 Hz) UV (in Cyclohexan): λ_{max}=239 (ε=26415) und 299 nm (ε=4169)
X$_2$C-O-C(=O)-NH-C(=O)-NH (Ring)	X=CF$_2$Cl [72]	(98 bis 99)	IR: ν(N-H)=3257, 3106; ν(C=O)=1792 1730; ν(C-F, C-O)=1124
	X=CF$_3$ [72]	(110 bis 111)	^{1}H-NMR[4]: δ=−9.5 IR: ν(N-H)=3226, 3125; ν(C=O) 1812, 1754; ν(C-F, C-O)=1250
Cl, CN, CF$_3$, N=P(Cl$_2$)-N (Ring)	[48]	(88 bis 90)	IR: ν(C≡N)=2240
F, N, X / F, N, F (Pyrazin)	X=F	(50.5 bis 53) [3, 24] (53 bis 54) [35]	^{19}F-NMR[2]: δ(CF)=−68.4 [3, 24, 35], ^{19}F-NMR[20]: δ(CF)=−70 [44] IR (Gas): 2322, 1477 (vs), 1462 (sh), 1451, 1266, 1225, 1195, 943 (sh), 940, 698 bis 691 (d), 667 (w), 508, 498 (sh) UV (in Cyclohexan): λ_{max}=280.5 (ε=10233) [35], UV (in Äthanol oder Cyclohexan): λ_{max}=280.5 [3, 24] (ε=17000) [3]
	X=Cl	(61 bis 63) [3, 24, 35]	^{19}F-NMR[2] (in Äther): δ(3-F)=−82.0, δ(6-F)=−71.8, δ(5-F)=−70.0, J(5-F-6-F)=17.2 Hz, J(3-F-5-F)=5.6 Hz, J(3-F-6-F)=44.6 Hz [35], δ(3-F)=ca. −72, δ(5-F)≈−73, δ(6-F)=−83.6, J(5-F-6-F)=16 Hz, J(3-F-6-F)=38 Hz [44] IR (Gas): 1595, 1458 (vs), 1347, 1250, 1209 bis 1188 (m), 1104 bis 1095 (d), 870 UV (in Cyclohexan): λ_{max}=288 nm (ε=2884) [35], UV (in Äthanol): λ_{max}=286.5 (ε=12000) [3] MS: m/e=168, 149, 78 [47]
Y, N, Cl / X, N, F (Pyrazin)	X=Cl, Y=F	(69 bis 72) [3, 24] (89 bis 90) [36] (80 bis 82) [47]	^{19}F-NMR[2]: δ(CF)=−83.7[18] [3, 24], ^{19}F-NMR[20]: δ(CF)=−84.8 [36], ^{19}F-NMR[7]: δ(CF)=81.0 [47] IR: 1441, 1418, 1355, 1190, 1136, 830, 672, 568, 488 [36] UV (in Äthanol): λ_{max}=214 nm (ε=8600),

Literatur s. S. 72

Physical Properties

Tabelle 15 [Fortsetzung]

Verbindung		Sdp./Torr (Schmp.) in °C	^{19}F- und ^{1}H-NMR (δ in ppm) IR- und UV-Spektrum Massenspektrum, n_D
Y N Cl X N F			252 nm (ε=1100) und 294 nm (ε=9400) [36] UV (in Cyclohexan): λ_{max}=224 nm (ε=11000), 252 nm (ε=1300), 297 nm (ε=10600)
	X=F Y=Cl	(69 bis 72)	^{19}F-NMR[2)] (in Aceton): δ(CF)=−85.1[18)], J (F-F)<8 Hz IR (Gas): 1572, 1449, 1412, 1277, 1182, 1134, 829, 771 UV (in Cyclohexan): λ_{max}=248 nm (ε=776), 294 nm (ε=7244)
F N Cl Cl N Cl	[35]	(76 bis 77)	^{19}F-NMR[2)] (in Aceton): δ(6-F)=−85.3 IR (KBr): 1534, 1458 (w), 1408, 1385, 1322, 1316 (sh), 1295, 1241, 1175, 1155, 1111, 1073, 973, 745, 649, 592 (w), 538 UV (in Cyclohexan): λ_{max}=298.5 nm (ε=9333)
F N F_2 F N F_2	[55]	–	^{19}F-NMR[1)]: δ(CF)=58.5, $\delta(CF_2)$=100.9 IR: ν(C=N)=1720 (s) UV (in Cyclohexan): λ_{max}=211 nm (ε=1800)
Cl N F_2 F_2 N Cl	[21]	–	^{19}F-NMR[7)]: $\delta(CF_2)$=78.2 UV: Keine Absorption oberhalb 220 nm
Cl N F_2 Cl N F_2	[21]	–	^{19}F-NMR[7)]: $\delta(CF_2)$=98.6 UV: λ_{max}=215 und 325 nm
F N Br F N F		(37 bis 39) [35]	^{19}F-NMR[2)] (in Äther): δ(3-F)=−85.4, δ(6-F)=−71.1, δ(5-F)=−70.7, J(5-F-6-F) =17.5 Hz, J(3-F-5-F)=6.9, J(3-F-6-F) =39.9 [35], δ(3-F)=−87.7, δ(6-, 5-F)≈−73, J(5-F-6-F)=17 Hz, J(3-F-6-F)=48 Hz [44] IR (Gas): 2326, 1597, 1458 (vs), 1346, 1253, 1208 bis 1190, 1079, 855 [35] UV (in Cyclohexan): λ_{max}=242.5 nm (ε=813), 242.5 nm (ε=8511) [35]
F N Br(F) F N F(Br)	[35]	(51 bis 52)	^{19}F-NMR[2)] (in Äther): δ(F)=−88[19)] IR (KBr): 1562, 1425, 1383, 1312 (w), 1272, 1183, 1101, 743, 712 (br), 592, 483 UV (in Cyclohexan): λ_{max}=242 nm (ε=794), 290.5 nm (ε=8913)

Literatur s. S. 72

Physical Properties

Tabelle 15 [Fortsetzung]

Verbindung	Sdp./Torr (Schmp.) in °C	^{19}F- und ^{1}H-NMR (δ in ppm) IR- und UV-Spektrum Massenspektrum, n_D
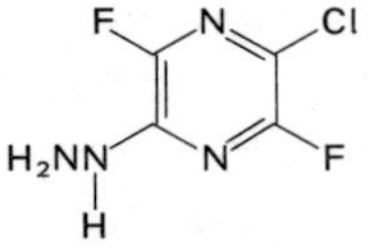 [36]	(137)	^{19}F-NMR [20] (in Äther): δ(F) = 79.0 (d) und 75.3, J (3-F-6-F) = 43 Hz IR: 3247, 1618, 1517, 1414, 1335, 1221, 1105, 960, 883, 735, 702, 660, 621, 449 UV: λ_{max} = 239.5 nm (ε = 15800), 328 nm (ε = 9000)
A = OH [35]	(79 bis 81) 25/0.01 Sublimation	^{19}F-NMR [2] (in Äther): δ(3-F) = −68.6, δ(5-F) = −63.7, δ(6-F) = −55.7, J (5-F-6-F) = 16.5 Hz, J (3-F-5-F) = 12.0 Hz, J (3-F-6-F) = 51.0 IR (KBr): 3390, 3096, 2667 (w), 1497, 1408 bis 1389 (w), 1307 (w), 1259, 1225, 1193, 1171, 1147, 943, 930, 792 (br), 736 (w), 714 (w), 701, 685, 536 (w), 501, 480 (w) UV (in Cyclohexan): λ_{max} = 225 nm (infl, ε = 676), 293.5 nm (ε = 6760)
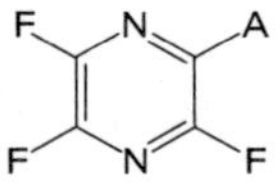 A = NH_2	(73 bis 75) [3, 24, 35]	^{19}F-NMR [2] (in Äther): δ(3-F) = −67.4, δ(6-F) = −62.3, δ(5-F) = −49.3, J (5-F-6-F) = 16.2 Hz, J (3-F-5-F) = 10.8 Hz, J (3-F-6-F) = 49.8 Hz [35], δ(3-F) = −66.6, δ(6-F) = −62.1, δ(5-F) = −51.2 [3, 24] IR (KBr): 3484, 3333, 3195, 1667, 1613, 1497, 1449, 1404, 1277, 1235, 1163, 1092, 915, 733, 699, 683 (w), 575 (br), 532, 487, 473 (sh) UV (in C_2H_5OH): λ_{max} = 222 nm (ε = 6607), 317 nm (ε = 3631) [35], λ_{max} = 317, 222 nm [3, 24]
A = $NHNH_2$ [35]	(48 bis 50) 20/0.01 Sublimation	^{19}F-NMR [2] (in Äther): δ(3-F) = −68.9, δ(6-F) = −61.0, δ(5-F) = −46.8, J (5-F-6-F) = −1.50 Hz, J (3-F-5-F) = 13.2 Hz, J (3-F-6-F) = 50.1 Hz IR (KBr): 3257, 1631, 1515, 1439, 1389, 1242 bis 1232, 1183, 990 (w), 917, 755, 704, 665, 556, 491, 466 UV (in C_2H_5OH): λ_{max} = 310 nm
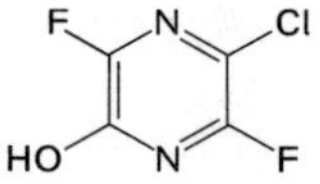 [50]	(111 bis 114)	^{19}F-NMR [2] (in Aceton): δ(CF) = −75.4 und −68.7 (zwei d, AB-System), J = 43.5 Hz
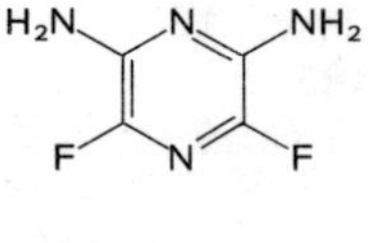 [39]	(≈243) [23]	^{19}F-NMR (in C_2H_5OH : CH_3COCH_3 = 1 : 1): δ(CF) = −44.1 IR (KBr): 3472, 3310, 3226, 3185 (sh), 1645, 1555 (m), 1515, 1401 (s), 1325, 1294 (m), 1168,

Physical Properties

Tabelle 15 [Fortsetzung]

Verbindung	Sdp./Torr (Schmp.) in °C	^{19}F- und ^{1}H-NMR (δ in ppm) IR- und UV-Spektrum Massenspektrum, n_D
		1116 (m), 1095 (m), 909, 720, 650 (br), 600 (v, br), 540, 481 (m), 463 UV (in C_2H_5OH): λ_{max}=233.5 und 339 nm
F, N, N_3(F), N_3, N, F(N_3) [3]	(105 bis 106)	IR (KBr): 2128, 1429, 1266, 1190
[F F / N NH / F F]$^+$ $[SbF_6]^-$ [37]	(101 bis 103)	^{19}F-NMR [1] (in SO_2): δ(CF)=90.2 [21]
F, N, F_2, F_2, F_2, F_2, N, F [38]	44	^{19}F-NMR [12]: δ(CF)=31.1 [22], δ(NF)=34.6 (br) IR (Gas): ν(C-F)=1330 (sh), 1318 (s), 1285 (s), 1225 (vs), 1181 (vs), 1140 (s); ν(N-F)=960 (vs), 945 (sh) MS: m/e=266, M^+ (10); 247, $C_4F_9N_2^+$ (100); 214, $C_4F_8N^+$ (20); 209, $C_4F_7N_2^+$ (14); 164, $C_3F_6N^+$ (87); 114, $C_2F_4N^+$ (71); 100, $C_2F_4^+$ (41); 69, CF_3^+ (100); 64, CF_2N^+ (10)
F, N, R_f, F, N, F $R_f=C_2F_5$ [42]	—	^{19}F-NMR [1]: δ(3-F)=79.3, δ(5-F)=82.5, δ(6-F)-93.5, $\delta(CF_3)$=86.0, $\delta(CF_2)$=118.4
R_f= $CF(CF_3)_2$ [42]	—	^{19}F-NMR [1]: δ(3-F)=78.0, δ(5-F)=83.7, δ(6-F)=93.4, $\delta(CF_3)$=76.7, δ(CF)=186.7
$R_f=CF(CF_3)CF_2CF_3$ [42]	—	^{19}F-NMR [1]: δ(3-F)=77.9, δ(5-F)= 84.2, δ(6-F)=95.3, $\delta[CF(CF_3)CF_2CF_3]$=75.0, 82.7, 122.2, 187.6
X=Y=$CF(CF_3)_2$, Z=F [7]	150 bis 152	^{19}F-NMR [1] (in Aceton, 40 °C): δ(3-, 6-F)= 77.2 (br), $\delta[CF(CF_3)_2]$=74.9 (8 Linien) und 185.4 (d von sept), J=47 und 7 Hz IR (Film): 1441, 1425, 1305 (br), 1275 bis 1225 (m, br), 1190, 1180, 1152, 1120, 1005, 985, 970, 900 (w), 819, 810, 753, 743, 720 (w), 680 (w) UV (in C_2H_5OH): λ_{max}=281 nm
X=Y=C_2F_5 Z=F [42]	—	^{19}F-NMR [1]: δ(3-, 6-F)=78.3, $\delta(CF_3)$=85.4, $\delta(CF_2)$=119.0
Z, N, X, Y, N, F X=Z= C_2F_5 Y=F	—	^{19}F-NMR [7]: δ(3-F, 5-F)=65.4, $\delta(CF_3)$=84.25, $\delta(CF_2)$=116.5, J (CF_2-3-F)=23.4 Hz, J (CF_3-3-F)=4.8 Hz IR: 1615, 1436, 1340, 1215, 1120, 1110, 968, 755

Physical Properties

Tabelle 15 [Fortsetzung]

Verbindung	Sdp./Torr (Schmp.) in °C	^{19}F- und ^{1}H-NMR (δ in ppm) IR- und UV-Spektrum Massenspektrum, n_D, D
		UV: λ_{max}=269 nm (ε=3860), 264 nm (infl, ε=3710) MS: m/e=352, M^+ (15); 333, M^+-F (20); 283, M^+-CF_3 (100); 233, $M^+-C_2F_5$ (15)
X=Y=$CF(CF_3)_2$ Z=NH_2 [7]	(59 bis 61)	^{19}F-NMR [1] (in Aceton): $\delta[2\text{-}, 5\text{-}CF(CF_3)_2]$ = 74.9 (6 Linien), δ(3-F)=92.8 (d, br), J=46 Hz, $\delta[2\text{-}CF(CF_3)_2]$=185.4 (d von sept), J=46 und 6.5 Hz, $\delta[5\text{-}CF(CF_3)_2]$=186.4 (sept), J=6 Hz UV (in Cyclohexan): λ_{max}=233 nm (ε=13183), 280 nm (ε=1479), 340.5 nm (ε=6026)
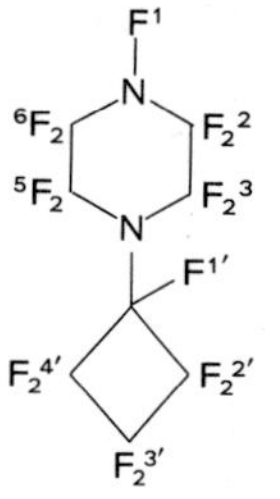 (Strukturformel: N-F¹, ring ⁶F₂, F₂², ⁵F₂, F₂³; N–cyclobutyl F¹′, F₂⁴′, F₂²′, F₂³′) [38]	124/753	^{19}F-NMR [12] (60%ige Lösung in $CFCl_3$): δ(1-F)=32.0 (br), δ(3-F-, 5-F)=16.0 (v, br), δ(2-F, 6-F)=33.3, δ(2′-, 4′-F)=51.3 (br, qu, AB), J(A-B)≈230 Hz, δ(3′-F)=54.7 (qu, AB), J(A-B)=226 Hz, δ(1′-F)=60.4 (br) [24] IR (Film): 1391 (m), 1383 (w), 1309 (vs), 1300 (sh), 1285, 1277, 1263 (s), 1255 (s), 1215 (vs), 1151 (s), 1135 (s), 1110 (s), 1020 (m); ν(N-F)=975 (s), 951 (w), 926 (s), 793 (s). – n_D^{23}=1.310 MS: m/e=428, $C_8F_{16}N_2^+$ (<1); 324, – (65); 145, $C_3F_5N^+$ (100); 114, $C_2F_4N^+$ (61); 100, $C_2F_4^+$ (61); 69, CF_3^+ (91)
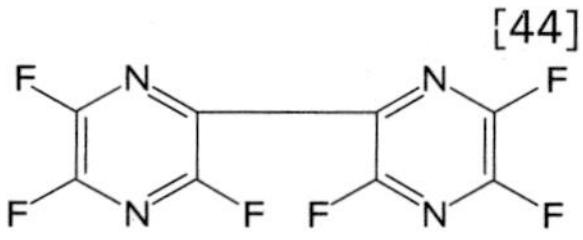 (Strukturformel: Bis(trifluorpyrazinyl), F, N, F / F, N, F F, N, F) [44]	(89 bis 90)	^{19}F-NMR [20]: δ(6-F)=72.5 (d von d), δ(5-F)=80.2, δ(3-F)=84.3, J(3-F-6-F)=20 Hz, J(3-F-5-F)<5 Hz IR: 1592, 1577, 1460, 1410, 1399, 1330, 1220, 1195, 1038, 814, 717, 566, 498 UV: λ_{max}=301 nm (ε=7600), 225 nm (ε=16600)
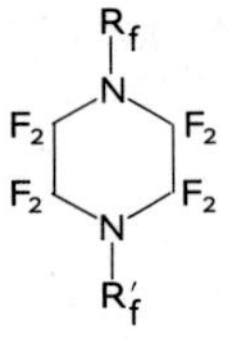 (Strukturformel: R_f-N, F_2 ×4, N-R_f') R_f=R_f'=$CF(CF_3)_2$	–	^{19}F-NMR [7, 26]: $\delta(CF_3)$=77.0, $\delta(CF_2\text{-Ring})$=85.5, δ(CF)=160.2 [46]
R_f=R_f'=CF_2CF_2-CF_2CF_3	–	^{19}F-NMR [7, 26]: $\delta(CF_2\text{-Ring})$=88.2, $\delta(CF_3)$=81.3 (tr), $\delta(NCF_2)$=73.1, $\delta(CF_2)$=120.7 und 125.3 [46]
R_f=R_f'=$CF_2CF_2C(O)F$	(183 bis 186) [56]	–
R_f'=C_3F_7 R_f=$CF_2CF_2C(O)OH$ [56]	86 bis 88/0.6 (56 bis 59)	–

Literatur s. S. 72

Tabelle 15 [Fortsetzung]

Physical Properties

Verbindung	Sdp./Torr (Schmp.) in °C	^{19}F- und ^{1}H-NMR (δ in ppm) IR- und UV-Spektrum Massenspektrum, n_D, D
$R^1 = R^2 = F$ [43]	–	^{19}F-NMR[1)]: δ(3-, 6-F) = 47.4, δ(1-, 4-F) = 172.2 IR: ν(C=N) = 1656 (s)
$R^1 = R^2 = C_2F_5$ [43]	–	^{19}F-NMR[1)]: δ(3-, 6-F) = 38.6, δ(1-, 4-CF_3) = 84.9, δ(1-, 4-CF_2) = 121.2[25)] und 125.8[25)] IR: ν(C=N) = 1672 (s)
$R^1 = R^2 = CF(CF_3)_2$	–	^{19}F-NMR[1)]: δ(3-, 6-F) = 37.1, δ(1-, 4-CF_3) = 75.0, δ(1-, 4-CF) = 181.1 [43], δ(3-, 6-F) = 37.05 [41] IR: ν(C=N) = 1678 (s) [43], ν(C=N) = 1680 (s) [41]
$R^1 = CF(CF_3)_2$, $R^2 = F$ [43]	–	^{19}F-NMR[1)]: δ(6-F) = 42.4, δ(3-F) = 45.0, δ(4-F) = 166.6, δ(CF) = 187.7, $\delta[(CF_3)CF_3C]$ = 75.9 und 77.1 IR: ν(C=N) = 1665 (s)
$R^1 = R^2 = CF(CF_3)CF_2CF_3$ [43]	–	^{19}F-NMR[1)]: δ(3-, 6-F) = 36.6, $\delta[1\text{-}, 4\text{-}CF_3CF_2CF(CF_3)]$ = 74.2, 82.4, 122.2 und 187.8 IR: ν(C=N) = 1677 (s)
$R^1 = CF(CF_3)CF_2CF_3$, $R^2 = F$ [43]	–	^{19}F-NMR[1)]: δ(6-F) = 42.1, δ(3-F) = 45.5, δ(4-F) = 165.6, $\delta[CF_3CF_2CF(CF_3)]$ = 74.5, 83.0, 119.2 und 165.6 IR: ν(C=N) = 1661 (s)
$R^1 = C_2F_5$, $R^2 = F$ [43]	–	^{19}F-NMR[1)]: δ(6-F) = 43.9, δ(3-F) = 44.8, δ(4-F) = 163.9, $\delta(CF_3)$ = 86.2, δ[(F)CF] = 124.7[25)] und 127.3[25)] IR: ν(C=N) = 1660 (s)
$X = Y = CF(CF_3)_2$ [43]	–	^{19}F-NMR[1)]: δ(3-F) = 61.6, δ(6-F) = 63.0, δ(4-CF_3) = 76.4, δ(5-CF_3) = 80.1, δ(4-, 5-CF) = 181.1 IR: ν(C=C) = 1735 (s); ν(C=N) = 1670 (s) UV: λ_{max} = 225 nm ($\varepsilon \approx 1750$)
$X = Y = CF(CF_3)CF_2CF_3$ [43]	–	^{19}F-NMR[1)]: δ(3-F) = 62.2, δ(6-F) = 62.6, $\delta[4\text{-}CF_3CF_2CF(CF_3)]$ = 74.5, 82.8, 117.7 und 176.4, $\delta[5\text{-}CF_3CF_2CF(CF_3)]$ = 77.8, 82.8, 123.4 und 186.6 IR: ν(C=C) = 1735 (s); ν(C=N) = 1669 (s) UV: λ_{max} = 223 nm ($\varepsilon \approx 1590$)

Literatur s. S. 72

Physical Properties

Tabelle 15 [Fortsetzung]

Verbindung		Sdp./Torr (Schmp.) in °C	^{19}F- und ^{1}H-NMR (δ in ppm) IR- und UV-Spektrum Massenspektrum, n_D, D
CF(CF₃)₂, F, N, N, F, CF(CF₃)₂	[43]	–	^{19}F-NMR [1]: δ(6-F)=42.2, δ(4-F)=162.1, δ(1-CF_3)=75.0 und 76.2, δ(1-CF)=187.1, δ(3-CF_3)=76.2, δ(3-CF)=192.0 IR: ν(C=N)=1688 (s)
N, F_2, F_2, F–F, F–F, F_2, F_2, N	[45]	(>120)	–

[1] Äußerer Standard $CFCl_3$. – [2] Innerer Standard C_6F_6. – [3] Metastabile Peaks: 111.1, $M^+\rightarrow C_4F_4^+$; 69.8, $C_4F_4^+\rightarrow C_3F_3^+$; 44.1, $C_4F_4^+\rightarrow C_3F_2^+$; 41.7, $C_3F_3^+\rightarrow C_2F_2^+$; 40.9, $C_3F_2^+\rightarrow C_3F^+$. – [4] Innerer Standard $Si(CH_3)_4$. – [5] Überlappendes Dublett von Dubletts von Septetts, $J\approx J'\approx 40$ Hz.

[6] Dublett von Septetts, J=54 Hz. – [7] Innerer Standard $CFCl_3$. – [8] In einer 1.4 ppm breiten Bande enthalten, die durch Signal der 3- und 5-$(CF_3)_3C$-Gruppen hervorgerufen wird. – [9] Zusätzlich weitere nicht zugeordnete komplexe Signale im Bereich 115 bis 144 ppm. – [10] Zusätzliche, nicht zugeordnete Signale im Bereich 110 bis 149 ppm.

[11] Innerer Standard C_6F_6; Werte gemäß $\delta(CFCl_3)=\delta(C_6F_6)+163.0$ umgerechnet. – [12] Äußerer Standard CF_3COOH. – [13] 91:9-Gemisch aus 2-Amino- und 4-Amino-5-chlordifluorpyrimidin. δ(2'- und 6'-F) beziehen sich auf das 4-Amino-Isomer. – [14] 25:75-Gemisch aus 2,4- und 4,6-Dichlor-5-cyanfluorpyrimidin, δ(6'-F) bezieht sich auf das 2,4-Isomer. – [15] Zersetzung.

[16] 1:1-Gemisch aus Perfluor(4- und 5-isopropylpyrimidin). – [17] $\pi\rightarrow\pi^*$ und $n\rightarrow\pi^*$ Übergänge. – [18] Berechnete Werte für 2,5-Cl_2-$C_4F_2N_2$ δ(3-, 6-F)=−83.6, für 2,6-Cl_2-$C_4F_2N_2$ δ(3-, 5-F)=−85.4, für 2,3-Cl_2-$C_4F_2N_2$ δ(5-, 6-F)=−88.9. – [19] Errechnete Werte für 2,5-Br_2-$C_4F_2N_2$, δ(3-, 6-F)=87.7, für 2,3-Br_2-$C_4F_2N_2$, δ(5-, 6-F)=−73.4, für 2,6-Br_2-$C_4F_2N_2$, δ(3-, 5-F)=−85.4. – [20] Äußerer Standard C_6F_6.

[21] Das Signal δ(CF) für die freie Base liegt in SO_2 bei 95.9, in H_2SO_4 bei 93.7 und in FSO_3H bei 92.6 ppm. – [22] Breites, komplexes Signal aus zwei scharfen Maxima ungleicher Höhe bei 31.06 und 31.14 ppm. – [23] Unter Sublimation und Zersetzung. – [24] Intensitätsverhältnis 1:4:4:4:2:1. – [25] Diese Werte sind aus dem Spektrum 2. Ordnung berechnet worden.

[26] In [46] werden die ^{19}F-NMR-Spektren in Form eines Strichdiagramms angegeben. – [27] IR (Film): 1629, 1582 (s), 1475 (s), 1431 (s), 1340 (s), 1312 (s), 1229 (br, s), 1178 (s), 1159 (s), 1105 (s), 1078 (s), 1024 (s), 871 (s), 774 (w), 760 (s), 737, 683 [10]. – [28] IR (Film): 1427 (s), 1330, 1282, 1230 (br, s), 1170 (s), 1133 (s), 1057, 1021 (s), 908 (s), 847 (s), 764 (s), 751 (s), 726 (s), 692 [10].

Literatur s. S. 72

4.2.3 Chemisches Verhalten

Chemical Reactions

4.2.3.1 Pyrolyse, Photolyse und Isomerisierung

Pyrolysis, Photolysis, and Isomerization

Perfluorierte Pyridazine, Pyrimidine und Pyrazine sind im allgemeinen thermisch sehr stabil und pyrolysieren oder isomerisieren erst bei hohen Temperaturen.

Die thermisch induzierte Isomerisierung der Pyridazine liefert Pyrimidine, die photolytisch ausgelöste führt dagegen zu Pyrazinen [34]. Eine Isomerisierung erfolgt bei der Pyrolyse von Tetrafluorpyridazin in einem Quarzrohr, gefüllt mit Quarzwolle, bei 815±15 °C (N_2-Strom, Verweilzeit 34 s) zu perfluoriertem 5-Methylpyrimidin (18%), Pyrimidin (46%) und Pyrazin (7%) sowie zu C_6F_6 (≈1%). Bei 745±15 °C tritt ein 30%iger Umsatz auf, wobei hauptsächlich Tetrafluorpyrimidin und nur sehr wenig Perfluor-(5-methylpyrimidin) anfallen. Bei der Pyrolyse des Perfluor-(4,5-diisopropylpyridazin) unter obigen Bedingungen bei 580 °C entstehen Perfluor-(2,5-diisopropylpyrazin), Perfluor-(4,6-diisopropylpyridazin) und Perfluor-(2,5-diisopropylpyridazin). Beim Versuch, Perfluor-(4,6-diisopropylpyridazin) analog zu pyrolysieren, ist die Ausgangsverbindung quantitativ zurückgewonnen worden [7]. Bis 380 °C beständig sind auch das perfluorierte 3,5-Diisopropyl- und 3,4,6-Triisopropylpyridazin [12]. — Die UV-Photolyse von Perfluor-(1,2-dimethyl-perhydropyridazin-3,6-dion) führt zur Bildung von Perfluor-2-azapropen und Perfluor-(1,2-dimethyl-1,2-diazetidin) [75].

Isomerisierung und Zersetzung wird beim Erhitzen von Perfluor-(4,5-diäthyl-3,6-diisopropylpyridazin) beobachtet. Bei 650 °C/0.01 Torr (Quarzrohr, gefüllt mit Quarzwolle) entstehen $CF_3CF_2C{\equiv}CCF(CF_3)_2$ und Perfluor(5,6-diäthyl-2,4-diisopropylpyrimidin). Die thermische Umwandlung weiterer Perfluor-(alkylpyridazine) in entsprechende Pyrimidine wird bei der Darstellung der Pyrimidine (s. 4.2.1.2.2) beschrieben.

Die Photolyse der Perfluor-(alkylpyridazine) führt zu analogen Pyrazinen, die bei deren Synthesen angegeben sind (s. 4.2.1.3), [42] gemäß:

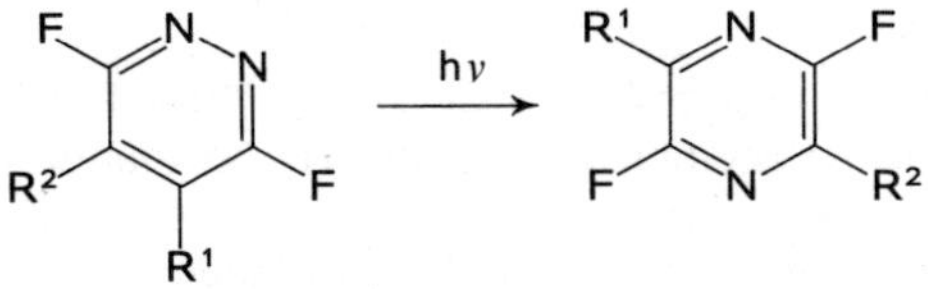

$R^1 = R^2 = F$
$R^1 = CF(CF_3)_2$, $R^2 = F$
$R^1 = R^2 = CF(CF_3)_2$
$R^1 = CF_2CF_3$, $R^2 = F$
$R^1 = R^2 = CF_2CF_3$
$R^1 = CF(CF_3)CF_2CF_3$, $R^2 = F$
$R^1 = R^2 = CF(CF_3)CF_2CF_3$

Die Umwandlungen von perfluorierten Pyridazinen zu Pyrazinen verlaufen über zwei Zwischenstufen (A und B), die isoliert werden konnten, wie Untersuchungen an folgenden sieben Pyridazinen zeigen [43]:

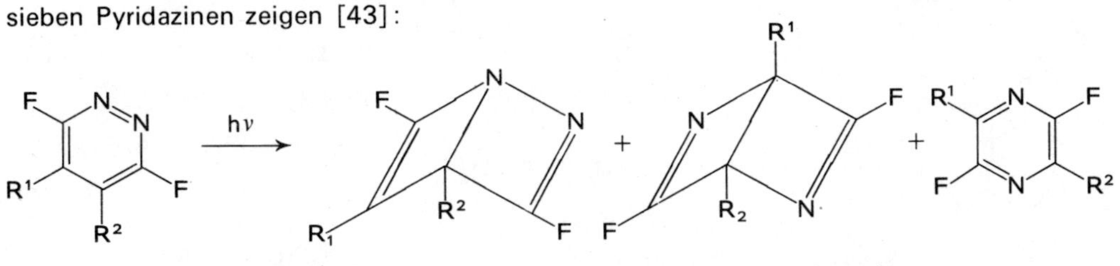

A —(hν oder Erwärmen)→ B —(hν oder Erwärmen)→ C

1 $R^1 = R^2 = CF(CF_3)_2$
2 $R^1 = R^2 = CF(CF_3)CF_2CF_3$
3 $R^1 = R^2 = F$
4 $R^1 = R^2 = C_2F_5$*
5 $R^1 = CF(CF_3)_2$*, $R^2 = F$
6 $R^1 = CF(CF_3)CF_2CF_3$*, $R^2 = F$
7 $R^1 = CF_2CF_3$*, $R^2 = F$

Pyrolysis, Photolysis and Isomerization

Von den mit * gekennzeichneten Substanzen ist die Zwischenstufe A nicht isoliert worden. Die einzelnen Derivate sind bei den Darstellungen, s. 4.2.1.3, abgehandelt. Für die Halbwertzeit τ und die Umwandlungstemperatur t als Maß für die thermische Stabilität der Valenzisomere werden folgende Werte erhalten [43]:

Isomerisierungs-prozeß	τ	t in °C	Isomerisierungs-prozeß	τ	t in °C
1 A → 1 B	2.4 h	102	4 B → 4 C	unverändert nach 11 h	60
2 A → 2 B	3.6 h	100		unverändert nach 0.75 h	100
1 B → 1 C	9 h	60			
	5 min	100	5 B → 5 C	80 min	105
2 B → 2 C	3 h	60	6 B → 6 C	78 min	100
	4 min	110	7 B → 7 C	143 min	100

Zusätzlich ist folgende Isomerisierung des perfluorierten 3,5-Diisopropylpyradizins beobachtet worden [43]:

hν → ; 60 °C, $\tau_{1/2}$=1 h →

R=$CF(CF_3)_2$

Perfluortetraphenylpyridazin ist bis 380 °C beständig [12]. Pyrolyse bei 725±15 °C (0.002 Torr) in einem Quarzrohr, lose gepackt mit Quarzwolle, führt unter N_2-Abspaltung zu 90% $C_6F_5C{\equiv}CC_6F_5$ (70% Umsatz). Analog liefert Perfluor-(4,5-diisopropyl-3,6-diphenylpyridazin) bei 680 °C (0.01 Torr) in einem mit Pt-Folie gefüllten Quarzrohr in 84% Ausbeute $CF_3CF(CF_3)C{\equiv}CC_6F_5$; die entsprechende 4,5-Diäthylverbindung zerfällt analog bei 720 °C zu 88% $CF_3CF_2C{\equiv}CC_6F_5$ und das perfluorierte 4,5-Diisopropyl-3,6-dipyridyl-pyridazin bei 700 °C zu $(CF_3)_2CFC{\equiv}C\text{-}4\text{-}C_5F_4N$ (82%) [18] gemäß:

680 bis 725 °C → 2 Y-C≡C-R + N_2

Y=R=C_6F_5

Y=CF_3CF_2, R=C_6F_5

Y=$(CF_3)_2CF$, R=C_6F_5

Y=$CF(CF_3)_2$, R=4-Tetrafluorpyridyl

Perfluor-(tetraisopropylpyrimidin) zerfällt bei 600 °C (1 Torr, Verweilzeit 1 s) in einem Pt-Rohr zu C_2F_6, Spuren von C_3F_8, C_4F_{10} und CF_4. Zusätzlich bildet sich eine Flüssigkeit, die Perfluor-(5,6-dihydro-2,4-diisopropyl-5,6-dimethylcyclobuta[d]pyrimidin sein könnte gemäß [33]:

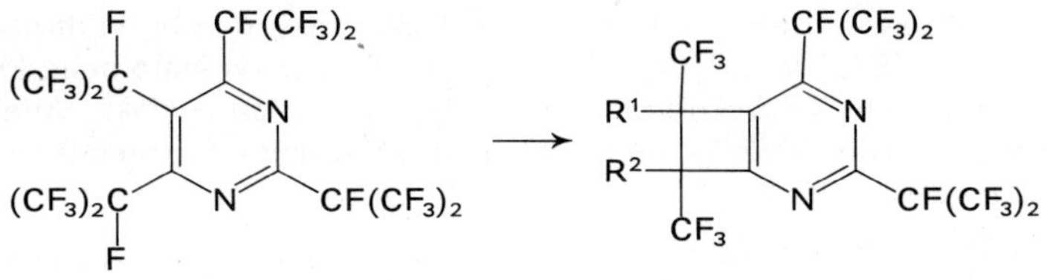

Infolge CF_4-Abspaltung fallen die Verbindungen mit R^1, $R^2=CF_3$, F und $R^1=R^2=CF_3$ in geringen Mengen an [33]. Pyrolyse des Tetrafluorpyrimidins bei 550 °C (18 h) in einem Weichstahlautoklav führt zu einer 50%igen Umwandlung, wobei SiF_4, $CF_3N{=}CF_2$, 7% Perfluor-(5-methylpyrimidin), eine Spur Perfluor-(6-methylpyrimidin) und ein harter, schwarzer Feststoff entstehen. Letzterer konnte nicht identifiziert werden [27]. – In n-C_5F_{12} gelöstes Perfluor-(tetraisopropylpyrimidin) ist gegen Bestrahlung mit einer UV-Lampe (U.V.S. 500 Mitteldruck Hg-Lampe, 120 h, Abstand 25 cm, Quarzrohr) beständig [33]. – Schon während des Schmelzens wird 5-Fluororotsäure zu 5-Fluoruracil (Schmelzpunkt 278 bis 279 °C) decarboxyliert [57, 58, 59].

4.2.3.2 Umsetzungen mit Perfluorolefinen, Chlor, HCl, HBr und $AlBr_3$, Hydrolyse

Reactions with Perfluoroolefins, Chlorine, HCl, HBr, and $AlBr_3$. Hydrolysis

Perfluordiazine addieren in Gegenwart von CsF in Tetramethylensulfon Perfluorolefine und liefern je nach Mengenverhältnissen mono-, di-, tri- und tetra-perfluoralkylsubstituierte Diazine [16, 17, 19], weitere Angaben s. bei der Darstellung dieser Diazine (Abschnitt 4.2.1).

Während Tetrafluorpyridazin unter UV-Einfluß nicht mit Cl_2 reagiert, setzen sich Tetrafluorpyrimidin und Tetrafluorpyrazin mit Cl_2 [21] analog zu Verbindungen, deren Darstellung unter Abschnitt 4.2.1 zu finden ist, um.

In Gegenwart von frisch sublimiertem $AlBr_3$ reagiert HBr mit Tetrafluorpyrazin bei 100 °C (48 h) zu 40% Tetrabrompyrazin, Schmelzpunkt 148 bis 149 °C, IR (KBr): 1346, 1267, 1190 (w), 1132, 1030, 513 cm^{-1}, UV (in Cyclohexan): $\lambda_{max}=246$ ($\varepsilon=12300$), 288.5 ($\varepsilon=3090$), 302 (Schulter, $\varepsilon=6026$), 312.5 ($\varepsilon=11220$) und 323 nm ($\varepsilon=9120$) [35].

Tetrafluorpyrazin ist in Gegenwart von konzentriertem H_2SO_4 bei 20 °C (2 h) hydrolysebeständig [35]. – Tetrafluorpyridazin erfährt eine Umhalogenierung durch eine HCl-gesättigte, ätherische Lösung bei 20 °C (2 h) zu Tetrachlorpyridazin in 70% Ausbeute, Schmelzpunkt 85 bis 86.5 °C [5, 6], 87 bis 89 °C [2].

4.2.3.3 Nucleophile Substitutionsreaktionen

Nucleophilic Substitution Reactions

Die mit NH_3, OH^-, CN^- und N_2H_4 durchgeführten Substitutionsreaktionen sind bei der Darstellung der hierbei entstehenden Verbindungen abgehandelt, zu deren physikalischen Eigenschaften s. Tabelle 15, S. 34.

Die physikalischen Eigenschaften der Reaktionsprodukte, die im folgenden Kapitel aufgeführt sind, sind in Tabelle 16, S. 60, zu finden.

Alkoxygruppen

Alkoxy Groups

Tetrafluorpyridazin wird von einer äquivalenten Menge CH_3ONa in CH_3OH bei 0 °C (1 h rühren) zu 4-Methoxy-trifluorpyridazin (80%) substituiert [1, 2, 3]. Mit 2 mol CH_3ONa entsteht die 4,5-$(CH_3O)_2$-Verbindung (70%), mit 3 bzw. 5 mol CH_3ONa 55% Trimethoxy-3-fluor- bzw. 95% Tetramethoxypyridazin [2]. Durch Umsetzen von Tetrafluorpyridazin in konzentriertem H_2SO_4 unter kräftigem Rühren mit CH_3OH bei 40 °C (1 bis

Nucleophilic Substitution Reactions

Alkoxy Groups

5 h) wird 3-Methoxy-trifluor- [5, 6] bzw. 3,6-Dimethoxy-difluorpyridazin [3, 5, 6] erhalten. Mit $[(CH_3)_3O][BF_4]$ in CH_2Cl_2-Lösung unter N_2-Atmosphäre beim Erhitzen im Rückfluß (2 h) bildet sich 3,4,5-Trifluor-1-methylpyridaz-6-on (25%). Analog verläuft die Umsetzung mit $[(C_2H_5)_3O][BF_4]$ im Rückfluß (0.75 h) zum entsprechenden Äthylpyridaz-6-on in 60% Ausbeute [5, 6].

Bei Zugabe von Tetrafluorpyrimidin zu einer Suspension von Na_2CO_3 in CH_3OH entsteht unter Rühren bei 20 °C (0.5 h) in einer exothermen Reaktion 6-Methoxy-trifluorpyrimidin (52%). Dieses kann auch aus 4-Hydroxy-trifluorpyrimidin und CH_2N_2 (in Äther) bei 20 °C in 43% Ausbeute synthetisiert werden. In Tetrahydrofuran erfolgt eine Reaktion mit CH_3ONa bei 0 °C (2 h) zu 4,6-Dimethoxy-difluorpyrimidin (34%). Eine Dreifachsubstitution in 2,4,6-Stellung erzielt man in CH_3OH mit CH_3ONa beim Erhitzen im Rückfluß (6 h) in 51% Ausbeute [25]. – 6-Jod-trifluorpyrimidin geht beim Behandeln mit CH_3ONa in CH_3OH bei 0 °C und anschließendem Erwärmen des Gemisches in 1 h auf 20 °C in 4-Jod-6-methoxy-difluorpyrimidin (74%) über [26]. Ähnlich reagiert ein Gemisch von perfluoriertem 5-, 4- und 2-Methylpyrimidin (90:8:2) mit CH_3OH in Gegenwart von Na_2CO_3 bei 0 °C, dann bei 20 °C, in 1.5 h zu einem 50:45:5-Gemisch (87%) von 6-CH_3O-5-CF_3-, von 2-CH_3O-5-CF_3- und von 4-CH_3O-6-CF_3-difluorpyrimidin. Analog setzt sich 5-Cyan-trifluorpyrimidin zu einem 90:10-Gemisch (70% Ausbeute) aus 5-CN-2,6-$(CH_3O)_2$- und 5-CN-4,6-$(CH_3O)_2$-fluorpyrimidin um. Bei 0 °C liefert 5-Chlor-trifluorpyrimidin mit CH_3OH und Na_2CO_3 nach anschließendem Erwärmen auf 20 °C (1 h rühren) ebenfalls ein Gemisch (94:6) aus 5-Chlor-6-methoxy- und 5-Chlor-2-methoxypyrimidin (57% Ausbeute) [27].

In Gegenwart von Pyridin reagiert 4-Amino-2-chlor-5-nitro-6-trifluormethylpyrimidin mit C_2H_5OH im Rückfluß (3 h) zum 2-Äthoxyderivat (90%, Schmelzpunkt 160 °C). Ganz analog erhält man mit wäßrigem CH_3OH die entsprechende 2-CH_3O-Verbindung (80%, Schmelzpunkt 164 °C) [31]. Mit C_4H_9OH reagiert 5-Chlor-trifluorpyrimidin in Gegenwart von 2 mol $NaHCO_3$ zu 2,4-Dibutoxy-5-chlor-fluorpyrimidin (Siedepunkt 112 bis 114 °C/0.5 Torr) und 4,6-Dibutoxy-5-chlor-fluorpyrimidin (Siedepunkt 68 bis 70 °C/1 Torr). Tetrafluorpyrimidin setzt sich mit C_2H_5ONa bei 20 °C (20 min) zu 2,4-Diäthoxy-difluorpyrimidin (Schmelzpunkt 43 °C) in 46% Ausbeute um. In Petroläther gelöstes $(CH_3)_2NCH_2$-CH_2OH kondensiert mit in Petroläther gelöstem Tetrafluorpyrimidin zunächst bei 25 °C und dann bei 35 °C (20 min) zu 51.5% 2,4-Bis-(β-dimethylaminoäthoxy)-5,6-difluorpyrimidin (Siedepunkt 129 °C/0.25 Torr). Tropft man eine Lösung von $(C_2H_5)_2NCH_2$-CH_2OH in Ligroin unter Rühren zu in Ligroin gelöstem Tetrafluorpyrimidin bei 10 °C und beläßt das Gemisch bei 15 °C (2 h), so entstehen 70.5% 4-Diäthylaminoäthoxy-trifluorpyrimidin (Siedepunkt 80 °C/0.2 Torr, $n_D^{25}=1.4551$) [20].

Tetrafluorpyrazin reagiert in CH_3OH mit CH_3ONa bei −10 °C (1 h rühren) zu 60% 6-Methoxy-trifluorpyrazin. Die bei 20 °C durchgeführte Umsetzung liefert 90% 5,6-Dimethoxy-difluorpyrazin. Die analog vorgenommenen Reaktionen ergeben bei −15 °C 90% 2-Chlor-5-methoxy-difluorpyrazin, bei −10 °C (C_2H_5ONa in C_2H_5OH) 55% 2-Äthoxy-difluorpyrazin, bei −10 °C (C_2H_5ONa in C_2H_5OH) 55% 2-Äthoxy-trifluorpyrazin und bei −20 °C [$(CH_3)_3COK$ in $(CH_3)_3COH$] 75% 6-tert-Butoxy-trifluorpyrazin. Behandelt man Tetrafluorpyrazin tropfenweise mit $HOCH_2CH_2ONa$ in $HOCH_2CH_2OH$ bei −15 °C (0.5 h) und rührt anschließend weitere 30 min, so bilden sich 40% 6-(2′-Hydroxyäthoxy)-trifluor- und 20% 5,6-Bis(2′-hydroxyäthoxy)-difluorpyrazin. Methanolyse des Tetrafluorpyrazins führt in Gegenwart von konzentriertem H_2SO_4 bei 20 °C (2 h rühren) zu 60% 6-Methoxy-trifluorpyrazin [35]. In Äther gelöstes Tetrafluorpyrazin reagiert bei 20 °C mit CH_3ONa, gelöst in CH_3OH, unter Rühren zu 2,5-Dimethoxy-difluorpyrazin (Schmelzpunkt 107 bis 109 °C, ^{19}F-NMR (Standard C_6F_6): $\delta(CF)=-8.2$ ppm) [3]. Die in CH_3OH vorgenommene Substitution von 2,5-Dichlor-difluorpyrazin mittels CH_3ONa bei 20 °C (3 h) ergibt 3,6-Dimethoxy-dichlorpyrazin [36].

Nucleophilic Substitution Reactions

Amino Groups

Amino-Gruppen

In N-Methyl-2-pyrrolidon gelöstes Tetrafluorpyridazin reagiert mit $(C_2H_5)_2NH$ bei 18 °C (25 min) in 90% Ausbeute zu 4-Diäthylamino-trifluorpyridazin [2, 4]. Analog kondensiert Tetrafluorpyridazin mit K-Phthalimid bei 20 °C (48 h rühren) zu 4,5-Diphthalimido-difluorpyridazin (30%) [2]. Aminierungen in N-Methyl-2-pyrrolidon (Zutropfen des Amins zum Pyridazin bei Raumtemperatur unter Rühren) verlaufen gemäß [4]:

$$\text{Tetrafluorpyridazin} + 2\,RNH_2 \longrightarrow \text{4-(H–N–R)-trifluorpyridazin} + [RNH_3]F$$

$R = n\text{-}C_4H_9,\ C_6H_5$ und $C_6H_5CH_2$

Bei der Umsetzung von Tetrafluorpyrimidin mit primären und sekundären Aminen erfolgt bei niedrigen Temperaturen eine Substitution in 4-Stellung, bei Erhitzen Disubstitution in 4,6-Stellung. Nachfolgend werden Amin, Lösungsmittel, Reaktionsbedingungen, Produkt und Ausbeuten angegeben: $C_6H_5NH_2$, Tetrahydrofuran plus Na_2CO_3, −15 °C (3 h), 4-Anilino-trifluorpyrimidin, 66%; $C_6H_5NH_2$, Tetrahydrofuran, Rückfluß (3 h), 4,6-Dianilino-difluorpyrimidin, 15%; CH_3NH_2, H_2O, 0 °C (10 min) und 20 °C (0.5 h), 4-Methylamino-trifluorpyrimidin, 83%; CH_3NH_2, H_2O-$(CH_3)_2NCHO$, 60 °C (3 h), 4,6-Bis-(methylamino)-difluorpyrimidin, 50%; $(CH_3)_2NH$, H_2O, 0 °C dann 20 °C (1 h), 4-Dimethylamino-trifluorpyrimidin, 52%; $(CH_3)_2NH$, H_2O-$(CH_3)_2NCHO$, 60 °C (3 h), 4,6-Bis-(dimethylamino)-difluorpyrimidin, 59% [25]. Ätherische Lösungen von 5-Chlor-trifluorpyrimidin und $(C_2H_5)_2NH$ reagieren bei 10 und 30 °C unter ständigem Rühren (12 h) zu 5-Chlor-2,4-bis(diäthylamino)-fluorpyrimidin (Siedepunkt 117 bis 119 °C/2 Torr). Analog entsteht auch 2,4-Bis-(dimethylamino)-difluorpyrimidin (47%) [20]. – 4-Amino-2-chlor-5-nitro-6-trifluormethylpyrimidin (gelöst in C_2H_5OH) setzt sich mit einer wäßrigen Lösung von $(CH_3)_2NH$ bei 20 °C (0.5 h rühren) zu 4-Amino-2-dimethylamino-5-nitro-trifluormethylpyrimidin (Schmelzpunkt 110 °C) um [31].

Gemäß nachfolgendem Schema reagieren 5-Amino-4,6-dichlor-2-trifluormethyl- bzw. 5-Amino-2,4-dichlor-6-trifluormethylpyrimidin in siedendem CH_3OH (2 h) mit primären Aminen unter Substitution in 4-Stellung [51]:

$$\text{5-}H_2N\text{-4-Cl-2-X-6-Y-pyrimidin} + 2\,RNH_2 \longrightarrow \text{5-}H_2N\text{-4-(H–N–R)-2-X-6-Y-pyrimidin} + (RNH_3)Cl$$

Nachfolgend werden R, Ausbeuten und Schmelzpunkt für $X = CF_3$, $Y = Cl$ bzw. für $X = Cl$ und $Y = CF_3$ aufgeführt ([a] Siedepunkt in °C/Torr):

	$X = CF_3$, $Y = Cl$				$X = Cl$, $Y = CF_3$			
R	CH_3	C_2H_5	C_4H_9	$C_6H_5CH_2$	CH_3	C_2H_5	C_4H_9	$C_6H_5CH_2$
Schmelzpunkt in °C .	140 bis 142	91 bis 92	98 bis 100.5	184 bis 185	185 bis 187	159 bis 160	172/2 [a]	179 bis 180.5
Ausbeute in %	92	96	69	98	90	87	85	96

Literatur s. S. 72

Nucleophilic Substitution Reactions

In C_2H_5OH gelöstes 4,6-Dichlor-5-nitro-2-trifluormethylpyrimidin kondensiert in Gegenwart von $(C_2H_5)_3N$ bei 20 °C (12 h) bzw. −20 bis −30 °C (4 h) und bei 0 °C (6 h) zu 4,6-Bis(äthylamino)-5-nitro-2-trifluormethylpyrimidin (Schmelzpunkt 60 bis 65 °C) bzw. 4-Äthylamino-6-chlor-5-nitro-2-trifluormethylpyrimidin ($n_D^{20}=1.4985$) [68].

Die der Reaktion in CH_3OH analoge Reaktion von 2,5-Dichlor-difluorpyrazin mit $(CH_3)_2NH$ führt zu 2,5-Dichlor-3-dimethylamino-fluor- und 2,5-Dichlor-bis(dimethylamino)-pyrazin [36]. 2-Halogen-trifluorpyrazin reagiert mit $(CH_3)_2NH$ zu 2-Halogen-5-dimethylamino-difluorpyrazin und Tetrafluorpyrazin zu Dimethylamino-trifluorpyrazin (Halogen = Cl, Br) [44]. Tetrafluorpyrimidin reagiert mit $(n\text{-}C_4H_9)_2NH$ zu $[(n\text{-}C_4H_9)_2N]_4\text{-}C_4N_2$, Siedepunkt 196 °C/0.3 Torr [71]. 6,6-Bis(trifluormethyl)-perhydro-1,3,5-oxadiazin-2,4-dion addiert in Tetrahydrofuran bei 25 °C $(C_2H_5)_3N$ und liefert ein 1:1-Addukt, Schmelzpunkt 120 bis 121 °C, ^{1}H-NMR (in $(CD_3)_2CO$, innerer Standard $(CH_3)_4Si$): $\delta(NH) = -8$ ppm (breit), $\delta(CH_3) = -1.3$ ppm (Triplett), $\delta(CH_2) = -3.2$ ppm (Quartett) [72].

Alkyl-, Alkenyl-, and Phenylmercapto Groups

Alkyl-, Alkenyl- und Phenylmercapto-Gruppen

In ätherischer Lösung wird Trifluor-1-H-pyridazin-6-on von CH_2N_2 bei 20 °C (1.25 h rühren) zu 60% Trifluor-1-methylpyridazin-6-on methyliert [5, 6]. Analog wird 6-Hydroxy-trifluorpyrazin bzw. 4-Hydroxy-trifluorpyrimidin mit CH_2N_2 bei 20 °C (1 h) zu 75% 6-Methoxy-trifluorpyrazin [35] (s. S. 58) bzw. 43% 6-Methoxy-trifluorpyrimidin [25] (s. S. 58) verestert.

Je nach Molverhältnis C_6H_5SNa zu Tetrafluorpyridazin entstehen in N-Methyl-2-pyrrolidon bei 20 °C (2 h) Tetrakisphenylmercapto-, bei 0 °C (1 h) 3-Fluor-triphenylmercapto- und bei 0 °C (15 min) 3,6-Difluor-diphenylmercaptopyridazin. Die Verhältnisse betragen 4.5:1 (85% Ausbeute), 3:1 und 1:1 [2, 3]. Die Umsetzung von Perfluor-(methylpyrimidin) mit Propenyllithium in Äther bei −78 °C (1 h) führt in 56% Ausbeute zu einem Gemisch aus 2-Propenyl-5-trifluormethyl-, 6-Propenyl-5-trifluormethyl-, 4-Propenyl-6-trifluormethyl- und 6-Propenyl-2-trifluormethyl-difluorpyrimidin. Die Ausbeuten betragen 83, 2, 10 und 3% [27]. Alkylierung des Tetrafluorpyrazin mit CH_3Li bzw. $n\text{-}C_4H_9Li$ in Äther bzw. Äther-Hexan bei −70 °C (1 h) und 20 °C (1 h) führt zu 70% 6-Methyl- bzw. 30% 2-Butyl-, 10% 2,5-Dibutyl- und 40% 2,3,5-Tributylfluorpyrazin [35].

Tabelle 16

Physikalische Eigenschaften der Verbindungen aus nucleophilen Substitutionsreaktionen von Perfluorhalogenorganodiazinen. Siedepunkt (Sdp.) in °C/Druck in Torr, Schmelzpunkt (Schmp.) in °C, chemische Verschiebung δ und Spin-Spin-Kopplungskonstante J im NMR-Spektrum (d = Dublett, tr = Triplett, qu = Quartett, m = Multiplett), IR-Spektrum (in cm^{-1}), Wellenlängen λ_{max} und Extinktionskoeffizienten ε der UV-Absorptionsmaxima:

Verbindung	Sdp./Torr (Schmp.) in °C	^{19}F- und ^{1}H-NMR (δ in ppm) IR- und UV-Spektrum
F N N N F F OCH$_3$	74 bis 76/3.0 [2]	^{19}F-NMR [1)]: $\delta(CF) = -13.2$, -65.5 und -73.4 (in CCl_4) [1, 3], $\delta(CF) = -15.0$, -65.5 und -73.7 (reine Flüssigkeit) [2] IR (Film): 1695, 1613, 1575, 1408, 1351, 1299, 1190, 1105, 1047, 952, 758 [3], 3003, 2959, 2890, 1618, 1577, 1508 bis 1425 (vs, m), 1372, 1297, 1202, 1186, 1107, 1046, 1025, 990, 952, 840 (w), 757, 719, 688, 667, 640, 565 [2] UV (in Cyclohexan): $\lambda_{max} = 251$ nm ($\varepsilon = 2188$), 275 nm ($\varepsilon = 550$) [2]

Literatur s. S. 72

Nucleophilic Substitution Reactions

Physical Properties of the Products

Tabelle 16 [Fortsetzung]

Verbindung	Sdp./Torr (Schmp.) in °C	^{19}F- und ^{1}H-NMR (δ in ppm) IR- und UV-Spektrum
X=Y=F [2]	78 bis 80/0.52	^{19}F-NMR [2)] (reine Flüssigkeit): δ(CF) = −70.6 IR (Film): 3012, 2959, 2849, 1623, 1585, 1567 (sh), 1460, 1397 (vs), 1287, 1198, 1111 (vs), 1050 (vs), 985 (w), 954, 930 (w), 775 (w), 752, 680 (sh), 665, 630 (w) UV (in Cyclohexan): λ_{max} = 230.5 nm (ε=4898) und 253 nm (ε=2089)
X=F Y=OCH_3 [2] (4-,5-Dimethoxy-pyridazin mit Y in 3-, X in 6-Stellung; H_3CO, OCH_3)	85 bis 86/0.4 (29 bis 31)	^{19}F-NMR [2)] (in Aceton): δ(CF) = −65.6 IR (Film): 2985, 2941, 2833, 1600, 1555, 1481 bis 1456, 1427, 1385 (vs), 1285, 1209, 1157, 1119, 1062, 1002, 957, 915, 778 (w), 750, 683 (w) UV (in Cyclohexan): λ_{max} = 231.5 nm (ε=4677) und 263 nm (ε=2291)
X=Y=OCH_3 [2]	100/0.005 Sublimation (47 bis 48.5)	IR (KBr): 2985, 2950, 2849, 1901 (w), 1605, 1546 (w), 1460, 1372, 1274, 1206, 1189, 1139, 1106, 1076, 1026 (w), 997, 930, 905, 781 (w), 752, 691, 500 UV (in Cyclohexan): λ_{max} = 231 nm (ε=5248) und 273.5 nm (ε=2455)
X=F [5, 6] (Pyridazin: CH_3O, F, F, X)	30/20 Sublimation (54 bis 56)	^{19}F-NMR [2)] (in $CDCl_3$): δ(CF) = −9.1, −14.9 und −64.9 IR (KBr): 3003, 2950, 1661, 1575, 1466, 1403, 1362 (w), 1311 (w), 1290, 1261 (w), 1214, 1171, 1115 (vs), 1038, 985, 943, 800, 751, 702, 666, 492 UV (in Cyclohexan): λ_{max} = 263.5 nm (ε=1862) und 285 nm (ε=676)
X=OCH_3 [5, 6]	(115 bis 117)	^{19}F-NMR [2)] (in Aceton): δ(CF) = −7.8 IR (KBr): 3008 (w), 2899 (w), 2342 (w), 1672, 1484, 1431, 1399, 1279 (w), 1232, 1163, 1124, 1074, 1056 (sh), 1017, 1000 (w), 962 (w), 840, 826, 781, 752, 725, 702, 676 (w), 662, 652 (w), 599, 565 (w), 448 UV (in Cyclohexan): λ_{max} = 272.5 nm (ε=2188)
R=CH_3 [5, 6] (Pyridazinon: O, N–R, F, F, F)	60/20 Sublimation (74 bis 76)	^{19}F-NMR [2)] (in Aceton): δ(CF) = −14.8, −24.2 und −58.5 IR (KBr): 3289 (w), 2967, 2915, 2857 (sh), 1802, 1706 (sh), 1695, 1664, 1650, 1613, 1585, 1481, 1387 (w), 1330, 1307, 1290, 1282, 1212 (w), 1166, 1109, 1010, 962, 943, 752, 730 (w), 705, 672, 667, 577, 538 (w), 446

Literatur s. S. 72

Nucleophilic Substitution Reactions

Physical Properties of the Products

Tabelle 16 [Fortsetzung]

Verbindung		Sdp./Torr (Schmp.) in °C	^{19}F- und ^{1}H-NMR (δ in ppm) IR- und UV-Spektrum
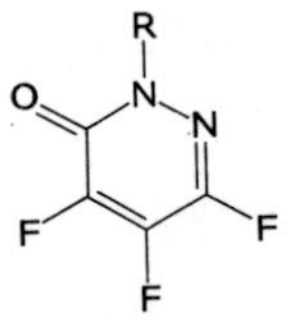			UV (in Cyclohexan): $\lambda_{max}=220$ nm ($\varepsilon=1820$), 281 nm ($\varepsilon=2818$), 289.5 nm ($\varepsilon=2951$), 300 nm ($\varepsilon=2291$), 314 nm ($\varepsilon=871$)
	$R=C_2H_5$ [5, 6]	75 bis 77/10	^{19}F-NMR [2]: $\delta(CF)=-14.7$, -25.1 und -59.2 IR (Film): 2985, 2933, 2874 (w), 1695, 1670, 1580, 1475, 1385 (w), 1340, 1316, 1287, 1221, 1157, 1119, 1089 (w), 1027, 997, 929 (w), 899, 746, 725 (w), 696, 668, 585 UV (in Cyclohexan): $\lambda_{max}=221$, 282.5, 291, 301 und 315 nm
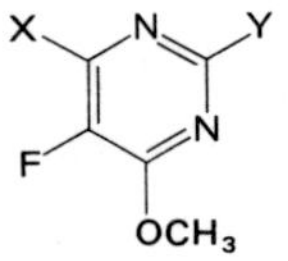	X=Y=F [25]	55 bis 56/20	^{19}F-NMR [3] (in $CHCl_3$): $\delta(F^2)=-29.6$, $\delta(F^5)=101.8$, $\delta(F^6)=5.6$, J (F^2-F^5) = 25.9 Hz, J (F^5-F^6) = 16.9 Hz, J (F^5-CH) $\leqq 0.3$ Hz IR (Film): 2976, 1733, 1706, 1639, 1634, 1597, 1511, 1453, 1406, 1280, 1241, 1190, 1111, 1050, 945, 810, 775, 725 UV (in Hexan): $\lambda_{max}=245$ nm ($\varepsilon=5900$)
	$X=CH_3O$ Y=F [25]	(106 bis 108)	^{19}F-NMR [3] (in $CHCl_3$): $\delta(F^2)=-29.8$, $\delta(F^5)=102.6$, J (F^2-F^5) = 26.7, J (F^5-CH) $\leqq 0.3$ Hz UV (in Hexan): $\lambda_{max}=215$ nm ($\varepsilon=2650$), 250 nm ($\varepsilon=10350$)
	X=Y= CH_3O [25]	(98 bis 99)	^{19}F-NMR [3] [in $(CH_3)_2NCHO$]: $\delta(F^5)=111.2$, J (F^5-CH) = $\leqq 0.3$ Hz UV (in Hexan): $\lambda_{max}=219$ nm ($\varepsilon=5300$), 258 nm ($\varepsilon=9700$)
	X=J Y=F	(109 bis 110)	^{19}F-NMR [3] (20%ige Lösung in $CHCl_3$): $\delta(F^2)=-31.6$, $\delta(F^5)=57.5$, J (F^2-F^5) = 27.1 IR (Verreibung): ν(C-H) = 2959, 1577, 1497, 1412 UV (in Hexan): $\lambda_{max}=215$ nm ($\varepsilon=6300$), 237 nm ($\varepsilon=4420$), 265 nm ($\varepsilon=10400$), $\lambda_{min}=226$ nm ($\varepsilon=3090$), 242 nm ($\varepsilon=3540$), 271 bis 273.5 nm ($\varepsilon=8580$ bis 8300)
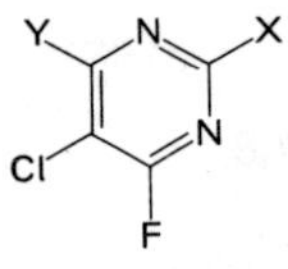	$X=CH_3O$ Y=F [27]	86 bis 87/33 [14]	^{19}F-NMR [3]: $\delta(F^4, F^6)=-17.4$ ^{1}H-NMR [4]: $\delta(CH_3)=2.66$ — IR (Film): $\nu(CH)=3003$ (w), 2950 (w); ν(Ring) = 1600 (s), 1565 (s), 1497 (s), 1451 (m), 1429 (s), 1403 (s), 1389 (s); ν_{as}(C-O-C)? = 1195 (s)
	$Y=CH_3O$ X=F [27]	86 bis 87/33 [14]	^{19}F-NMR [3]: $\delta(F^2)=-31.9$, $\delta(F^4)=-12.8$ ^{1}H-NMR [4]: $\delta(CH_3)=2.44$ — IR (Film): $\nu(CH)=3003$ (w), 2950 (w); ν(Ring) = 1600 (s), 1565 (s), 1497 (s), 1451 (m), 1429 (s), 1403 (s), 1389 (s); ν_{as}(C-O-C)? = 1195 (s)

Literatur s. S. 72

Nucleophilic Substitution Reactions

Physical Properties of the Products

Tabelle 16 [Fortsetzung]

Verbindung	Sdp./Torr (Schmp.) in °C	^{19}F- und ^{1}H-NMR (δ in ppm) IR- und UV-Spektrum
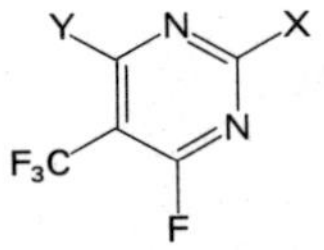 Pyrimidin (Y, X, F_3C, F); X=F, Y=CH_3O [27]	59 bis 60/16 [5)]	^{19}F-NMR [3)]: δ(F^2) = −38.6 (br), δ(CF_3) = −18.4 (d), J (CF_3-F^4) = 19.1 Hz, δ(F^4) ≈ 19
X=CH_3O, Y=F [27]	59 bis 60/16 [5)]	^{19}F-NMR [3)]: δ(F^4, F^6) = −23.0 (qu), J (CF_3-F^4, F^6) = 17.6 Hz, δ(CF_3) = −19.4 (tr)
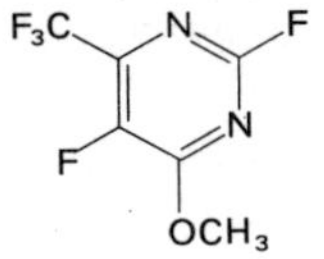 Pyrimidin (F_3C, F, F, OCH_3) [27]	59 bis 60/16 [5)]	^{19}F-NMR [3)]: δ(F^2) = −29.4 (br, d), J (F^2-F^5) = 29 Hz, δ(F^5) = 78 (m), δ(CF_3) = −9.7 (d), J (CF_3-F^5) = 17.0 Hz
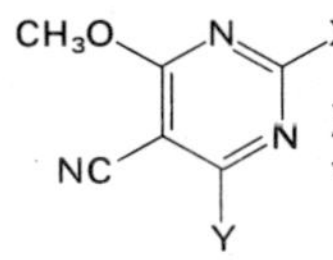 Pyrimidin (CH_3O, X, NC, Y); X=F, Y=OCH_3 [27]	(62 bis 63)	^{19}F-NMR [3)] (50%ige Lösung in Aceton): δ(F^2) = −40.6; IR (Schmelze): ν(CN) = 2237
X=OCH_3, Y=F [27]	(62 bis 63)	^{19}F-NMR [3)] (50%ige Lösung in Aceton): δ(F^4) = −21.4; IR (Schmelze): ν(CN) = 2237
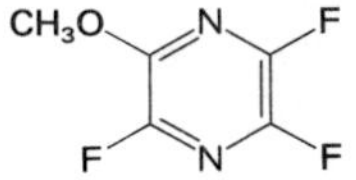 Pyrazin (CH_3O, F, F, F) [35]	142	^{19}F-NMR [2)] (in Äther): δ = −70.1, −63.5 und −56.0, J (F^2-F^3) = 15.1 Hz, J (F^3-F^5) = 12.3 Hz, J (F^2-F^5) = 51.2 Hz; IR (Film): 2985, 2941, 1631 (w), 1577 (w), 1490 bis 1403, 1264, 1238 bis 1227 (d), 1193, 1166, 1013, 921, 708, 674 (w), 502; UV (in Cyclohexan): λ_{max} = 225.5 nm (ε = 646) 293 nm (ε = 6761)
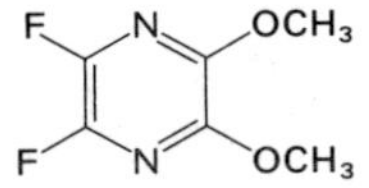 Pyrazin (F, OCH_3, F, OCH_3) [35]	(79 bis 81)	^{19}F-NMR [2)] (in Äther): δ(CF) = −51.2 [6)]; IR (KBr): 3003 (w), 2941 (w), 1637, 1570, 1504, 1471, 1404, 1277, 1241, 1190, 1020, 980, 909, 741, 724, 542, 503; UV (in Cyclohexan): λ_{max} = 305 nm (ε = 7413)
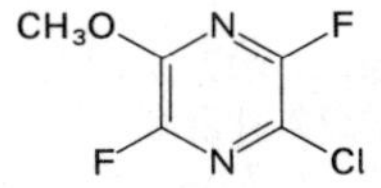 Pyrazin (CH_3O, F, F, Cl) [35]	156 bis 157	^{19}F-NMR [2)] (in Äther): δ(CF) = −77.4 und −71.7 [7)], J (F-F) = 47.0 Hz; IR (Film): 2994 (w), 2959, 1613, 1577, 1493, 1435, 1408, 1351, 1266, 1235, 1205, 1190, 1095, 987, 872, 672, 626, 476; UV (in Cyclohexan): λ_{max} = 299 nm
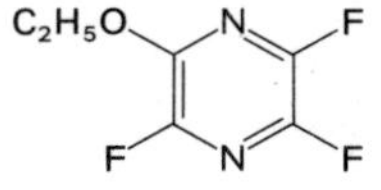 Pyrazin (C_2H_5O, F, F, F) [35]	148 bis 152	^{19}F-NMR [2)] (in Äther): δ(CF) = −69.8, −63.3 und −55.4, J (F^2-F^3) = 13.8 Hz, J (F^3-F^5) = 12.0 Hz, J (F^2-F^5) = 50.7 Hz; IR (Film): 2985, 2941 (sh), 2618 (w), 1634, 1572, 1497 bis 1395, 1359, 1266, 1230, 1211, 1181, 1115, 1094, 1027, 957, 943, 880, 808 (w), 750 (w), 708, 502; UV (in Cyclohexan): λ_{max} = 296 nm

Literatur s. S. 72

Nucleophilic Substitution Reactions
Physical Properties of the Products

Tabelle 16 [Fortsetzung]

Verbindung	Sdp./Torr (Schmp.) in °C	^{19}F- und ^{1}H-NMR (δ in ppm) IR- und UV-Spektrum
$R=OC(CH_3)_3$ [35] 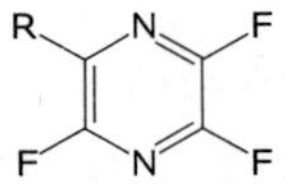	42/0.05	^{19}F-NMR [2] (in Äther): $\delta=-71.0$, -64.0 und -55.8, J (F^2-F^3) = 16.1 Hz, J (F^3-F^5) = 12.0 Hz, J (F^2-F^5) = 50.1 Hz IR (Film): 2941, 1370, 1258 bis 1149 (mult), 1036, 952, 931, 853, 777 (w), 708, 637 (w), 568 (w), 496 UV (in Cyclohexan): $\lambda_{max}=308$ nm ($\varepsilon=5495$)
$R=OCH_2CH_2OH$ [35]	165 bis 170	^{19}F-NMR [2] (in Aceton): $\delta=-70.2$, -63.3 und -56.4, J (F^2-F^3) = 14.8 Hz, J (F^3-F^5) = 11.7 Hz, J (F^2-F^5) = 50.6 Hz IR (Film): 3367, 2941, 1639, 1570, 1484, 1447, 1412 (sh), 1362, 1266, 1230, 1209, 1182 (sh), 1082, 1027, 962, 889, 870, 709, 502 UV (in Cyclohexan): $\lambda_{max}=295$ nm ($\varepsilon=5754$)
2,3-Difluor-5,6-bis(OCH_2CH_2OH)pyrazin [35] 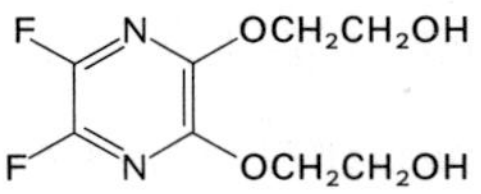	(80 bis 81)	^{19}F-NMR [2] (in Aceton): δ(CF) = -51.8 [8] IR (KBr): 3390, 2941 (w), 1639, 1567, 1484, 1447, 1412, 1359, 1272, 1235, 1082, 1031, 978, 961, 881, 504 (w), 500 (w) UV (in C_2H_5OH): $\lambda_{max}=225$ und 295 nm
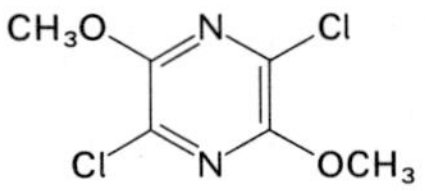 2,5-Dichlor-3,6-bis(OCH_3)pyrazin [36]	(151 bis 152)	^{1}H-NMR [10] (in CCl_4): $\delta(CH_3)=-4.11$ IR: 1481, 1385, 1353, 1215, 1170, 1139, 1000, 815, 684, 481 UV: $\lambda_{max}=323$ nm ($\varepsilon=13200$), 330 nm ($\varepsilon=10000$)
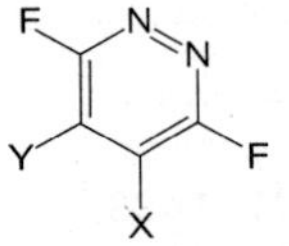 Pyridazin (3,6-F; 4-X; 5-Y): $X=N(C_2H_5)_2$, $Y=F$ [2, 4]	64 bis 66/0.005	^{19}F-NMR [2] (in CCl_4): $\delta=-14.9$, -59.9 und -79.9 IR (Film): 2976, 2924, 1595, 1558, 1497, 1473, 1449, 1408, 1383, 1355, 1295, 1272, 1200, 1188, 1094, 1072 (sh), 1015, 980, 917 (w), 842, 825, 747, 660 (sh), 655, 562 (w) UV (in C_2H_5OH): $\lambda_{max}=263.5$ nm ($\varepsilon=6607$), 293.5 nm ($\varepsilon=8318$)
X = Y 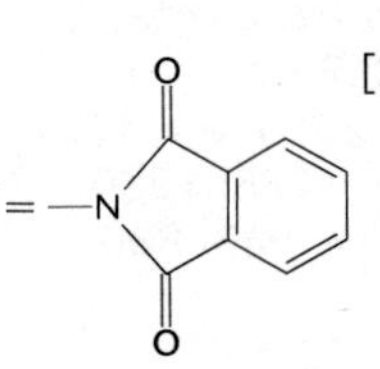 = —N(Phthalimido) [2]	(326 bis 328)	^{19}F-NMR [2] [in $(CH_3)_2SO$]: $\delta=-81.4$ IR (KBr): 1799, 1745, 1587 (w), 1479, 1425, 1368, 1351, 1302, 1256, 1245, 1205 (w), 1171 (w), 1151, 1100, 1082, 953, 877, 794, 781, 763 (w), 714, 704 (w), 676, 662, 641, 606, 529, 498

Literatur s. S. 72

Tabelle 16 [Fortsetzung]

Nucleophilic Substitution Reactions
Physical Properties of the Products

Verbindung	Sdp./Torr (Schmp.) in °C	^{19}F- und ^{1}H-NMR (δ in ppm) IR- und UV-Spektrum
R=n-C_4H_9 [4]	(56 bis 58)	^{19}F-NMR[2)] (in Aceton): $\delta(F^5)=-6.4$, $\delta(F^6)=-60.5$, $\delta(F^3)=-72.9$ IR (KBr): 3390 (w), 3247 (m), 3096 (w), 3058 (w), 2959 (m), 2506 (w), 1621 (s), 1580 (s), 1541 (m), 1462 (m), 1431 (s), 1377 (s), 1302 (w), 1271 (sh), 1238 (w), 1163 (w), 1134 (s), 1057 (w), 1018 (s), 932 (m), 760 (w), 734 (w), 693 (w, br), 676 (w), 667 (m), 649 (m), 554 (m) UV (in C_2H_5OH): $\lambda_{max}=252.5$ nm ($\varepsilon=11749$) und 275 nm (infl, $\varepsilon=9550$)
R=C_6H_5 [4] (Strukturformel: 3,5,6-Trifluor-4-(RHN)-pyridazin; F, N, N, F, F, RHN)	(123.5 bis 125.5)	^{19}F-NMR[2)] (in Aceton): $\delta(F^4)=-22$, $\delta(F^3)=-61.9$, $\delta(F^6)=-76.3$ IR (KBr): 3448, 3390, 3311, 3257 (m), 3125 (sh), 2336 (w), 1621, 1600, 1577 (s), 1534 (m), 1497 (m), 1471 (w), 1447 (vs), 1420 (s), 1370 (s), 1318 (w), 1285 (m), 1236 (m), 1182 (m), 1092 (m), 1081 (m), 1033 (s), 1001 (s), 912 (w), 904 (sh), 770 (sh), 766 (m), 755 (s), 738 (m), 711 (s), 693 (m), 667 (sh), 659 (m), 651 (m), 610 (m, br), 558 (m), 553 (m, br) UV (in C_2H_5OH): $\lambda_{max}=287.5$ nm ($\varepsilon=12303$)
R=$C_6H_5CH_2$ [4]	(108 bis 111)	^{19}F-NMR[2), 9)]: $\delta(F^4)=-7.7$, $\delta(F^6)=-60.1$, $\delta(F^3)=-74.5$ IR (KBr): 3236 (s), 3106 (m), 3058 (m), 1618 (s), 1577 (s), 1543 (m), 1456 (s), 1425 (s), 1383 (s), 1362 (s), 1307 (w), 1259 (w), 1200 (m), 1174 (m), 1133 (s), 1099 (sh), 1080 (w), 1048 (s), 1031 (m), 1019 (w), 1002 (w), 984 (w), 968 (w), 954 (s), 896 (w), 762 (m), 729 (s), 693 (s), 673 (m), 664 (m), 653 (m), 628 (m), 551 (m) UV (in C_2H_5OH): $\lambda_{max}=252.5$ nm ($\varepsilon=12882$), ≈275 (infl, $\varepsilon=10471$)
X=C_6H_5NH Y=F [25] (Strukturformel: Pyrimidin mit Y, N, F, N, F, X)	(96 bis 97)	^{19}F-NMR[3)] (in Aceton): $\delta(F^2)=-29.8$, $\delta(F^5)=101.2$, $\delta(F^6)=10.0$, J $(F^2\text{-}F^5)=26.6$ Hz, J$(F^5\text{-}F^6)=16.9$ Hz, J$(F^2\text{-}F^6)=2.8$ Hz, J$(F^5\text{-}NH)=2.8$ Hz IR (Verreibung): 3425, 3067, 1645, 1631, 1603, 1585, 1536, 1502, 1490, 1479, 1447, 1399, 1290, 1229, 1209, 1111, 1095, 1071, 1050, 1041, 907, 806, 754, 749, 690 UV (in C_2H_5OH): $\lambda_{max}=286$ nm ($\varepsilon=18400$)
X=Y= C_6H_5NH [25]	(192 bis 193)	^{19}F-NMR[3)] (in Aceton): $\delta(F^2)=-28.6$, $\delta(F^5)=100.8$, J $(F^2\text{-}F^5)=28.2$ Hz IR (Verreibung): 3436, 3333, 3257, 3105, 3067,

Literatur s. S. 72

Nucleophilic Substitution Reactions
Physical Properties of the Products

Tabelle 16 [Fortsetzung]

Verbindung	Sdp./Torr (Schmp.) in °C	^{19}F- und ^{1}H-NMR (δ in ppm) IR- und UV-Spektrum
		1965, 1942, 1642, 1603, 1590, 1527, 1499, 1453, 1376, 1346, 1316, 1222, 1171, 1105, 1087, 1073, 1056, 982, 958, 894, 848, 755, 698, 687
X=CH_3NH Y=F [25]	(122 bis 123)	^{19}F-NMR [3] (in Aceton): $\delta(F^2)=-28.4$, $\delta(F^5)=105.6$, $\delta(F^6)=14.6$, J (F^2-F^5)=26.5 Hz, J (F^5-F^6)=17.5 Hz, J (F^5-NH)=1.7 Hz, J (NH-CH)=4.8 Hz IR (Verreibung): 3356, 3268, 3096, 2985, 2874, 2793, 2618, 1650, 1613, 1538, 1460, 1427, 1391, 1316, 1215, 1144, 1025, 978, 804, 761, 726, 722, 668 UV (in C_2H_5OH): $\lambda_{max}=232$ nm ($\varepsilon=10500$), 262 nm ($\varepsilon=8040$), $\lambda_{min}=247$ nm ($\varepsilon=6510$)
(Strukturformel: Pyrimidin mit Y, N, F, N, X, F)		
X=Y=CH_3NH [25]	(180 bis 182)	^{19}F-NMR [3] (in Aceton): $\delta(F^2)=-26.6$, $\delta(F^5)=110.2$, J (F^2-F^5)=27.4, J (F^5-NH)= 1.7 Hz IR (Verreibung): 3413, 3378 (sh), 3040, 2976, 2933, 1637, 1527, 1401, 1376, 1342, 1182, 1135, 1085, 1014, 798, 769 UV (in C_2H_5OH): $\lambda_{max}=214$ nm ($\varepsilon=31500$), 271 nm ($\varepsilon=19400$), $\lambda_{min}=240$ nm ($\varepsilon=1505$)
X=$(CH_3)_2N$ Y=F [25]	(45 bis 47)	^{19}F-NMR [3] (in $CHCl_3$): $\delta(F^2)=-30.0$, $\delta(F^5)=98.4$, $\delta(F^6)=9.8$, J (F^2-F^5)=26.1 Hz, J (F^5-F^6)=17.5 Hz, J (F^5-CH)=2.2 Hz IR (Verreibung): 2976, 2924, 2849, 1634, 1595, 1531, 1462, 1427, 1393, 1295, 1236, 1070, 1037, 799, 762, 707 UV (in C_2H_5OH): $\lambda_{max}=240$ nm ($\varepsilon=10400$), 272 nm ($\varepsilon=9850$), $\lambda_{min}=255$ nm ($\varepsilon=7000$)
X=Y=$(CH_3)_2N$	(93 bis 94) [25] (96 bis 97) [20]	^{19}F-NMR [2] (in $CHCl_3$): $\delta(F^2)=-28.0$, $\delta(F^5)=92.2$, J (F^2-F^5)=27.0 Hz, J (F^5-CH)=3.0 Hz [25] IR (Verreibung): 2959, 2899 (sh), 2817 (sh), 1751, 1626, 1608, 1538 bis 1333, 1238, 1062, 1034, 781, 753 UV (in C_2H_5OH): $\lambda_{max}=227$ nm ($\varepsilon=26400$), 287 nm ($\varepsilon=21600$), $\lambda_{min}=259$ nm ($\varepsilon=2000$) [25]
(Strukturformel: Pyrazin mit F, N, Cl, Cl, N, $N(CH_3)_2$) [36]		^{1}H-NMR [10]: $\delta=-3.03$ ^{19}F-NMR [2]: $\delta=72.0$ IR: 2933, 1399, 1339, 1168, 1115, 926, 763, 492 UV: $\lambda_{max}=255$ nm ($\varepsilon=14700$), 343.5 nm ($\varepsilon=7300$)

Literatur s. S. 72

Nucleophilic Substitution Reactions
Physical Properties of the Products

Tabelle 16 [Fortsetzung]

Verbindung	Sdp./Torr (Schmp.) in °C	^{19}F- und ^{1}H-NMR (δ in ppm) IR- und UV-Spektrum
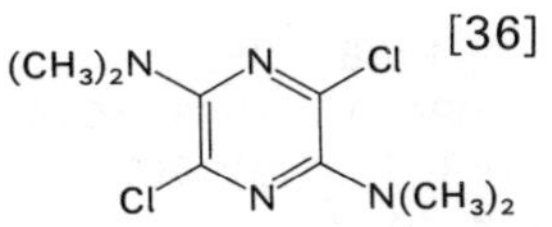 [36]	(64 bis 65)	^{1}H-NMR [10]: $\delta = -3.03$ IR: 2899, 1488, 1449, 1393, 1332, 1247, 1140, 1100, 1052, 952, 714, 698, 486 UV: $\lambda_{max} = 219$ nm ($\varepsilon = 7000$), 283 nm ($\varepsilon = 18000$), 361 nm ($\varepsilon = 7500$)
X=F [44]	(−23)	^{1}H-NMR [10] (in CCl_4): $\delta = -3.20$ ^{19}F-NMR [1] (in Äther): $\delta = -50.7$, 65.0, 80.3, J (F^2-F^3) = J (F^3-F^5) = 18 Hz, J (F^2-F^5) = 48 Hz IR: 1538, 1449, 1425, 1287, 1238, 1185, 973, 861, 504 UV: $\lambda_{max} = 242$ nm ($\varepsilon = 12800$), 333 nm ($\varepsilon = 6500$)
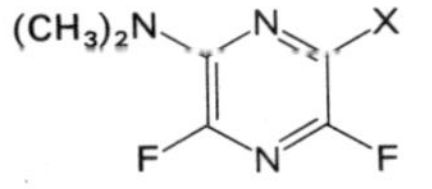 X=Cl [44]	(14 bis 15)	^{1}H-NMR [10] (in CCl_4): δ(CH) = −3.22 (d), J (H-F) = 2.0 Hz IR: 1613, 1506, 1435, 1339, 1229, 1156, 926, 820, 743, 691, 496 UV: $\lambda_{max} = 250$ nm ($\varepsilon = 18000$), 336 nm ($\varepsilon = 9000$)
X=Br [44]	(30 bis 33)	^{1}H-NMR [10] (in CCl_4): δ(CH) = −3.24 (tr), J (H-H) = 0.8 Hz IR: 1613, 1506, 1435, 1339, 1229, 1156, 926, 808, 686, 495 UV: $\lambda_{max} = 253$ nm ($\varepsilon = 17000$), 337 nm ($\varepsilon = 10000$)
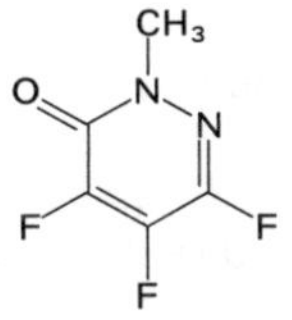 [5, 6]	60/20 Sublimation (74 bis 76)	^{19}F-NMR [2] (in Aceton): $\delta = -14.8$, −24.2 und −58.5 IR (KBr): 3289 (w), 2967, 2915, 2857 (sh), 1802 (w), 1706 (sh), 1695, 1664, 1650, 1613, 1585, 1481, 1387 (w), 1330, 1307, 1290, 1282, 1212 (w), 1166, 1109, 1010, 962, 943, 752, 730 (w), 705, 672, 667, 577, 638 (w), 446 UV (in Cyclohexan): $\lambda_{max} = 220$ nm (infl, $\varepsilon = 1820$), 281 nm ($\varepsilon = 2818$), 289.5 nm ($\varepsilon = 2951$), 300 nm ($\varepsilon = 5754$), 314 nm (infl, $\varepsilon = 871$)
X=Y=F	(97 bis 99) [2] (95.5 bis 97.5) [3]	^{19}F-NMR [1]: $\delta = -87.9$ [3]
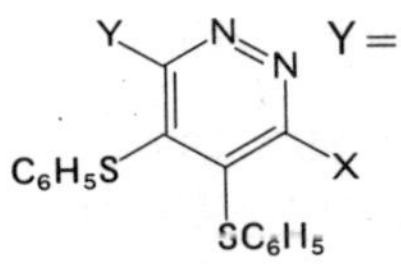 X=F Y=C_6H_5S [2]	(140.5 bis 143)	^{19}F-NMR [2] (in $CHCl_3$): $\delta = -83.5$ IR (KBr): 3049 (w), 1572 (w), 1468, 1437, 1339, 1292, 1208, 1175 (w), 1149 (w), 1066, 1020, 995, 920, 840 (w), 780, 755, 743, 698, 685, 676 (sh), 619, 543 UV (in C_2H_5OH): $\lambda_{max} = 253$ nm, 300 nm (infl)

Literatur s. S. 72

Nucleophilic Substitution Reactions

Physical Properties of the Products

Tabelle 16 [Fortsetzung]

Verbindung	Sdp./Torr (Schmp.) in °C	^{19}F- und ^{1}H-NMR (δ in ppm) IR- und UV-Spektrum
X′ = C_6H_5S (Pyridazin, 3,4,5,6-X′)	(208 bis 210) [2, 3]	IR (KBr): 3030, 1582, 1475, 1466, 1250 (vs), 1181 (w), 1156 (w), 1094 (w), 1073, 1024, 1002, 917 (w), 847, 781, 758, 740 (vs), 707, 688, 607, 582 (w), 559, 544, 514 [2] UV (in C_2H_5OH): λ_{max} = 256.5 nm, 287 nm (infl) [2, 3], 211 nm [3]
B = D = F A = CH=CHCH$_3$ C = CF$_3$ [27]	70 bis 72/16	^{19}F-NMR[3)]: δ(F^4, F^6) = −21.2 (qu), J (CF$_3$-F^4) = 17.8 Hz, δ(CF$_3$) = −19.2 (tr)
(Pyrimidin, Substituenten A, B, C, D) A = B = F D = CH=CHCH$_3$ C = CF$_3$ [27]		^{19}F-NMR[3, 12)]: δ(F^2) = −37.6 (br), δ(CF$_3$) = −19.6 (d), J (CF$_3$-F^4) = 17.5 Hz
A = C = F B = CH=CHCH$_3$ D = CF$_3$ [27]		^{19}F-NMR[3)]: δ(F^2) = −29.0 (d), J (F^2-F^5) ≈ 25 Hz, δ(F^5) = 64.2 (m), δ(CF$_3$) = −9.4 (d), J (CF$_3$-F^5) = 16.8 Hz
B = C = F D = CH=CHCH$_3$ A = CF$_3$ [27]		^{19}F-NMR[3)]: δ(CF$_3$) = −6.2, δ(F^5) = 73.2[12)]
Trifluor-methyl-pyrazin (H_3C, F, F, F) [35]	115	^{19}F-NMR[2)] (in Äther): δ = −79.2, −68.6 und −69.8, J (F^2-F^3) = 19.7 Hz, J (F^3-F^5) = 7.9 Hz, J (F^2-F^5) = 43.9 Hz ^{1}H-NMR[10)] (in CCl_4): δ(CH) = −2.5, J (F-H) ≈ 2.2 Hz IR (Film): 2959 (w), 1618, 1466 bis 1370 (vs, m), 1258, 1222 bis 1209 (vs, d), 1156, 1012, 923 (w), 894, 750 (w), 725, 692, 524, 496, 476 UV (in Cyclohexan): λ_{max} = 247.5 nm (ε = 891), 280.5 nm (ε = 6918)
Trifluor-n-butyl-pyrazin (n-C_4H_9, F, F, F) [35]	170	^{19}F-NMR[2)] (in Äther): δ = −78.6, −70.9 und −69.7, J (F^2-F^3) = 20.7 Hz, J (F^3-F^5) = 6.9 Hz, δ(F^2-F^5) = 43.9 Hz IR (Film): 2967 bis 2933 (d), 2865, 1613, 1471 bis 1429 (m), 1370, 1235, 1205, 1183 (sh), 1156, 1087, 935, 909, 893, 862, 556, 493 UV (in Cyclohexan): λ_{max} = 248 nm (ε = 1047), 281 nm (ε = 1244)

Literatur s. S. 72

Tabelle 16 [Fortsetzung]

Verbindung		Sdp./Torr (Schmp.) in °C	^{19}F- und ^{1}H-NMR (δ in ppm) IR- und UV-Spektrum
C_4H_9, F, X, Y-Pyrazin	X=F Y= n-C_4H_9 [35]	49 bis 50/0.025	^{19}F-NMR[2] (in Äther): $\delta(F^2, F^5) = -78.1$[11] IR (Film): 2967 bis 2933 (d), 2865, 1460 (sh), 1439 (sh), 1404, 1342 (sh), 1266 (w), 1227 (sh), 1202, 1070, 935 UV (in Cyclohexan): $\lambda_{max}=263$ nm ($\varepsilon=4677$), 285 nm ($\varepsilon=10471$)
	X=Y= n-C_4H_9 [35]	70	^{19}F-NMR[2] (in Äther): $\delta=-71.5$ IR (Film): 2967, 2899 (sh), 2732 (w), 1493 bis 1449, 1387, 1266, 1220, 1205, 935 UV (in Cyclohexan): $\lambda_{max}=226.5$ nm (infl, $\varepsilon=$ 1000), 279 nm ($\varepsilon=1318$)

[1] Standard C_6F_6. – [2] Innerer Standard C_6F_6. – [3] Äußerer Standard CF_3COOH. – [4] Äußerer Standard C_6H_6. – [5] Siedepunkt des Gemisches der drei Isomere.

[6] Für Dimethoxydifluorpyrazine sind nachfolgende chemische Verschiebungen errechnet worden: $\delta(F^2, F^3) = -51.1$, $\delta(F^2, F^6) = -57.7$, $\delta(F^3, F^6) = -65.2$ ppm. – [7] Berechnete Werte für Methoxychlordifluorpyrazine: $\delta(F^2, F^3) = -66.9$ und -57.6, $\delta(F^2, F^6) = -73.5$ und -69.6, $\delta(F^2, F^5) = -77.1$ und -71.7 ppm. – [8] Berechnete Werte für disubstituierte Pyrazine: $\delta(F^2, F^3) = -51.3$, $\delta(F^2, F^6) = -58.2$, $\delta(F^2, F^5) = -65.1$ ppm. – [9] In N-Methyl-2-pyrrolidon gelöst. – [10] Standard $Si(CH_3)_4$.

[11] Berechnete chemische Verschiebungen: $\delta(F^2, F^3) = -72.2$, $\delta(F^3, F^5) = -81.1$ und $\delta(F^2, F^5) = -79.9$ ppm. – [12] $\delta(F^4)$ konnte nicht zugeordnet werden. – [13] Äußerer Standard C_6F_6. – [14] Für das Isomerengemisch.

4.2.3.4 Reduktionsreaktionen, Umsetzungen mit Mg und HCOOH

Reduction Reactions. Reactions with Mg and HCOOH

In wäßriger Lösung wird 4,5-Diamino-2-mercapto-6-trifluormethylpyrimidin in Anwesenheit von Raney-Nickel bei 100 °C (10 min) zu 4,5-Diamino-6-trifluormethylpyrimidin (Schmelzpunkt 209 °C) reduziert [30].

Tetrafluorpyrimidin wird von $LiAlH_4$ in Äther bei -72 °C (2 h), dann 20 °C (2 h rühren) reduziert zu 2,4,5-Trifluorpyrimidin (35%), Siedepunkt 89 bis 91 °C [26], ^{19}F-NMR (äußerer Standard CF_3COOH): $\delta(F^2) = -28.0$, $\delta(F^5) = 83.0$, $\delta(F^4) = -1.5$ ppm [25, 26], IR (Gas): ν(CH) = 3067 (vw); ν(Ring) = 1600 (vs), 1484 (vvs), 1437 (vvs), 1431 (vvs), 1422 (vvs) cm^{-1}, UV (in Hexan): $\lambda_{max}=250$ nm ($\varepsilon=3960$) [26], zu 2,5-Difluorpyrimidin (17%), Siedepunkt 100 bis 102 °C [26], ^{19}F-NMR: $\delta(F^2) = -24.8$, $\delta(F^5) = 69.9$ ppm [25], IR (Gas): ν(Ring) = 1592 (s), 1484 (vs), 1451 (vs), 1445 (vs), 1439 (vs), UV (in Hexan): $\lambda_{max}=258$ nm ($\varepsilon=4980$) [26], und 4,5,6-Trifluorpyrimidin, ^{19}F-NMR: $\delta(F^4) = 2.0$, $\delta(F^5) = 93.4$, $\delta(F^6) = 2.0$ [25].

Tetrafluorpyrazin in CH_3OH wird von N_2H_4 und $CuSO_4$ in H_2O reduziert zu Trifluorpyrazin, Schmelzpunkt 0 bis 1 °C, ^{1}H-NMR (Standard $(CH_3)_4Si$): $\delta = -7.67$ ppm, komplexes Multiplett (Halbwertsbreite 14 Hz), bei -50 °C Dublett (J = 6 Hz) und bei 105 °C Dublett von Dubletts (J = 7 und 2 Hz), ^{19}F-NMR (äußerer Standard C_6F_6): $\delta = 69.9$, ≈ -76,

Chemical Reactions

≈ -77 ppm, J (F^2-F^3) = 17 Hz, J (F^2-F^5) = 38 Hz, IR (Gas): 1610, 1582, 1460, 1449, 1323, 1280, 1200, 1174, 1027, 893, 806, 725, 503 cm^{-1}, UV (in Hexan): λ_{max} = 247 nm (ε = 4800) [44].

Eine selektive Dehalogenierung von 4,5-Dichlor-difluorpyridazin bzw. 2,5-Dichlor-difluorpyrazin gelingt mit H_2 in Gegenwart eines Katalysators (10% Pd auf Aktivkohle, aufgeschlämmt in $(C_2H_5)_3N$ enthaltendem Äther) und führt zu 3,6-Difluorpyridazin (keine physikalischen Daten) bzw. zu 3,6-Difluorpyrazin (IR: 1468, 1351, 1250, 1168, 1021, 898, 763 cm^{-1}, UV (in Cyclohexan): λ_{max} = 272 nm (ε = 4550), Massenspektrum: m/e = 116, 89, 44) [47].

Versuche, 6-Jodtrifluorpyrimidin mit Mg in Tetrahydrofuran bei 20 °C (1 h rühren) umzusetzen, führten nicht zum Erfolg, da auf Zusatz von Aceton bei −20 °C (1.5 h rühren) nur das eingesetzte Pyrimidin isoliert werden konnte. Auch in Äther verlief diese Reaktion erfolglos. In Äther und Tetrahydrofuran durchgeführte Umsetzung eines zu erwartenden Grignards mit CO_2 bzw. Acetophenon lieferten nicht die erwarteten Produkte [26]. 5-Amino-2,4-dimercapto-6-trifluormethylpyrimidin wird im Rückfluß (2 h) von HCOOH zu 80% in 2,4-Dimercapto-5-formylamino-6-trifluormethylpyrimidin (Schmelzpunkt 255 bis 256 °C) umgewandelt [28].

Condensation Reactions with CH_3I, Glyoxal, or Polyglyoxal, Acetone, Ethylorthoformate, and with Fe in CH_3COOH

4.2.3.5 Kondensationsreaktionen mit CH_3J, Glyoxal bzw. Polyglyoxal, Aceton, Äthylorthoformiat und mit Fe in CH_3COOH

4,5-Diamino-2-mercapto-6-trifluormethylpyrimidin kondensiert in Gegenwart von 2 normalem NaOH mit CH_3J bei 20 °C (15 min schütteln) zum 4,5-Diamino-2-methylmercapto-6-trifluormethylpyrimidin (Schmelzpunkt 150 bis 152 °C).

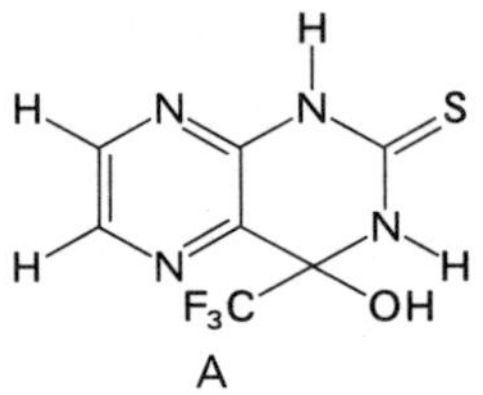

A

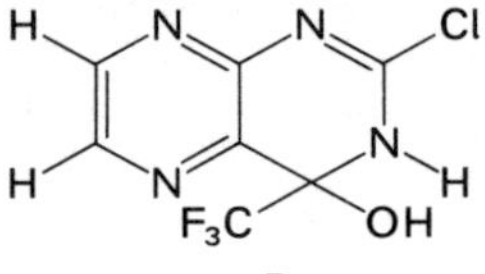

B

Mit einer 30%igen wäßrigen Lösung von Glyoxal erfolgt beim Erhitzen im Rückfluß (0.25 h) Kondensation zum Pteridin A, Sublimation bei 140 °C/0.1 Torr, Schmelzpunkt 218 °C (Zersetzung), Massenspektrum (Intensität in % in Klammern): m/e = 250 (100), 181 (80), 164 (40), 136 (63), 122 (15), 109 (15), 94 (40), 79 (11), 69 (18), 68 (13), 67 (18), 52 (20), ^{1}H-NMR (in $(CD_3)_2SO$, innerer Standard $(CH_3)_4Si$): $\delta(H^6, H^7)$ = −8.57 ppm. Analog liefert 4,5-Diamino-2-chlor-6-trifluormethylpyrimidin mit Polyglyoxal in H_2O (auf dem Wasserbad erhitzt, 1 h) das Pteridin B, Schmelzpunkt 145 °C (Zersetzung), UV (in H_2O, pH = 5): λ_{max} = 261, 293 (Schulter) und 311 nm (ε = 4786, 6310 und 7586), ^{1}H-NMR (in $(CD_3)_2SO$, H_2O freie Verbindung, Lösung enthält etwas D_2O): $\delta(H^6, H^7)$ = −8.47 ppm. 2-Chlor-5,6-diamino- bzw. 2,5,6-Triamino-4-trifluormethylpyrimidin, gelöst in $(CH_3)_3COH$ bzw. $(CH_3)_2CHCH_2CH_2OH$, cyclisieren mit Polyglyoxal beim Erhitzen im Rückfluß und liefern in 28 bzw. 45% Ausbeute die entsprechenden 4-Trifluormethylpteridine gemäß:

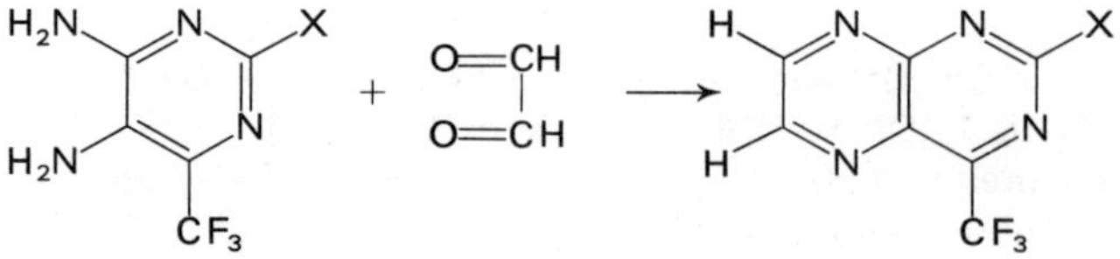

Literatur s. S. 72

$X=NH_2$, Schmelzpunkt 234 °C, UV (in Hexan): $\lambda_{max}=227$ nm ($\varepsilon=28184$), 254 nm ($\varepsilon=8710$), 256 nm ($\varepsilon=8511$), 268 nm ($\varepsilon=6457$). *Chemical Reactions*

X=Cl, Schmelzpunkt 128 bis 129 °C, ^{1}H-NMR (in $CDCl_3$): $\delta(H^6, H^7)=-9.22$ (d) und -9.38 (d) ppm, J=2 Hz, UV (in Hexan): $\lambda_{max}=293$ (infl), 300, 305, 312, 315 (infl) und 326 nm ($\varepsilon=28184$, 8710, 8511 und 6457) [31].

Beim Umkristallisieren von 5-Hydrazino-2-chlor-difluorpyrazin aus Aceton fällt das entsprechende Acetonid aus [36]:

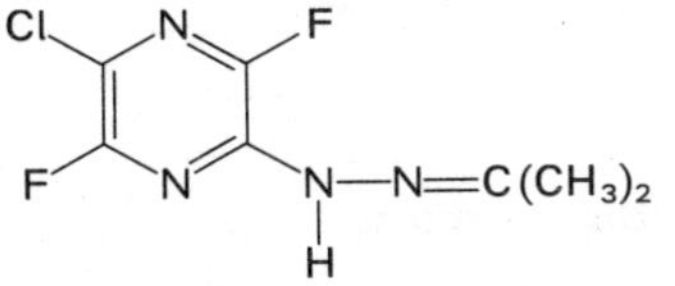

Cl, N, F, F, N, N—N=C$(CH_3)_2$, H

Schmelzpunkt 143 bis 144 °C, ^{1}H-NMR (in CCl_4, Standard $Si(CH_3)_4$): $\delta(NH)=-6.63$ (Halbwertsbreite des Signals ≈15 Hz), $\delta(CH_3)=-2.13$ und -2.00, UV: $\lambda_{max}=253$ nm ($\varepsilon=19600$), 335.5 nm ($\varepsilon=15100$).

Mit Aceton kondensiert 5-Amino-2-chlor-4-hydrazino-6-trifluormethylpyrimidin in der Siedehitze zu 5-Amino-2-chlor-4-isopropylidenhydrazino-6-trifluormethylpyrimidin (Schmelzpunkt 119 bis 120 °C) [49].

Eine Cyclisierung substituierter Pyrimidine erzielt man beim Erhitzen eines Gemisches von Äthylorthoformiat mit 4,5-Diamino- bzw. 4-Mercapto-5-aminopyrimidin-Derivaten im Rückfluß (2 h) gemäß [51]:

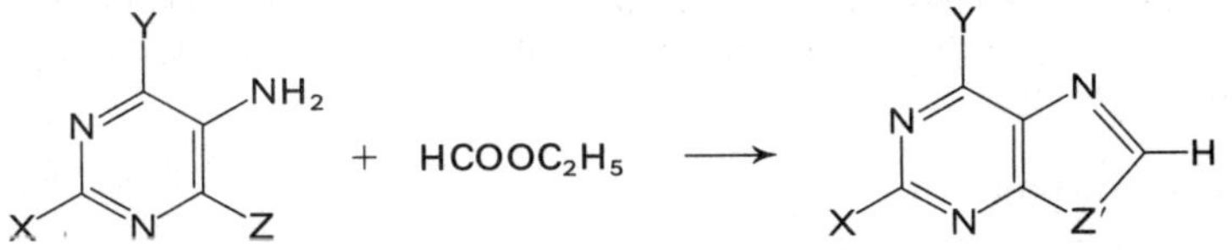

Y, NH_2, N, X, N, Z + $HCOOC_2H_5$ ⟶ Y, N, N, H, X, N, Z'

Nachfolgend werden X, Y, Z, Z', Lösungsmittel, Schmelzpunkt in °C und Ausbeute angegeben: Cl, CF_3, NH_2, NH, $[CH_3C(O)]_2O$, 240, 90%; CF_3, Cl, NH_2, NH, $[CH_3C(O)]_2O$, 200 bis 201, 83%; Cl, CF_3, SH, S, –, 99 bis 100, 89%; CF_3, Cl, SH, S, –, 87 bis 88, 95%. Auch 2,4-Dichlor-5-nitro-6-trifluormethylpyrimidin cyclisiert über eine 4-Thiocyanato-Substitution mit KSCN in CH_3COOH bei 20 °C (0.5 h), Zutropfen von $C_6H_5NH_2$ unter Kühlung (20 min) sowie Zugabe von Fe+CH_3COOH und Rühren bei 60 °C (1.5 h) zu einem Purinderivat (Schmelzpunkt 203 bis 204 °C, Ausbeute 10%) gemäß [51]:

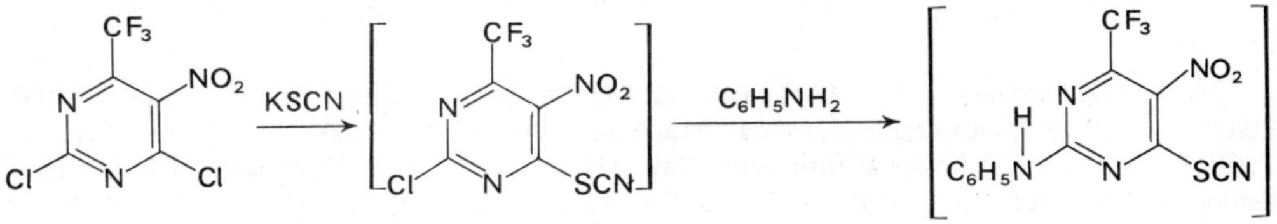

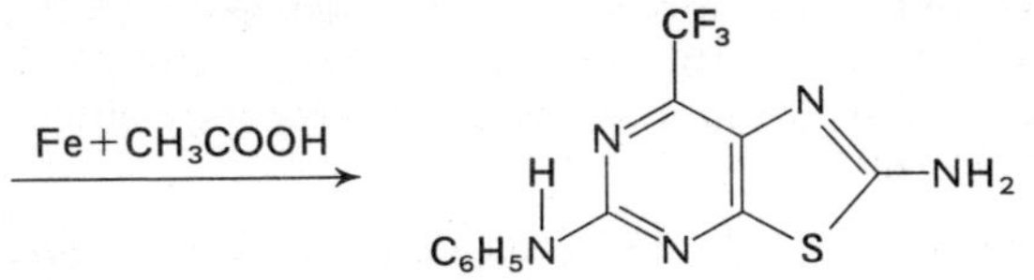

CF_3, NO_2, N, Cl, N, Cl —KSCN→ [CF_3, NO_2, N, Cl, N, SCN] —$C_6H_5NH_2$→ [CF_3, NO_2, N, H, C_6H_5N, N, SCN]

—Fe+CH_3COOH→ CF_3, N, N, NH_2, H, C_6H_5N, N, S

Die in Klammern angegebenen Produkte sind nicht isoliert worden [51].

Literatur s. S. 72

Reactions of Tetrafluoropyridazine with Transition Metal Carbonyls

4.2.3.6 Reaktion von Tetrafluorpyridazin mit Übergangsmetallcarbonylen

Bei der Umsetzung von Tetrafluorpyridazin mit $[\pi\text{-}C_5H_5Fe(CO)_2]_2$, $Mn_2(CO)_{10}$, $Re_2(CO)_{10}$, $[Mn(CO)_4P(C_6H_5)_3]_2$ und $[\pi\text{-}C_5H_5Mo(CO)_3]_2$ entstehen folgende Komplexverbindungen [54, 73]:

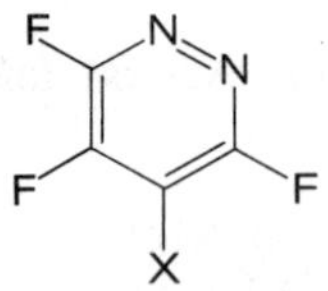

$X = [Fe(CO)_2(\pi\text{-}C_5H_5)]$ $X = [Mn(CO)_4P(C_6H_5)_3]$
$X = Mn(CO)_5$ $X = [Mo(CO)_3(\pi\text{-}C_5H_5)]$
$X = Re(CO)_5$

Acylation of Dyes with Trifluorochloropyrimidine

4.2.3.7 Acylierungen von Farbstoffen mit Trifluorchlorpyrimidin

Der 2,6-Difluor-5-chlor-4-pyrimidinyl-Rest hat sich als eine sehr gute Reaktionskomponente in Farbstoffen erwiesen, da er in der Lage ist, mit OH-Gruppen, z.B. der Cellulose, oder NH-Gruppen von Superpolyamidfasern, z.B. Wolle, in Gegenwart von säurebindenden Mitteln zu reagieren. Die mit $NaNO_2$ in H_2O diazotierte 2-Amino-5-nitrobenzolsulfonsäure wird mit 2-Amino-5-hydroxynaphthalin-7-sulfonsäure in Gegenwart von Trifluorchlorpyrimidin umgesetzt. Der hierbei sich bildende Farbstoff besteht aus einem Gemisch von 2- und 4-(4′-Nitro-2′-sulfophenylazo)-6-(2′,6′-difluor-5′-chlorpyrimid-4′-yl)-amino-1-naphthol-3-sulfonsäure. Er schlägt im pH-Bereich 6 bis 10 von Gelb nach Blau um. Analog werden weitere 2,6-Difluor-5-chlor-4-pyrimidinylazo-Farbstoffe mit ähnlichen Eigenschaften hergestellt [61 bis 66]. Phthalocyanin-Reaktivfarbstoffe können analog hergestellt werden [67].

Uses

4.2.3.8 Verwendung

4-Aminopyridazin sowie dessen N-monosubstituierte ($R = C_4H_9$, C_6H_5, $C_6H_5CH_2$) und Diäthylaminoderivate sind als Herbizide, Fungizide und Insektizide wirksam [4]. Methoxyderivate des Tetrafluorpyridazins und des 3,4,5-Trifluor-1-H-pyridaz-6-on sind als Fungizide, Bakteriostatica und Pestizide aktiv [5]. Auch mono-, di- und trisubstituierte Pyrazine ($R = Cl$, Br, C_nH_{2n+1}, $C_nH_{2n+1}O$, NH_2 und $HNNH_2$) sind auf fungizide, herbizide, insektizide und anthelmintische Eigenschaften untersucht und als wirksam gefunden worden [50]. Dagegen zeigen eine Reihe von 2-Trifluormethyl- bzw. 6-Trifluormethylpyrimidinderivate keine tumorhemmenden Eigenschaften [32, 51]. 5-Fluororotsäure und 5-Fluoruracil können als Antimetaboliten, als Antitumoragentien und Germizid wirken [58, 59].

Literatur:

[1] R.D. Chambers, J.A.H. MacBride, W.K.R. Musgrave (Chem. Ind. [London] **1966** 904/5). – [2] R.D. Chambers, J.A.H. MacBride, W.K.R. Musgrave (J. Chem. Soc. C **1968** 2116/9). – [3] Imperial Smelting Corp. (N.S.C.) Ltd., R.D. Chambers, J.A.H. MacBride, W.K.R. Musgrave (B.P. 1163582 [1966/69]; C.A. **71** [1969] Nr. 124495). – [4] ISC Chemicals Ltd., R.D. Chambers, J.A.H. MacBride, W.K.R. Musgrave (B.P. 1351032 [1971/74]; C.A. **81** [1974] Nr. 63653). – [5] Imperial Smelting Corp. (N.S.C.) Ltd., R.D. Chambers, J.A.H. MacBride, W.K.R. Musgrave (Deut. Offenlegungsschrift 1948550 [1968/70]; C.A. **72** [1970] Nr. 121566).

[6] R.D. Chambers, J.A.H. MacBride, W.K.R. Musgrave (J. Chem. Soc. C **1968** 2989/94). – [7] R.D. Chambers, J.A.H. MacBride, W.K.R. Musgrave (J. Chem. Soc. C **1971** 3384/8). – [8] R.D. Chambers, Yu.A. Cheburkov, J.A.H. MacBride, W.K.R. Musgrave (J. Chem. Soc. C **1971** 532/5). – [9] R.D. Chambers, M.Y. Gribble (J. Chem.

Literatur s. S. 72

Soc. Perkin Trans. I **1973** 1411/5). – [10] R.D. Chambers, M.Y. Gribble (J. Chem. Soc. Perkin Trans. I **1973** 1405/10).

[11] W.K.R. Musgrave, R.D. Chambers, Yu.A. Cheburkov, J.A.H. MacBride (Chem. Commun. **1970** 1647). – [12] R.D. Chambers, M. Clark, J.R. Maslakiewicz, W.K.R. Musgrave, P.G. Urben (J. Chem. Soc. Perkin Trans. I **1974** 1513/7). – [13] R.D. Chambers, S. Partington, D.B. Speight (J. Chem. Soc. Perkin Trans. I **1974** 2673/8). – [14] R.D. Chambers, W.K.R. Musgrave, S. Partington (Chem. Commun. **1970** 1050/1). – [15] S.L. Bell, R.D. Chambers, M.Y. Gribble, J.R. Maslakiewicz (J. Chem. Soc. Perkin Trans. I **1973** 1716/20).

[16] R.D. Chambers, J.A. Jackson, S. Partington, P.D. Philpot, A.C. Young (J. Fluorine Chem. **6** [1975] 5/18). – [17] R.D. Chambers, M.Y. Gribble, E. Marper (J. Chem. Soc. Perkin Trans. I **1973** 1710/5). – [18] R.D. Chambers, M. Clark, J.A.H. MacBride, W.K.R. Musgrave, K.C. Srivastava (J. Chem. Soc. Perkin Trans. I **1974** 125/9). – [19] C.J. Drayton, W.T. Flowers, R.N. Haszeldine (Chem. Commun. **1970** 662/3). – [20] H. Schroeder, H. Kober, H. Ulrich, R. Rätz, H. Agahigian, C. Grundmann (J. Org. Chem. **27** [1962] 2580/4).

[21] R.D. Chambers, W.K.R. Musgrave, P.G. Urben (J. Fluorine Chem. **5** [1975] 275/6). – [22] Farbenfabriken Bayer A.-G., H.U. Alles, E. Klauke, H.S. Bien (Deut. Offenlegungsschrift 1931640 [1969/70]; C.A. **74** [1971] Nr. 76439). – [23] Farbenfabriken Bayer A.-G. (F.P. 1546305 [1967/68]; C.A. **72** [1970] Nr. 90492). – [24] R.D. Chambers, J.A.H. MacBride, W.K.R. Musgrave (Chem. Ind. [London] **1966** 1721). – [25] R.E. Banks, D.S. Field, R.N. Haszeldine (J. Chem. Soc. C **1967** 1822/6).

[26] R.E. Banks, D.S. Field, R.N. Haszeldine (J. Chem. Soc. C **1969** 1866/7). – [27] R.E. Banks, D.S. Field, R.N. Haszeldine (J. Chem. Soc. C **1970** 1280/5). – [28] S. Inoue, A.J. Saggiomo, E.A. Nodiff (J. Org. Chem. **26** [1961] 4504/8). – [29] C. Kaiser, A. Burger (J. Org. Chem. **24** [1959] 113/4). – [30] J. Clark, W. Pandergast (J. Chem. Soc. C **1969** 1751/4).

[31] J. Clark, F.S. Yates (J. Chem. Soc. C **1971** 2278/82). – [32] J.A. Barone (J. Med. Chem. **6** [1963] 39/42). – [33] R.N. Haszeldine, C.J. Drayton, W.T. Flowers (J. Chem. Soc. C **1971** 2750/5). – [34] C.G. Allison, R.D. Chambers, Yu.A. Cheburkov, J.A.H. MacBride, W.K.R. Musgrave (Chem. Commun. **1969** 1200/1). – [35] C.G. Allison, R.D. Chambers, J.A.H. MacBride, W.K.R. Musgrave (J. Chem. Soc. C **1970** 1023/9).

[36] R.D. Chambers, W.K.R. Musgrave, P.G. Urben (J. Chem. Soc. Perkin Trans. I **1974** 2584/9). – [37] S.L. Bell, R.D. Chambers, W.K.R. Musgrave, J.G. Tharpe (J. Fluorine Chem. **1** [1971] 51/7). – [38] R.E. Banks, P.A. Carson, R.N. Haszeldine (J. Chem. Soc. Perkin Trans. I **1973** 1111/4). – [39] C.G. Allison, R.D. Chambers, J.A.H. MacBride, W.K.R. Musgrave (J. Fluorine Chem. **1** [1971] 59/67). – [40] Secretary of State for Defence, R.E. Banks, R.N. Haszeldine (Deut. Offenlegungsschrift 2304712 [1972/73]; C.A. **80** [1974] Nr. 27667).

[41] R.D. Chambers, W.K.R. Musgrave, K.C. Srivastava (Chem. Commun. **1971** 264/5). – [42] R.D. Chambers, J.A.H. MacBride, J.R. Maslakiewicz, K.C. Srivastava (J. Chem. Soc. Perkin Trans. I **1975** 396/400). – [43] R.D. Chambers, J.R. Maslakiewicz, K.C. Srivastava (J. Chem. Soc. Perkin Trans. I **1975** 1130/4). – [44] R.D. Chambers, W.K.R. Musgrave, P.G. Urben (J. Chem. Soc. Perkin Trans. I **1974** 2580/4). – [45] Air Products and Chemicals Inc., W.E. Erner (U.S.P. 3335143 [1966/67]; C.A. **68** [1968] Nr. 21507).

[46] S.V. Sokolov, A.P. Stepanov, L.N. Pushkina, S.A. Mazalov, O.K. Shabalina (Zh. Obshch. Khim. **36** [1966] 1613/8; J. Gen. Chem. USSR **36** [1966] 1615/9; C.A. **66**

[1967] Nr. 54884). – [47] D.W. Johnson, V. Austel, R.S. Feld, D.M. Lemal (J. Am. Chem. Soc. **92** [1970] 7505/6). – [48] V.P. Kukhar', A.P. Boiko (Zh. Obshch. Khim. **44** [1974] 1247/51; J. Gen. Chem. USSR **44** [1974] 1224/6; C.A. **81** [1974] Nr. 77885). – [49] J. Clark, F.S. Yates (J. Chem. Soc. C **1971** 2475/9). – [50] Imperial Smelting Corp. (N.S.C.) Ltd., C.G. Allison, R.D. Chambers, J.A.H. MacBride, W.K.R. Musgrave (B.P. 1242598 [1970/74]; C.A. **80** [1974] Nr. 133478).

[51] H. Nagano, S. Inoue, A.J. Saggiomo, E.A. Nodiff (J. Med. Chem. **7** [1964] 215/20). – [52] D.T. Clark, R.D. Chambers, D. Kilkast, W.K.R. Musgrave (J. Chem. Soc. Faraday Trans. II **1972** 309/19). – [53] J. Hitzke, A. Cambon, J. Guion (Org. Mass Spectrom. **9** [1974] 435/42). – [54] J. Cooke, M. Green, F.G.A. Stone (J. Chem. Soc. A **1968** 173/6). – [55] R.D. Chambers, D.T. Clark, T.F. Holmes, W.K.R. Musgrave, J. Ritchie (J. Chem. Soc. Perkin Trans. I **1974** 114/25).

[56] Minnesota Mining and Manufacturing Co., R.A. Guenther (F.P. 1478145 [1966/67]; C.A. **68** [1968] Nr. 29721). – [57] D.H.R. Barton, W.A. Bubb, R.H. Hesse, M.M. Pechet (J. Chem. Soc. Perkin Trans. I **1974** 2095/7). – [58] Hoffmann-La Roche & Co. Akt.-Ges. (B.P. 806584 [1958]; C.A. **1959** 16171). – [59] R. Duschinsky, C. Heidelberger (U.S.P. 2948725 [1960]; C.A. **1961** 17663). – [60] R. Riemenschneider, H. Pohlmann (Z. Naturforsch. **20b** [1965] 540/3).

[61] Bayer A.-G., P. Rosenthal, H. Roesgen (Deut. Offenlegungsschrift 2362859 [1973/75]; C.A. **83** [1975] Nr. 116951). – [62] Bayer A.-G., H. Jaeger, G. Dehmel (Deut. Offenlegungsschrift 2318412 [1973/74]; C.A. **82** [1975] Nr. 100061). – [63] Bayer A.-G., H. Jaeger (Deut. Offenlegungsschrift 2315638 [1973/74]; C.A. **82** [1975] Nr. 45039). – [64] Bayer A.-G., H. Jaeger (Deut. Offenlegungsschrift 2314916 [1973/74]; C.A. **83** [1975] Nr. 181081). – [65] Bayer A.-G., H. Jaeger (Deut. Offenlegungsschrift 2264698 [1972/74]; C.A. **82** [1975] Nr. 45059).

[66] Sandoz-Patent G.m.b.H., J. Dore, H. Uehlinger (Deut. Offenlegungsschrift 2460550 [1974/75]; C.A. **83** [1975] Nr. 181088). – [67] Bayer A.-G., H. Jaeger, M. Groll (Deut. Offenlegungsschrift 2208475 [1972/73]; C.A. **79** [1973] Nr. 147432). – [68] Ciba-Geigy A.-G., H. Fischer (Deut. Offenlegungsschrift 2356644 [1972/74]; C.A. **82** [1975] Nr. 27230). – [69] H.F. Beer, D.T. Clark (J. Fluorine Chem. **4** [1974] 181/99). – [70] Imperial Smelting Corp. (N.S.C.), G. Fuller (Belg. P. 660907 [1965]; C.A. **64** [1966] 3568; B.P. 1059231 [1964/67]).

[71] H.J. Schroeder (J. Am. Chem. Soc. **82** [1960] 4115). – [72] F.W. Hoover, H.B. Stevenson, H.S. Rothrock (J. Org. Chem. **28** [1963] 1825/30). – [73] J. Cooke, M. Green, F.G.A. Stone (Inorg. Nucl. Chem. Letters **3** [1967] 47/9). – [74] Imperial Chemical Industries Ltd., C.B. Barlow, B.G. White, C.D.S. Tomlin (B.P. 1394817 [1971/75]; C.A. **83** [1975] Nr. 114471). – [75] P.H. Ogden (J. Chem. Soc. C **1971** 2920/6).

Six-membered Heterocycles with Three N Atoms

4.3 Sechsgliedrige Heterocyclen mit drei N-Atomen (1,3,5-Triazine)

Formation. Preparation

4.3.1 Bildung und Darstellung

Di-, Tetra-, and Hexahydro-1,3,5-triazines

4.3.1.1 Di-, Tetra- und Hexahydro-1,3,5-triazine

2,2,3,4,6-Pentafluor-2,3-dihydro-1,3,5-triazin X=F

2,3-Difluor-2,4,6-trichlor-2,3-dihydro-1,3,5-triazin X=Cl

2,3-Difluor-2,4,6-tribrom-2,3-dihydro-1,3,5-triazin X=Br

2,3-Difluor-2,4,6-trihydroxy-2,3-dihydro-1,3,5-triazin X=OH

X, N, X, F, N, N, F, X

Formation. Preparation

2,2,3,4,4,5,6-Heptafluor-2,3,4,5-tetrahydro-1,3,5-triazin $X' = F$

2,3,4,5-Tetrafluor-2,4,6-trichlor-2,3,4,5-tetrahydro-1,3,5-triazin $X' = Cl$

2,3,4,5-Tetrafluor-2,4,6-tribrom-2,3,4,5-tetrahydro-1,3,5-triazin $X' = Br$

2,3,4,5-Tetrafluor-2,4,6-trihydroxy-2,3,4,5-tetrahydro-1,3,5-triazin $X' = OH$

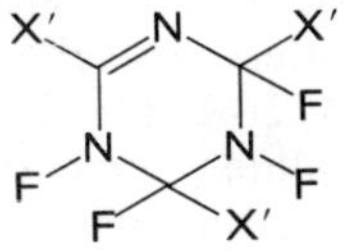

Nonafluor-hexahydro-1,3,5-triazin $Y = F$

Hexafluor-2,4,6-trichlor-hexahydro-1,3,5-triazin $Y = Cl$

Hexafluor-2,4,6-tribrom-hexahydro-1,3,5-triazin $Y = Br$

Hexafluor-2,4,6-trihydroxy-hexahydro-1,3,5-triazin $Y = OH$

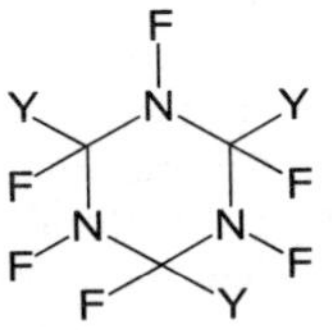

Hexafluor-1,3,5-trichlor-hexahydro-1,3,5-triazin

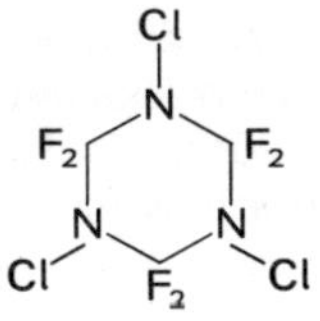

2,3-Difluor-2,4,6-tris(trifluormethyl)-2,3-dihydro-1,3,5-triazin $R^1 = CF_3$

2,3-Difluor-2,4,6-tris(trichlormethyl)-2,3-dihydro-1,3,5-triazin $R^1 = CCl_3$

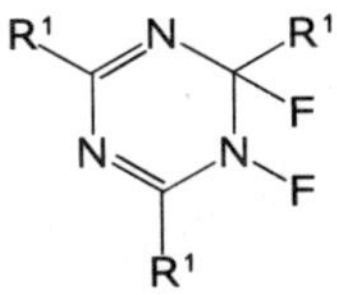

1-H-4-Amino-2,4,6-tris(trifluormethyl)-2,3-dihydro-1,3,5-triazin

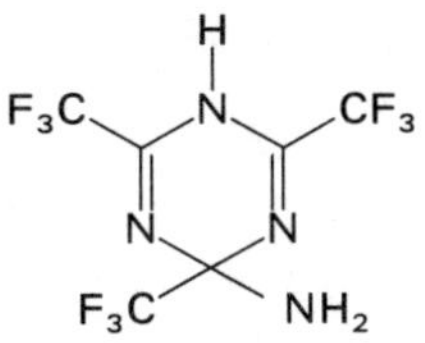

2,3,4,5-Tetrafluor-2,4,6-tris(trifluormethyl)-2,3,4,5-tetrahydro-1,3,5-triazin $R^2 = CF_3$

2,3,4,5-Tetrafluor-2,4,6-tris(trichlormethyl)-2,3,4,5-tetrahydro-1,3,5-triazin $R^2 = CCl_3$

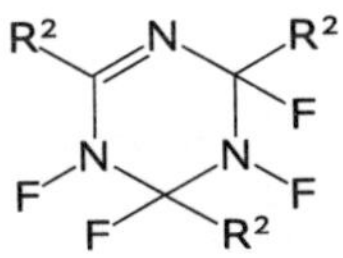

Hexafluor-2,4,6-tris(trifluormethyl)-hexahydro-1,3,5-triazin $R^3 = CF_3$

Hexafluor-2,4,6-tris(trichlormethyl)-hexahydro-1,3,5-triazin $R^3 = CCl_3$

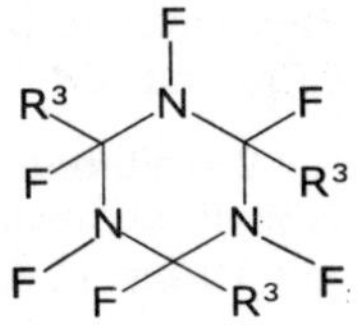

4,4-Bis(trifluormethyl)-2,6-dioxo-hexahydro-1,3,5-triazin

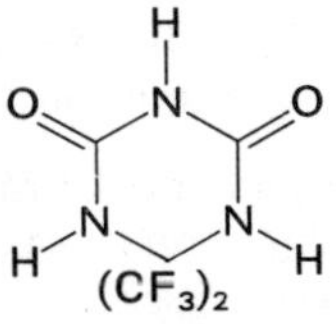

Literatur s. S. 115

Formation and Preparation of Di-, Tetra- and Hexahydro-Triazines

Die in einem T- bzw. Jetreaktor durchgeführte Fluorierung von Trifluor-1,3,5-triazin $(FCN)_3$ mit N_2-verdünntem F_2 bei 78 bis 175 °C (2.5 bis 12 h) und Strömungsgeschwindigkeiten zwischen 0.025 bis 0.040 mol/h (Molverhältnis $F_2:(FCN)_3:N_2=2.3$ bis 7.1:1:20.6 bis 51) ergeben ein Reaktionsgemisch, aus dem gaschromatographisch Heptafluor-tetrahydro-1,3,5-triazin und Nonafluor-hexahydro-1,3,5-triazin isoliert wird. Ersteres erhält man in 20% Ausbeute (Jetreaktor) bei 78 °C (6 h, Strömungsgeschwindigkeit 0.027 mol/h, Molverhältnis $F_2:(FCN)_3:N_2=3:1:37$) und letzeres in 38% Ausbeute (T-Reaktor) bei 83 °C (6 h, Strömungsgeschwindigkeit 0.039 mol/h, Molverhältnis $F_2:(FCN)_3:N_2=2.3:1:51$) [1].

Ein mit einem dünnen Film von $(ClCN)_3$ überzogener Ni-Reaktor wird zunächst mit N_2 (1 l/h) gespült, dann wird F_2 zugesetzt, bis ein 1:1-Verhältnis erreicht worden ist. Bei einer Strömungsgeschwindigkeit von 1 l F_2/h wird bei 0 ± 5 °C 1.25 h, dann mit reinem F_2 0.5 h fluoriert. Aus dem entstandenen Gemisch wird 2,3,4,5-Tetrafluor-2,4,6-trichlor-tetrahydro-1,3,5-triazin herausfraktioniert. Nach diesem Verfahren lassen sich durch Temperaturänderungen unterschiedlich fluorierte Triazine synthetisieren. Bei −10 bis −20 °C entstehen 2,3-Difluor-2,4,6-trichlor-dihydro-1,3,5-triazin und bei 10 bis 40 °C Hexafluor-2,4,6-trichlor-hexahydro-1,3,5-triazin. Analog bildet sich aus $(FCN)_3$ bei 10 bis 40 °C bzw. −20 bis −10 °C bzw. −10 bis 10 °C (F_2 im Überschuß) Perfluor-hexahydro-1,3,5-triazin bzw. 2,2,3,4,6-Pentafluor-dihydro- bzw. 2,2,3,4,4,5,6-heptafluor-tetrahydro-1,3,5-triazin und aus $(BrCN)_3$ bei −10 bis −20 °C 2,3-Difluor-2,4,6-tribrom-dihydro- bzw. bei −10 bis +10 °C 2,3,4,5-Tetrafluor-2,4,6-tribrom-tetrahydro- bzw. bei 10 bis 40 °C 1,2,3,4,5,6-Hexafluor-2,4,6-tribrom-hexahydro-1,3,5-triazin. Andere 1,3,5-Triazinderivate werden unter den genannten Reaktionsbedingungen wie folgt fluoriert [2]:

$$\text{(XCN)}_3 \xrightarrow[-20\text{ bis }-10\ ^\circ\text{C}]{F_2} \mathbf{A} \xrightarrow[-10\text{ bis }10\ ^\circ\text{C}]{F_2} \mathbf{B} \xrightarrow[10\text{ bis }40\ ^\circ\text{C}]{F_2} \mathbf{C}$$

X = F, Cl, Br, OH, CCl_3, CF_3

Physikalische Daten sind für die Verbindungen A mit X = Br, OH, CF_3, für B mit X = OH, CCl_3 und für C mit X = Br, OH, CCl_3, nicht aufgeführt [2].

Die Fluorierung von Melamin als HF-Salz bei 25 °C mit unverdünntem F_2 führt zu Nonafluor-hexahydro-1,3,5-triazin [3]. Die Fluorierung von $(ClCN)_3$ in einem Cu-Reaktor mit 10 bis 15% F_2 in N_2-Trägergas (Strömungsgeschwindigkeit 8 bis 12 l/h) bei 125 °C führt zu einem Gemisch, aus dem Nonafluor-hexahydro-1,3,5-triazin herausfraktioniert wird [73]. – Die Reaktion von 2,4,6-$(CF_3)_3$-C_3N_3 mit Ammoniak (30 min durchleiten) führt zur Bildung von 1-H-4-Amino-2,4,6-tris(trifluormethyl)-dihydrotriazin [74].

Innerhalb von 10 Monaten kondensiert $(CF_3)_2C(NH_2)NCO$ in einer Glasampulle unter Abspaltung von $(CF_3)_2C{=}NH$ zu 4,4-Bis(trifluormethyl)-hexahydro-2,6-dioxo-1,3,5-triazin [4].

Literatur s. S. 115

Ein Gemisch aus 70% ClF und 30% ClF_3 reagiert in einem Kupferautoklav in Gegenwart von Kupferdrahtstücken mit $(ClCN)_3$ bei 0 °C (1 h) zu 68% Hexafluor-1,3,5-trichlor-hexahydro-1,3,5-triazin. Diese Fluorierungsreaktion ist unter verschiedenen Bedingungen studiert worden [5]. In Gegenwart eines dreifachen Überschusses ClF addiert $(FCN)_3$ dieses und liefert je nach Reinheit des ClF 10 bis 90% $(CF_2NCl)_3$ [7].

Formation and Preparation of Hexahydro-Triazines

Perfluor-(2-amino-hexahydro-1,3,5-triazin) X=Y=F

Perfluor-(2,4-diamino-hexahydro-1,3,5-triazin) Y=NF_2, X=F

Perfluor-(2,4,6-triamino-hexafluor-hexahydro-1,3,5-triazin) X=Y=NF_2

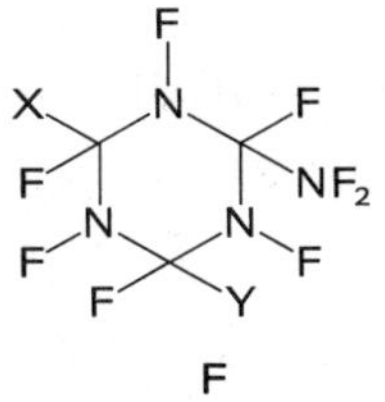

Perfluor-(4-oxo-hexahydro-1,3,5-triazin) X′=Y′=F

Perfluor-(2-amino-4-oxo-hexahydro-1,3,5-triazin) X′=NF_2, Y′=F

Perfluor-(2,6-diamino-4-oxo-hexahydro-1,3,5-triazin) X′=Y′=NF_2

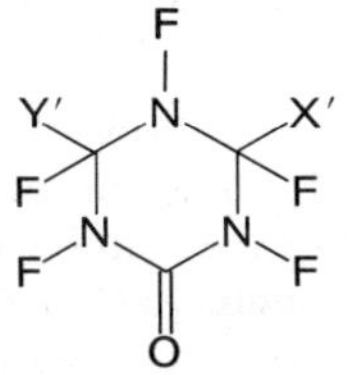

Das Addukt Melamin-3HF wird mit elementarem Fluor, verdünnt mit N_2, in einem Cu-Schiffchen unter verschiedenen Bedingungen zu Perfluorverbindungen fluoriert. Hierbei verwendet man ein F_2-N_2-Gemisch unterschiedlicher F_2-Konzentration und arbeitet bei unterschiedlichen Temperaturen. Nachfolgend werden die F_2-Konzentration, Temperatur und Reaktionsdauer angegeben: a) 5.5% F_2, −18 °C (1.5 h) und 9.1% (2 h); anschließend wird mit N_2 gespült (1 h), bis eine Temperatur von 25 °C erreicht wird. Dann wird erneut bei −7 °C mit 9.1% F_2 (1.5 h) und 21.6% F_2 (40 min) fluoriert. b) 9.1% F_2, 5 °C (1.5 h), dann 21.6% F_2, 10 °C (10 min), dann 32.5% F_2, 15 °C (0.5 h) und 50.1% F_2, 15 °C (0.5 h). c) 9.1% F_2, −8 bis −1 °C (14 h). d) 5.5 bis 9.1% F_2, −22 °C (10.6 h). Das aus den Fluorierungsversuchen a) bis d) erhaltene flüssige Gemisch wird gaschromatographisch aufgetrennt, wobei 2-Difluoramino-, 2,4-Bis(difluoramino)- und 2,4,6-Tris(difluoramino)-perfluor-hexahydro-1,3,5-triazin erhalten werden [3].

Ein Gemisch aus NaF und 2-Hydroxy-4,6-diamino-1,3,5-triazin wird analog bei −5 °C zunächst mit einem N_2 −(5.7%) F_2-Gemisch (1.5 h) und dann mit einem N_2-F_2 (10.7%)-Gemisch (4 h) fluoriert. Das anfallende Reaktionsprodukt wird vorfraktioniert, wobei aus einer schwerer flüchtigen gelben Flüssigkeit gaschromatographisch (25% Polyfluorchloräthylen-Öl auf Celit) Perfluor-(2-amino-4-oxo-hexahydro-1,3,5-triazin) isoliert werden kann. Wird das 2-Hydroxy-4,6-diamino-1,3,5-triazin nicht mit NaF verdünnt, so erhält man unter ähnlichen Fluorierungsbedingungen und Aufarbeitung des Reaktionsgemisches Perfluor-(4-oxo-hexahydro-1,3,5-triazin). Cyamelursäure gemischt mit der 6fachen Menge NaF reagiert mit N_2 −(9.8%) F_2-Gemisch (1 h), N_2 −(15.6%) F_2-Gemisch (1.3 h) und N_2 −(22.8%) F_2-Gemisch (0.5 h) bei Temperaturen bis 58 °C zu einem Produkt, aus dem 2,6-Diamino-4-oxo-hexahydro-1,3,5-triazin isoliert werden konnte [6].

4.3.1.2 1,3,5-Triazine

1,3,5-Triazines

4.3.1.2.1 **Perfluorhalogentriazine** (mit Amino-Gruppen als zusätzliche Substituenten)

Perfluorohalogenotriazines

Trifluor-1,3,5-triazin X=Y=F

2,4-Difluor-6-chlor-1,3,5-triazin X=F, Y=Cl

2-Fluor-4,6-dichlor-1,3,5-triazin X=Y=Cl

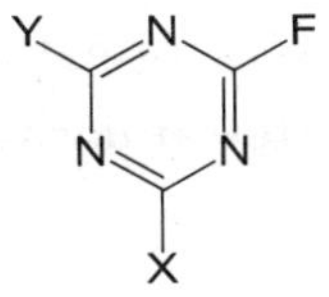

Formation and Preparation

2-Amino-4,6-difluor-1,3,5-triazin $X'=H$

2-Trifluormethylamino-4,6-difluor-1,3,5-triazin $X'=CF_3$

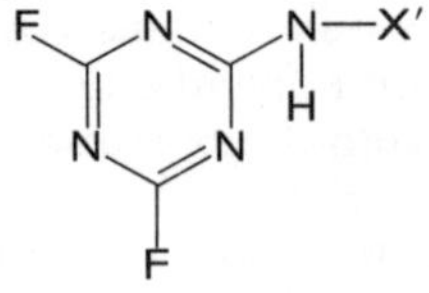

2-[Bis(trifluormethyl)-amino]-difluor-1,3,5-triazin $A=B=F$

2,4-Bis[bis(trifluormethyl)-amino]-fluor-1,3,5-triazin $A=(CF_3)_2N$, $B=F$

2,4,6-Tris[bis(trifluormethyl)-amino]-1,3,5-triazin $A=B=(CF_3)_2N$

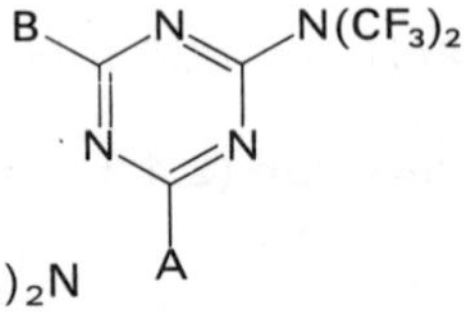

Trifluor-, 2,4-Difluor-6-chlor-(bzw. -brom-) und 2-Fluor-4,6-dichlor-(bzw. -dibrom-) 1,3,5-triazin sind in „Kohlenstoff" D3, S. 267, beschrieben. – Beim Einleiten von NH_3 in eine ätherische Lösung von $(FCN)_3$ bei 0 °C entsteht NH_2-$C_3N_3F_2$ in 45.6% Ausbeute [57]. 2,4-Difluor-6-(trifluormethylamino)-1,3,5-triazin (93.2%) entsteht nach portionsweisem Zusetzen von 2,4-Dichlor-6-(dichlormethylenimino)-1,3,5-triazin in einer Cu-Apparatur bei −2 °C zu wasserfreiem HF in 50 min und Umsetzen bei 15 bis 20 °C (17 h) [8]. Die Umsetzung von Trifluor-1,3,5-triazin mit CF_3N=CF_2 bei 110 °C (26 h) führt zum Mono- (19%), Bis- (29%) und Tris-[bis(trifluormethyl)amino]-triazin (16%) [9, 10]. Unter Rühren fügt man zu dem in CH_3CN gelösten $(CF_3)_2N^-$ (erhalten aus CsF und CF_3N=CF_2) eine Suspension von $(ClCN)_3$ in CH_3CN zu und rührt bei 20 °C weitere 3 h. Hierbei entsteht $[(CF_3)_2N]_3$-C_3N_3 in 62% Ausbeute [11].

Perfluorohalogenoorgano-substituted Triazines

4.3.1.2.2 Perfluorhalogenorgano-substituierte Triazine

Mono- and Bis-(perfluorohalogenoorgano)-substituted Triazines

4.3.1.2.2.1 Mono- und Bis(perfluorhalogenorgano)-substituierte Triazine

Perfluor-(2-methyl-1,3,5-triazin) $R_f=CF_3$

Perfluor-(2-äthyl-1,3,5-triazin) $R_f=C_2F_5$

Perfluor-(2-isopropyl-1,3,5-triazin) $R_f=CF(CF_3)_2$

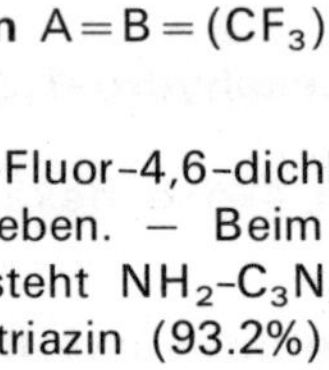

Perfluor-(2,4-dimethyl-1,3,5-triazin) $R_f'=CF_3$

Perfluor-(2,4-diäthyl-1,3,5-triazin) $R_f'=C_2F_5$

Perfluor-(2,4-di-n-propyl-1,3,5-triazin) $R_f'=n\text{-}C_3F_7$

Perfluor-(2,4-diisopropyl-1,3,5-triazin) $R_f'=CF(CF_3)_2$

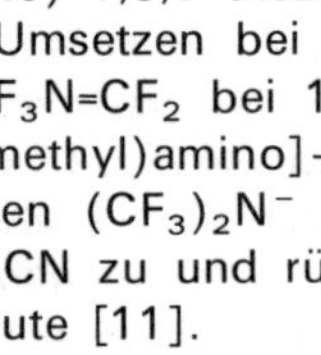

2-(1'-Chlor-tetrafluoräthyl)-4,6-difluor-1,3,5-triazin $Y=F$

2,4-Bis(1'-chlor-tetrafluoräthyl)-fluor-1,3,5-triazin $Y=CFClCF_3$

Formation and Preparation of Mono- and Bis-(perfluorhalogeno-organo)-substituted Triazines

2,4-Bis-(perfluoräthyl)-chlor-1,3,5-triazin $R_f=C_2F_5$

2,4-Bis(perfluor-n-propyl)-chlor-1,3,5-triazin $R_f=n\text{-}C_3F_7$

2,4-Dihydroxy-6-trifluormethyl-1,3,5-triazin $X=CF_3$

2,4-Dihydroxy-6-perfluoräthyl-1,3,5-triazin $X=C_2F_5$

2,4-Diamino-6-perfluoralkyl-1,3,5-triazine

$X=CF_3$, C_2F_5, C_3F_7, C_7F_{15}, C_9F_{19}, $C_{13}F_{27}$

2,4-Bis(perfluoräthyl)-6-hydroxy-1,3,5-triazin-pentafluorpropionamidin $R'_f=C_2F_5$

2,4-Bis(perfluorpropyl)-6-hydroxy-1,3,5-triazin-heptafluorbutyramidin $R'_f=n\text{-}C_3F_7$

$OH \cdot NH_2C(=NH)R'_f$

2-Trifluormethyl-4,6-dicyan-1,3,5-triazin $X'=CF_3$, $Y'=CN$

2-Perfluorisopropyl-4,6-dicyan-1,3,5-triazin $X'=CF(CF_3)_2$, $Y'=CN$

2,4-Bis(perfluorisopropyl)-6-cyan-1,3,5-triazin $X'=Y'=CF(CF_3)_2$

Fluorierung von $2\text{-}CCl_3\text{-}4,6\text{-}Cl_2\text{-}C_3N_3$ bzw. $2,4\text{-}(CCl_3)_2\text{-}6\text{-}Cl\text{-}C_3N_3$ mit einem Gemisch aus SbF_3Cl_2 und $SbCl_5$ bei 160 bis 180 °C (36 h) führt zu $2\text{-}CF_3\text{-}4,6\text{-}F_2\text{-}C_3N_3$ bzw. $2,4\text{-}(CF_3)_2\text{-}6\text{-}F\text{-}C_3N_3$ [12]. Für diese Reaktionen betragen die Ausbeuten 73 bzw. 79% [13]. Bei der Fluorierung von $2,4,6\text{-}(CF_3)_3\text{-}C_3N_3$ in einem gepackten T-Reaktor mit F_2 bei 240 °C (Strömungsgeschwindigkeit 0.020 mol/h, molares Verdünnungsverhältnis $F_2:(CF_3CN)_3:N_2=8:1:60$) entsteht ein Reaktionsgemisch (37%), dessen nicht flüchtige Fraktion aus 8% $2\text{-}CF_3\text{-}4,6\text{-}F_2\text{-}C_3N_3$ und 30% $2,4\text{-}(CF_3)_2\text{-}6\text{-}F\text{-}C_3N_3$ besteht. Die analog bei 190 °C vorgenommene Fluorierung von $(C_2F_5CN)_3$ liefert ein Produkt (50%), dessen hochsiedende Fraktion $2\text{-}C_2F_5\text{-}4,6\text{-}F_2\text{-}C_3N_3$ und $2,4\text{-}(C_2F_5)_2\text{-}6\text{-}F\text{-}C_3N_3$ enthält [14].

Die katalytische Perfluoralkylierung von Trifluor-1,3,5-triazin verläuft nach:

+ Perfluorolefin → A + B + C

Nachfolgend werden Perfluorolefin, Katalysator, Lösungsmittel, Reaktionstemperatur in °C (Reaktionszeit), R_f, Produkte und, sofern angegeben, Ausbeuten (in %) aufgeführt:

Formation and Preparation of Mono- and Bis-(perfluorhalogenoorgano)-substituted Triazines

CF_2=CF_2, CsF, CH_3CN, 80 (6.5 h), C_2F_5, A, C; CF_2=CF_2, $[(C_2H_5)_4N]F$, CH_3CN, 100 (4 h), dann 150 (4 h), C_2F_5, A (1), C (1.5); CF_2=CF_2, KF, CH_3CN, 120 (6 h), C_2F_5, A (10), C (33); CF_2=CF_2, KF, $(CH_3)_2NCHO$, 100 (4 h), dann 150 (4 h), C_2F_5, A (3), C (18); CF_3CF=CF_2, CsF, CH_3CN, 100 (4 h) $(CF_3)_2CF$, C (43) [58]; CF_3CF=CF_2, CsF, –, 100 (6 h), $(CF_3)_2CF$, A, B, C [67]; CF_2=CFCl, CsF, Tetramethylensulfon, 30 (24 h), dann 55 (88 h), dann 70 (88 h), $CFClCF_3$, A (60), B (10) [15].

2,4-$(C_2F_5)_2$-6-Cl-C_3N_3 bzw. 2,4-$(C_3F_7)_2$-6-Cl-C_3N_3 werden durch SbF_3 und $SbCl_5$ bei 150 °C (12 h) zu 14% 2,4-$(C_2F_5)_2$-6-F-C_3N_3 bzw. 21% 2,4-$(C_3F_7)_2$-6-F-C_3N_3 fluoriert. Die Fluorierung der Diäthyl-Verbindung erfolgt im Rückfluß (3 h) auch mit HgF_2 (20% Ausbeute), mit AgF_2 erfolgt bei beiden Verbindungen ein Cl-F-Austausch (85% Ausbeute). Mit AgF tritt im Rückfluß (0.5 h) Umsetzung zu 98 bzw. 95% ein [57].

Die Hydrolyse von 2,4-F_2-6-CF_3-C_3N_3 mit kaltem H_2O verläuft exotherm zum Triazin 2,4-$(OH)_2$-6-CF_3-C_3N_3 [13]. Mit einem Überschuß an kaltem H_2O hydrolysiert in 30 min 2-C_2F_5-4,6-F_2-C_3N_3 zu 2-C_2F_5-4,6-$(OH)_2$-C_3N_3, das als Monohydrat isoliert wird [16].

Die Synthese von 2,4-Diamino-6-perfluoralkyl-1,3,5-triazin erfolgt durch langsames Zutropfen von Perfluorcarbonsäureester in einer Lösung von Biguanidin in absolutem CH_3OH [17, 18] gemäß:

$$R_fC(O)OR + NH_2C(NH)\text{-}NH\text{-}C(NH)NH_2 \longrightarrow$$

Nachfolgend werden R_f, R, Reaktionstemperatur in °C (-dauer) und Ausbeute angegeben: CF_3, C_2H_5, 35 °C, dann 20 °C (48 h), –; CF_3, CH_3, 35 °C, dann 20 °C (12 h), 89.9%; C_2F_5, CH_3, 35 °C, dann 20 °C (3 h), 72.7%; n-C_3F_7, CH_3, 35 °C, dann 20 °C (48 h), 75.6%; n-C_7F_{15}, CH_3, 35 bis 56 °C, dann 20 °C (12 h), 79.5%; C_9F_{19}, CH_3, 35 bis 56 °C, dann 20 °C (12 h), – (keine physikalischen Daten); $C_{13}F_{27}$, CH_3, 35 bis 56 °C, dann 20 °C (12 h), – (keine physikalischen Daten). – 2,4-$(NH_2)_2$-6-CF_3-C_3N_3 wird durch Umsetzung von 2,4,6-$(CF_3)_3$-C_3N_3 mit $NaNH_2$ in Ammoniak (2 h rühren) in 4.2% Ausbeute erhalten [74].

In H_2O gelöstes Heptafluorbutyramidin bzw. Pentafluorpropionamidin reagiert bei 3 °C (rasches Rühren) mit in Toluol gelöstem $COCl_2$ zwischen pH = 8 bis 9 (abwechselnde Zugabe von $COCl_2$ und NaOH) und liefert 61% 2,4-Bis(perfluorpropyl)-6-hydroxy-1,3,5-triazin-heptafluorbutyramidin bzw. 67% 2,4-Bis(perfluoräthyl)-6-hydroxy-1,3,5-triazin-pentafluorpropionamidin. Beide Produkte werden durch Erhitzen mit $POCl_3$ im Rückfluß (3 h) zu 76% 2,4-Bis(perfluorbutyl)-6-chlor- bzw. 77% 2,4-Bis(perfluoräthyl)-6-chlor-1,3,5-triazin umgewandelt [19] gemäß:

2,4-$(C_3F_7)_2$-6-F-C_3N_3 reagiert mit NaCN in trockenem CH_3CN bei 0 °C (6 h rühren) zu 80% 2,4-$[CF(CF_3)_2]_2$-6-CN-C_3N_3. Analog werden 2-CF_3-4,6-$(CN)_2$-C_3N_3 und 2-$[CF(CF_3)_2]$-4,6-$(CN)_2$-C_3N_3 synthetisiert. Mit AgF_2 reagieren die angegebenen Cyantriazine bei 130 °C (12 h) wieder zu den entsprechenden Fluortriazinen [20].

Literatur s. S. 115

4.3.1.2.2 Tris(perfluorhalogenorgano)-substituierte Triazine

Formation and Preparation of Tris(perfluorohalogenoorgano)-substituted Triazines

2,4,6-Tris(trifluormethyl)-1,3,5-triazin $R^1 = R^2 = R^3 = CF_3$

2,4-Bis(trifluormethyl)-6-halogendifluormethyl-1,3,5-triazin
$R^1 = R^2 = CF_3$, $R^3 = CF_2Cl$, CF_2Br

2,4-Bis(halogendifluormethyl)-6-trifluormethyl-1,3,5-triazin
$R^1 = R^2 = CF_2Cl$, CF_2Br, CF_2J, $R^3 = CF_3$

2,4,6-Tris(halogendifluormethyl)-1,3,5-triazin
$R^1 = R^2 = R^3 = CF_2Cl$, CF_2Br

2,4,6-Tris(dichlorfluormethyl)-1,3,5-triazin $R^1 = R^2 = R^3 = CFCl_2$

Die Synthese von 2,4,6-$(CF_3)_3$-C_3N_3 gelang erstmals durch Fluorierung der entsprechenden CCl_3-Verbindung mit wasserfreiem HF und $SbCl_5$. Bei 100 bis 125 °C (12 h, Normaldruck) erfolgte ein Umsatz von 47%, und aus dem anfallenden Reaktionsgemisch konnten fünf Fraktionen erhalten werden, die nur partiell fluorierte Produkte enthielten (charakterisiert durch Summenformel und physikalische Daten, hierzu s. Tabelle 17, Fußnote[10)] S. 111). Steigert man den Druck auf 2300 p/inch^2 und führt die Fluorierung bei 169 °C (24 h) durch, so steigt der Umsatz auf 85%. Ein vollständiger F-Cl-Austausch wird aber auch hier nicht erhalten. Erst bei 3500 p/inch^2 und 240 °C (24 h) fallen 2,4,6-$(CF_3)_3$-C_3N_3, 2,4-$(CF_3)_2$-6-CF_2Cl-C_3N_3, 2,4-$(CF_2Cl)_2$-6-CF_3-C_3N_3 sowie 2,4,6-$(CF_2Cl)_3$-C_3N_3 an. Der Umsatz beträgt 75% [21]. Ausbeuten von 90% $(CF_3CN)_3$ sind erreichbar, wenn $(CCl_3CN)_3$ mit SbF_3+30% $SbCl_5$ im leichten Rückfluß (4 h) fluoriert wird [22]. Auch $CF_3C(O)NPCl_3$ wird von AgF beim Erhitzen im Rückfluß (2 h) [3] bzw. bei 60 °C (2 h, erneute Zugabe von AgF und einstündiges Erhitzen im Rückfluß) [23] zu 14.5% $(CF_3CN)_3$ fluoriert. Die Umsetzung von CF_3CN mit in CH_3OH gelöstem CH_3ONa bei −80 °C (2 h) führt nach Neutralisation zu $CF_3C(NH)OCH_3$, das mit CF_3COOH bei 20 °C (24 h) und anschließend bei 50 bis 70 °C (8 h) behandelt $(CF_3CN)_3$ in 25% Ausbeute liefert [24]. In Gegenwart von HCl läßt sich CF_3CN in einem Autoklav bei 100 bis 150 °C zu $(CF_3CN)_3$ trimerisieren. Je nach eingesetztem Molverhältnis schwanken die Ausbeuten zwischen 14 und 94% [59]. Auch ohne HCl-Zusatz kann CF_3CN bei 300 °C (16 h) zu $(CF_3CN)_3$ trimerisiert werden [25]. Eine 90%ige Ausbeute wird bei der Trimerisierung von CF_3CN bei 30 °C (48 h) in Gegenwart von $(C_4H_9)_3SbO$ erhalten [26].

Ausgehend von CF_2XCN, welches bei −78 °C mit NH_3 in ätherischer Lösung zu $CF_2XC(NH)NH_2$ reagiert – das mit CF_2YCN bei −78 °C (anschließend Aufwärmen bis 0 °C) $CF_2XC(NH)$-N=$C(NH_2)CF_2Y$ bildet –, erhält man das entsprechende Triazin nach Behandlung des Reaktionsgemisches mit $[CF_2ZC(O)]_2O$ bei 0 °C (anschließend Erwärmen bis auf 80 °C) gemäß:

$$CF_2XCN + NH_3 \xrightarrow{-78\,°C} CF_2XC(NH)NH_2 \xrightarrow[\text{Stufe I}]{CF_2YCN}$$

$$CF_2XC(NH)\text{-}N{=}C(NH_2)CF_2Y \xrightarrow[\text{Stufe II}]{[CF_2ZC(O)]_2O} \text{2-}ZF_2C\text{-4-}CF_2X\text{-6-}CF_2Y\text{-1,3,5-triazin}$$

Literatur s. S. 115

Formation and Preparation of Tris(perfluorohalogenoorgano)-substituted Triazines

Sind zwei Halogensubstituenten gleich, so können die ersten beiden Stufen dieser Reaktion zu einer zusammengefaßt werden. Man setzt dann zwei Mol Difluorhalogenmethylnitril in CH_2Cl_2 analog um und behandelt dann das Gemisch mit dem entsprechenden Essigsäureanhydrid. Nachfolgend werden X, Y, Z, Reaktionsbedingungen für Stufe I und II sowie Gesamtausbeute angegeben [27]:

Br, F, F, 0 °C und 25 °C (10 h), 14.5%; Br, Br, F, –, 74%; Cl, Cl, F, 0 °C und 80 °C (1 h), 28% (zusätzlich entsteht $(CF_2Cl)_3$-C_3N_3 in 20.6% Ausbeute); F, F, F, 25 °C und 0 °C, 31%; Br, Br, Br, 0 °C (0.5 h), 15.8%; J, J, F, 25 °C (48 h), –, (keine physikalischen Daten).

In Gegenwart von HCl trimerisiert CF_2ClCN bei 100 °C (36 h) zu 2,4,6-$(CF_2Cl)_3$-C_3N_3 [72]. Für die Trimerisierung von $CFCl_2CN$ eignet sich HBr als Katalysator besser als HCl [28].

Bei der Synthese von 1,3-Bis(2′-bromdifluormethyl-4′-trifluormethyl-1′,3′,5′-triazin-6′-yl)-2-oxaperfluorpropan aus $CF_2BrC(NH)NH_2$ und CF_3CN (s. S. 90) fallen in 67% Ausbeute 2,4-$(CF_3)_2$-6-CF_2Br-C_3N_3 und 2,4-$(CF_2Br)_2$-6-CF_3-C_3N_3 an. Letzteres entsteht auch aus $NCCF_2SCF_2CN$ und $CF_3C(NH)NH_2$ in CH_2Cl_2 in 18% Ausbeute [29].

2,4,6-Tris(perfluoräthyl)-1,3,5-triazin $R^1 = R^2 = R^3 = C_2F_5$

2,4-Bis(trichlormethyl)-6-(1′,2′-dichlortrifluoräthyl)-1,3,5-triazin $R^1 = R^2 = CCl_3$, $R^3 = CF_2ClCFCl$

2,4,6-Tris(1′,2′-dichlortrifluoräthyl)-1,3,5-triazin $R^1 = R^2 = R^3 = CF_2ClCFCl$

2,4,6-Tris-(1′-chlortetrafluoräthyl)-1,3,5-triazin $R^1 = R^2 = R^3 = CF_3CFCl$

2,4,6-Tris-(1′-bromtetrafluoräthyl)-1,3,5-triazin $R^1 = R^2 = R^3 = CF_3CFBr$

2,4,6-Tris-(1′-fluorsulfonyl-tetrafluoräthyl)-1,3,5-triazin $R^1 = R^2 = R^3 = CF_3CF(SO_2F)$

Perfluor-(2,4-äthyl-6-vinyl)-1,3,5-triazin $R^1 = R^2 = C_2F_5$, $R^3 = CF_2{=}CF$

2,4,6-$(C_2F_5)_3$-C_3N_3 wird durch Trimerisierung von C_2F_5CN bei 300 °C (120 h) dargestellt. Es entsteht aus $C_2F_5C(NH)NH_2$ durch NH_3-Abspaltung bei 125 °C (3 h) [25], sowie bei der Kondensation von $(NH_2)(C_2F_5)C{=}N{-}C(C_2F_5)(NH)$ mit C_2F_5CN bei 130 °C (2 h) in 2% Ausbeute [30], ferner beim Erhitzen (auf 120 bis 150 °C) von $(NH_2)(CF_3OCF_2$-$CF_2)C{=}N{-}C(C_2F_5)(NH)$ in 10.5% Ausbeute [31] und bei der Umsetzung von Trifluor-1,3,5-triazin mit $CF_2{=}CF_2$ s. S. 79.

Wasserfreies HCl reagiert mit $CF_2ClCFClCN$ in Anwesenheit von $AlCl_3$ bei 22 bis 60 °C (19 h rühren) in 82% Ausbeute zu 2,4,6-$(CF_2ClCFCl)_3$-C_3N_3. Werden die Reaktionspartner im Autoklav auf 100 °C (16 h) erhitzt, so bildet sich das Triazin in 24.8% Ausbeute. Das aus $CF_2ClCFClCN$ und NH_3 über die Zwischenstufe $CF_2ClCFClC(NH)NH_2$ hergestellte $CF_2ClCFClC(NH)$-NH-$C(NH)CFClCF_2Cl$ kondensiert mit $[CF_2ClCFClC(O)]_2O$ bei 20 °C (3 h) und anschließendem Erhitzen im Rückfluß (3 h) zu 38.7% 2,4,6-$(CF_2$-$ClCFCl)_3$-C_3N_3. Analog cyclisiert $Cl_3CC(NH)NHC(NH)CCl_3$ mit $[CF_2ClCFClC(O)]_2O$ in 53.1% Ausbeute zu 2,4-$(CCl_3)_2$-6-$CF_2ClCFCl$-C_3N_3 [32]. Durch Chlorierung bzw. Bromierung von CF_3CHFCN bei 180 bis 190 °C (5 bis 6 h) bzw. 150 bis 160 °C (5 bis 6 h) in einem Autoklav bildet sich 2,4,6-$(CF_3CFCl)_3$-C_3N_3 bzw. 2,4,6-$(CF_3CFBr)_3$-

Literatur s. S. 115

C_3N_3 in 80 bzw. 85% Ausbeute. Ähnlich läßt sich $CF_3CF(SO_2F)CN$ in Gegenwart von $SOCl_2$ und H_2O bei 100 °C (2 h) zu 80% [32] bzw. in wasserfreiem CH_3OH von HCl bei 0 °C zu 82% 2,4,6-$[CF_3CF(SO_2F)]_3$-C_3N_3 trimerisieren [33].

Formation and Preparation of Tris(perfluorohalogenoorgano)-substituted Triazines

Das Triazin 2,4-$(C_2F_5)_2$-6-$(CF_2{=}CFCF_2)$-1,3,5-C_3N_3 wird durch Zutropfen von $C_2F_5(NH_2)C{=}N{-}C(NH)C_2F_5$ zu $[CF_2{=}CFCF_2C(O)]_2O$ und Erwärmen auf 50 °C (4 h), dann Abkühlen auf 40 °C (16 h) erhalten [34].

2,4,6-Tris(perfluoralkyl)-1,3,5-triazine
$R^1 = R^2 = R^3 =$ n-C_3F_7, $CF(CF_3)_2$, $C(CF_3)_3$, C_5F_{11}, C_6F_{13}, C_7F_{15}, C_9F_{19}

2,4-Bis(perfluorpropyl)-6-perfluoralkyl-1,3,5-triazine
$R^1 = R^2 =$ n-C_3F_7, $R^3 = CF_3$, C_2F_5, C_7F_{15}

2,4-Bis(perfluorpentyl)-6-perfluorheptyl-1,3,5-triazin
$R^1 = R^2 = C_5F_{11}$, $R^3 = C_7F_{15}$

2,4-Bis(perfluorheptyl)-6-perfluorpentyl-1,3,5-triazin
$R^1 = R^2 = C_7F_{15}$, $R^3 = C_5F_{11}$

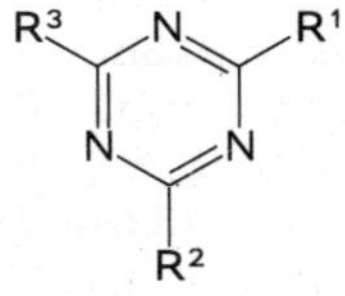

2,4,6-(n-$C_3F_7)_3$-C_3N_3 entsteht durch Trimerisierung von C_3F_7CN bei 350 °C (114 h). Es bildet sich ferner durch NH_3-Abspaltung aus $C_3F_7C(NH)NH_2$ bei 150 °C (4 h) [25] sowie durch Reaktion von $(NH_2)(C_3F_7)C{=}N{-}C(C_3F_7)(NH)$ mit C_3F_7CN bei 130 bis 150 °C [31] oder mit C_2F_5CN bei 130 °C (2 h, 32%) [30].

In Gegenwart von Hg wird CF_3CFHCN mit CF_3J bei 270 bis 280 °C (6 bis 7 h) primär in einem Stahlautoklav erhitzt, wobei sich $(CF_3)_2CFCN$ bildet. Durch nachfolgende fraktionierte Destillation wird 2,4,6-$[CF(CF_3)_2]_3$-C_3N_3 in 21% Ausbeute erhalten [35]. Zur Darstellung durch Reaktion von $CF_3CF{=}CF_2$ mit Trifluor-1,3,5-triazin s. S. 80.

Durch Substitution der drei Cl-Atome in $(ClCN)_3$ bei der Reaktion mit $(CF_3)_2C{=}CF_2$ in $CH_3OCH_2CH_2OCH_3$ in Gegenwart von CsF bei 20 °C (3 h) entsteht das Triazin 2,4,6-$[(CF_3)_3C]_3$-1,3,5-C_3N_3 [36].

Die Kondensation von $NH_2(C_3F_7)C{=}N{-}C(C_3F_7)(NH)$ mit C_2F_5CN bei 130 °C (2 h) führt nicht nur zu der erwarteten Verbindung 2,4-$(C_3F_7)_2$-6-C_2F_5-C_3N_3 (45% Ausbeute), sondern es entstehen auch 2-(C_3F_7)-4,6-$(C_2F_5)_2$-C_3N_3 (21%), 2,4,6-$(C_2F_5)_3$- sowie 2,4,6-$(C_3F_7)_3$-C_3N_3. Änderungen der Reaktionsbedingungen von 65 °C (123 h) bis 130 °C (2 h) haben keinen Einfluß auf die Zusammensetzung des Reaktionsgemisches. Verwendet man anstelle des Perfluoralkylnitrils einen Überschuß des entsprechenden Säurechlorids oder Säureanhydrids, so enthält das Triazin die Substituenten in der erwarteten Position [30]:

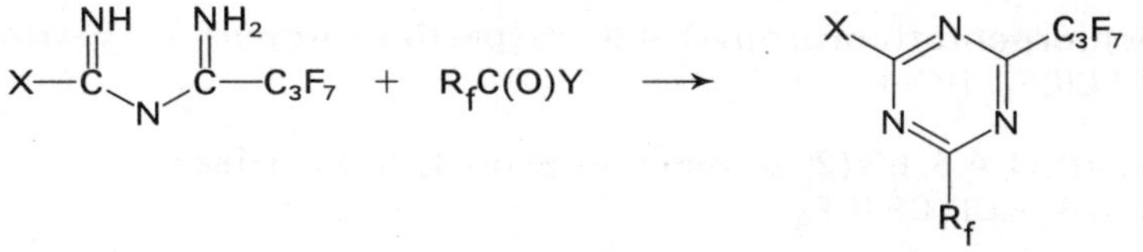

$$X{-}C({=}NH){-}N{=}C(NH_2){-}C_3F_7 + R_fC(O)Y \longrightarrow \text{2-X-4-}C_3F_7\text{-6-}R_f\text{-1,3,5-}C_3N_3$$

Anschließend werden X, R_f, Y, Reaktionsbedingungen und Ausbeuten angegeben: C_3F_7, C_2F_5, Cl, 70 °C (15 h), 51% (zusätzlich entstehen geringe Mengen von 2,4,6-$(C_3F_7)_3$-C_3N_3; C_3F_7, C_2F_5, $C_2F_5C(O)O$, 20 °C (Wärmeentwicklung), 91%; C_7F_{15}, C_3F_7, $C_3F_7C(O)O$, 20 °C (20 h) und 55 °C (24 h), 80%; C_3F_7, CF_3, $CF_3C(O)O$, 20 °C, (3 h) und Rückfluß (22 h), 80%; CF_2Cl, C_3F_7, $C_3F_7C(O)O$, 40 bis 50 °C (77 h), 70% [30].

Formation and Preparation of Tris(perfluorohalogenoorgano)-substituted Triazines

Die Kondensation von $C_6F_{13}(NH_2)C{=}N{-}C(NH)C_6F_{13}$ mit $C_6F_{13}CN$ führt zu 2,4,6-$(C_6F_{13})_3$-C_3N_3 [31]. In Gegenwart von 1 bis 2% $(C_4H_9)_3Sb(OH)_2$ trimerisiert $C_7F_{15}CN$ bei 25 °C (24 h) in über 90% Ausbeute zu 2,4,6-$(C_7F_{15})_3$-C_3N_3 [37]. Eine quantitative Trimerisierung von $C_7F_{15}CN$ erzielt man auch mit $(C_6H_5)_4Sn$ bei 160 °C (20 h), mit $(C_6H_5)_4Pb$ bei 190 °C (20 h) und mit Kupferacetylacetonat bei 190 °C (20 h). Unter analogen Bedingungen erwirken $(C_6H_5)_3Sb$ 18%, $(C_6H_5)_3Bi$ 12%, $(C_4H_9)_2Sn(OCOCH_3)_2$ 50%, $(C_6H_5)_2SnCl_2$ 39% und $(CH_3)_4Sn$ 1% Umwandlung [38]. Auch mit Bi als Katalysator trimerisiert $C_7F_{15}CN$ bei 190 °C (20 h) in 11% Ausbeute. Anstelle von Bi kann auch Cu, Fe, In, Zn, Pb, Sn, Tl, Ba und Cd bei 0 bis 400 °C umgesetzt werden [39]. Mit Ag_2O als Katalysator entsteht bei 193 °C (16 h) 2,4,6-$(C_7F_{15})_3$-C_3N_3 in 83.8% Ausbeute [44]. Zur Trimerisierung von Nitrilen gemäß $R_fCN \rightarrow (R_fCN)_3$ eignen sich als Katalysatoren besonders $(C_4H_9)_3Sb(OH)_2$ (im folgenden A) $(C_4H_9)_3SbO$ (B), $(C_4H_9)_3SbO \cdot (C_2H_5OH)_{1.5}$ (C). Die Reaktionen werden bei 30 °C durchgeführt. Nachfolgend werden R_f, Katalysator, Reaktionsdauer und Ausbeuten angegeben: C_5F_{11}, A, 24 h, 85%; C_5F_{11}, B, 48 h, 90%; C_7F_{15}, C, 72 h, $\approx$100%. Diese Trimerisierungen werden auch in Lösungsmitteln wie $CH_3C(O)OCH(CH_3)_2$, $Cl(CF_2CFCl)_2Cl$ durchgeführt. Hierbei erfolgen auch Cocyclisierungen, beispielsweise mit $C_5F_{11}CN$ und $C_7F_{15}CN$ die Darstellung von 2,4,6-$(C_5F_{11})_3$-C_3N_3 (11.5%), 2,4-$(C_5F_{11})_2$-6-C_7F_{15}-C_3N_3 (38%), 2-C_5F_{11}-4,6-$(C_7F_{15})_2$-C_3N_3 (39%) und 2,4,6-$(C_7F_{15})_3$-C_3N_3 (11.5%), ferner die Trimerisierung von Dinitrilen [26]. – Zu 2,4,6-(C_9F_{19})-C_3N_3 liegen nur Angaben über das Massenspektrum (s.S.96) vor [62].

2,4,6-Tris(perfluorallyl)-1,3,5-triazin $R^1 = R^2 = R^3 = CF_2{=}CFCF_2$

2,4-Bis(perfluorallyl)-6-perfluoralkyl-1,3,5-triazin
$R^1 = R^2 = CF_2{=}CFCF_2$, $R^3 = CF_3$, n-C_3F_7

2-Perfluorallyl-4,6-bis(perfluorpropyl)-1,3,5-triazin
$R^1 = CF_2{=}CFCF_2$, $R^2 = R^3 =$ n-C_3F_7

2-Perfluorallyl-4-(2′,3′-dichlorpentafluorpropyl)-6-trifluormethyl-1,3,5-triazin
$R^1 = CF_2{=}CFCF_2$, $R^2 = CF_2ClCFClCF_2$, $R^3 = CF_3$

2-Perfluorallyl-4-perfluorpropyl-6-(2′,3′-dichlorpentafluorpropyl)-1,3,5-triazin
$R^1 = CF_2{=}CFCF_2$, $R^2 =$ n-C_3F_7, $R^3 = CF_2ClCFClCF_2$

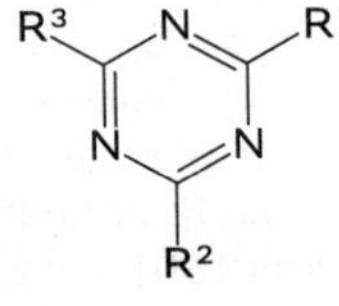

2,4,6-Tris(2′,3′-dichlorpentafluorpropyl)-1,3,5-triazin
$R^1 = R^2 = R^3 = CF_2ClCFClCF_2$

2,4-Bis(2′,3′-dichlorpentafluorpropyl)-6-perfluoralkyl-1,3,5-triazin
$R^1 = R^2 = CF_2ClCFClCF_2$, $R^3 = CF_3$, n-C_3F_7

2-(2′,3′-Dichlorpentafluorpropyl)-4,6-bis(perfluorpropyl)-1,3,5-triazin
$R^1 = CF_2ClCFClCF_2$, $R^2 = R^3 =$ n-C_3F_7

2-Trifluormethyl-4,6-bis(2′-jodperfluorpropyl)-1,3,5-triazin
$R^1 = CF_3$, $R^2 = R^3 = CF_3CFJCF_2$

2-Perfluorpropyl-4,6-bis(2′-jodperfluorpropyl)-1,3,5-triazin
$R^1 = C_3F_7$, $R^2 = R^3 = CF_3CFJCF_2$

2-Perfluorpropyl-4-(2′-jodperfluorpropyl)-6-(2″,3″-dichlorperfluorpropyl)-1,3,5-triazin $R^1 = C_3F_7$, $R^2 = CF_3CFJCF_2$, $R^3 = CF_2ClCFClCF_2$

Literatur s. S. 115

Formation and Preparation of Tris(perfluorohalogenoorgano)-substituted Triazines

Perfluor-2,2′-bis[2″-(2‴,3‴-dichlorpropyl)-4″-propyltriazin-6″-yl]-diisopropylquecksilber

$$Hg[-CF(CF_3)CF_2-C_3N_3(C_3F_7)-CF_2CFClCF_2Cl]_2$$

Poly-{perfluor-[2-methyl-4-(2′-methyl-2′-quecksilberäthyl)-1,3,5-triazin-6-yl-2″-methyläthylen]}

$$[-Hg-CF(CF_3)CF_2-C_3N_3(CF_3\ (C_3F_7))-CF_2CF(CF_3)-]_n$$

Zur Darstellung von 2,4,6-$(CF_2ClCFClCF_2)_3$-C_3N_3 und $(CF_2{=}CFCF_2)_3$-C_3N_3 wird $CF_2ClCFClCF_2CN$ zunächst mit flüssigem NH_3 zum entsprechenden Amidin umgesetzt, das dann durch Erhitzen (Normaldruck) unter NH_3-Abspaltung zu $(CF_2ClCFClCF_2)_3$-C_3N_3 umgewandelt wird. Durch Dechlorierung dieses Triazins mittels Zn in Dioxan entsteht 2,4,6-$(CF_2{=}CFCF_2)_3$-C_3N_3. Perfluorallyl- und Perfluorpropyl-substituierte Triazine erhält man durch Trimerisierung eines Gemisches aus $CF_2ClCFClCF_2CN$ und C_3F_7CN. Das anfallende Triazingemisch wird destillativ in $(CF_2ClCFClCF_2)_{3-n}(C_3F_7)_n$-$C_3N_3$ mit n = 1 bzw. 2 getrennt und mit Zn in Dioxan zu $(CF_2{=}CFCF_2)_{3-n}(C_3F_7)_n$-$C_3N_3$, n = 1 bzw. 2, enthalogeniert. Letzteres (n = 2) ist nicht gereinigt worden; physikalische Daten werden nicht angegeben [40].

Das aus stöchiometrischen Mengen von NH_3 und $CF_2ClCFClCF_2CN$, gelöst in Äther, beim Aufwärmen von −100 °C auf 0 °C (12 h rühren) erhaltene $RC(NH)N{=}C(NH_2)R$ ($R = CF_2ClCFClCF_2$) kondensiert mit $[R_fC(O)]_2O$ ($R_f = CF_3$, C_3F_7) bei 0 ± 5 °C (3 h rühren), dann 20 °C (3 h rühren) zu $(CF_2ClCFClCF_2)_2$-R_f-C_3N_3. Für $R_f = C_3F_7$ beträgt die Ausbeute 93%, für $R_f = CF_3$ werden keine Angaben gemacht. Die Dehalogenierung des $(CF_2ClCFClCF_2)_2CF_3$-C_3N_3 in der Gasphase liefert bei 500 °C 16% 2,4-$(CF_2{=}CFCF_2)_2$-6-CF_3-C_3N_3, 29% 2-$(CF_2{=}CFCF_2)$-4-$(CF_2ClCFClCF_2)$-6-CF_3-C_3N_3, 28% nichtidentifizierte Produkte und 24% werden unumgesetzt zurückgewonnen. In Dioxan wird durch Erhitzen mit Zn im Rückfluß (5 h) 2,4-$(CF_2$-$ClCFClCF_2)_2$-6-C_3F_7-C_3N_3 zu 77% 2,4-$(CF_2{=}CFCF_2)_2$-6-C_3F_7-C_3N_3 dechloriert. Ausbeuten für 2-$(CF_2{=}CFCF_2)$-4-$(CF_2ClCFClCF_2)$-6-C_3F_7-C_3N_3 werden nicht aufgeführt.

In einem Autoklav addiert 2-$(CF_2{=}CFCF_2)$-4-$(CF_2ClCFClCF_2)$-6-C_3F_7-C_3N_3, gelöst in HF, überschüssiges HgF_2 bei 90 bis 100 °C (10 h) und liefert 57% Perfluor-2,2′-bis[2″-(2‴,3‴-dichlorpropyl)-4″-propyltriazin-6″-yl]-diisopropylquecksilber [20]. Analog

$$CF_2ClCFClCF_2-C_3N_3(C_3F_7)-CF_2CF{=}CF_2 + HgF_2 \longrightarrow Hg[CF(CF_3)CF_2-C_3N_3(C_3F_7)-CF_2CFClCF_2Cl]_2$$

$$\xrightarrow{J_2} CF_3CFJCF_2-C_3N_3(C_3F_7)-CF_2CFClCF_2Cl$$

Literatur s. S. 115

Formation and Preparation of Tris(perfluorohalogenoorgano)-substituted Triazines

setzt sich 2,4-$(CF_2{=}CFCF_2)_2$-6-CF_3-C_3N_3 bei 100 °C (21 h) zu Poly-{perfluor-[2-methyl-4-(2′-methyl-2′-quecksilberäthyl)-1,3,5-triazin-6-yl-2″-methyläthylen]} um, das mit J_2, gelöst in FC-75(3 M-Lösungsmittel), bei 120 °C (24 h) zu 58% 2,4-$(CF_3CFJCF_2)_2$-6-(CF_3)-C_3N_3 reagiert. Analog wird 2,4-(CF_3CFJCF_2)-6-C_3F_7-C_3N_3 hergestellt. Ähnlich reagiert die monomere Hg-Verbindung mit J_2 bei 120 °C zu 2-(CF_3CFJCF_2)-4-$(CF_2ClCFClCF_2)$-6-(C_3F_7)-C_3N_3 [20] gemäß der Reaktionsgleichung auf S. 85 unten.

2,4-Bis(2′-trifluormethoxy-tetrafluoräthyl)-6-perfluoralkyl-1,3,5-triazine
$R^1 = CF_3$, C_2F_5 und C_3F_7, $R^2 = R^3 = CF_3OCF_2CF_2$

2-(2′-Trifluormethoxy-tetrafluoräthyl)-4,6-bis(perfluoralkyl)-1,3,5-triazine
$R^1 = R^2 = C_2F_5$ und C_3F_7, $R^3 = CF_3OCF_2CF_2$

2,4,6-Tris(2′-perfluoralkoxy-tetrafluoräthyl)-1,3,5-triazine
$R^1 = R^2 = R^3 = CF_3OCF_2CF_2$ und $CF_3CF_2OCF_2CF_2$

2,4,6-Tris[perfluor-(5′-methyl-3′,6′-dioxanon-2′-yl)]-1,3,5-triazin
$R^1 = R^2 = R^3 = CF_3CF_2CF_2OCF(CF_3)CF_2OCF(CF_3)$

2,4,6-Tris[perfluor-(5′,8′-dimethyl-3′,6′,9′-trioxadodec-2′-yl)]-1,3,5-triazin $R^1 = R^2 = R^3 = CF_3CF_2CF_2OCF(CF_3)CF_2OCF(CF_3)CF_2OCF(CF_3)$

2,4,6-Tris(2′-octafluormorpholino-tetrafluoräthyl)-1,3,5-triazin

$R^1 = R^2 = R^3 = O(CF_2CF_2)_2NCF_2CF_2$ (Morpholinring: O, F_2 F_2, NCF_2CF_2, F_2 F_2)

(Triazin-Grundgerüst: R^3, N, R^1; N, N; R^2)

2,4-Bis(nonafluor-3′-oxapentyl)-6-(2″-octafluormorpholino-tetrafluoräthyl)-1,3,5-triazin

$R^1 = O(CF_2CF_2)_2N{-}CF_2CF_2$ $\quad R^2 = R^3 = CF_3CF_2OCF_2CF_2$

2,4-Bis(2′-octafluormorpholino-tetrafluoräthyl)-6-(3″-oxa-nonafluorpentyl)-1,3,5-triazin

$R^1 = R^2 = O(CF_2CF_2)_2N{-}CF_2CF_2$ $\quad R^3 = CF_3CF_2OCF_2CF_2$

2,4-Bis(nonafluor-3′-oxapentyl)-6-perfluorcyclohexyl-1,3,5-triazin
$R^1 = R^2 = CF_3CF_2OCF_2CF_2$, R^3 = cyclo-C_6F_{11}

2,4-Bis(perfluorcyclohexyl)-6-(nonafluor-3′-oxapentyl)-1,3,5-triazin
$R^1 = R^2$ = cyclo-C_6F_{11}, $R^3 = CF_3CF_2OCF_2CF_2$

2,4,6-Tris(perfluorcyclohexyl)-1,3,5-triazin $R^1 = R^2 = R^3$ = cyclo-C_6F_{11}

2,4-Bis(perfluorpropyl)-6-difluorchlormethyl-1,3,5-triazin
$R^1 = R^2$ = n-C_3F_7, $R^3 = CF_2Cl$

4,6-Bis(3′-halogenhexafluorpropyl)-2-trifluormethyl-1,3,5-triazin
$R^1 = CF_3$, $R^2 = R^3 = XCF_2CF_2CF_2$, X = Br, J

Literatur s. S. 115

Formation and Preparation of Tris(perfluorohalogenoorgano)-substituted Triazines

4,6-Bis(3′-halogenhexafluorpropyl)-2-perfluorpropyl-1,3,5-triazin
$R^1 = C_3F_7$, $R^2 = R^3 = XCF_2CF_2CF_2$, X = Br, J

2,4,6-Tris(1′,2′,4′-trichloroctafluorpent-5′-yl)-1,3,5-triazin
$R^1 = R^2 = R^3 = CF_2ClCFClCF_2CFClCF_2$

2,4-Bis(1′,2′,4′-trichloroctafluorpent-5′-yl)-6-trifluormethyl-1,3,5-triazin
$R^1 = R^2 = CF_2ClCFClCF_2CFClCF_2$, $R^3 = CF_3$

2-(1′,2′,4′-Trichloroctafluorpent-5′-yl)-4,6-bis(perfluorheptyl)-1,3,5-triazin
$R^1 = CF_2ClCFClCF_2CFClCF_2$, $R^2 = R^3 = C_7F_{15}$

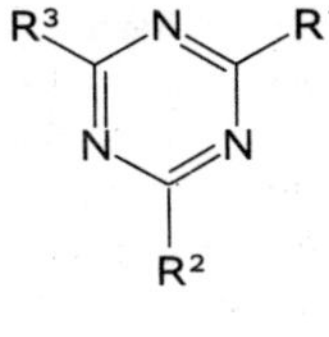

2-(1′,2′,4′,6′-Tetrachlorundecafluorhept-7′-yl)-4-trifluormethyl-6-perfluorheptyl-1,3,5-triazin
$R^1 = CClF_2CFClCF_2CFClCF_2CFClCF_2$, $R^2 = CF_3$, $R^3 = C_7F_{15}$

(Strukturformel: 1,3,5-Triazinring mit den Substituenten R^1, R^2, R^3)

2,4,6-Tris(1′,2′,4′,6′-tetrachlorundecafluorhept-7′-yl)-1,3,5-triazin
$R^1 = R^2 = R^3 = CF_2ClCFClCF_2CFClCF_2CFClCF_2$

4,6-Bis(3′-halogenhexafluorpropyl)-2-(2″-trifluormethoxy-tetrafluoräthyl)-1,3,5-triazin
$R^1 = CF_3OCF_2CF_2$, $R^2 = R^3 = XCF_2CF_2CF_2$, X = Br, J

2,4,6-Tris(3′-carbamidohexafluorpropyl)-1,3,5-triazin
$R^1 = R^2 = R^3 = CF_2CF_2CF_2C(O)NH_2$

Imidoylamidine sind gute Ausgangsverbindungen zur Synthese von 1,3,5-Triazinen. Je nach Reaktionspartner bilden sie gleich und verschieden substituierte Triazine [31] gemäß:

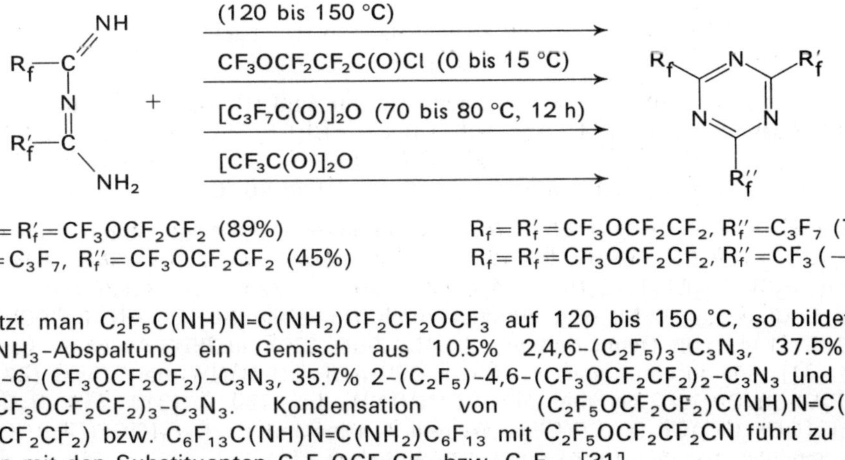

$R_fC(=NH)-N=C(NH_2)R'_f$ + … → 1,3,5-Triazin mit R_f, R'_f, R''_f

(120 bis 150 °C)
$CF_3OCF_2CF_2C(O)Cl$ (0 bis 15 °C)
$[C_3F_7C(O)]_2O$ (70 bis 80 °C, 12 h)
$[CF_3C(O)]_2O$

$R_f = R''_f = R'_f = CF_3OCF_2CF_2$ (89%)
$R_f = R'_f = C_3F_7$, $R''_f = CF_3OCF_2CF_2$ (45%)
$R_f = R'_f = CF_3OCF_2CF_2$, $R''_f = C_3F_7$ (74.6%)
$R_f = R'_f = CF_3OCF_2CF_2$, $R''_f = CF_3$ (–)

Erhitzt man $C_2F_5C(NH)N{=}C(NH_2)CF_2CF_2OCF_3$ auf 120 bis 150 °C, so bildet sich unter NH_3-Abspaltung ein Gemisch aus 10.5% 2,4,6-$(C_2F_5)_3$-C_3N_3, 37.5% 2,4-$(C_2F_5)_2$-6-$(CF_3OCF_2CF_2)$-C_3N_3, 35.7% 2-(C_2F_5)-4,6-$(CF_3OCF_2CF_2)_2$-C_3N_3 und 16.2% 2,4,6-$(CF_3OCF_2CF_2)_3$-C_3N_3. Kondensation von $(C_2F_5OCF_2CF_2)C(NH)N{=}C(NH_2)$, $(C_2F_5OCF_2CF_2)$ bzw. $C_6F_{13}C(NH)N{=}C(NH_2)C_6F_{13}$ mit $C_2F_5OCF_2CF_2CN$ führt zu 1,3,5-Triazinen mit den Substituenten $C_2F_5OCF_2CF_2$ bzw. C_6F_{13} [31].

Die Cyclisierung folgender Imidoylamidine mit $[R''_fC(O)]_2O$ bei 60 bis 70 °C (5 h) gemäß $R_fC(NH)N{=}C(NH_2)R'_f + [R''_fC(O)]_2O \rightarrow R_fR'_fR''_f$-$C_3N_3$ ist eine allgemein anwendbare Methode zur Synthese der nachfolgend angegebenen 1,3,5-Triazine mit R_f, R'_f, R''_f (Ausbeute in %): $Br(CF_2)_3$, $Br(CF_2)_3$, CF_3 (57%); $Br(CF_2)_3$, $Br(CF_2)_3$, C_3F_7 (59%); $Br(CF_2)_3$, $Br(CF_2)_3$, $CF_3OCF_2CF_2$ (55%); $J(CF_2)_3$, $J(CF_2)_3$, CF_3 (55%); $J(CF_2)_3$, $J(CF_2)_3$, C_3F_7 (55%); $J(CF_2)_3$, $J(CF_2)_3$, $CF_3OCF_2CF_2$ (50%) [41, 42].

In einem Bombenrohr cyclisiert 3-Octafluormorpholino-tetrafluorpropionnitril in Anwesenheit katalytischer Mengen NH_3 bei 150 °C (14 h) zu 2,4,6-Tris(2′

Formation and Preparation of Tris(perfluorohalogenoorgano)-substituted Triazines

octafluormorpholino-tetrafluoräthyl)-1,3,5-triazin. Ausgehend von Nitrilen werden durch Umsetzung mit NH_3 zunächst entsprechende Imidoylamidine synthetisiert, die mit Perfluoralkylcarbonsäureanhydriden in Triazine umgewandelt werden gemäß:

$$R_fCN \xrightarrow{NH_3} R_fC(=NH)-NH_2 \xrightarrow{R'_fCN} R_fC(=NH)-N=C(NH_2)R'_f$$

$$\xrightarrow{[R''_fC(O)]_2O} 2\text{-}R_f\text{-}4\text{-}R'_f\text{-}6\text{-}R''_f\text{-}C_3N_3$$

Die Umwandlung von R_fCN in $R_fC(NH)NH_2$ erfolgt bei −40 °C in zwei Stunden, dieses wird dann bei −40 °C durch Zugabe von R'_fCN und Rühren bei 25 °C (6 bis 12 h) zum Imidoylamidin umgewandelt. Durch Zutropfen des Imidoylamidins zu $[R''_fC(O)]_2O$ bei 0 °C und anschließendes Rühren bei 40 °C (12 h) bilden sich die Triazine. Als Lösungsmittel dient $Cl_2FC\text{-}CF_2Cl$. Auf diese Weise werden Triazine mit folgenden Substituenten erhalten [43]:

$R_f = R''_f = CF_3CF_2OCF_2CF_2$ $R'_f = O(CF_2CF_2)_2N\text{—}CF_2CF_2$,

$R_f = CF_3CF_2OCF_2CF_2$ $R'_f = R''_f = O(CF_2CF_2)_2N\text{—}CF_2CF_2$

$R_f = R'_f = CF_3CF_2OCF_2CF_2$, R''_f = cyclo-C_6F_{11}; $R_f = R'_f = R''_f$ = cyclo-C_6F_{11};
$R_f = CF_3CF_2OCF_2CF_2$, $R'_f = R''_f$ = cyclo-C_6F_{11}

Weitere nach diesem Verfahren synthetisierte Triazine sind (R_f, R'_f, R''_f, Reaktionsbedingungen und Ausbeute in %) [34]: $Cl(CF_2CFCl)_2CF_2$, $Cl(CF_2CFCl)_2CF_2$, CF_3, 20 °C (6 h), –; C_7F_{15}, C_7F_{15}, $Cl(CF_2CFCl)_2CF_2$, 20 °C (6 h), 41%; $Cl(CF_2CFCl)_3CF_2$, C_7F_{15}, CF_3, 20 °C (6 h), 37%; C_2F_5, C_2F_5, $CF{=}CF_2$, 50 °C (4 h) und 40 °C (16 h), –.

2,4,6-$(C_2F_5OCF_2CF_2)_3$-1,3,5-C_3N_3 entsteht in 60% Ausbeute durch Trimerisierung von $C_2F_5OCF_2CF_2CN$ bei 30 °C (48 h) in Gegenwart von $(C_4H_9)_3SbO$. Analog wird $[C_2F_5O(CF_2CF_2O)_2CF_2]_3$-$C_3N_3$ dargestellt: 30 °C, 72 h, $(C_4H_9)_3Sb(OH)_2$. 2,4,6-$[Cl(CF_2CFCl)_2CF_2]_3$-C_3N_3 wird erhalten durch Trimerisierung von $Cl(CF_2CFCl)_2CF_2CN$ bei 30 °C (144 h) in Gegenwart von $(C_4H_9)_3SbO$ [26], in 85% Ausbeute bei 150 °C (16 h) [34]. Analog erhält man aus $Cl(CF_2CFCl)_3CF_2C(NH)NH_2$ bei 175 °C (22 h) 76% $[Cl(CF_2CFCl)_3CF_2]_3$-C_3N_3 und aus $RC(NH)NH_2$ bei 250 °C (3 h) 76% $R_3C_3N_3$ mit $R = C_3F_7[OCF(CF_3)CF_2O]_2CF(CF_3)$. Weitere Triazine mit $R = C_3F_7[OCF(CF_3)CF_2O]_nCF_2$ (keine genauen Angaben für n) werden beschrieben [34].

In Gegenwart von Ag_2O trimerisiert $C_3F_7OCF(CF_3)CF_2OCF(CF_3)CN$ bei 192 °C (17 h) zum entsprechenden Triazin in 77.5% Ausbeute [44]. – Erhitzt man $H_2NC(O)$-$(CF_2)_3C(NH)NH_2$ auf 220 bis 250 °C, so entsteht 2,4,6-$[H_2NC(O)(CF_2)_3]_3$-C_3N_3 [45].

2-Trifluormethyl-4,6-bis(6′-cyanperfluorhexyl)-1,3,5-triazin
$R^1 = CF_3$, $R^2 = R^3 = (CF_2)_6CN$

2-(1′-Cyanperfluorprop-2′-yl)-4,6-bis(perfluorisopropyl)-1,3,5-triazin
$R^1 = CF(CF_3)CF_2CN$, $R^2 = R^3 = (CF_3)_2CF$

Literatur s. S. 115

In Äther gelöstes $NC(CF_2)_6CN$ reagiert mit NH_3 bei 0 °C (12 h) zum Imidoylamidin, das sich mit $[CF_3C(O)]_2O$ beim Erwärmen von 0 auf 25 °C innerhalb von 3 h zu 44% 2,4-$[CN-(CF_2)_6]_2$-6-CF_3-C_3N_3 umsetzt [20]. 2-(1′-Cyanperfluorprop-2′-yl)-4,6-bis(perfluorisopropyl)-1,3,5-triazin ist durch Umsetzung von 2,4-Bis(perfluorisopropyl)-6-fluor-1,3,5-triazin mit CF_2=$CFCF_2CN$ in Gegenwart von CsF bei 100 °C (24 h) in 61.5% Ausbeute synthetisiert worden [9, 10].

4.3.1.3 Verbrückte 1,3,5-Triazine

Formation and Preparation of Bridged 1,3,5-Triazines

Siehe hierzu auch das Kapitel über polymere Perfluororganotriazine, S. 117.

1,2-Bis(2′,4′-difluor-1′,3′,5′-triazin-6′-yl)-tetrachloräthan

Bis[(2,4-bis(trifluormethyl)-1,3,5-triazin-6-yl)]-tetrafluoräthan Y=F, n=2

Bis-[2-trifluormethyl-4-bromdifluormethyl-1,3,5-triazin-6-yl]-tetrafluoräthan
Y=Br, n=2
Trimeres, Y=Br, n=3, **Tetrameres,** Y=Br, n=4,
Oligomere, Y=Br, n=35 bis 40,
Hochpolymere, Y=Br, Y=J, n=350

Die in $CHCl_3$ mit AgF_2 durchgeführte Fluorierung von 1,2-Bis(2′,4′-dichlor-1′,3′,5′-triazinyl-6′)-tetrachloräthan verläuft etwas exotherm und ist beim Erhitzen im Rückfluß nach 20 h beendet. Es entstehen 18.2% 1,2-Bis(2′,4′-difluor-1′,3′,5′-triazinyl-6′-tetrachloräthan), Schmelzpunkt 156.6 °C [57]. In einem evakuierten Bombenrohr läßt sich 2-Bromdifluormethyl-4,6-bis(trifluormethyl)-1,3,5-triazin mit Hg bei 180 °C (16 h) und anschließend bei 250 °C (6 h) in einer zu 50% verlaufenden Umsetzung zu Bis[2,4-bis(trifluormethyl)-1,3,5-triazin-6-yl]-tetrafluoräthan enthalogenieren gemäß:

Y=F, X=Br, n=2

Verändert man die Reaktionsbedingungen derart, daß man die Substanz mit X=Y=Br und Hg zunächst rasch auf 175 °C erhitzt und dann das Gemisch bei 160 °C (20 h, N_2-Atmosphäre) beläßt, so werden aus dem Reaktionsgemisch 65% mit n=2, 30% mit n=3 sowie geringe Mengen eines polymeren Gemisches mit n=4 bis 8 isoliert, so daß ein mittlerer Polymerisationsgrad von 3 bis 4 resultiert. Bei 155 °C (16 h) erhält man hauptsächlich ein Gemisch mit n=2, 3 und 4. Oligomere mit n=35 bis 40 entstehen bei 160 °C (6 h, N_2-Atmosphäre); anschließend wird erneut Hg portionsweise zugefügt und 6, 23, 32.5, 54.5 und 60 h gerührt. Die Gesamtausbeute an Oligomeren beträgt 89.6%. Hochpolymere mit n=350 fallen bei der Reaktion von X=Y=Br mit Hg bei

Formation and Preparation of Bridged 1,3,5-Triazines

200 °C (16 h) bzw. X=Y=Br, n=2 bei 330 °C (4 h) an. Erhitzt man statt 4 nur 1 h, so bilden sich niedermolekulare Produkte [27]. Beim Erhitzen einer Ausgangsverbindung mit X=Y=J mit Hg auf 190 °C (18 h) bildet sich ein Hochpolymeres mit Y=J [46].

1,3-Bis(2′-bromdifluormethyl-4′-trifluormethyl-1′,3′,5′-triazin-6′-yl)-perfluor-2-oxapropan R-CF_2OCF_2-R

R = [1,3,5-Triazinring mit den Substituenten CF_2Br und CF_3]

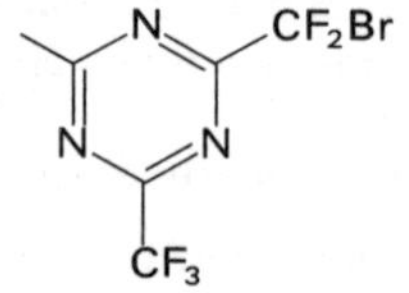

1,3-Bis(2′-bromdifluormethyl-4′-trifluormethyl-1′,3′,5′-triazin-6′-yl)-perfluor-2-thiapropan R-CF_2SCF_2-R

Perfluor-{1,4-bis[2′-propyl-4′-(2″,3″-dichlorpropyl)-1′,3′,5′-triazin-6′-yl]-2,3-dimethylbutan}
R-$CF_2CF(CF_3)$-$CF(CF_3)CF_2$-R

R′ = [1,3,5-Triazinring mit den Substituenten C_3F_7 und $CF_2CFClCF_2Cl$]

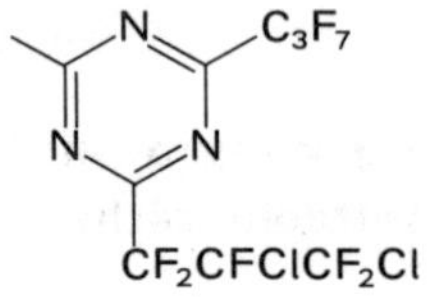

Perfluor-[azo-2-methyl-3-(2′,4′-diisopropyl-1′,3′,5′-triazin-6′-yl)-äthan] $RCF_2CF(CF_3)N{=}NCF(CF_3)CF_2R$, R= [1,3,5-Triazinring mit zwei $CF(CF_3)_2$-Substituenten]

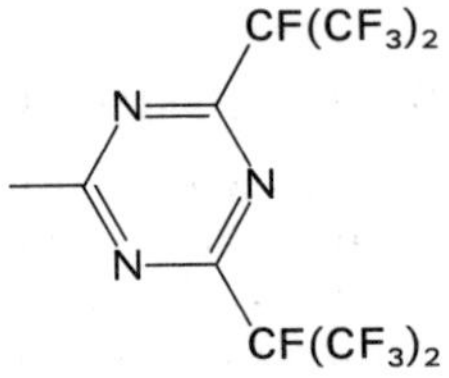

Die Kondensation von $BrCF_2C(NH)NH_2$ mit $NCCF_2XCF_2CN$ in CH_2Cl_2 bei 25 °C liefert ein Zwischenprodukt, das durch $[CF_3C(O)]_2O$ bei −10 bis +15 °C und anschließendem Rühren bei 0 °C (0.5 h) cyclisiert wird [29, 47, 48] gemäß:

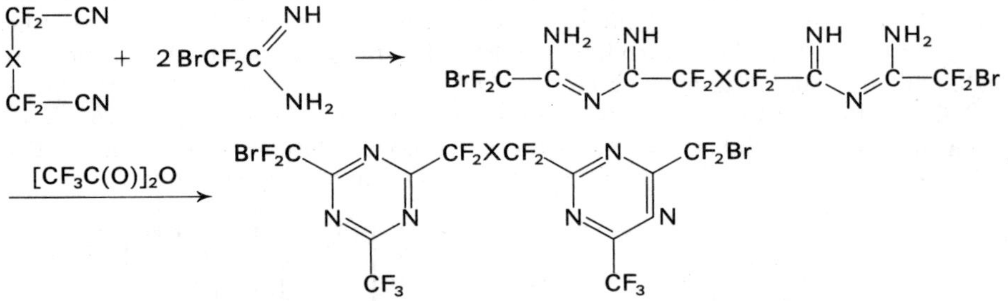

$$X(CF_2CN)_2 + 2\,BrCF_2C(=NH)NH_2 \longrightarrow BrF_2C{-}C(NH_2){=}N{-}C(=NH){-}CF_2XCF_2{-}C(=NH){-}N{=}C(NH_2){-}CF_2Br$$

$$\xrightarrow{[CF_3C(O)]_2O}$$ [zwei Triazinringe mit BrF_2C bzw. CF_2Br und CF_3, verbrückt über CF_2XCF_2]

A

Für X=O 6% Ausbeute, für X=S ist kein Umsatz beobachtet worden [29]. In einer ähnlichen Reaktion ist A auch aus $X[CF_2C(O)Cl]_2$ und $CF_3C(NH)$-$N{=}C(NH_2)CF_2Br$ erhältlich gemäß:

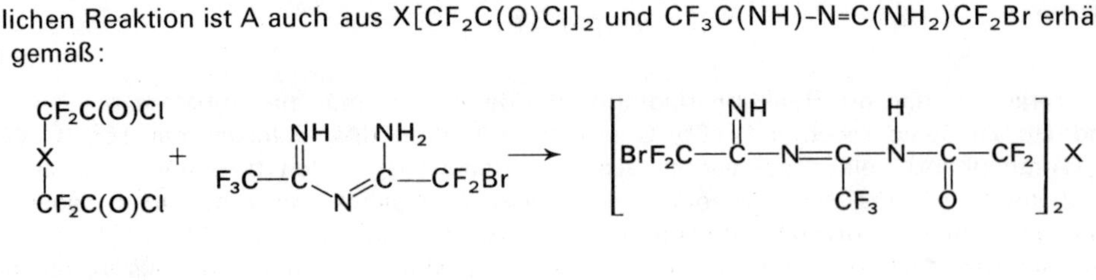

$$X(CF_2C(O)Cl)_2 + F_3C{-}C(=NH){-}N{=}C(NH_2){-}CF_2Br \longrightarrow \left[BrF_2C{-}C(=NH){-}N{=}C(CF_3){-}NH{-}C(=O){-}CF_2\right]_2X$$

$$\xrightarrow{[CF_3C(O)]_2O} A$$

X=O, 26% Ausbeute [29] und für X=S, 28.4% Ausbeute [29, 47, 48].

Literatur s. S. 115

Formation and Preparation of Bridged 1,3,5-Triazines

Beim Bestrahlen von Perfluor[2-(2′-jodpropyl)-4-(2″,3″-dichlorpropyl)-6-propyl]-1,3,5-triazin mit Hg entsteht das flüssige, viskose $R-CF_2CF(CF_3)CF(CF_3)CF_2R$ (R = Perfluor-[4-(2′,3′-dichlorpropyl)-6-propyl]-1,3,5-triazin-2-yl). Fluoriert man Perfluor[2-(2′-cyanpropyl)-4,6-diisopropyl]-1,3,5-triazin mit AgF_2 (100% Überschuß) bei 125 °C (18 h), so bilden sich 70% $R'-CF_2CF(CF_3)N{=}NCF(CF_3)-CF_2R'$ (R′ = Perfluor-(4,6-diisopropyl)-1,3,5-triazin-2-yl) [20].

1,6-Bis-[2′-trifluormethyl-4′-(3″-halogenhexafluorpropyl)-1′,3′,5′-triazin-6′-yl]-perfluorhexan n = 6, $R_f = CF_3$, X = Br oder J

1,6-Bis-[2′-perfluorpropyl-4′-(3″-halogenhexafluorpropyl)-1′,3′,5′-triazin-6′-yl]-perfluorhexan n = 6, $R_f = C_3F_7$, X = Br oder J

1,6-Bis-[2′-(perfluor-3″-oxabutyl)-4′-(3‴-halogenhexafluorpropyl)-1′,3′,5′-triazin-6′-yl]-perfluorhexan n = 6, $R_f = CF_3O(CF_2)_2$, X = Br oder J

$X(CF_2)_3$–[Triazin(R_f)]–$(CF_2)_n$–[Triazin(R_f)]–$(CF_2)_3X$

1,8-Bis-[2′-perfluoralkyl-4′-(3″-halogenhexafluorpropyl)-1′,3′,5′ triazin-6′-yl]-perfluoroctan n = 8, $R_f = CF_3$, C_3F_7, X = Br, J

1,8-Bis-[2′-(perfluor-3″-oxabutyl)-4′-(3‴-halogenhexafluorpropyl)-1′,3′,5′-triazin-6′-yl]-perfluoroctan n = 8, $R_f = CF_3O(CF_2)_2$, X = Br, J

1,8-Bis-[2′-trifluormethyl-4′-bromdifluormethyl-1′,3′,5′-triazin-6′-yl]-perfluoroctan $R-(CF_2)_8-R$

Bis-(2-bromdifluormethyl-4-trifluormethyl-1,3,5-triazin-6-yl)-dioxaperfluoralkane $R-CF(CF_3)-O-(CF_2)_5-OCF(CF_3)R$ und $R-CF(CF_3)-O-CF_2CF(CF_3)-O-(CF_2)_4-R$

R = Triazinyl mit CF_2Br und CF_3

1,20-Bis[2′,4′-bis(3″-oxanonafluorpentyl)-1′,3′,5′-triazin-6′-yl]-3,8,13,18-tetraoxadotriocanfluoreicosan $R_f = R_f' = C_2F_5OCF_2CF_2$, $X = (-CF_2CF_2OCF_2CF_2-)_4$ und Derivate

R_f,R_f'-Triazin–X–Triazin-R_f,R_f'

Mit 50 bis 65% Ausbeute verläuft die Kondensation von $X(CF_2)_3CN$ mit $H_2NC(NH)(CF_2)_nC(NH)NH_2$ bei 0 °C zu einer Zwischenstufe, die mit $[R_fC(O)]_2O$ bei 0 bis 70 °C cyclisiert wird gemäß [49]:

$$X-(CF_2)_3CN + H_2N-C(=NH)-(CF_2)_n-C(=NH)-NH_2 \longrightarrow X(CF_2)_3-C(=NH)-N{=}C(NH_2)-(CF_2)_n-C(=NH)-N{=}C(NH_2)-(CF_2)_3X$$

$$\xrightarrow{[R_fC(O)]_2O} X-(CF_2)_3-[\text{Triazin}(R_f)]-(CF_2)_n-[\text{Triazin}(R_f)]-(CF_2)_3X$$

Literatur s. S. 115

Formation and Preparation of Bridged 1,3,5-Triazines

n=6, X=Br, $R_f=CF_3$, C_3F_7, $CF_3O(CF_2)_2$; n=6, X=J, $R_f=CF_3$, C_3F_7, $CF_3O(CF_2)_2$; n=8, X=Br, $R_f=CF_3$, C_3F_7, $CF_3O(CF_2)_2$; n=8, X=J, $R_f=CF_3$, C_3F_7, $CF_3O(CF_2)_2$.

Ein Gemisch aus $H_2NC(NH)CF(CF_3)O(CF_2)_5OCF(CF_3)$-$C(NH)NH_2$ und H_2NC-$(NH)CF(CF_3)OCF_2CF(CF_3)O(CF_2)_4C(NH)NH_2$ wird in CH_2Cl_2 aufgeschlämmt und bei 0 °C mit $BrCF_2CN$ versetzt. Es wird 12 h gerührt und mit $[CF_3C(O)]_2O$ kondensiert. Hierbei entsteht ein Gemisch aus $RCF(CF_3)O(CF_2)_5OCF(CF_3)R$ und $RCF(CF_3)$-$OCF_2CF(CF_3)O(CF_2)_4R$ (R=2-Trifluormethyl-4-bromdifluormethyl-1,3,5-triazin-6-yl). Physikalische Daten werden nicht angegeben [47, 48]. Analog wird dieses Gemisch in 85% Ausbeute synthetisiert. Die aus $NC(CF_2)_8CN$ und NH_3 bei −35 °C (0.5 h) erhaltene Zwischenverbindung wird in CH_2Cl_2 aufgeschlämmt und mit $BrCF_2CN$ bei 20 °C (5 d) umgesetzt. Nach Zugabe von $[CF_3C(O)]_2O$ wird bei 20 °C (7 h) gerührt, wobei 68% R-$(CF_2)_8$-R sich bilden [50]. In einer ähnlichen Reaktion kondensieren $C_2F_5OC_2F_4$-$C(NH)NH_2$ mit $NC(CF_2CF_2OCF_2CF_2)_4CN$ bei −40 °C, anschließend rühren bei 20 °C (12 h) und cyclisieren mit $[C_2F_5OC_2F_4C(O)]_2O$ bei 0 °C (12 h rühren) in CF_2ClCCl_2F zu R_f-$(CF_2CF_2OCF_2CF_2)_4$-R_f (R_f=Bis[2,4-(nonafluor-3-oxapentyl)-1,3,5-triazin-6-yl]). Weitere 11 Derivate ohne Angabe physikalischer Daten werden beschrieben [51].

1,3-Bis-(2′,4′-diamino-1′,3′,5′-triazin-6′-yl)-hexafluorpropan n=3

1,8-Bis-(2′,4′-diamino-1′,3′,5′-triazin-6′-yl)-perfluoroctan n=8

H_2N, NH_2, N, N, N, $(CF_2)_n$, N, N, N, H_2N, NH_2

Ähnlich wie Perfluororganocarbonsäuremethylester kondensieren auch Perfluorglutar- bzw. Perfluorsebacinsäuredimethylester mit Biguanidin in CH_3OH bei 20 °C (0.5 h) und dann im Rückfluß (1.5 h) zu 1,3-Bis(2′,4′-diamino-1′,3′,5′-triazin-6′-yl)-hexafluorpropan (schmilzt oberhalb 320 °C) bzw. 1,8-Bis(2′,4′-diamino-1′,3′,5′-triazin-6′-yl)-perfluoroctan. Physikalische Daten werden nicht angegeben [17, 18].

1,6-Bis[2′,4′-(perfluor-1″,4″,7″,10″,13″-pentamethyl-2″,5″,8″,11″,14″-pentoxa-heptadecyl)-1′,3′,5′-triazin-6′-yl]-perfluor-2-oxaheptan und ähnliche Derivate

Mit einem Überschuß von NH_3 wird $C_3F_7O[CF(CF_3)CF_2O]_4CF(CF_3)CN$ bei 20 °C umgesetzt und das Reaktionsprodukt mit $NC(CF_2)_4OCF(CF_3)CN$ zum entsprechenden Imidoylamidin kondensiert. Cyclisierung des in $CFCl_2CF_2Cl$ gelösten Imidoylamidins erfolgt mit $C_3F_7O[CF(CF_3)CF_2O]_4CF(CF_3)C(O)F$ in Gegenwart von NaF gemäß:

$$R^1CN + NH_3 \longrightarrow R^1C(NH_2)NH \xrightarrow{NCR^3CN} R^1\text{—}C(NH_2)\text{=N—}C(\text{=NH})\text{—}R^3\text{—}C(\text{=NH})\text{—N=}C(NH_2)\text{—}R^1$$

$$\xrightarrow{R^2C(O)F \text{ oder } [R^2C(O)]_2O}$$

R¹, N, R³, N, R¹, N, N, N, N, R², R²

Nachfolgend werden R^1, R^2, R^3, Ausbeuten, Siedepunkt (Viskosität, ASTM-Kurve und Fließpunkt s. Original) angegeben. In den Beispielen 2, 3, 5, 6, 7 und 11 bestand NCR^3CN aus einem Isomerengemisch, so daß das Endprodukt ebenfalls ein Gemisch war [52].

Literatur s. S. 115

Formation and Preparation of Bridged 1,3,5-Triazines

Nr.	R^1	R^2	R^3	Ausbeute	Siedepunkt
1	$C_3F_7O[\overset{CF_3}{\overset{\vert}{C}}FCF_2]_4\overset{CF_3}{\overset{\vert}{C}}F$—	$C_3F_7O[\overset{CF_3}{\overset{\vert}{C}}FCF_2O]_4\overset{CF_3}{\overset{\vert}{C}}F$—	—$(CF_2)_4O\overset{CF_3}{\overset{\vert}{C}}F$—	61 %	256 bis 265 °C/0.1 Torr
2	$C_3F_7O[\overset{CF_3}{\overset{\vert}{C}}FCF_2]_4\overset{CF_3}{\overset{\vert}{C}}F$—	$C_3F_7O[\overset{CF_3}{\overset{\vert}{C}}FCF_2O]_4\overset{CF_3}{\overset{\vert}{C}}F$—	30 % —$(CF_2)_4O\overset{CF_3}{\overset{\vert}{C}}FCF_2O\overset{CF_3}{\overset{\vert}{C}}F$— 70 % —$\overset{CF_3}{\overset{\vert}{C}}FO(CF_2)_5O\overset{CF_3}{\overset{\vert}{C}}F$—	62 %	278 bis 282 °C/0.3 Torr
3	$C_3F_7O[\overset{CF_3}{\overset{\vert}{C}}FCF_2]_4\overset{CF_3}{\overset{\vert}{C}}F$—	$C_3F_7O[\overset{CF_3}{\overset{\vert}{C}}FCF_2O]_4\overset{CF_3}{\overset{\vert}{C}}F$—	10 % —$(CF_2)_4O[\overset{CF_3}{\overset{\vert}{C}}FCF_2O]_2\overset{CF_3}{\overset{\vert}{C}}F$— 90 % —$\overset{CF_3}{\overset{\vert}{C}}FO(CF_2)_5O\overset{CF_3}{\overset{\vert}{C}}FCF_2O\overset{CF_3}{\overset{\vert}{C}}F$—	57 %	270 bis 295 °C/0.2 Torr
4	$C_3F_7O\overset{CF_3}{\overset{\vert}{C}}FCF_2O\overset{CF_3}{\overset{\vert}{C}}F$—	$C_3F_7O\overset{CF_3}{\overset{\vert}{C}}FCF_2O\overset{CF_3}{\overset{\vert}{C}}F$—	—$(CF_2)_4O\overset{CF_3}{\overset{\vert}{C}}F$—	59 %	168 bis 175 °C/0.1 Torr
5	$C_3F_7O\overset{CF_3}{\overset{\vert}{C}}FCF_2O\overset{CF_3}{\overset{\vert}{C}}F$—	$C_3F_7O\overset{CF_3}{\overset{\vert}{C}}FCF_2O\overset{CF_3}{\overset{\vert}{C}}F$—	30 % —$(CF_2)_4O\overset{CF_3}{\overset{\vert}{C}}FCF_2O\overset{CF_3}{\overset{\vert}{C}}F$— 70 % —$\overset{CF_3}{\overset{\vert}{C}}FO(CF_2)_5O\overset{CF_3}{\overset{\vert}{C}}F$—	41 %	174 bis 176 °C/0.2 Torr
6	$C_3F_7O\overset{CF_3}{\overset{\vert}{C}}FCF_2O\overset{CF_3}{\overset{\vert}{C}}F$—	$C_3F_7O\overset{CF_3}{\overset{\vert}{C}}FCF_2O\overset{CF_3}{\overset{\vert}{C}}F$—	—$\overset{CF_3}{\overset{\vert}{C}}F(OCF_2\overset{CF_3}{\overset{\vert}{C}}F)_nO(CF_2)_5O(\overset{CF_3}{\overset{\vert}{C}}FCF_2O)_m\overset{CF_3}{\overset{\vert}{C}}F$— $n+m=4$	63 %	218 bis 226 °C/0.01 Torr
7	$C_3F_7O[\overset{CF_3}{\overset{\vert}{C}}FCF_2O]_2\overset{CF_3}{\overset{\vert}{C}}F$—	$C_3F_7O[\overset{CF_3}{\overset{\vert}{C}}FCF_2O]_2\overset{CF_3}{\overset{\vert}{C}}F$—	30 % —$(CF_2)_4O\overset{CF_3}{\overset{\vert}{C}}FCF_2O\overset{CF_3}{\overset{\vert}{C}}F$ 70 % —$\overset{CF_3}{\overset{\vert}{C}}FO(CF_2)_5O\overset{CF_3}{\overset{\vert}{C}}F$—	68 %	218 bis 220 °C/0.4 Torr
8	$C_3F_7O[\overset{CF_3}{\overset{\vert}{C}}FCF_2O]_3\overset{CF_3}{\overset{\vert}{C}}F$—	$C_3F_7O[\overset{CF_3}{\overset{\vert}{C}}FCF_2O]_3\overset{CF_3}{\overset{\vert}{C}}F$—	30 % —$(CF_2)_4O\overset{CF_3}{\overset{\vert}{C}}FCF_2O\overset{CF_3}{\overset{\vert}{C}}F$ 70 % —$\overset{CF_3}{\overset{\vert}{C}}FO(CF_2)_5O\overset{CF_3}{\overset{\vert}{C}}F$—	57 %	247 bis 253 °C/0.5 Torr
9	$C_3F_7O[\overset{CF_3}{\overset{\vert}{C}}FCF_2O]_4\overset{CF_3}{\overset{\vert}{C}}F$—	$C_3F_7O\overset{CF_3}{\overset{\vert}{C}}F$—	30 % —$(CF_2)_4O\overset{CF_3}{\overset{\vert}{C}}FCF_2O\overset{CF_3}{\overset{\vert}{C}}F$ 70 % —$\overset{CF_3}{\overset{\vert}{C}}FO(CF_2)_5O\overset{CF_3}{\overset{\vert}{C}}F$—	39 %	227 bis 230 °C/0.4 Torr
10	$C_3F_7O[\overset{CF_3}{\overset{\vert}{C}}FCF_2O]_2\overset{CF_3}{\overset{\vert}{C}}F$—	$C_3F_7O[\overset{CF_3}{\overset{\vert}{C}}FCF_2O]_2\overset{CF_3}{\overset{\vert}{C}}F$—	—$\overset{CF_3}{\overset{\vert}{C}}FOCF_2CF_2O\overset{CF_3}{\overset{\vert}{C}}F$—	58 %	205 bis 220 °C/0.1 Torr
11	$C_3F_7O[\overset{CF_3}{\overset{\vert}{C}}FCF_2O]_2\overset{CF_3}{\overset{\vert}{C}}F$—	$C_3F_7O[\overset{CF_3}{\overset{\vert}{C}}FCF_2O]_2\overset{CF_3}{\overset{\vert}{C}}F$—	—$\overset{CF_3}{\overset{\vert}{C}}F[OCF_2\overset{CF_3}{\overset{\vert}{C}}F]_xOCF_2CF_2O[\overset{CF_3}{\overset{\vert}{C}}FCF_2O]_y\overset{CF_3}{\overset{\vert}{C}}F$ $x+y=2$	67 %	225 bis 235 °C/0.1 Torr

Literatur s. S. 115

Formation and Preparation of Rings with Three N-Atoms and Other Heteroatoms

4.3.1.4 Ringe mit drei N-Atomen und weiteren Heteroatomen

2,4,6-Trihalogen-1,3,5-tris(pentafluorphenyl)-borazine X=F, Cl, Br

1,2,3,4,5,6-Hexakis(pentafluorphenyl)borazin $X=C_6F_5$

3,5-Bis(trifluormethyl)-1,2,4,6-thiatriazacyclohexa-2,5-dien-1,1-dion

2,2-Dichlor-4,6-bis(trifluormethyl)-1,3,5,2-triazaphosphorin

2-Chlor-2-oxo-2,3-dihydro-4,6-bis(trifluormethyl)-1,3,5,2-triazaphosphorin

Kondensiert man BX_3 mit $C_6F_5NH_2$ in siedendem n-Nonan, so erhält man $(-BX-NC_6F_5-)_3$. Für X=Cl beträgt die Ausbeute 77% und für X=Br 44% [53]. Die Umsetzung ist für X=Cl auch in Toluol in Gegenwart von $(C_2H_5)_3N$ als HCl-Fänger vorgenommen worden. Beim Erhitzen im Rückfluß (25 h) entstehen 42% 2,4,6-Trichlor-1,3,5-tris(pentafluorphenyl)borazin [54], das sich mit einem 10fachen Überschuß NaF in CH_3CN zu 65% $(-BF-NC_6F_5-)_3$ fluorieren läßt. Mit C_6F_5MgJ setzt sich $(-BCl-NC_6F_5-)_3$ zu $(-BC_6F_5-NC_6F_5-)_3$ um [53]. Ein molares Gemisch aus $ClSO_2N{=}PCl_3$ und CF_3COOH kondensiert bei 60 bis 70 °C (24 h) zu 50% 3,5-Bis(trifluormethyl)-1,2,4,6-thiatriazacyclohexa-2,5-dien-1,1-dion [55]. In Gegenwart von 5% $AlCl_3$ reagiert $CF_3CCl_2N{=}PCl_3$ mit NH_4Cl bei 150 bis 170 °C (3 h) zu 73% 2,2-Dichlor-4,6-bis(trifluormethyl)-1,3,5,2-triazaphosphorin, das von HCOOH zu 2-Chlor-2-oxo-2,3-dihydro-2,5-bis(trifluormethyl)-1,3,5,2-triazaphosphorin umgewandelt wird [56].

Physical Properties

4.3.2 Physikalische Eigenschaften

Physikalische Daten der Triazine sind in Tabelle 17, S. 97, zu finden. Zusätzliche schwingungsspektroskopische Untersuchungen werden nachfolgend angegeben.

Molecular Structure and Vibrational Spectra

Molekülstruktur und Schwingungsspektren

Die zwischen 3000 und 300 cm^{-1} aufgenommenen IR-Banden von gasförmigem Perfluorhexahydro-1,3,5-triazin $(CF_2NF)_3$ werden unter Annahmen einer C_{3v}-Molekülsymmetrie analysiert. Hiernach ist der Triazinring sesselförmig, wobei die an den N-Atomen gefundenen F-Atome äquatoriale Positionen einnehmen, s. **Fig. 3** [60]. Für die IR-aktiven Schwingungen (Rassen A_1 und E, irreduzible Darstellung: $9A_1+4A_2+13E$) wird

Molecular Structure and Vibrational Spectra

Fig. 3

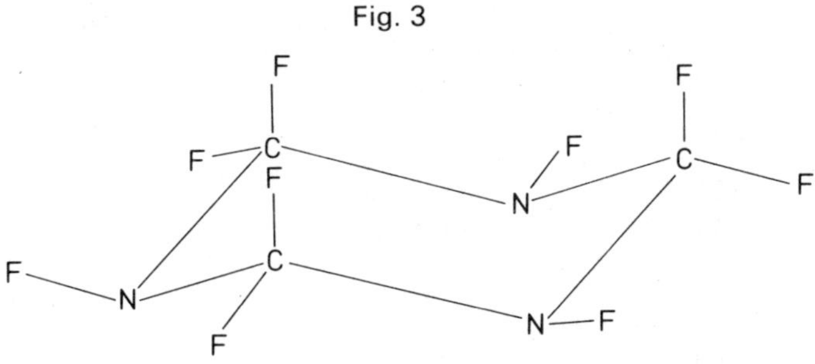

Struktur des $(CF_2NF)_3$-Moleküls.

folgende Zuordnung der beobachteten IR-Banden (in cm^{-1}) getroffen (ν, δ, ρ, τ: Valenz-, Deformations-, Schaukel-, Torsionsschwingungen, s, as: symmetrisch bzw. antisymmetrisch):

Schwingung	Rasse A_1	Rasse E	Schwingung	Rasse A_2	Rasse E
ν_s(C-F)	1282	1327	ν(C-N)	inaktiv	705
ν_{as}(C-F)	1247	1191	δ(F-N-C)	inaktiv	365
ν(C-N)	1019	1071	δ(F-C-N)	inaktiv	323
ν(N-F)	924	950	CF_2-Nickschwingung		
δ(F-C-F)	558	610	δ(FCN)	inaktiv	—
δ(F-N-C)	415	390	CF_2-Torsionsschwingung		

Die Deformationsbanden δ(F-C-N), δ(N-C-N) und δ(C-N-C) in den Rassen A_1 und E werden nicht beobachtet [60].

Das in der Flüssigphase aufgenommene Raman- und in der Gas- sowie Flüssigphase gemessene IR-Spektrum des Tris(trifluormethyl)-1,3,5-triazins $(CF_3)_3$-C_3N_3 wird unter Annahme einer D_{3h}-Pseudosymmetrie des Ringes wie folgt zugeordnet (Banden in cm^{-1}, 1): unterhalb 540 cm^{-1} nicht gemessen) [61]:

IR (Gas)	IR (flüssig)	Raman (flüssig)	Zuordnung	
		138 vs, dp		$\tau(CF_3)$
		266 m bis s, p		} $\rho(CF_3)$
	300 vw?	311 s (br) dp	$\nu_{11}E''$	
	419 w	419 w, dp	ν_7A_2'', $\nu_{12}E'$	
		480 sh?		
		522 vw, p?		
	554 m bis w	562 w (br) dp	$\nu_{11}E'$?	
	573 w			} $\delta(CF_3)$
	642 vw	642 vw		
709 s	708 s	710 w, dp	$\nu_{13}E''$ oder $\nu_{11}E'$?	
	751 vw	754 vs, p	ν_3A_1'	
	859 m bis s		ν_6A_2''	
867 m bis s	867 s	866 m bis w, dp	$\nu_{10}E'$	
985 vw	990 vw	997 s, p	ν_2A_1'	

IR (Gas)	IR (flüssig)	Raman (flüssig)	Zuordnung
1042 vw	1047 vw	1037 w, p	ν(CF)
1134 sh			ν(CF)
		1143 w, dp	ν(CF)
1198 vs	1181 vs	1181 m bis w, dp	ν(CF)
1252 vs	1241 vs	1244 w, dp	ν(CF)
1286 vw			
1309 vw			
1330 w	1329 w		
1355 vw	1354 vw		
1384 vw	1379 vw		
	1417 sh		
1419 m	1422 m bis s		$\nu_9 E'$
	1444 vw		
1461 vw	1462 vw	1457 m, p	$\nu_1 A_1'$
1481 vw		1488 vw	
1512 vw	1510 w		
1569 sh			
1575 s	1578 m bis s	1570 w, dp	$\nu_8 E'$
1613 vw	1607 w		
	1661 vw	1716 vw	
		2289 w, p	
		3132 vw	

Diskussion der IR-Spektren von flüssigen $(C_2F_5)_3$-C_3N_3, $(C_3F_7)_3$-C_3N_3 und $(CF_2Cl)_3$-C_3N_3 s. [61].

Mass Spectra

Massenspektren

Mit der Technik der Chemischen-Ionisierungsmassenspektrometrie werden die Spektren der trissubstituierten 1,3,5-Triazine $(R_fCN)_3$ mit $R_f = CF_3$, C_2F_5, C_7F_{17} und C_9F_{19} unter Zugabe von i-C_4H_{10} und CH_4 als Massenmarkierer aufgenommen. Diese Arbeitsweise gestattet es, die Genauigkeit der m/e-Werte zu erhöhen und Zuordnung exakter zu ermitteln. Nachfolgend werden m/e, Intensität (in %, bezogen auf i-C_4H_{10}, und in Klammern für CH_4 als Massenmarkierungshilfen bei 200 °C angegeben) [62]:
$(CF_3CN)_3$: m/e=287, 8.6 (7.4); 286, 100 (100); 285, – (2.8); 267, – (1.5); 266, 7.5 (22.6); 190, 16.9 (2.5); 121, – (2.5).
$(C_2F_5CN)_3$: m/e=437, 6.6 (6.8); 436, 100 (100); 435, – (0.7); 418, – (1.7); 416, 19.2 (4.9); 366, – (2.3); 164, 27.1 (4.3); 119, – (2.2); 76, – (2.8); 69, – (3.4).
$(C_7F_{15}CN)_3$: m/e=1188, 5.3 (–); 1187, 37.6 (–); 1186, 100 (100); 1168, 3.0 (–); 1167, 5.1 (–); 1166, 12.8 (9.4); 1150, 3.8 (–); 1149, 7.5 (–); 1148, 24.1 (8.7); 1130, 7.7 (–); 1110, 8.4 (–); 866, – (21.0).
$(C_9F_{19}CN)_3$: m/e=1488, 7.5 (7.1); 1487, 43.3 (36.1); 1486, 100 (100); 1469, 5.7 (–); 1468, 17.0 (12.5); 1467, 6.3 (–); 1466, 18.2 (12.5); 1450, 16.4 (15.8); 1449, 8.2 (–); 1448, 26.4 (10.8); 1432, 11.9 (–); 1431, 8.8 (–); 1430, 14.5 (6.7).

Physical Properties

Tabelle 17: Physikalische Eigenschaften der Perfluorhalogentriazine. Siedepunkt (Sdp.) in °C/Druck in Torr, Schmelzpunkt (Schmp.) in °C, Brechungsindex n_D, Dichte D in g/cm^3, chemische Verschiebung δ und Spin-Spin-Kopplungskonstante J im NMR-Spektrum (d = Dublett, tr = Triplett, qu = Quartett, qui = Quintett, sept = Septett, m = Multiplett), IR-Spektrum (in cm^{-1}), Wellenlängen λ_{max} und Extinktionskoeffizienten ε der UV-Absorptionsmaxima, Massenspektrum MS (m/e, Bruchstück, relative Intensität):

Verbindung	Sdp./Torr (Schmp.) in °C	^{19}F- und ^1H-NMR (δ in ppm) IR- und UV-Spektrum Massenspektrum, n_D, D
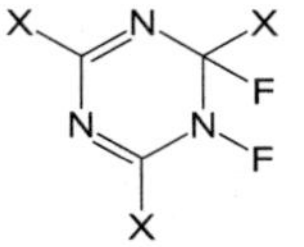 X=F	110 bis 115	–
[2] X=Cl	50 bis 55/34	–
X=CCl_3	100 bis 105	–
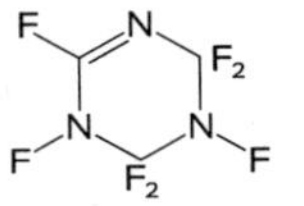 [1]	56 [1)] (−104)	IR: ν(C=N) = 1745 MS: m/e = 211, M^+; 192, M^+-F; 173, M^+-2F; 166, $C_2F_6N_2^+$; 159, $C_3F_5N_2^+$; 147, $C_2F_5N_2^+$; 135, $C_3F_3N_3^+$; 128, $C_2F_4N_2^+$; 114, $C_2F_4N^+$; 109, $C_2F_3N_2^+$; 95, $C_2F_3N^+$; 90, $C_2F_2N_2^+$; 83, CF_3N^+; 78, $CF_2N_2^+$; 76, $C_2F_2N^+$; 71, $C_2FN_2^+$; 69, CF_3^+; 64, CF_2N^+; 59, CFN_2^+; 50, CF_2^+; 47.5, $C_2F_3N^+$; 45, CFN^+; 40, CN_2^+; 38, C_2N^+; 33, FN^+; 31, CF^+; 26, CN^+; 19, F^+; 12, C^+
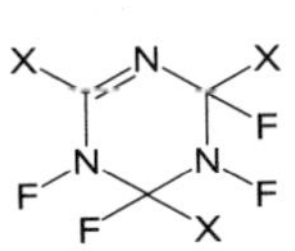 X=Br [2]	90 bis 95/25	D = 1.8 g/cm^3
X=Cl	≈160 75/34	–
X=CF_3	195 bis 200	–
X'=Cl [2]	100 bis 105/34	–
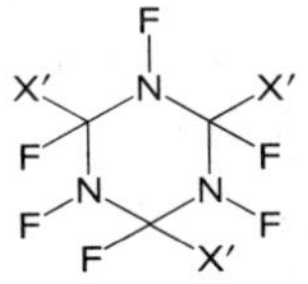 X'=F	51 [3)] (−79) [1]	^{19}F-NMR [2)]: $\delta(CF_2)$ = 12.8, δ(NF) = 11.8 [1] ^{19}F-NMR [5)]: $\delta(CF_2)$ = 87.84, δ(NF) = 89.15 [3] IR: ν(N-F) = 951 [1]; 1316, 1282, 1235, 1176, 1075, 1020, 943, 917 [3] MS: m/e = 249, M^+; 230, M^+-F; 166, $C_2F_6N_2^+$; 147, $C_2F_5N_2^+$; 128, $C_2F_4N_2^+$; 114, $C_2F_4N^+$; 109, $C_2F_3N_2^+$; 95, $C_2F_3N^+$; 90, $C_2F_2N_2^+$; 83, CF_3N^+; 71, $C_2FN_2^+$; 69, CF_3^+; 64, CF_2N^+; 59, CFN_2^+; 50, CF_2^+; 45, CFN^+; 33, FN^+; 31, CF^+; 12, C^+ [1]
X'=CF_3 [2]	130 bis 135/5	–
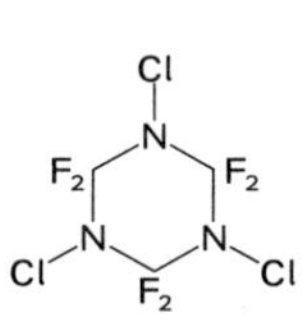	48/15 [5] 152 [26)] [7]	^{19}F-NMR [2)]: $\delta(CF_2) = -143 \pm 2\ H_2$ [5] ^{19}F-NMR [5)]: $\delta(CF_2)$ = 72.7 [7] IR: 1250 (vs), 1190 (ms), 1149 (ms), 1099 (s), 1064 (w), 1000 (ms), 962 (s), 833 (ms), 769 (s) [5], 1295 (sh), 1277 (s), 1260 (s), 1210 (m), 1170 (w), 1130 (w), 1010 (w), 967 (m), 840 (m),

Literatur s. S. 115

Physical Properties

Tabelle 17 [Fortsetzung]

Verbindung	Sdp./Torr (Schmp.) in °C	^{19}F- und ^{1}H-NMR (δ in ppm) IR- und UV-Spektrum Massenspektrum, n_D, D
		778 (m), 734 (w), 590 (w), 490 (w), 443 (w) [7] $D^{27}=1.84$; $n_D^{27}=1.404$ [5]
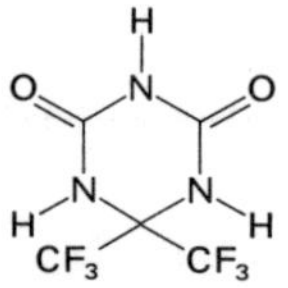 [4]	(223 bis 225)	^{1}H-NMR[27] (in Aceton): δ(NH) = −9.15 (br) und −9.90 (br), Intensitätsverhältnis 2:1 IR: ν(C=O) = 1742, 1715
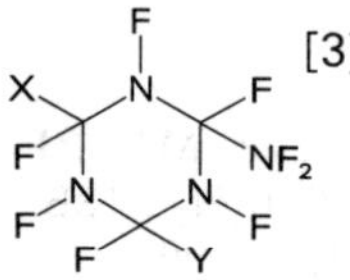 [3] X=Y=F	–	^{19}F-NMR[5]: δ(CF) = 125.6, δ(CF_2) = 86.8, δ(NF) = 89.2, δ(NF_2) = −22.4
X=F Y=NF_2	–	^{19}F-NMR[5]: δ(CF) = 123 bis 124, δ(CF_2) = 84 bis 87, δ(NF) = 84 bis 87, δ(NF_2) = −22.8
X=Y=NF_2	–	^{19}F-NMR[5]: δ(CF) = 120.9, δ(NF_2) = −23.2, δ(NF) = 86.1
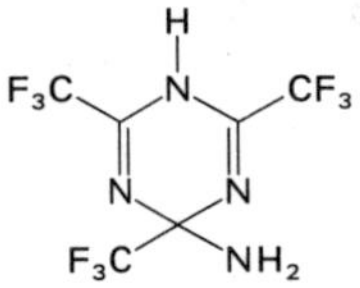 [74]	[31]	^{19}F-NMR[32] (in CH_3OH): δ(2-, 6-CF_3) = 11.25, δ(4-CF_3) = 24.6 IR: ν(NH) = 3340, ν(CN) = 1649, ν(CF) = 1180 bis 1250 UV (in Äther): λ_{max} = 283 nm
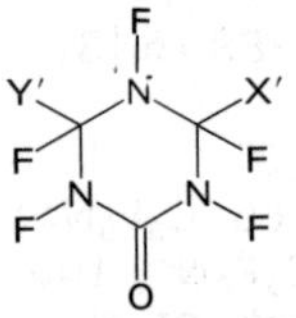 [6] X′=Y′=F	–	^{19}F-NMR[5]: δ(NF) = 69.3, δ(NF) = 85.7, δ(CF_2) = 86.0, Intensitätsverhältnis: 1:2:4 IR: ν(C=O) = 1845 (s); ν(C-F) = 1290, 1242, 1206; ν(N-F) = 972, 937, 915 MS: $C_3N_3F_7O^+$, $C_2N_2F_6^+$, $C_2N_2F_4O^+$
X′=NF_2 Y′=F	–	^{19}F-NMR[5]: δ(NF_2) = −24.6, δ(NF) = 80.6 und 83.1, δ(CF_2, NF) = 85.5[28], δ(CF) = 119.4 IR: ν(C=O) = 1845 (s); ν(CF) = 1287, 1242, 1195; ν(N-F) = 980, 943, 896 MS: $C_3N_3F_6O^+$, $C_2N_3F_6^+$, $C_3N_3F_4O^+$
X′=Y′=NF_2	25/20	^{19}F-NMR[5]: δ(NF_2) = −23.7 und −25.6[29], δ(NF) = 83.0 und 85.2, δ(C-F) = 115.8 und 116.3[29] IR: ν(C=O) = 1845 (s)
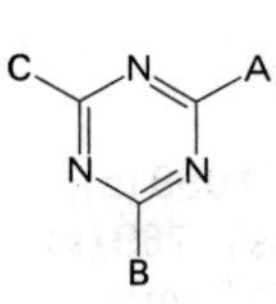 A=NH_2 B=C=F [57]	120 bis 130 (Sublimation)	–
A=B=C=(CF_3)$_2$N	90/40 [9, 10] 82/32 (46) [11] (47 bis 48) [9, 10]	^{19}F-NMR[8]: δ(CF_3) = −22.8 [11]

Literatur s. S. 115

Tabelle 17 [Fortsetzung]

Physical Properties

Verbindung	Sdp./Torr (Schmp.) in °C	^{19}F- und ^{1}H-NMR (δ in ppm) IR- und UV-Spektrum Massenspektrum, n_D, D
A=B=$(CF_3)_2N$ C=F [9, 10]	73 bis 75/40	$n_D^{25}=1.3485$
A=$(CF_3)_2N$ B=C=F [9, 10]	108 bis 109/630	$n_D^{25}=1.3477$
A=$HNCF_3$ B=C=F [8]	80 bis 83/20 (53 bis 55)	–
A=CF_3 B=C=F	76 bis 78 [12, 13]	IR: 1608 (s), 1593 (s), 1575 (sh), 1480 (s), 1417 (vs), 1356 (vw), 1318 (vw), 1244 (vs), 1198 (vs), 1162 (w), 1097 (sh), 1081 (m), 1074 (m), 996 (w), 934 (m), 834 (m bis w), 740 (m), 709 (w), 690 (w) [63] MS: m/e=185, M^+; 166, M^+-F; 159, $C_3F_5N_2^+$; 140, $C_3F_4N_2^+$; 116, $C_3F_2N_3^+$; 114, $C_2F_4N^+$; 97, $C_3FN_3^+$; 90, $C_2F_2N_2^+$; 76, $C_2F_2N^+$; 71, $C_2FN_2^+$; 69, CF_3^+; 59, CFN_2^+; 57, C_2FN^+; 52, $C_2N_2^+$; 50, CF_2^+; 45, FCN^+; 31, CF^+ [16]
A=C_2F_5, B=C=F	94.5/753 [16]	IR: 1605 (sh), 1591 (vs), 1572 (sh), 1493 (sh), 1473 (s), 1419 (vs), 1338 (m bis s), 1238 (s), 1189 (s), 1077 (m bis w), 1053 (s), 997 (vw), 887 (s), 828 (m), 754 (m), 750 (sh), 729 (w) [63]
A=$(CF_3)_2CF$ B=C=F	99 bis 100/630 [9, 10]	^{19}F-NMR[5]: $\delta(CF_3)=74.4$, $\delta(CFC_2)=183.8$ bis 186.5[7], $\delta(CFN)=30.4$ [9, 20] $n_D^{25}=1.3131$ [9, 10]
A=B=CF_3 C=F	82 bis 83 [12, 13]	IR: 1629 (vw), 1592 (s), 1575 (m bis w), 1468 (s), 1430 (s), 1369 (vw), 1310 (vw), 1250 (vs), 1197 (vs), 1167 (m bis w), 1001 (sh), 994 (m), 988 (sh), 871 (m bis w), 848 (w), 751 (sh), 746 (w), 712 (m) [63] MS: m/e=235, M^+; 216, M^+-F; 166, $C_4F_4N_3^+$; 140, $C_3F_4N_2^+$; 121, $C_3F_3N_2^+$; 119, $C_4F_3N^+$; 117, $C_5F_3^+$; 76, $C_2F_2N^+$; 71, $C_2FN_2^+$; 69, CF_3^+; 50, CF_2^+; 45, CFN^+; 43, C_2F^+; 31, CF^+ [16]
A=B=C_2F_5 C=F	106; 73/150 [57] 112/753 [16]	^{19}F-NMR[2]: $\delta(CF)=-42.0$, $\delta(CF_2)=46.4$, $\delta(CF_3)=9.6$ [16] IR: 1581 (m), 1568 (s), 1451 (s), 1410 (m bis w), 1340 (s), 1236 (vs), 1215 (sh), 1194 (m bis w), 1171 (m), 1061 (sh), 1050 (s), 998 (vw),

Strukturformel: Triazinring mit Substituenten A, B, C (C–N=C(A)–N=C(B)–N=).

Physical Properties

Tabelle 17 [Fortsetzung]

Verbindung	Sdp./Torr (Schmp.) in °C	^{19}F- und ^{1}H-NMR (δ in ppm) IR- und UV-Spektrum Massenspektrum, n_D, D
		939 (m), 845 (w), 818 (m), 751 (m bis w), 717 (m bis w) [63] $n_D^{25}=1.3160$ [3] MS: m/e=335, M^+; 316, M^+-F; 266, $C_6F_8N_3^+$; 216, $C_5F_6N_3^+$; 197, $C_5F_5N_3^+$; 176, $C_4F_6N^+$; 126, $C_3F_4N^+$; 121, $C_3F_3N_2^+$; 119, $C_2F_5^+$; 107, $C_3F_3N^+$; 102, $C_3F_2N_2^+$; 100, $C_2F_4^+$; 76, $C_2F_2N^+$; 71, $C_2FN_2^+$; 69, CF_3^+; 57, C_2FN^+; 52, $C_2N_2^+$; 50, CF_2^+; 45, CFN^+; 40, CN_2^+; 38, C_2N^+; 26, CN^+; 14, N^+ [16]
A=B=C_3F_7 C=F [57]	131/760, 98/150	$n_D^{25}=1.3165$
A=B=$(CF_3)_2CF$ C=F	125 bis 126/630 [9, 10]	^{19}F-NMR [5]: $\delta(CF_3)=75.6$, $\delta(CFC_2)=187$, $\delta(CFN)=30.6$ [10, 20] $n_D^{25}=1.3373$ [9, 10]
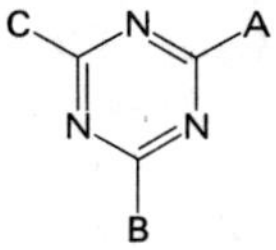 (Triazinring mit C, A, B) A=CF_3CFCl B=C=F [15]	128 bis 129	^{19}F-NMR [5]: $\delta(N{=}CF)=31.9$ (br), $\delta(CF_3)=79.9$, $\delta(CFCl)=133.7$, $J(CFCl\text{-}CF_3)=6.5$ Hz IR: 1613 (s), 1592 (s), 1570 (s), 1477 (s), 1449, 1443, 1410 (s), 1302, 1241 (s), 1217 (s), 1157, 1088, 1053 (s), 951, 847 (s), 821 (s), 743, 690 (w), 575 (w), 551 (w)
A=B=CF_3CFCl C=F [15]	–	MS: m/e=367, M^+; 297, M^+-Cl_2
A=B=C_2F_5 C=Cl [19]	125, 84/150	$n_D^{25}=1.3538$
A=B=C_3F_7 C=Cl [19]	153	$n_D^{25}=1.3420$
A=B=OH C=CF_3 [13]	(182 bis 186, Zersetzung)	–
A=B=OH C=C_2F_5 [25] [16]	(167 bis 168)	IR: 1709
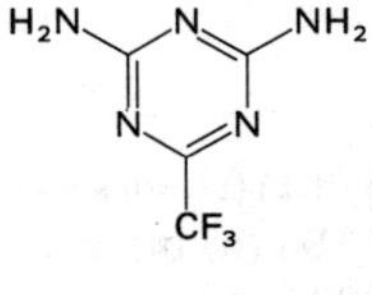 2,4-(H_2N)$_2$-6-CF_3-Triazin	318 bis 323 [17, 18] (250 bis 260) (Sublimation) [74]	IR(KBr): $\nu(NH)=3400$, $\nu(CF)=1150$ bis 1200 [74] $pK_a=6.16$ (in CH_3NO_2); 0.45 (extrapoliert, in H_2O) $\sigma_m=0.43$ [64]

Literatur s. S. 115

Physical Properties

Tabelle 17 [Fortsetzung]

Verbindung	Sdp./Torr (Schmp.) in °C	^{19}F- und ^{1}H-NMR (δ in ppm) IR- und UV-Spektrum Massenspektrum, n_D, D
[2,4-Diamino-6-R_f-1,3,5-triazin] $R_f = C_2F_5$ [17, 18]	(255 bis 257)	–
$R_f = C_3F_7$ [17, 18]	(202 bis 204)	–
$R_f = C_7F_{15}$ [18]	(177 bis 179)	–
$X = Y = C_2F_5$ $Z = OH \cdot H_2NC(NH)C_2F_5$ [19]	(185)	–
$X = Y = C_3F_7$ $Z = OH \cdot H_2NC(NH)C_3F_7$ [19]	(127)	–
[2-X-4-Y-6-Z-1,3,5-triazin] $X = CF_3$ $Y = Z = CN$ [20]	57 bis 59/0.3 (70 bis 71)	^{19}F-NMR [5]: $\delta(CF_3) = 73.2$
$X = (CF_3)_2CF$ $Y = Z = CN$ [20]	(87 bis 88)	^{19}F-NMR [5]: $\delta(CF_3) = 74.5$, $\delta(CF) = 186$
$X = Y = (CF_3)_2CF$ $Z = CN$ [20]	66 bis 67	^{19}F-NMR [5]: $\delta(CF_3) = 74.8$, $\delta(CF) = 187$
[2-R^1-4-R^2-6-R^3-1,3,5-triazin] $R^1 = R^2 = R^3 = CF_3$ [10]	98.3 bis 98.5/748 (−24.8) [21] 95 bis 96 [25]	IR und Raman s. S. 95 MS: m/e = 285 (36.6); 266 (36.6); 190 (38.3); 121 (66.7); 102 (13.3); 78 (6.7); 76 (50); 69 (100); 57 (3.0); 52 (4.3); 50 (35.0); 38 (2.0); 31 (23.3) [65], s. auch S. 96 $D_4^{26} = 1.5857$, $n_D^{20} = 1.3231$ [21], $n_D^{28.5} = 1.3194$ [23], $n_D^{25} = 1.32208$, $D^{23.5} = 1.595$ [59], $D^{25} = 1.3161$, $n_D^{25} = 1.3161$ [25], $n_D^{22.5} = 1.3208$ [26]
$R^1 = R^2 = CF_3$ $R^3 = CF_2Cl$ [21]	119.0 bis 119.2/748	$D_4^{26} = 1.6090$, $n_D^{20} = 1.3540$
$R^1 = R^2 = CF_3$ $R^3 = CF_2Br$	130, 52 bis 53/31 [27]; 70 bis 72/75, 45/18 [29]	$D_4^{25} = 1.804$, $n_D^{25} = 1.3718$ [27]

Literatur s. S. 115

Physical Properties

Tabelle 17 [Fortsetzung]

Verbindung	Sdp./Torr (Schmp.) in °C	^{19}F- und ^{1}H-NMR (δ in ppm) IR- und UV-Spektrum Massenspektrum, n_D, D
$R^1=R^2=CF_2Cl$ $R^3=CF_3$ 11) [27]	145	$n_D^{20}=1.3822$
$R^1=CF_3$ $R^2=R^3=CF_2Br$	82/28, 51 bis 52/6 [27] 105 bis 106/80, 54 bis 55/6 [29]	$D_4^{25}=2.015$, $n_D^{25}=1.4200$ [27]
$R^1=R^2=R^3=CF_2Cl$ 12)	170.5 [27] 167 [72]	IR: 1620 (sh), 1549 (vs), 1414 (vw), 1389 (w), 1261 (vw), 1189 (vs), 1114 (m), 1018 (sh), 984 (s), 937 (m bis s), 850 (m bis w), 838 (w), 803 (m bis s), 776 (s), 705 (vw), 686 (w) [61] $n_D^{29}=1.4108$ [27]
$R^1=R^2=R^3=CF_2Br$ [27]	112.5/25	$D_4^{25}=2.16$, $n_D^{25}=1.4632$
$R^1=R^2=R^3=CFCl_2$ [28]	157 bis 158	$n_D^{20}=1.4927$
(2,4,6-Triazin mit R^1, R^2, R^3) $R^1=R^2=R^3=C_2F_5$	121 bis 122 [25] 121 [31]	IR: 1567 (s), 1409 (vw), 1339 (s), 1296 (vw), 1240 (vs), 1232 (vs), 1212 (m bis s), 1181 (m), 1155 (m bis w), 1060 (m bis w), 1048 (s), 996 (w), 858 (w), 821 (m), 814 (sh), 751 (w), 736 (w), 719 (m), 707 (m bis w) [61] MS: m/e=435 (14.9); 416 (19.8); 366 (37.6); 347 (1.1); 178 (2.0); 171 (12.9); 152 (2.4); 126 (13.3); 119 (40.5); 107 (2.4); 102 (9.7); 100 (10.5); 85 (2.8); 83 (5.3); 76 (73.3); 69 (100); 57 (2.0); 50 (9.3); 31 (12.1); 26 (1.4) [65], s. auch S. 96 $n_D^{26}=1.3131$, $D^{25}=1.651$ [25, 31]
$R^1=R^2=R^3=CF_2ClCFCl$ [32]	126 bis 129/10	IR (in CS_2 und CCl_4): 1562 13) (s), 1376 (s), 1202 (m), 1165 (s), 1078 (m), 1057 (m), 1012 (m), 940 (w), 905 (m), 848 (m), 805 (s), 756 (m), 735 (m) UV (in CH_3OH) 14): $\lambda_{max}=285$ ($\varepsilon=710$), 215 nm ($\varepsilon=4300$) UV (in CH_2Cl_2) 14): $\lambda_{max}=282$ nm ($\varepsilon=772$)
$R^1=R^2=CCl_3$ $R^3=CF_2ClCFCl$ [32]	153 bis 155/8	IR (in CS_2 und CCl_4): 1551 (s), 1349 (s), 1203 (m), 1180 (m), 1163 (s), 1080 (mw), 1057 (m), 1021 (m), 850 (m), 824 (s), 776 (s), 730 (ms), 715 (m), 695 (s) UV (in CH_3OH) 14): $\lambda_{max}=285$ ($\varepsilon=1020$), 215 nm ($\varepsilon=4910$) UV (in CH_2Cl_2) 14): $\lambda_{max}=269$ nm ($\varepsilon=798$)

Literatur s. S. 115

Tabelle 17 [Fortsetzung]

Physical Properties

Verbindung	Sdp./Torr (Schmp.) in °C	^{19}F- und ^{1}H-NMR (δ in ppm) IR- und UV-Spektrum Massenspektrum, n_D, D
$R^1=R^2=R^3=CF_3CFCl$[15)] [35]	63 bis 64/5 (−60)	^{19}F-NMR[8)]: $\delta(CF_3)=2.0$ (d), $\delta(CF)=57.0$ (qu), $J(CF_3\text{-}CF)=6.45$ Hz IR: ν(Ring) = 1555, 840; ν(CF) = 1380, 1290 bis 1165; ν(CCl) bzw. $\nu(SO_2)=715$ $D_4^{16}=1.7010$, $n_D^{16}=1.3744$
$R^1=R^2=R^3=CF_3CFBr$[15)] [35]	79 bis 80/3 (−23)	^{19}F-NMR[8)]: $\delta(CF_3)=-0.8$ (d), $\delta(CF)=60.0$ (qu), $J(CF_3\text{-}CF)=8.87$ Hz IR: ν(Ring) = 1550, 835; ν(CF) = 1375, 1280 bis 1160, ν(CBr) = 710 $D_4^{16}=2.0829$, $n_D^{16}=1.4148$
$R^1=R^2=R^3=CF_3CF(SO_2F)$ [35]	97 bis 98/2 (45)	IR: ν(Ring) = 1540, 825; ν(CF) = 1365, 1295 bis 1220, $\nu(C\text{-}SO_2)=1470$, 1160
$R^1=R^2=R^3=C_3F_7$	164.5 bis 165.0 [25] 164 [31]	IR: 1509 (s), 1415 (vw), 1389 (w), 1350 (sh), 1338 (s), 1271 (sh), 1225 (vs, br), 1192 (m), 1163 (vw), 1143 (w), 1125 (m), 1097 (w), 1079 (w), 1069 (vw), 1028 (vw), 973 (s), 948 (m), 907 (w), 852 (w), 837 (vw), 830 (vw), 802 (m), 783 (w), 749 (m bis s), 732 (m bis w), 727 (w), 709 (m bis w), 700 (m bis w), 648 (w) [61] MS: m/e = 585 (9.04); 566 (17.2); 516 (0.78); 466 (70.1); 416 (0.85); 371 (2.08); 366 (3.21); 221 (5.13); 178 (2.17); 176 (3.30); 169 (20.8); 152 (1.16); 150 (1.12); 138 (0.78); 133 (2.8); 131 (2.10); 126 (6.72); 119 (16.5); 107 (2.68); 102 (9.82); 100 (11.2); 76 (83.0); 69 (100); 50 (4.46); 31 (6.92) [65] $n_D^{25}=1.3095$, $D^{25}=1.716$ [25], $n_D^{15}=1.3095$, $D^{15}=1.7200$ [31]
$R^1=R^2=R^3=(CF_3)_2CF$	110 bis 111 (−70) [35]	^{19}F-NMR[8)]: $\delta(CF_3)=-13.1$ (d), $\delta(CF)=-1.4$ (qu) [35] ^{19}F-NMR[5)]: $\delta(CF_3)=75.4$, $\delta(CF)=186.5$ [20] $D_4^{20}=1.7790$, $n_D^{20}=1.3230$ [35]
$R^1=R^2=R^3=(CF_3)_3C$ [36]	(117 bis 119)	^{19}F-NMR[8)]: $\delta(CF_3)=-14.0$ MS: m/e = 735, M^+; 716, M^+-F; 490, $(C_4F_9CN)_2^+$; 271, $C_4F_9(CN)_2^+$; 226, $C_4F_8CN^+$; 69, CF_3^+

Literatur s. S. 115

Physical Properties

Tabelle 17 [Fortsetzung]

Verbindung	Sdp./Torr (Schmp.) in °C	^{19}F- und ^{1}H-NMR (δ in ppm) IR- und UV-Spektrum Massenspektrum, n_D, D
$R^1=R^2=R^3=C_5F_{11}$ [26]	151 bis 152/38	IR: 1563 (s); $n_D^{23}=1.3160$, $D_4^{20}=1.800$
$R^1=R^2=R^3=C_6F_{13}$ [31]	259	$D_4^{20}=1.8470$, $n_D^{20}=1.3175$
$R^1=R^2=R^3=C_7F_{15}$ (Struktur: 1,3,5-Triazin mit R¹, R², R³)	132/0.6 [34] 130/0.025 [39] 115 bis 120/0.001; 295; (25), (27 bis 28.8) [44] 110/0.15 [26]	$D^{20}=1.89$, $n_D^{20}=1.3199$ 16) [34] IR: 1563 (s) [26] MS: s. S. 96
$R^1=R^2=R^3=C_9F_{19}$	–	MS: s. S. 96
$R^1=R^2=C_3F_7$ $R^3=CF_3$ [30]	144.5 bis 145	$D^{25}=1.6842$, $n_D^{25}=1.3113$
$R^1=R^2=C_3F_7$ $R^3=C_2F_5$ [30]	151 bis 152	$D^{25}=1.6949$, $n_D^{25}=1.3101$
$R^1=R^2=C_3F_7$ $R^3=C_7F_{15}$ [30]	216 bis 217	$D^{27}=1.5179$, $n_D^{27}=1.3133$
$R^1=R^2=R^3=CF_2{=}CFCF_2$ [40]	65/45,5	IR: ν(C=C) = 1786 (s); ν(Ring) = 1555 (s) $n_D^{25}=1.3600$
$R^1=R^2=CF_2{=}CFCF_2$ $R^3=CF_3$ [20]	60/10	^{19}F-NMR 5): $\delta(CF_3)=71.5$, $\delta(CF)=167$, $\delta(CF_2{=}C)=97.5$, $\delta(CF_2)=105$ 24) $n_D^{25}=1.3553$
$R^1=R^2=CF_2{=}CFCF_2$ $R^3=C_3F_7$	173 [40] 52/3 [20]	^{19}F-NMR 5): $\delta(CF_3)=83.5$, $\delta(CF_2)=129.1$, $\delta(CF_2C{=}N)=103.5$, $\delta(CF_2{=}C)=99.3$, $\delta(C{=}CCF_2)=119.7$ [20] $n_D^{25}=1.3434$ [40], $n_D^{25}=1.3450$ [20]
$R^1=CF_2{=}CFCF_2$ $R^2=CF_2ClCFClCF_2$ $R^3=CF_3$ [20]	80/10 23)	$n_D^{25}=1.3585$ 23)
$R^1=C_3F_7$ $R^2=CF_2{=}CFCF_2$ $R^3=CF_2ClCFClCF_2$ [20]	73/3	$n_D^{25}=1.3603$

Literatur s. S. 115

Physical Properties

Tabelle 17 [Fortsetzung]

Verbindung	Sdp./Torr (Schmp.) in °C	^{19}F- und ^{1}H-NMR (δ in ppm) IR- und UV-Spektrum Massenspektrum, n_D, D
$R^1=R^2=R^3=CF_2ClCFClCF_2$ [40]	113/2	IR: ν(Ring) = 1550 (s) $D^{25}=1.8350$, $n_D^{25}=1.4047$
$R^1=R^2=CF_2ClCFClCF_2$ $R^3=CF_3$ [20]	65/50	^{19}F-NMR [5)]: $\delta(CF_3)=73.2$, $\delta(CF_2Cl)=63.7$ (qu), $\delta(CFCl)=132$ (qui), $\delta(CF_2)=111$ (m), $J(CF_2Cl\text{-}CF_2)=10.4$ Hz, $J(CF_2Cl\text{-}CFCl)=9.4$ Hz, J = 5.3 Hz $n_D^{25}=1.3890$
$R^1=R^2=CF_2ClCFClCF_2$ $R^3=C_3F_7$	92/3 [20] 115/5 [40]	^{19}F-NMR [5)]: $\delta(CF_3)=79$, $\delta(C\text{-}CF_2\text{-}C)=124.5$, $\delta(CClCF_2C{=}N)=115$, $\delta(CFCl)=128$, $\delta(CF_2Cl)=61.8$, $\delta(F_2C\text{-}C{=}N)=107$ [20] $n_D^{25}=1.3760$ [20], $n_D^{25}=1.3706$, $D^{25}=1.8016$ [40]
$R^1=CF_2ClCFClCF_2$ $R^2=R^3=C_3F_7$ [40]	86/6	$D^{25}=1.7660$, $n_D^{25}=1.3410$
(Triazinring mit R^1, R^2, R^3) $R^1=R^2=CF_3CFJCF_2$ $R^3=CF_3$ [20]	55/40	^{19}F-NMR [5)]: $\delta(CF_3)=71.6$, $\delta(CF_3CJ)=72.6$ (qu), $\delta(CF_2)=103.1$ (qui), $\delta(CF)=143.5$ (qui), J(geminal) = 29 Hz $n_D^{25}=1.4163$
$R^1=R^2=CF_3CFJCF_2$ $R^3=C_3F_7$ [20]	53/50	^{19}F-NMR [5)]: $\delta(CFJ)=144.3$, $\delta(CF_2C{=}N)=103.8$, $\delta(CF_3CJ)=72.9$, $\delta(CF_3)=80.6$, $\delta(CF_2)=125.9$ $n_D^{25}=1.3866$
$R^1=C_3F_7$ $R^2=CF_3CFJCF_2$ $R^3=CF_2ClCFClCF_2$ [20]	60/50	—
$R^1=C_3F_7$ $R^2=CF_2ClCFClCF_2$ $R^3=HgCF(CF_3)CF_2$ [20]	150/50	—
$R^1=CF_3$ $R^2=R^3=CF_3O(CF_2)_2$ [31]	146 bis 147	$D_4^{20}=1.6935$, $n_D^{20}=1.3090$
$R^1=C_2F_5$ $R^2=R^3=CF_3O(CF_2)_2$ [31]	154 bis 155	$D_4^{20}=1.6970$, $n_D^{20}=1.3060$
$R^1=C_3F_7$ $R^2=R^3=CF_3O(CF_2)_2$ [31]	166	$D_4^{20}=1.7170$, $n_D^{20}=1.3055$
$R^1=R^2=C_2F_5$ $R^3=CF_3O(CF_2)_2$ [31]	139	$D_4^{20}=1.6830$, $n_D^{20}=1.3085$

Literatur s. S. 115

Physical Properties

Tabelle 17 [Fortsetzung]

Verbindung	Sdp./Torr (Schmp.) in °C	^{19}F- und ^{1}H-NMR (δ in ppm) IR- und UV-Spektrum Massenspektrum, n_D, D
$R^1=R^2=C_3F_7$ $R^3=CF_3O(CF_2)_2$ [31]	165	$D_4^{20}=1.7211$, $n_D^{20}=1.3085$
$R^1=R^2=R^3=$ $CF_3O(CF_2)_2$ [31]	167	$D_4^{25}=1.714$, $n_D^{20}=1.3060$
(Triazinring mit R^1, R^2, R^3) $R^1=R^2=R^3=$ $C_2F_5O(CF_2)_2$	192 [31] 190 [26]	$D_4^{20}=1.7212$, $n_D^{20}=1.3005$ [31], $n_D^{22}=1.3042$ [26]
$R^1=R^2=R^3=$ $CF_3CF_2CF_2OCF$-$(CF_3)CF_2OCF$-(CF_3) [44]	100 bis 104/0.001 275	–
$R^1=R^2=R^3=CF_3CF_2$-$[CF_2OCF(CF_3)]_3$ [34]	145/0.1	$D^{20}=1.82$, $n_D^{20}=1.3018$ [22)]
$R^1=R^2=R^3=$ O(CF₂CF₂)₂NCF₂CF₂ (Morpholinring: $_aF_2$, F_{2b}; CF_2 b, c) [43]	301	^{19}F-NMR [5)]: $\delta(CF_2)_a=87.4$, $\delta(CF_2)_b=92.1\pm0.1$, $\delta(CF_2)_c=118.1\pm0.2$ IR: $\nu(C_3N_3$-Ring$)=1553$
$R^1=R^2=$ $CF_3CF_2OCF_2CF_2$ [43] $R^3=$ O(CF₂CF₂)₂N—CF₂CF₂ (Morpholinring: $_aF_2$, F_{2b}; CF_2 b, c)	235	^{19}F-NMR: s. oben IR: $\nu(C_3N_3$-Ring$)=1560$
$R^1=CF_3\overset{a}{C}F_2O\overset{b}{C}F_2\overset{c}{C}F_2$ [43] $R^2=R^3=$ O(CF₂CF₂)₂NCF₂CF₂	270	^{19}F-NMR [5)]: $\delta(CF_3)=87.5$, $\delta(CF_2)_a=88.9\pm0.2$, $\delta(CF_2)_b=85.0\pm0.2$, $\delta(CF_2)_c=119.2\pm0.2$ IR: $\nu(C_3N_3$-Ring$)=1558$
$R^1=R^2=$ $CF_3CF_2OCF_2CF_2$ [43] $R^3=$ Perfluorcyclohexyl (F_2, F_2, F, F_2, F_2, F_2)	225	^{19}F-NMR [5)]: $\delta(CF)=179.8$, $\delta(CF_2)_5=117$ bis 142 IR: $\nu(C_3N_3$-Ring$)=1560$
$R^1=CF_3CF_2OCF_2CF_2$ $R^2=R^3=$cyclo-C_6F_{11} [43]	250	^{19}F-NMR: s. oben IR: $\nu(C_3N_3$-Ring$)=1555$
$R^1=R^2=R^3=$ cyclo-C_6F_{11} [43]	(95 bis 97)	^{19}F-NMR: s. oben IR: $\nu(C_3N_3$-Ring$)=1558$
$R^1=CF_2Cl$ $R^2=R^3=C_3F_7$ [30]	158 bis 159	$D^{26}=1.6788$, $n_D^{26}=1.3303$

Literatur s. S. 115

Tabelle 17 [Fortsetzung]

Physical Properties

Verbindung	Sdp./Torr (Schmp.) in °C	^{19}F- und ^{1}H-NMR (δ in ppm) IR- und UV-Spektrum Massenspektrum, n_D, D
$R^1 = CF_3$ $R^2 = R^3 = BrCF_2(CF_2)_2$ [41, 42]	65.5/4	$D_4^{20} = 1.9858$, $n_D^{20} = 1.3730$
$R^1 = CF_3$ $R^2 = R^3 = JCF_2(CF_2)_2$ [41, 42]	117.8/6	$D_4^{20} = 2.1963$, $n_D^{20} = 1.4095$
$R^1 = C_3F_7$ $R^2 = R^3 = BrCF_2(CF_2)_2$ [41, 42]	95/10	$D_4^{20} = 1.9800$, $n_D^{20} = 1.3628$
$R^1 = C_3F_7$ $R^2 = R^3 = JCF_2(CF_2)_2$ [41, 42]	105.8/2	$D_4^{20} = 2.1677$, $n_D^{20} = 1.3970$
$R^1 = R^2 = R^3 =$ $CF_2ClCFClCF_2CFClCF_2$	186/0.4 [34]	^{19}F-NMR [5]: $\delta(CF_2C{=}N) = 109.9$ [26] $D^{20} = 1.90$, $n_D^{20} = 1.4152$ [19] [34] IR: 1560 (s) [26]
$R^1 = R^2 =$ $CF_2ClCFClCF_2CFClCF_2$ $R^3 = CF_3$ [34]	144/1.0	$D^{20} = 1.87$, $n_D^{20} = 1.4013$ [17]
$R^1 = R^2 = C_7F_{15}$ $R^3 = CF_2ClCFCl$-$CF_2CFClCF_2$ [34]	151/1.5	$D^{20} = 1.88$, $n_D^{20} = 1.3504$ [18]
$R^1 = CF_3$, $R^2 = C_7F_{15}$ $R^3 = Cl(CF_2CFCl)_3CF_2$ [34]	122/0.2	$D^{20} = 1.89$, $n_D^{20} = 1.3663$ [20]
$R^1 = R^2 = R^3 =$ $Cl(CF_2CFCl)_3CF_2$ [34]	≈220/0.1	$D^{20} = 1.94$, $n_D^{20} = 1.4194$ [21]
$R^1 = CF_3OCF_2CF_2$ $R^2 = R^3 = BrCF_2CF_2CF_2$ [41, 42]	114.5/5	^{19}F-NMR [5]: $\delta(CF_3O) = 54.9$, $\delta(CF_2Br) = 61.4$, $\delta(CF_2O) = 85.5$, $\delta(O\text{-}C\text{-}CF_2) = 118.2$, $\delta(BrC\text{-}CF_2) = 115.4$, $\delta(CF_2\text{-}C{=}N) = 114.3$ $D_4^{20} = 1.9502$, $n_D^{20} = 1.3578$
$R^1 = CF_3OCF_2CF_2$ $R^2 = R^3 = JCF_2CF_2CF_2$ [41, 42]	112.5/4	^{19}F-NMR [5]: $\delta(CF_3O) = 54.9$, $\delta(CF_2J) = 56.3$, $\delta(CF_2O) = 85.5$, $\delta(JCCF_2) = 111.6$, $\delta(CF_2C{=}N) = 114.3$, $\delta(OC\text{-}CF_2) = 118.2$ $D_4^{20} = 2.1515$, $n_D^{20} = 1.3960$
$R^1 = R^2 = R^3 =$ $H_2NC(O)(CF_2)_3$ [45]	(64 bis 65)	IR: In [45] abgebildet

Literatur s. S. 115

Physical Properties

Tabelle 17 [Fortsetzung]

Verbindung	Sdp./Torr (Schmp.) in °C	^{19}F- und ^{1}H-NMR (δ in ppm) IR- und UV-Spektrum Massenspektrum, n_D, D
1,3,5-Triazin mit R^1, R^2, R^3:		
$R^1=CF_3$ $R^2=R^3=NC(CF_2)_6$ [20]	105/1	–
$R^1=R^2=(CF_3)_2CF$ $R^3=NCCF_2CF(CF_3)$	79 bis 80/20 [9]	^{19}F-NMR[5]: $\delta[(CF_3)_2C]=73.4$, $\delta(CF_3)=79.0$, $\delta(CFC_2)=182.1$, $\delta(CF_2)=118.8$, $\delta(CF)=167.8$ [20] $n_D^{25}=1.3266$ [9]
$X[F_2C$-Triazin(CF_3)-$CF_2]_nX$: X=F, n=2 [27]	(41.5)	–
X=Br, n=2 [27, 46]	(35.5 bis 36)	–
X=Br, n=3 [27, 46]	(70 bis 72)	–
X=Br, n=4 [27, 46]	(89 bis 90)	–
X=Br, n=35 bis 40 [27]	(135 bis 138)	–
X=Br, n=350 [27]	(>350)	–
RCF_2OCF_2R [29, 47, 48]	95 bis 97/1	^{19}F-NMR[9]: $\delta(CF_2Br)=59.6$, $\delta(CF_3)=72.0$, $\delta(CF_2O)=73.5$ IR (in CCl_4): $\nu(C{=}N)=1546$ $n_D^{25}=1.4175$, 1.4097
RCF_2SCF_2R [29, 47, 48]	75 bis 76/0.15 bis 0.20	^{19}F-NMR[9]: $\delta(CF_2Br)=59.9$, $\delta(CF_3)=72.2$, $\delta(CF_2S)=75.5$ IR (in CCl_4): $\nu(C{=}N)=1548$; $\nu(C-F)=1250$ bis 1176
R = Triazinyl(CF_2Br)(CF_3): $R(CF_2)_8R$ [50]	152 bis 154/1.1	^{19}F-NMR[5]: $\delta(CF_2Br)=60.1$, $\delta(CF_3)=72.4$, $\delta(CF_2C\leqslant)=116.3$, $\delta(CF_2)_6=121.7$ $n_D^{25}=1.3813$
$RCF(CF_3)O(CF_2)_5OCF(CF_3)R$ und $RCF(CF_3)OCF_2CF(CF_3)O(CF_2)_4R$ [50]	100 bis 170/0.1	IR: 1560

Literatur s. S. 115

Physical Properties

Tabelle 17 [Fortsetzung]

Verbindung	Sdp./Torr (Schmp.) in °C	^{19}F- und ^{1}H-NMR (δ in ppm) IR- und UV-Spektrum Massenspektrum, n_D, D
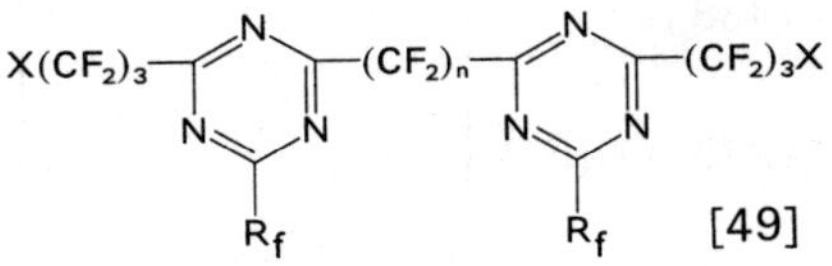 $X(CF_2)_3$–[Triazin, R_f]–$(CF_2)_n$–[Triazin, R_f]–$(CF_2)_3X$ [49]		
$X=Br$, $R_f=CF_3$, $n=6$	137/3	$D_4=2.011$, $n_D=1.3702$
$X=J$, $R_f=CF_3$, $n=6$	141/3	$D_4=2.1025$, $n_D=1.3900$
$X=Br$, $R_f=C_3F_7$, $n=6$	158/3	$D_4=2.006$, $n_D=1.3605$
$X=J$, $R_f=C_3F_7$, $n=6$	155/2	$D_4=2.0686$, $n_D=1.3770$
$X=Br$ $R_f=CF_3O(CF_2)_2$, $n=6$	162/2	$D_4=1.9799$, $n_D=1.3562$
$X=J$ $R_f=CF_3O(CF_2)_2$, $n=6$	164/2	$D_4=2.0521$, $n_D=1.3718$
$X=Br$, $R_f=CF_3$, $n=8$	176/3	$D_4=2.009$, $n_D=1.3635$
$X=J$, $R_f=CF_3$, $n=8$	181/3	$D_4=2.0832$, $n_D=1.3830$
$X=Br$, $R_f=C_3F_7$, $n=8$	184/3	$D_4=1.9930$, $n_D=1.3549$
$X=J$, $R_f=C_3F_7$, $n=8$	195/3	$D_4=2.0697$, $n_D=1.3736$
$X=Br$ $R_f=CF_3O(CF_2)_2$, $n=8$	192/2	$D_4=1.9830$, $n_D=1.3513$
$X=J$ $R_f=CF_3O(CF_2)_2$, $n=8$	201/2	$D_4=2.0605$, $n_D=1.3706$
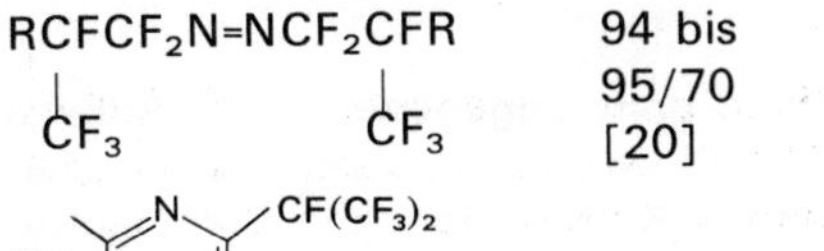 [Triazin, A, B]–$CF_2CF(CF_3)$–$CF(CF_3)$–CF_2–[Triazin, A, B] $A=CF_2ClCFClCF_2$ $B=C_3F_7$ [20]	145/100	–
$RCF(CF_3)CF_2N{=}NCF_2CF(CF_3)R$ R 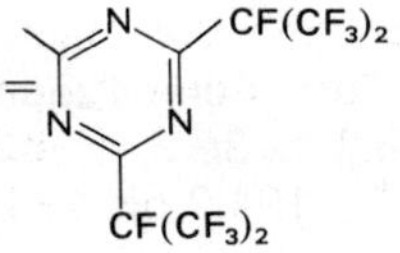 = Triazinyl mit 2 $CF(CF_3)_2$	94 bis 95/70 [20]	^{19}F-NMR[5]: $\delta(CF_2N)=63.7$ IR: $\nu(N{=}N)=1750$ UV: $\lambda_{max}=381$ nm

Literatur s. S. 115

Physical Properties

Tabelle 17 [Fortsetzung]

Verbindung		Sdp./Torr (Schmp.) in °C	^{19}F- und ^{1}H-NMR (δ in ppm) IR- und UV-Spektrum Massenspektrum, n_D, D	
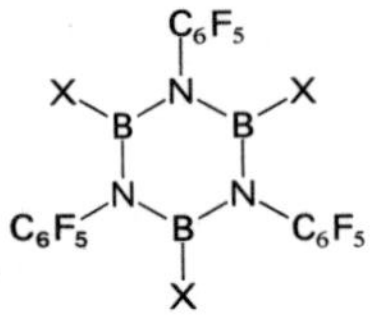 [Strukturformel: 1,3,5-Tris(pentafluorphenyl)-2,4,6-X-borazin; Labels: C_6F_5, X, N, B]	X=F [53]	(180)	IR: ν(B-N)=1438 (s)	$\nu(C_6F_5)$=1520 (s) ν(C-F)=1000 (s) (gilt für alle X)
	X=Cl	$185/10^{-3}$ (Sublimation) (254) [54] (257) [53]	IR: ν(B-N)=1372 (s) [53]	
	X=Br [53]	$180/10^{-3}$ (Sublimation (250)	IR: ν(B-N)=1362 (s)	
	$X=C_6F_5$ [53]	(345, Zersetzung)	IR: ν(B-N)=1388 (s)	
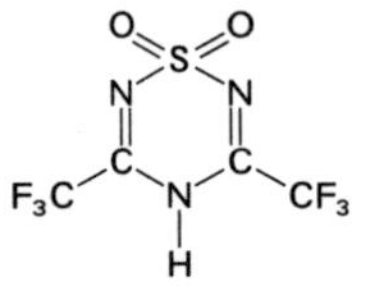 [Strukturformel: O, S, O, N, C, F_3C, CF_3, H]	[55]	175 bis 180/0.05 [3)]	^{1}H-NMR [30)] (in CD_3CN): δ(NH)=−11.5 ^{19}F-NMR [5)] (in CD_3CN): $\delta(CF_3)$=73.0 IR: ≈3200 (m), ≈3100 (m), 1690 (s), 1515 (s), 1385 (m), 1375 (vs), 1325 (m), 1250 (vs), 1170 (vs), 792 (vs), 758 (m), 736 (w), 682 (vs), 597 (vs), 568 (s) MS: m/e=269, M^+ (25.5), 250, M^+-F (4.5), 205, M^+-SO_2 (75.8)	
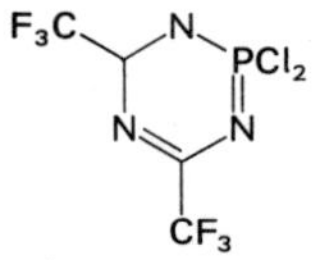 [Strukturformel: F_3C, N, PCl_2, N, N, CF_3]	[26] [4)]	(84 bis 85)	^{31}P-NMR (in C_6H_6): δ(P)=−82.7 IR (in KBr): 1570, 1400, 1370, 1230, 1155, 565 UV (in Cyclohexan): λ_{max}=292 nm (ε=2600)	
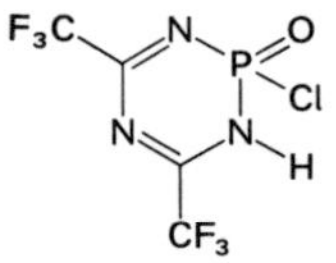 [Strukturformel: F_3C, N, P, O, Cl, N, N, H, CF_3]	[26]	(201 bis 203)	—	

[1)] Verdampfungsenthalpie ΔH_v=6.8 kcal/mol, Trouton-Konstante $\Delta H_v/T_s$=20.7 cal $\cdot mol^{-1} \cdot K^{-1}$. — [2)] Standard CF_3COOH. — [3)] ΔH_v=6.9 kcal/mol, $\Delta H_v/T_s$=21.3 cal $\cdot mol^{-1} \cdot K^{-1}$. — [4)] ^{35}Cl-Kernquadrupolresonanz: 29.233 MHz (bei 77 K). — [5)] Innerer Standard $CFCl_3$.

[6)] Isoliert als Dihydrat. — [7)] In [20] werden 183.8 ppm angegeben. — [8)] Äußerer Standard CF_3COOH. — [9)] Äußerer Standard $CFCl_3$. — [10)] Physikalische Daten von tris(perfluorchlormethyl)substituierten 1,3,5-Triazinen unbekannter Konstitution (nur Summenformel im Original). Nachfolgend werden Siedepunkt in °C bei 748 Torr, Schmelzpunkt in °C, n_D^{20} und D_4^{26} in g/cm³ angegeben: $C_6N_3F_7Cl_2$, 145.1 bis 145.3, −36.2, 1.3827, 1.6234; $C_6N_3F_6Cl_3$, 166.6 bis 166.8, −21.1, 1.4129, 1.6458; $C_6N_3F_5Cl_4$, 194.2 bis 194.4,

Fußnoten zu Tabelle 16

−9.4, 1.4420, 1.6656; $C_6N_3F_4Cl_5$, 217.0 bis 217.2, −10.2, 1.4611, 1.6860; $C_6N_3F_3Cl_6$, 248.1 bis 248.3, 9.6, 1.4920, 1.7134; $C_6N_3F_2Cl_7$, 274.5 bis 274.7, 14.0, 1.5009, 1.7400 [21].

[11] Siehe auch vorstehende Angaben[10] zu $C_6N_3F_7Cl_2$. – [12] Siehe auch Angaben[10] zu $C_6N_3F_6Cl_3$. – [13] Im Bereich 1600 bis 1200 cm^{-1} als Flüssigkeitsfilm aufgenommen. – [14] $\pi \rightarrow \pi^*$ -Übergänge. – [15] Massenspektren als Strichdiagramme angegeben.

[16] Kinematische Viskosität ν in cSt ($=10^{-6}\ m^2/s$): 41.5 (30 °C), 7.80 (66 °C), 2.9 (100 °C). – [17] $\nu=244.5$ (30 °C), 19.74 (66 °C), 5.02 (100 °C). – [18] $\nu=102.2$ (30 °C), 14.14 (66 °C), 4.35 (100 °C). – [19] $\nu=2145$ (30 °C), 107.3 (66 °C), 17.15 (100 °C). – [20] $\nu=158.4$ (30 °C), 18.3 (66 °C), 4.6 (100 °C).

[21] $\nu=39200$ (30 °C), 899 (66 °C), 84.5 (100 °C). – [22] $\nu=28.8$ (30 °C), 6.9 (66 °C), 2.9 (100 °C). – [23] Unreines Produkt. – [24] Kopplungskonstanten der terminalen CF_2-Fluoratome: J(geminal) = 84 Hz, J(cis) = 5.1 Hz, J(trans) = 11.7 Hz. – [25] Als Monohydrat isoliert.

[26] Extrapoliert; $\Delta H_v=9650$ cal/mol; $H_v/T_s=22.9\ cal \cdot mol^{-1} \cdot K^{-1}$. – [27] Innerer Standard $Si(CH_3)_4$. – [28] Zentrum zweier Signale. – [29] Gehören vermutlich zu einem Isomer. – [30] Äußerer Standard $Si(CH_3)_4$.

[31] Leicht sublimierbar, kein konstanter Schmelzpunkt. – [32] Innerer Standard Benzotrifluorid.

4.3.3 Chemisches Verhalten

Chemical Reactions

4.3.3.1 Thermische Beständigkeit, Hydrolyse, Alkoholyse und Fluorierungen

Thermal Stability. Hydrolysis. Alcoholysis and Fluorinations

Perfluorhalogenorgano-1,3,5-triazine sind im allgemeinen thermisch stabile Verbindungen und zersetzen sich erst beim Erhitzen auf höhere Temperaturen. 2-NH_2-4,6-F_2-1,3,5-C_3N_3 ist bei 120 bis 130 °C beständig, spaltet aber bei 270 °C vermutlich HF ab und bildet ein farbloses, polymeres Produkt, das bis 300 °C nicht schmilzt. In Berührung mit der Haut erzeugt es Verbrennungen [57]. Leitet man 20 l Luft bei 260 bis 343 °C über 2,4,6-$(C_7F_{15})_3$-C_3N_3, so beobachtet man nach 24 bzw. 48 h keine Veränderungen des Triazins [34]. Beim Erhitzen von 2,4,6-$(R_f)_3$-C_3N_3 mit R_f = n-C_7F_{15}, $C_2F_5[CF_2OCF(CF_3)]_2$ auf 235 bzw. 325 °C in N_2 oder Luft werden die Ausgangsverbindungen nahezu vollständig zurückgewonnen [44]. – Flammpunkt: t > 288 °C für 2,4,6-$(C_7F_{15})_3$-C_3N_3 und für 2,4,6-$\{C_2F_5[CF_2OCF(CF_3)]_3\}_3$-$C_3N_3$, t > 302 °C für 2,4-$(CF_2ClCFCl)_2$-6-$CF_3$-$C_3N_3$, t = 315 °C für 2,4-$(C_7F_{15})_2$-6-$CF_2ClCFClCF_2CFClCF_2$-$C_3N_3$, t > 370 °C für 2,4,6-$(CF_2ClCFClCF_2CFClCF_2)_3$-$C_3N_3$ [34].

Bis auf wenige Ausnahmen sind die Triazine gegenüber Feuchtigkeit beständig. Extrem hydrolyseempfindlich ist 2,4,6-Trichlor-1,3,5-tris(pentafluorphenyl)-borazin, das von H_2O zunächst nur oberflächlich angegriffen wird [54]. An feuchter Luft hydrolysiert 2,2-Dichlor-4,6-bis(trifluormethyl)-1,3,5,2-triazaphosphorin langsam [56]. Bei 235 °C (48 h) ist (n-$C_7F_{15}CN)_3$ vollständig hydrolysiert [44]. Dagegen verläuft die Methanolyse augenblicklich und vollständig. Das entsprechende $(\text{-BBr-NC}_6F_5)_3$ raucht schwach an feuchter Luft und ist die hydrolyseempfindlichste Substanz in der Reihe $(\text{-BX-NC}_6F_5\text{-})_3$ (X = F, Cl, Br, C_6F_5). Beständiger ist $(\text{-BF-NC}_6F_5\text{-})_3$, das gegenüber H_2O nur wenig empfindlich ist. Feuchtigkeitsempfindlich ist dagegen $(\text{-BC}_6F_5\text{-NC}_6F_5\text{-})_3$ [53]. Mit kaltem H_2O reagiert 2-CF_3-4,6-F_2-C_3N_3 zu 2-CF_3-4,6-$(OH)_2$-C_3N_3 und 2,4-$(CF_3)_2$-6-F-C_3N_3 bei 20 °C (4 h) zu $CF_3C(O)NHC(O)NH_2$ [13].

Literatur s. S. 115

Mit 0.1 normalem KOH hydrolysiert 2,4,6-Tris(1'-fluorsulfonyltetrafluoräthyl)-1,3,5-triazin innerhalb einer Stunde quantitativ zur entsprechenden Sulfonsäure 2,4,6-[CF_3CF-$(SO_3H)]_3$-1,3,5-C_3N_3 (keine physikalischen Daten) [33]. 2,4,6-$(CF_3)_3$-C_3N_3 setzt sich um mit Alkoholen in Gegenwart von 32%igem HCl bei Erhitzen im Rückfluß und Abdestillieren eines azeotropen Gemisches zu Trifluoressigsäureester. Mit C_2H_5OH entsteht ≈92.5% $CF_3C(O)OC_2H_5$, mit C_3H_7OH 88.5% $CF_3C(O)OC_3H_7$ (Siedepunkt 82.5 °C, $D_{25}^{25}=1.1285$ g/cm³, $n_D^{22.5}=1.3233$) und mit $(CH_3)_2CHOH$ 79.5% $CF_3C(O)OCH(CH_3)_2$ (Siedepunkt 73.5 °C, $D_{25}^{25}=1.1077$ g/cm³, $n_D^{24}=1.3165$) [22]. Gegenüber Hg ist unter Ausschluß von Luft 2,4-$(CF_2Cl)_2$-6-F-C_3N_3 bei 250 °C (16 h) und 2,4,6-$(CF_3)_3$-C_3N_3 bei 250 °C (19 h) beständig [27]. Direkte Gasphasenfluorierung von 2,4,6-$(R_f)_3$-1,3,5-triazin ($R_f=CF_3$, C_2F_5) mit F_2 führt zu Perfluoralkyl-fluor-1,3,5-triazinen (s. Darstellung 4.3.2.1) sowie zu aliphatischen Perfluororgano-Stickstoff-Verbindungen [16].

Condensation and Substitution Reactions

4.3.3.2 Kondensations- und Substitutionsreaktionen

2-Perfluoralkyl-4,6-diamino-1,3,5-triazine kondensieren mit einer 37%igen Formaldehydlösung bei pH = 11.5 bis 11.6 bei 70 bis 80 °C (0.5 h) zu Polymethylol-2-perfluoralkyl-4,6-diamino-1,3,5-triazinen. Für $R_f=CF_3$ werden 3.5, für $R_f=C_2F_5$ 3.8 und für $R_f=C_3F_7$ 3.58 mol Formaldehyd addiert. Die Produkte haben die Zusammensetzung 2-$[(CF_2)_nF]$-4-$[N(CH_2OH)_2]$-6-$[NR(CH_2OH)]$-1,3,5-C_3N_3, n = 1, 2, 3, R = H oder CH_2OH (keine physikalischen Daten) [17].

2,4-Bis(pentafluoräthyl)- bzw. 2,4-Bis(perfluorpropyl)-6-chlor-1,3,5-triazin reagieren mit p-Toluolsulfonylhydrazid in CH_3CN bei 20 °C (3 h) in 85% bzw. 83.5% Ausbeute zu 2,4-Bis(perfluoräthyl)- bzw. 2,4-Bis(perfluorpropyl)-6-(4'-toluolsulfonylhydrazino)-1,3,5-triazin (Schmelzpunkt 109 bis 113 bzw. 109 bis 111 °C) [19]. Mit Phenylmagnesiumbromid setzt sich 2,4,6-Tris(dichlorfluormethyl)-1,3,5-triazin in Äther bei 20 °C zu 11% 2-Phenyl-2,4,6-tris(dichlorfluormethyl)-1,2-dihydro-1,3,5-triazin um (Siedepunkt 162 bis 164 °C/2 Torr, $n_D^{20}=1.5415$) [28]. Die Aminolyse von 2,4,6-Tris(1-fluorsulfonyltetrafluoräthyl)-1,3,5-triazin mit $C_6H_{11}NH_2$, $C_6H_5NHCH_3$, Morpholin und Piperidin liefert entsprechende Sulfonamide (keine physikalischen Daten) [33] gemäß:

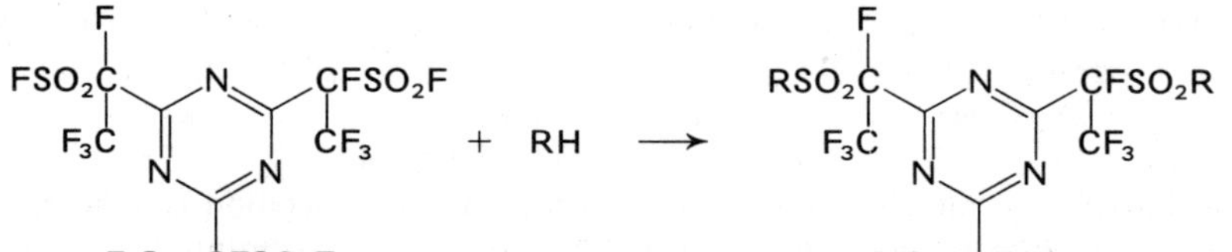

F, FSO_2C, F_3C, $CFSO_2F$, CF_3, N, N, N, F_3C—$CFSO_2F$ + RH ⟶ F, RSO_2C, F_3C, $CFSO_2R$, CF_3, N, N, N, F_3C—$CFSO_2R$

R = $C_6H_{11}NH$, $C_6H_5(CH_3)N$, 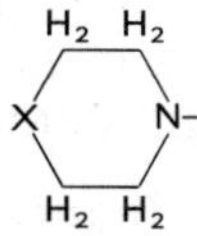 X(CH₂CH₂)₂N— (X = O, CH_2).

Nachfolgendes Schema gibt Reaktionen des Triazaphosphorins wieder [56].

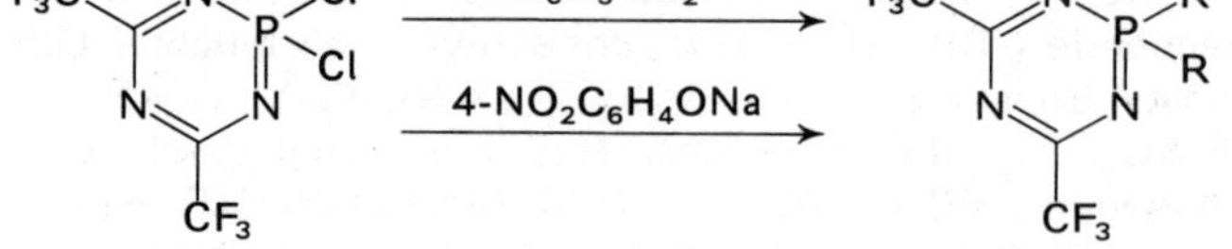

F_3C, N, P, Cl, Cl, N, N, CF_3 —($C_6H_5NH_2$; 4-$NO_2C_6H_4ONa$)⟶ F_3C, N, P, R, R, N, N, CF_3

R = C_6H_5NH, Ausbeute 77%, Schmelzpunkt 171 bis 173 °C

R = O-C_6H_4-4-NO_2, Ausbeute 54%, Schmelzpunkt 94 bis 96 °C

4.3.3.3 Photochemisch induzierte Reaktionen

Photochemically Induced Reactions

Eine ungefähr 10%ige Lösung eines Tris(perfluorchlormethyl)-1,3,5-triazin in Pentan oder Cyclohexan reagiert bei 30stündiger UV-Bestrahlung (Niederdruck-Hg-Lampe, Quarzrohr) [66, 67] gemäß:

$$+ \text{n-}C_5H_{12} \text{ oder cyclo-}C_6H_{12}(=H) \longrightarrow A + A' + B + B' + C + C'$$

Im folgenden werden die Reaktionsprodukte (physikalische Daten s. Original [66, 67]) und Ausbeute (in %), die in Pentan erzielt wurden, wiedergegeben. Es kann als n-Pentyl (1), als $CH(CH_3)CH_2CH_2CH_3$ (2) und als $CH(CH_2CH_3)_2$ (3) addiert werden. Die flüssigen Produkte sind mittels präparativer Gaschromatographie, die festen mit Hilfe der Kieselgel-Chromatographie isoliert worden [66]:

Ia: $R^1=R^2=R^3=CF_3$ Ic: $R^1=CF_3$, $R^2=R^3=CF_2Cl$
Ib: $R^1=R^2=CF_3$, $R^3=CF_2Cl$ Id: $R^1=R^2=R^3=CF_2Cl$

Pentan:

	I[a]	A			A′			B	B′	C	C′
		1	2	3	1	2	3				
Ia	19	8	12[b]	25[b]	–	–	–	32	–	–	–
Ib	≈2	5.5	7.5[b]	15[b]	1.5	5.5		27[b]	27[b]	≈5	0
Ic	–5	2	5[b]	14[b]	2	6[b]	13[b]	13[b]	13[b]	2	0
Id	≈4	–	–	–	3	9[b]	27[b]	–	36	7	0

Cyclohexan:

	I[a]	A	A′	B	B′	C	C′
Ia	Spuren	71	–	25	–	–	–
Ib	Spuren	55	6	3.5	3.5	24	0
Ic	Spuren	20	20	Spur	Spur	54	0
Id	Spuren	–	40	Spur	Spur	52	0

[a] Rückgewinnung der Ausgangsverbindung. – [b] Erhalten als Gemisch von 2 und 3; Zusammensetzung ^{19}F-NMR-spektroskopisch ermittelt.

Literatur s. S. 115

Reactions of $(CF_2NCl)_3$

4.3.3.4 Reaktionen von $(CF_2NCl)_3$

In seinen chemischen Reaktionen verhält sich $(CF_2NCl)_3$ gegenüber Verbindungen mit negativpolarisiertem Chlor ähnlich wie fluorierte aliphatische Chloramine. Die durchgeführten Umsetzungen [7] sind nachfolgend tabellarisch zusammengefaßt:

Reaktant (in mmol)	Reaktions-bedingungen	Reaktionsprodukte (Ausbeute in %)
H_2O (Überschuß) [a]	25 °C (36 h)	$(ClNCO)_3$, $(HNCO)_3$, $\overline{C(O)NClC(O)NClC(O)NH}$, $\overline{C(O)NHC(O)NClC(O)NH}$ [b], SiF_4
$CF_3C(O)Br$ (3.0) [a]	25 °C (72 h)	$CF_3C(O)Br$(37), $CF_3C(O)F$(55), SiF_4, $(FCN)_3$, Br_2, Cl_2
ClNO (3.0) [a]	25 °C (1 h)	FNO, $(FCN)_3$, $(NO)_2SiF_6$, Cl_2
PF_2Cl (3.0) [a]	25 °C (1 h)	$(FCN)_3$(91), PF_3, Cl_2
SO_2FCl (3.0) [a]	25 °C (1 h)	SO_2F_2, $(FCN)_3$, SiF_4, Cl_2
HCl (3.0) [a]	−78 °C (1 h)	SiF_4, $(FCN)_3$, Cl_2
CF_3SCl (1) [c]	25 °C (1 h)	CF_3SSCF_3, Cl_2, $(FCN)_3$, $CF_3S(O)F$
CF_3SSCl (1) [c]	25 °C (12 h)	Keine Reaktion
$CF_3C(O)SCl$ (1.0) [c]	25 °C (3 h)	$CF_3C(O)SF$, $(FCN)_3$, Cl_2
$CF_3S(O)Cl$ (1.0) [c]	25 °C (2 h)	$CF_3S(O)F$, $(FCN)_3$, Cl_2
CF_3CCl_2SCl (1.0) [c]	25 °C (3 h)	$CF_3CCl_{2-n}F_nSCl$, Cl_2, $(FCN)_3$
NaF (Überschuß) [a]	140 °C –	Keine Reaktion
CsF (Überschuß) [a]	140 °C –	N_2O, COF_2, $(FCN)_3$, nicht identifizierter Feststoff
$(CF_3)_2NO\cdot$ (3) [a]	100 °C (0.25 h)	$(CF_3)_2NO\cdot$ (93%) zurückgewonnen
$(CF_3)_3COH$ (3) [a]	75 °C (12 h)	Keine Reaktion
$(CF_2NCl)_3$	120 °C (18 h)	Keine Zersetzung
$(CF_2NCl)_3$	350 °C (0.1 h)	CF_3Cl, $CF_3C(O)Cl$, COF_2, SiF_4, CF_3NCF_2, $(FCN)_3$, nichtkondensierbare Verbindungen (10), nichtidentifizierter Feststoff [d]

[a] Umsetzung mit einem Mol $(CF_2NCl)_3$. — [b] Nur massenspektroskopisch identifiziert. — [c] Umsetzung mit 0.5 mol $(CF_2NCl)_3$. — [d] Im Massenspektrum des Feststoffs sind folgende Bruchstücke zu beobachten: $CF_2NCF_2Cl^+$, $CFNCF_2Cl^+$, CF_2NCl^+, CF_2Cl^+.

Mit $CH_3S(O)Cl$ reagiert $(CF_2NCl)_3$ bei 25 °C (1 h) in guter Ausbeute zu dem unbeständigen $CH_3S(O)F$, IR: 1220 (vs, br), 702 (s) cm^{-1}, ^1H-NMR (innerer Standard $Si(CH_3)_4$): $\delta(CH_3) = -2.69$ ppm (Dublett, J(H-F) = 16.5 Hz), ^{19}F-NMR (innerer Standard $CFCl_3$): $\delta(SF) \approx 3$ ppm [7].

Beim Schütteln des Triazins mit H_2O oder wasserhaltigem Aceton (mehrere Stunden) bilden sich nahezu quantitativ Trichlorisocyanursäure [5].

Uses and Physiological Properties

4.3.3.5 Anwendung und physiologische Eigenschaften

Ditriazinylperfluoroxoalkane eignen sich besonders gut als hydraulische Flüssigkeiten und Schmiermittel in einem weiten Temperaturbereich [34, 51, 52]. Als Oxidationsmittel mit hohem Oxidationspotential haben sich perfluorierte Aminotriazine erwiesen [3]. Gute Treibstoffe mit guter Flexibilität und Härte werden mit Tris(perfluoralkyl)-1,3,5-triazinen als Stabilisatoren hergestellt [$R_f = CF_3(CF_2)_n$-, n=1, 2, 3, 4 und 6] [68]. Die an männlichen Albinoratten mit 2,4,6-Tris(trifluormethyl)-1,3,5-triazin durchgeführten Inhalationsteste haben einen LC_{50}-Wert von 1400 ppm ergeben. Der an Kaninchen ermittelte perentane LD_{50}-Wert ist >1000 µl/kg [69]. 6-Amino-2,4-bis(trifluormethyl)-1,3,5-triazin und 4,6-Diamino-2-trifluormethyl-1,3,5-triazin verhindern die Nitrierung des Harnstoffs im Erdboden während 30 Tage vollständig [70, 71].

Literatur:

[1] J.B. Hynes, L.A. Bigelow (J. Am. Chem. Soc. **84** [1962] 2751/5). – [2] Penn-Salt Chemicals Corp., H.M. Dess (U.S.P. 3038900 [1958/62]; C.A. **57** [1962] 12513). – [3] Minnesota Mining and Manufacturing Co., H.A. Brown, J.G. Erickson, D.R. Husted, C.D. Wright (U.S.P. 3515603 [1959/70]; C.A. **73** [1970] Nr. 45550). – [4] W.J. Middleton, C.G. Krespan (J. Org. Chem. **30** [1965] 1398/402). – [5] G.C. Shaw, D.L. Seaton, E.R. Bissel (J. Org. Chem. **26** [1961] 4765/7).

[6] Minnesota Mining and Manufacturing Co., R.J. Koshar (U.S.P. 3410853 [1963/68]; C.A. **70** [1969] Nr. 37843). – [7] R.L. Kirchmeier, G.H. Sprenger, J.M. Shreeve (Inorg. Nucl. Chem. Letters **11** [1975] 699/703). – [8] Farbenfabriken Bayer A.-G., E. Klauke, E. Kühle (Belg.P. 632365 [1963]; C.A. **61** [1964] 6952). – [9] R.L. Dressler, J.A. Young (J. Org. Chem. **32** [1967] 2004/5). – [10] United States Department of the Air Force, J.A. Young, R.L. Dressler (U.S.P. 3525746 [1968/70]; C.A. **73** [1970] Nr. 120685).

[11] A.F. Gontar', E.G. Bykhovskaya, I.L. Knunyants (Izv. Akad. Nauk SSSR Ser. Khim. **1975** 2279/82; Bull. Acad. Sci. USSR Div. Chem. Sci. **1975** 2161/4; C.A. **84** [1976] Nr. 121781). – [12] Olin Mathieson Chemical Corp., C.J. Grundmann, E.H. Kober (U.S.P. 2845521 [1958]; C.A. **1959** 1390). – [13] E.H. Kober, C.J. Grundmann (J. Am. Chem. Soc. **81** [1959] 3769/70). – [14] E. Dorfman, W.E. Emerson, R.L.K. Carr, C.T. Bean (Rubber Chem. Technol. **39** [1966] 1175/7). – [15] R.D. Chambers, M.Y. Gribble (J. Chem. Soc. Perkin Trans. I **1973** 1411/5).

[16] J.B. Hynes, B.C. Bishop, P. Bandyopadhyay, L.A. Bigelow (J. Am. Chem. Soc. **85** [1963] 83/6). – [17] American Cyanamid Co. (B.P. 923086 [1958/63]; C.A. **59** [1963] 11533). – [18] American Cyanamid Co., J.T. Shaw (U.S.P. 3305390 [1963/67]; C.A. **66** [1967] Nr. 96175). – [19] H. Schroeder (J. Am. Chem. Soc. **81** [1959] 5658/63). – [20] J.A. Young, R.L. Dressler (J. Org. Chem. **32** [1967] 2237/41).

[21] E.T. McBee, O.R. Pierce, R.O. Bolt (Ind. Eng. Chem. **39** [1947] 391/2). – [22] T.R. Norton (J. Am. Chem. Soc. **72** [1950] 3527/8). – [23] Olin Mathieson Chemical Corp., R.F.W. Rätz, E.H. Kober (U.S.P. 2981734 [1960/61]; C.A. **56** [1962] 10170). – [24] E.L. Zaitseva, G.I. Braz, A.Ya. Yakubovich, V.P. Bazov, R.M. Gitina, L.G. Petrova, I.M. Filatova (Zh. Vses. Khim. Obshchestva im. D.I. Mendeleeva **8** [1963] 353/4; C.A. **59** [1963] 8748). – [25] W.L. Reilly, H.C. Brown (J. Org. Chem. **22** [1957] 698/700).

[26] Minnesota Mining and Manufacturing Co., J.L.M. Zollinger (U.S.P. 3470176 [1967/69]; C.A. **71** [1969] Nr. 124513). – [27] G.A. Grindahl, W.X. Bajzer, O.R. Pierce (J. Org. Chem. **32** [1967] 603/7). – [28] L.O. Moore (J. Org. Chem. **31** [1966] 3910/4). – [29] Y.K. Kim, G.A. Grindahl, J.R. Greenwald, O.R. Pierce (J. Heterocycl. Chem. **11** [1974] 563/8). – [30] H.C. Brown, P.D. Shuman, J. Turnball (J. Org. Chem. **32** [1967] 231/3).

[31] G.B. Federova, I.M. Dolgopol'skii (Zh. Obshch. Khim. **39** [1969] 2710/6; J. Gen. Chem. USSR **39** [1969] 2649/54; C.A. **72** [1970] Nr. 90411). – [32] O. Paleta, Z. Prochazkova (Collection Czech. Chem. Commun. **35** [1970] 3452/61, C.A. **74** [1971]

Nr. 13106). – [33] L.I. Ragulin, A.I. Martynov, G.A. Sokol'skii, I.L. Knunyants (Izv. Akad. Nauk USSR Ser. Khim. **1969** 2224/30; Bull. Acad. Sci. USSR Div. Chem. Sci. **1969** 2074/8; C.A. **72** [1970] Nr. 31 761). – [34] PCR, Inc. (F.P. 2166498 [1971/73]; C.A. **80** [1974] Nr. 70845). – [35] N.P. Alkaev, V.A. Pashinin, G.A. Sokol'skii, F.N. Chelobov, I.L. Knunyants (Izv. Akad. Nauk SSSR Ser. Khim. **1974** 2265/8; Bull. Acad. Sci. USSR Div. Chem. Sci. **1974** 2181/4; C.A. **82** [1975] Nr. 43360).

[36] N.I. Delyagina, E.Ya. Pervova, B.L. Dyatkin, I.L. Knunyants (Zh. Org. Khim. **8** [1972] 851/5; J. Org. Chem. USSR **8** [1972] 859/63; C.A. **77** [1972] Nr. 19266). – [37] J.L. Zollinger, J.R. Throckmorton, S.T. Ting, R.A. Mitsch, D.E. Elrick (J. Macromol. Sci. Chem. A **3** [1969] 1443/64). – [38] Hooker Chemical Corp., W.E. Emerson, E. Dorfman (U.S.P. 3728344 [1967/73]; C.A. **79** [1973] Nr. 19743). – [39] Hooker Chemical Corp., E. Dorfman, W.E. Emerson (F.P. 1560303 [1967/69]; C.A. **71** [1969] Nr. 125482). – [40] H.C. Brown, M.T. Cheng (J. Chem. Eng. Data **13** [1968] 560/1).

[41] G.B. Federova, I.M. Dolgopol'skii, L.G. Parshina (Zh. Org. Khim. **8** [1972] 1109; J. Org. Chem. [USSR] **8** [1972] 1123). – [42] G.B. Federova, I.M. Dolgopol'skii, R.M. Ryazanova, L.G. Parshina, A.K. Ankudinov (Zh. Org. Khim. **8** [1972] 931/4; J.Org. Chem. [USSR] **8** [1972] 936/8; C.A. **77** [1972] Nr. 61958). – [43] T.S. Croft, C.E. Snyder (J. Heterocycl. Chem. **10** [1973] 943/6). – [44] K.L. Paciorek, R.H. Kratzer, J. Kaufman, R.W. Rosser (J. Fluorine Chem. **6** [1975] 241/58). – [45] V.N. Shvedova, I.M. Dolgopol'skii, L.M. D'yachishina (Zh. Obshch. Khim. **39** [1969] 776/80; J. Gen. Chem. USSR **39** [1969] 736/9; C.A. **71** [1969] Nr. 60641).

[46] Dow Corning Corp. (B.P. 1114198 [1966/68]; C.A. **69** [1968] Nr. 19823). – [47] Dow Corning Corp., G.A. Grindahl, J.R. Greenwald, O.R. Pierce (Deut. Offenlegungsschrift 1953857 [1968/70]; C.A. **73** [1970] Nr. 56975). – [48] Dow Corning Corp., G.A. Grindahl, O.R. Pierce, J.R. Greenwald (U.S.P. 3566835 [1968/71]; C.A. **74** [1971] Nr. 143092). – [49] G.B. Federova, I.M. Dolgopol'skii, L.G. Parshina (Zh. Org. Khim. **9** [1973] 1080/1; J. Org. Chem. [USSR] **9** [1973] 1109/10; C.A. **79** [1973] Nr. 53270). – [50] G.A. Grindahl, J.R. Greenwald, L.H. Troparcer, O.R. Pierce, Y.K. Kim (J. Polymer. Sci. Polymer. Chem. Ed. **12** [1974] 1559/64).

[51] Minnesota Mining and Manufacturing Co., T.S. Croft, J.L. Zollinger (U.S.P. 3816416 [1971/74]; C.A. **81** [1974] Nr. 105583). – [52] PCR Inc., P.D. Schuman, E.C. Stump (U.S.P. 3888854 [1971/75]; C.A. **83** [1975] Nr. 193398). – [53] O. Glemser, G. Elter (Kurznachr. Akad. Wiss. Göttingen Sammelh. **2** [1966] 87/90; C.A. **67** [1967] Nr. 53802). – [54] A. Meller, V. Gutmann, M. Wechsberg (Inorg. Nucl. Chem. Letters **1** [1965] 79/81). – [55] H.W. Roesky (Angew. Chem. **81** [1969] 493; Angew. Chem. Intern. Ed. Engl. **8** [1969] 520).

[56] V.P. Kukhar, T.N. Kasheva (Zh. Obshch. Khim. **44** [1974] 2104/5; J. Gen. Chem. USSR **44** [1974] 2063; C.A. **82** [1975] Nr. 4216). – [57] F. Kober, H. Schroeder, R.F.W. Rätz, H. Ulrich, C. Grundmann (J. Org. Chem. **27** [1962] 2577/80). – [58] Imperial Chemical Industries Ltd., W.R. Deem (B.P. 1148676 [1966/69]; C.A. **71** [1969] Nr. 49994). – [59] E.R. Bissell, R.E. Spenger (J. Org. Chem. **24** [1959] 1147/8). – [60] R.H. Atalla (Spectrochim. Acta A **25** [1969] 889/95).

[61] J.W. Dawson, J.B. Hynes, K. Niedenzu, W. Sawodny (Spectrochim. Acta A **23** [1967] 1211/20). – [62] D.V. Bowen, F.H. Field (Anal. Chem. **47** [1975] 2289/92). – [63] W. Sawodny, J.N. Hynes, J.W. Dawson, K. Niedenzu (Appl. Spectry. **23** [1969] 29/31). – [64] B.A. Korolev, M.A. Mal'tseva (Zh. Obshch. Khim. **43** [1973] 1556/64; J. Gen. Chem. USSR **43** [1973] 1540/7; C.A. **80** [1974] Nr. 59276). – [65] R.H. Wallick, G.L. Peele, J.B. Hynes (Anal. Chem. **41** [1969] 388/90).

[66] Y. Kobayashi, A. Ohsawa, M. Honda (Chem. Pharm. Bull. [Tokyo] **21** [1973] 1575/82). – [67] Y. Kobayashi, A. Ohsawa, M. Honda (Chem. Pharm. Bull. [Tokyo] **21** [1973] 1583). – [68] Thiokol Chemical Corp., L.P. Bundy (U.S.P. 3728171 [1965/73]; C.A. **79** [1973] Nr. 33281). – [69] J.E. Griffiths (Am. Ind. Hyg. Assoc. J. **1972** 382/8; C.A. **80** [1974] Nr. 104553). – [70] K. Wakabayashi, M. Okuzu (Nippon Dojo Hiryogaku Zasshi **41** [1970] 133/41; C.A. **73** [1970] Nr. 119790).

[71] K. Wakabayashi, M. Okuzu (Nippon Dojo Hiryogaku Zasshi **41** [1970] 193/200; C.A. **73** [1970] Nr. 108869). – [72] J.B. Hynes, B.C. Bishop, L.A. Bigelow (J. Org. Chem. **28** [1963] 2811/4). – [73] M.A. Englin, S.P. Makarov, S.S. Dubov, A. Ya. Yakubovich (Zh. Obshch. Khim. **35** [1965] 1416/8; J. Gen. Chem. USSR **35** [1965] 1419/21). – [74] Y. Kobayashi, I. Kumadaki, Y. Hanzawa, M. Mimura (Chem. Pharm. Bull. [Tokyo] **23** [1975] 2044/7).

4.4 Polymere Perfluororganotriazine

Polymeric Perfluoro-organo Triazines

Tris(perfluoralkyl)-1,3,5-triazine sind thermisch sehr stabil und chemisch inert. Deshalb ist es interessant, das Skelett eines Perfluoralkyltriazins in polymere Moleküle einzubauen. Diese Makromoleküle werden durch Homopolymerisierung von Perfluoradipindiamidinen oder Perfluorglutarimidinen erhalten. Erhitzt man

$H_2N(HN)C(CF_2)_4C(NH)NH_2$ bzw. 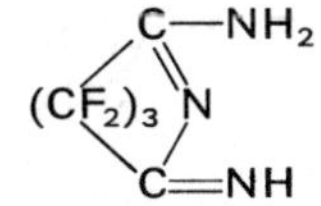 $(CF_2)_3$ C—NH_2, N, C═NH

bis oberhalb ihres Schmelzpunktes, so entstehen unter NH_3-Abspaltung harte, unlösliche, unschmelzbare, bernsteinfarbige bis schwachgelb gefärbte Harze, die bis 350 °C an Luft stabil sind. Sie verlieren zwar etwas an Gewicht, verändern aber weder Form noch Farbe. Sie sind gegenüber heißen Basen sowie siedendem HNO_3 bzw. H_2SO_4 beständig. Diese Homopolymere enthalten vermutlich nachfolgende Struktureinheit:

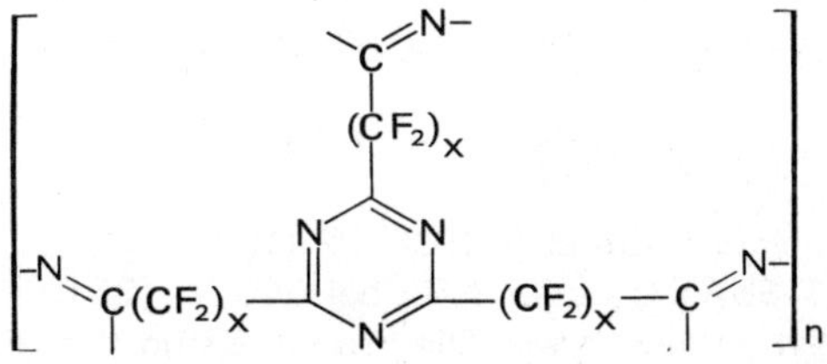

Durch Copolymerisation von $H_2N(HN)C(CF_2)_4C(NH)NH_2$ bzw. Perfluorglutarimidin mit einem Perfluoralkylmonoamidin bilden sich weitgehend mehr lineare Polymere nachfolgender Konstitution [1, 2, 3]:

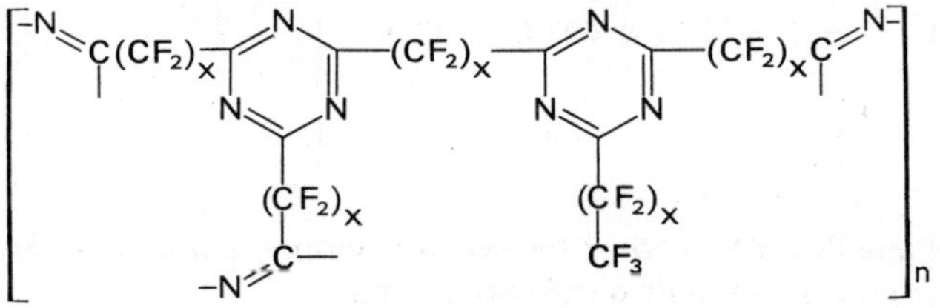

Literatur s. S. 121

Sie zeigen im IR-Spektrum eine charakteristische starke Bande bei 1150 bis 1560 cm^{-1}, die der C=N-Valenzschwingung des konjugierten Rings zugeordnet wird. Die Polymerisationen werden in Schmelze oder in Lösung [CCl_3CHCl_2, $(C_4F_9)_3N$, $(\text{-}CFClCF_2\text{-})_3$] vorgenommen [1, 2].

Erhitzt man diese Polymere auf 430 bis 503 °C bzw. 415 bis 505 °C, dann entweichen 3.5 bis 13.8% bzw. 3.5 bis 21.1% flüchtige Bestandteile, die aus 1% C_3F_6, 75.7% C_2F_4, 6.3% CF_4, 13.7% CO_2, 0.7% C_4H_8, 0.9% C_3H_6, 1.7% C_2H_4 bzw. 0.9% C_3F_8, 2.6% C_3F_6, 14.0% C_2F_6, 51.6% C_2F_4, 17.3% CF_4, 0.7% SiF_4 und 12.9% CO_2 bestehen [16].

Die katalytisch induzierte Trimerisierung von Perfluoralkyldinitrilen führt ebenfalls zu perfluorierten Polymeren, die Triazineinheiten aufweisen. So führt die Polymerisation von $NC(CF_2)_8CN$ in Gegenwart des Katalysators $(C_4H_9)_3Sb(OH)_2$ zu einem ziemlich harten, undurchsichtigen Homopolymer nachfolgender, schematisierter Konstitution:

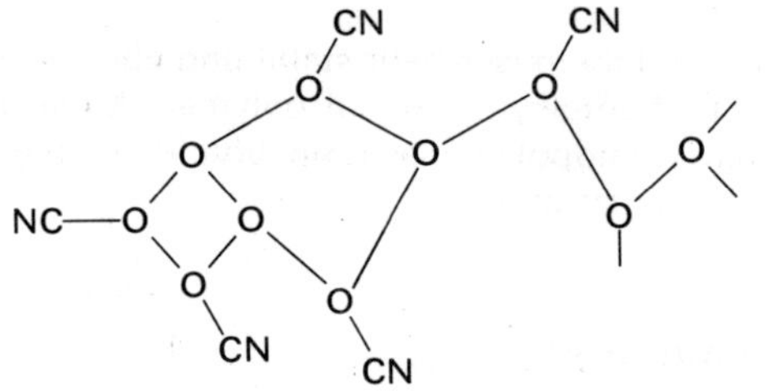

O = Triazinring

Verzweigungsgrad und Härte nehmen ab, wenn $NC(CF_2)_8CN$ mit $C_5F_{11}CN$ analog copolymerisiert wird. Das so erhaltene Produkt weist elastomere Eigenschaften und nachfolgende Konstitution auf:

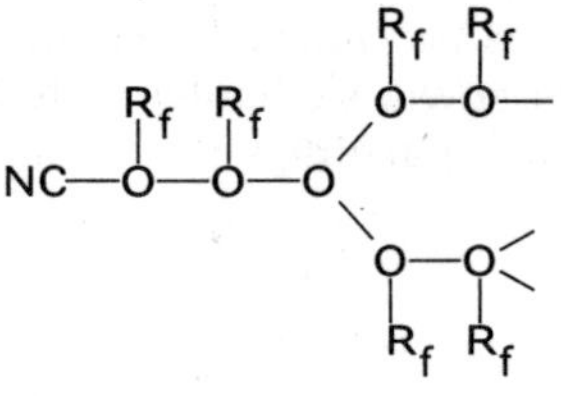

Dinitrile der allgemeinen Formel $NC(CF_2CF_2OCF_2CF_2)_nCN$ (n = 1, 2, 4) werden in Gegenwart von $(C_4H_9)_3Sb(OH)_2$ oder NH_3 bei 260 °C (25 d) in verzweigte Homopolymere mit Triazineinheiten umgewandelt. Die Produkte sind thermisch stabil und hydrolysebeständig [4, 5]. Die Darstellung von perfluorierten verzweigten Polymeren mit Triazineinheiten werden in [6] beschrieben. Polyperfluorimidoylamidine kondensieren mit Perfluorcarbonsäureanhydriden gemäß:

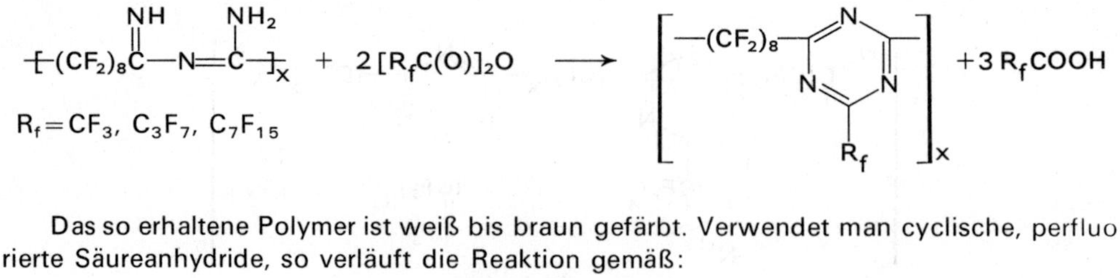

$$\left[-(CF_2)_8C(=NH)-N=C(NH_2)-\right]_x + 2\,[R_fC(O)]_2O \longrightarrow \left[-(CF_2)_8-C_3N_3(R_f)-\right]_x + 3\,R_fCOOH$$

$R_f = CF_3,\ C_3F_7,\ C_7F_{15}$

Das so erhaltene Polymer ist weiß bis braun gefärbt. Verwendet man cyclische, perfluorierte Säureanhydride, so verläuft die Reaktion gemäß:

Literatur s. S. 121

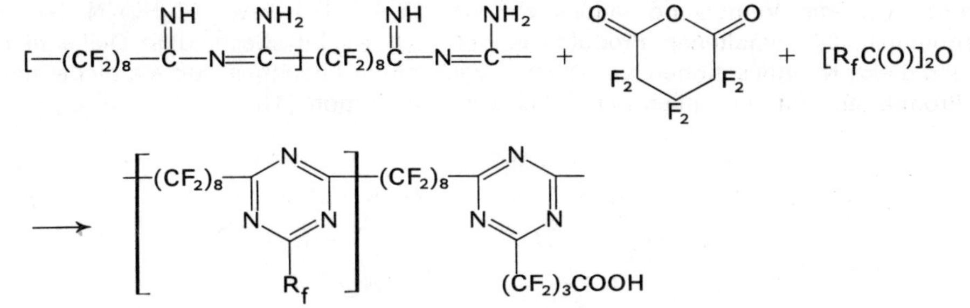

$$[-(CF_2)_8-\overset{NH}{\overset{\|}{C}}-N{=}\overset{NH_2}{\overset{|}{C}}-]-(CF_2)_8\overset{NH}{\overset{\|}{C}}-N{=}\overset{NH_2}{\overset{|}{C}}- \; + \; \text{Perfluorglutarsäureanhydrid} \; + \; [R_fC(O)]_2O$$

$$\longrightarrow \left[-(CF_2)_8-\text{Triazin}(R_f)-\right]-(CF_2)_8-\text{Triazin}((CF_2)_3COOH)-$$

Eine Verzweigung über die Alkylgruppe wird am besten durch Decarboxylierung des entsprechenden Silbersalzes bei 265 °C erreicht nach:

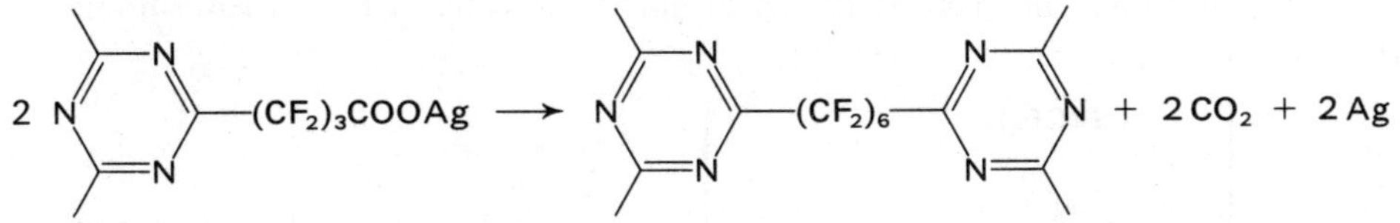

$$2\ \text{Triazin}-(CF_2)_3COOAg \longrightarrow \text{Triazin}-(CF_2)_6-\text{Triazin} + 2\,CO_2 + 2\,Ag$$

Cyangruppen können mittels $NC(CF_2)_3C(O)Cl$ in das Polymer eingeführt werden:

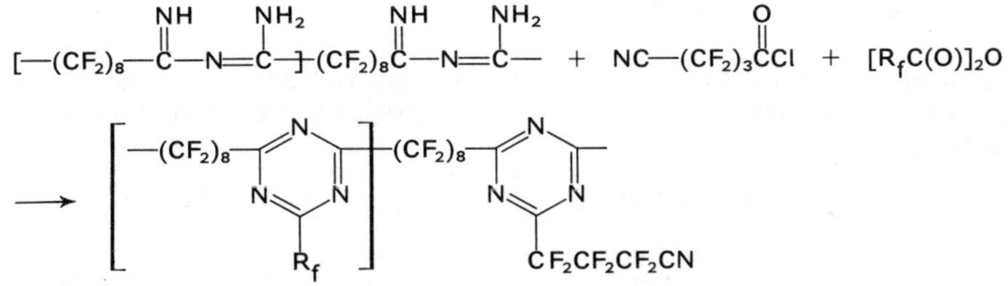

$$[-(CF_2)_8-\overset{NH}{\overset{\|}{C}}-N{=}\overset{NH_2}{\overset{|}{C}}-]-(CF_2)_8\overset{NH}{\overset{\|}{C}}-N{=}\overset{NH_2}{\overset{|}{C}}- \; + \; NC-(CF_2)_3\overset{O}{\overset{\|}{C}}Cl \; + \; [R_fC(O)]_2O$$

$$\longrightarrow \left[-(CF_2)_8-\text{Triazin}(R_f)-\right]-(CF_2)_8-\text{Triazin}(CF_2CF_2CF_2CN)-$$

Dieses Polymer konnte katalytisch mittels Ag_2O bzw. $(C_6H_5)_4Sn$ zu einem Elastomer vernetzt werden, das eine Zugfestigkeit von 1500 p.s.i. bei 70% Dehnung aufweist. Es ist thermisch bis 420 °C stabil. Beim Vermahlen von Katalysatoren und Füllstoffen mit den Polymeren nimmt die thermische Stabilität ab [7]. Analoge Polymerisationsreaktionen werden auch in [8] beschrieben. Poly[perfluoralkylpolydifluormethylen]-1,3,5-triazine werden durch Umsetzungen mit Perfluorglutarimidin, Perfluoradipamidin, NH_4OH und $(C_4H_9)_3N$ vernetzt gemäß:

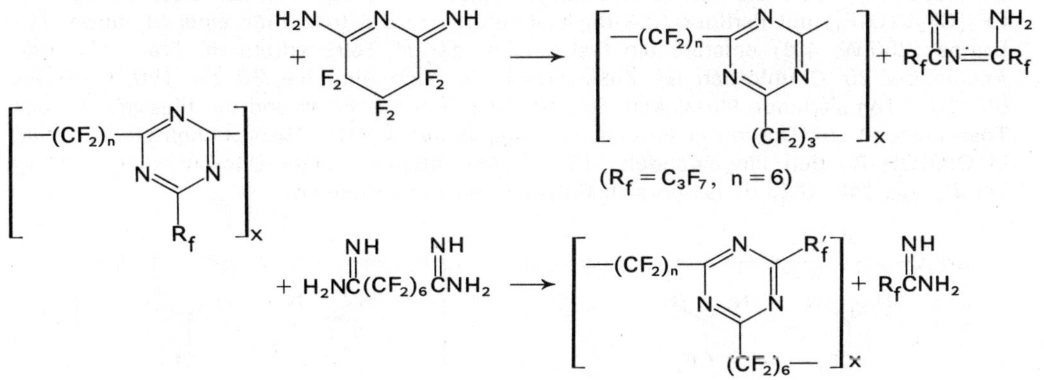

$$\left[-(CF_2)_n-\text{Triazin}(R_f)-\right]_x + \text{Perfluorglutarimidin } (H_2N, N, NH; F_2, F_2, F_2) \longrightarrow \left[-(CF_2)_n-\text{Triazin}((CF_2)_3-)-\right]_x + R_f\overset{NH}{\overset{\|}{C}}N{=}\overset{NH_2}{\overset{|}{C}}R_f$$

$(R_f = C_3F_7,\ n = 6)$

$$+ H_2N\overset{NH}{\overset{\|}{C}}(CF_2)_6\overset{NH}{\overset{\|}{C}}NH_2 \longrightarrow \left[-(CF_2)_n-\text{Triazin}(R_f')((CF_2)_6-)-\right]_x + R_f\overset{NH}{\overset{\|}{C}}NH_2$$

Literatur s. S. 121

Für n=8 wird die Vernetzung mittels NH_4OH ($R_f=C_3F_7$) bzw. $(C_4H_9)_3N$ ($R_f=CF_3$) vorgenommen. Die erhaltenen Produkte eignen sich als hitzebeständige Dielektrika [9]. Während dieser Kondensationen, vor allem in verdünnten Lösungen, tritt ein niedermolekulares Produkt auf mit vermutlich nachfolgender Konstitution [10]:

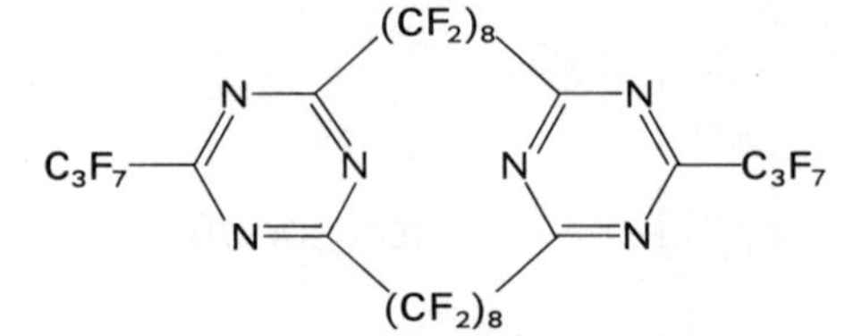

$(CF_2)_8$ ... C_3F_7 ... C_3F_7 ... $(CF_2)_8$

Umsetzung von 2,4-Difluor-6-perfluorisopropyl-1,3,5-triazin mit CF_2=CFOCF=CF_2 bei 90 °C (68 h) und dann bei 100 °C (72 h) in einem Autoklaven führt zu nachfolgendem Polymer:

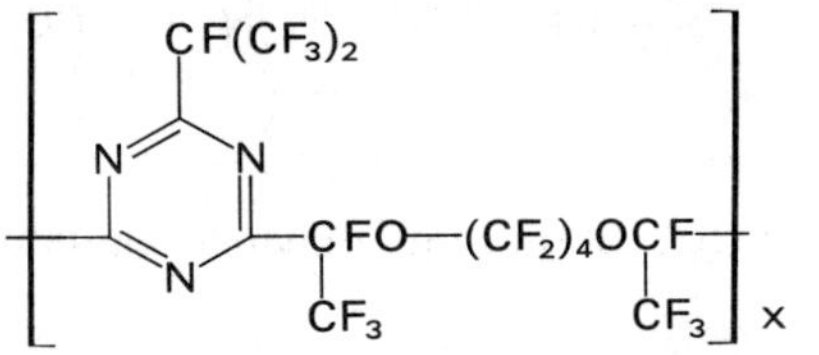

$CF(CF_3)_2$ ... $CFO—(CF_2)_4OCF$ ... CF_3 ... CF_3 ... x

IR: 1538, 1282, 1250, 1111, 980 cm^{-1}

Analog reagiert 2-Fluor-4,6-bis(perfluor-1-butoxyäthyl)-1,3,5-triazin mit CF_2=CF-O-$(CF_2)_5$O-CF=CF_2 bei 100 °C (20 h rühren) [11] zu folgendem Produkt (keine physikalische Daten):

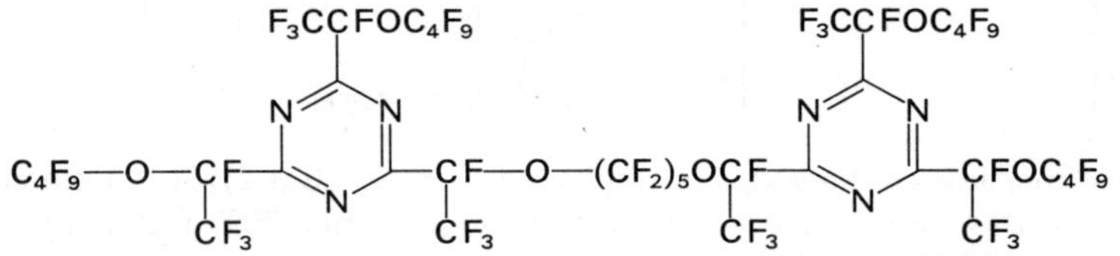

$F_3CCFOC_4F_9$ ... $F_3CCFOC_4F_9$ ... $C_4F_9—O—CF$ ... $CF—O—(CF_2)_5OCF$ ... $CFOC_4F_9$ ... CF_3 ... CF_3 ... CF_3 ... CF_3

Erhitzt man $CH_3OC(NH)(CF_2)_3C(OCH_3)$=$NC(NH)(CF_2)_3C(NH)OCH_3$ auf 145 °C (2.5 h), so bildet sich ein verzweigtes, polymeres gelbes Triazin, das in gebräuchlichen Lösungsmitteln unlöslich ist. Es hat die Summenformel $(C_5F_6N_2)_m$ und weist eine IR-Bande bei 1570 cm^{-1} auf, die für ν(Triazinring) typisch ist [12]. Bei der Bestrahlung von $CF_2[CF_2C(O)F]_2$ mit Perfluor-(2,4-diallyl-6-propyl)-1,3,5-triazin mit einer Shannon UV-Lampe (250 W, 4 d) entsteht ein fester Film, der in Tetrahydrofuran, Freon 113 und Aceton bei 20 °C unlöslich ist. Zusätzlich bildet sich eine bei 30 bis 150 °C/30 bis 50×10^{-6} Torr siedende Flüssigkeit. Das IR-Spektrum des Films und der Flüssigkeit weist Triazinbanden auf. Die in der Flüssigkeit vorhandenen C(O)F-Absorptionen sind im Film in C(O)OH-Banden umgewandelt [13]. Durch intermolekulare Debromierung mit Hg bei 230 bis 240 °C (3 d) lassen sich Polymere herstellen gemäß:

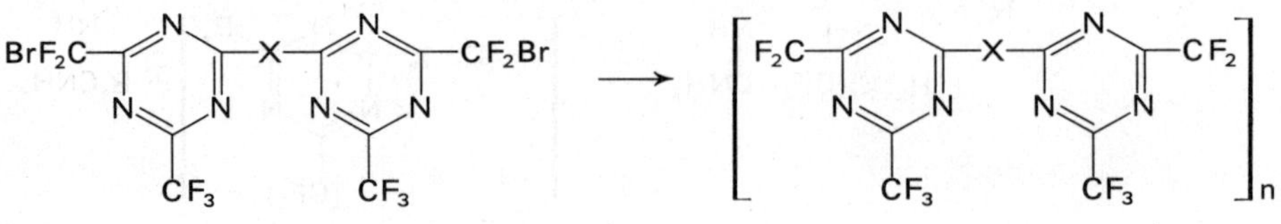

BrF_2C ... X ... CF_2Br ... CF_3 ... CF_3 $\longrightarrow$ [F_2C ... X ... CF_2 ... CF_3 ... CF_3]$_n$

Nachfolgend werden X und die Temperatur in °C für Luft und N_2 angegeben, bei denen die Polymere 10% des Gewichtes verlieren: $-(CF_2)_2-$, 340, 308; $-(CF_2)_8-$, 425, 465; $-CF(CF_3)O(CF_2)_5OC(CF_3)F-$ und $-CF(CF_3)OCF_2CF(CF_3)O(CF_2)_4-$, 360, 370; $-CF_2OCF_2-$, 280, 275; $-CF_2SCF_2-$, 298, 312 [14].

Untersuchungen über die thermische Beständigkeit von Polymeren der Formel

$$\left[-(CF_2)_n- \overset{N}{\underset{N\quad N}{\text{triazin}}} - \right]_m \quad \text{mit } C_xF_{2x+1} \text{ am Triazinring}$$

haben ergeben, daß die Stoffe im Vakuum bei 350 bis 500 °C 15 bis 20% Gewichtsverlust erleiden. Extrahiert man sie vorher mit Freon 113, so beträgt die Gewichtsabnahme nur noch 1 bis 2%. Der thermische Abbau extrahierter Proben mit n=3, x=1 und n=8, x=3 ist im Vergleich mit dem des $(CF_2\text{-}CF_2)_m$ studiert worden. Es konnte festgestellt werden, daß Triazinringe die Stabilität der CF_2-Ketten erhöhen. Noch vorhandene Amidgruppen reduzieren sie. Bei der Pyrolyse des Polymers mit n=8, x=3 treten als flüchtige Produkte SiF_4, C_3F_7CN, C_2F_4, C_3F_6 und CO_2 auf [15].

Literatur:

[1] H.C. Brown (J. Polymer Sci. **44** [1960] 9/22). – [2] Research Corp., H.C. Brown (U.S.P. 3086946 [1960/63]; C.A. **59** [1963] Nr. 9813). – [3] H.C. Brown (Polymer Prepr. Am. Chem. Soc. Div. Polymer Chem. **5** [1964] 243/9). – [4] J.L.M. Zollinger, J.R. Throckmorton, S.T. Ting, R.A. Mitsch, D.E. Elrick (J. Macromol. Sci. Chem. A **3** [1969] 1443/64). – [5] Minnesota Mining and Manufacturing Co., J.L.M. Zollinger (U.S.P. 3470176 [1967/69]; C.A. **71** [1969] Nr. 124513).

[6] Hooker Chem. Corp., W.E. Emerson, E. Dorfman (U.S.P. 3728344 [1967/73]; C.A. **79** [1973] Nr. 19743). – [7] E. Dorfman, W.E. Emerson, R.J. Gruber, A.A. Lemper, B.M. Rushton, T.L. Graham (Angew. Makromol. Chem. **16/17** [1971] 75/82). – [8] Hooker Chemical Corp., E. Dorfman, W.E. Emerson, C.T. Bean (U.S.P. 3734976 [1966/73]; C.A. **79** [1973] Nr. 67620). – [9] Hooker Chemical Corp., E. Dorfman, E.W. Emerson (U.S.P. 3644300 [1967/72]; C.A. **71** [1969] Nr. 6477). – [10] E. Dorfman, W.E. Emerson, R.L.K. Carr, C.T. Bean (Rubber Chem. Technol. **39** [1966] 1175/7).

[11] Dow Chemical Corp., W.R. Anderson, H.R. Frick (U.S.P. 3708483 [1968/73]; C.A. **78** [1973] Nr. 98273). – [12] E.L. Zaitseva, G.J. Braz, A.Ya. Yakubovich, V.A. Bazov, R.M. Gitina, L.G. Petrova, I.M. Filetova (Zh. Vses. Khim. Obshchestva im. D.I. Mendeleeva **8** [1963] 353/4; C.A. **59** [1963] 8784). – [13] J.A. Young, R.L. Dressler (J. Org. Chem. **32** [1967] 2237/41). – [14] G.A. Grindahl, J.R. Greenwald, L.H. Troparcer, O.R. Pierce, Y.K. Kim (J. Polymer Sci. Polymer Chem. Ed. **12** [1974] 1559/64). – [15] I.Ye. Kardash, A.Ya. Ardashnikov, A.N. Pravednikov (Vysokomol. Soedin. A **9** [1967] 1081/5; Polymer Sci. [USSR] A **9** [1967] 1202/7; C.A. **67** [1967] Nr. 64842).

[16] L.A. Wall, S. Straus (J. Res. Natl. Bur. Std. A **65** [1961] 227/38).

Six-membered Heterocycles with Four N Atoms (Tetrazines)

4.5 Sechsgliedrige Heterocyclen mit vier N-Atomen (Tetrazine)

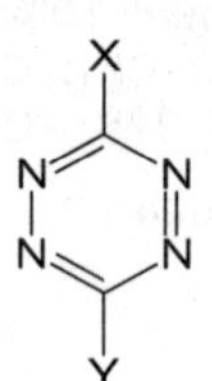

3-Trifluormethyl-6-perfluorpropyl-1,2,4,5-tetrazin $X=CF_3$, $Y=C_3F_7$

3,6-Bis(perfluorpropyl)-1,2,4,5-tetrazin $X=Y=C_3F_7$

Ein inniges Gemisch aus $H_2NN{=}C(C_3F_7)NHNHC(O)C_3F_7$ und wasserfreiem $FeCl_3$ wird auf 75 °C (12 h), 90 °C (6 h) und 125 °C (4 h) erhitzt, wobei sich 3,6-Bis(perfluorpropyl)-1,2,4,5-tetrazin in 35% Ausbeute bildet, Siedepunkt 150 °C, Dichte $D^{25}=1.709$ g/cm^3, Brechungsindex $n_D^{25}=1.3301$, UV (in Isooctan): $\lambda_{max}=525$ nm ($\varepsilon=524.8$), 252 nm ($\varepsilon=1659.6$). Analog erhält man aus $H_2NN{=}C(CF_3)NHNHC(O)C_3F_7$ und $FeCl_3$ bei 45 °C (12 h) nach gaschromatographischer Trennung des Reaktionsgemisches 7.1% 3-Trifluormethyl-6-perfluorpropyl-1,2,4,5-tetrazin, Siedepunkt 123 °C, $D^{25}=1.685$, $n_D^{25}=1.3409$, IR: 1460 (w), 1410 (s) cm^{-1}, UV (in Isooctan): $\lambda_{max}=533$ nm ($\varepsilon=501.2$), 252 nm ($\varepsilon=1698.2$) [1].

3-Trifluormethyl-6-perfluorpropyl-1,2-dihydro-1,2,4,5-tetrazin $X=CF_3$, $Y=C_3F_7$

3,6-Bis(perfluorpropyl)-1,2-dihydro-1,2,4,5-tetrazin $X=Y=C_3F_7$

Mit H_2S werden 3-Trifluormethyl-6-perfluorpropyl- bzw. 3,6-Bis(perfluorpropyl)-1,2,4,5-tetrazin in einem Bombenrohr bei 20 °C (4 h) zu 90% 3-Trifluormethyl-6-perfluorpropyl- bzw. 80% 3,6-Bis(perfluorpropyl)-1,2-dihydro-1,2,4,5-tetrazin hydriert. $X=CF_3$, $Y=C_3F_7$: Schmelzpunkt 98 bis 98.5 °C, UV (in $(CH_3)_2CHOH$): $\lambda_{max}=227$ nm ($\varepsilon=4073.8$), $X=Y=C_3F_7$: Schmelzpunkt 117.5 bei 118 °C, $\lambda_{max}=232$ nm ($\varepsilon=3467.4$). Beim Erhitzen im Rückfluß von 3,6-Bis-(perfluorpropyl)-1,2-dihydro-1,2,4,5-tetrazin in einem Gemisch aus C_2H_5OH und konzentriertem HCl erfolgt innerhalb von 2 h eine Isomerisierung zu 3,5-Bis(perfluorpropyl)-4-amino-4H-1,2,4-triazol (75% Ausbeute) [1].

Literatur:

[1] H.C. Brown, H.J. Gisler, M.T. Cheng (J. Org. Chem. **31** [1966] 781/3).

5 Kondensierte Perfluorhalogenorgano-Stickstoff-Heterocyclen

Fused Perfluorohalogenoorgano-Nitrogen Heterocycles

Im folgenden Kapitel werden kondensierte Heterocyclen behandelt, die aus Vierer- und Fünferringen in Kombination mit sich selbst sowie mit Sechserringen bestehen. Die Anordnung der mit Sechserringen kondensierten Fünferringe erfolgt nach steigender Anzahl der N-Atome im Fünferring. Besitzt der ankondensierte Vierer- oder Fünferring kein N-Atom, so ist nach Größe des N-freien Ringes und steigender Zahl von N-Atomen im Sechserring angeordnet worden. Kondensierte Aromaten mit zusätzlichen Heteroatomen werden immer am Schluß eines Abschnitts behandelt.

5.1 Bildung und Darstellung

Formation. Preparation

cis- und trans-Hexafluor-4,8-dioxa-1,5-diazatricyclo-[4.2.0.0^{2,5}]octan

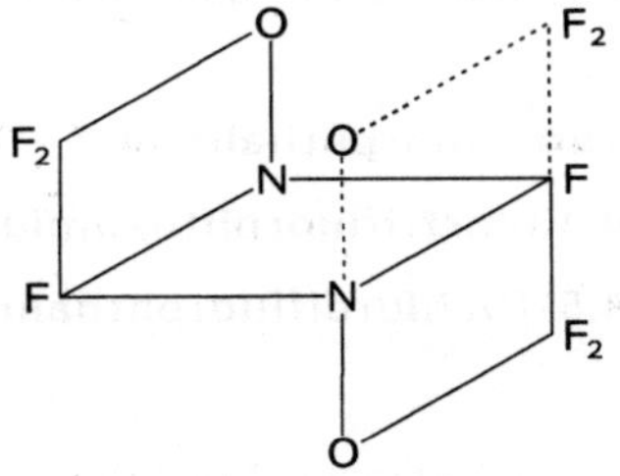

1,2,3,4,5,6-Hexafluor-9-trifluormethyl-7,8-diazatricyclo[4.3.0.0^{2,5}]nona-3,8-dien

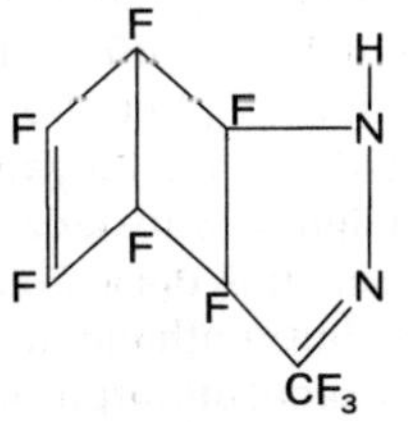

Bei 80 °C (40 bis 60 atm) dimerisiert CF_2=CFNO zum cis- und trans-Tricyclooctan; die Polymerisation kann aber auch zur Bildung von Oxazetidinringen führen, die über eine -CF-N-CF-N-CF-N-Kette angeordnet sind [1]. – In einem evakuierten Bombenrohr reagiert Hexafluorbicyclo[2.2.0]-hexa-2,5-dien mit $CF_3CH_2N_2$ zunächst bei 0 °C (4 h) und dann bei 20 °C (4 Wochen) zum Tricyclononadien in 75% Ausbeute [2].

2,5,7-Tris(trifluormethyl)-3 H-imidazo[1,5-b]-s-triazol
X=H (sowie X=Na)

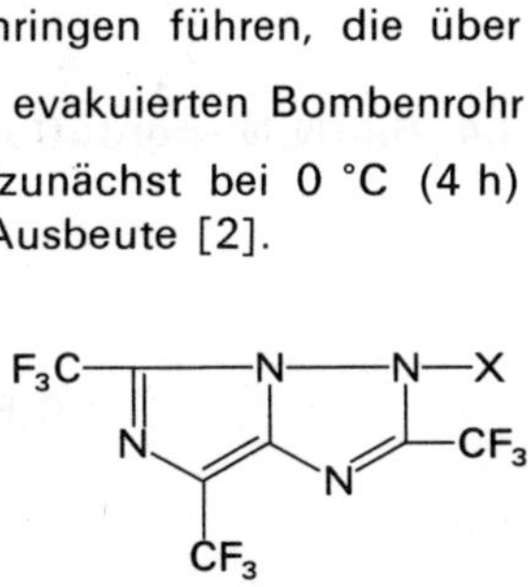

3,6-Bis(perfluoralkyl)-s-triazolo[3,4-b]-1,3,4-thiadiazol
$R_f = R_f' = CF_3$, C_2F_5, C_3F_7
$R_f = C_2F_5$, $R_f' = CF_3$

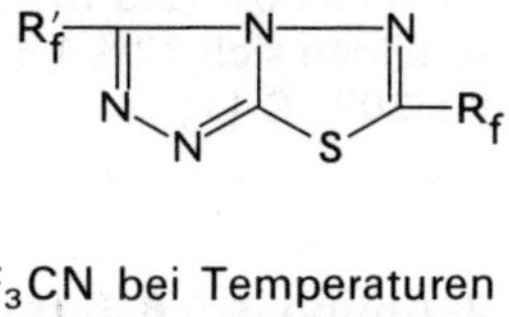

In einer Suspension von NaCN in $(CH_3)_2NCHO$ kondensiert CF_3CN bei Temperaturen ≦40 °C (1 h) und anschließendem Ansäuern mit 10%igem HCl zu 70% 2,5,7-Tris(trifluormethyl)-3 H-imidazo[1,5-b]-s-triazol [3]. – Die Thiadiazole werden durch folgende Kondensationsreaktionen in Gegenwart von $POCl_3$ und Erhitzen im Rückfluß (0.5 h) dargestellt (Ausbeute in %):

Literatur s. S.162

Formation. Preparation

$R_f = R'_f = CF_3$ (85%)
$R_f = C_2F_5$, $R'_f = CF_3$ (46%)
$R_f = R'_f = C_2F_5$ (40%)
$R_f = R'_f = C_3F_7$ (45%)

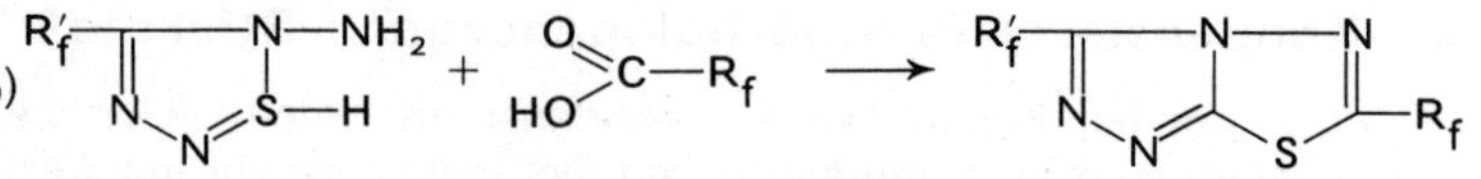

Für $R_f = R'_f$ dient auch folgende Ringschlußreaktion zur Darstellung:

$$2\,R_fCOOH + H_2NNHC(S)NHNH_2 \xrightarrow{POCl_3}$$

$R_f = CF_3,\ C_2F_5,\ C_3F_7$

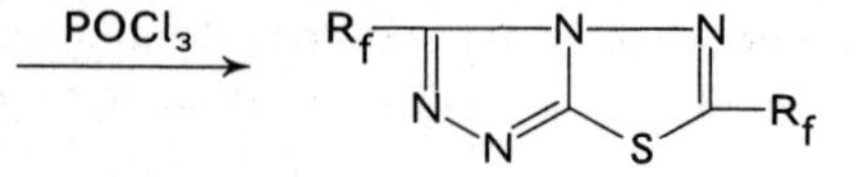

Das Gemisch, in dem sich R_fCOOH im Überschuß befindet, wird erhitzt [4].

Tetrafluorphthalimid X' = Y' = F

4-Chlortrifluorphthalimid X' = Cl, Y' = F

4,5-Dichlordifluorphthalimid X' = Y' = Cl

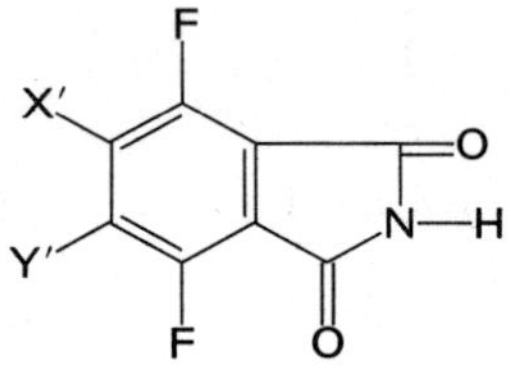

Bei allmählicher Erhitzung eines Gemisches von Tetrafluorphthalsäureanhydrid und NH_4OH (D = 0.88 g/cm^3) auf 280 °C (1 h) entsteht Tetrafluorphthalimid [5]. Tetrafluorphthalonitril reagiert mit $ZnCl_2$ bei 250 °C (7 h) unter Cl_2-Entwicklung zu einem Gemisch aus Zink-polychlorpolyfluorphthalocyanin (64% Ausbeute), das mittels heißer Chromsäure zu einer weißen, kristallinen Substanz oxidiert werden kann. ^{19}F-NMR-spektroskopische Untersuchungen ergeben, daß diese aus geringen Mengen Tetrafluor-, 40% 4-Chlortrifluor- und 15% 4,5-Dichlordifluorphthalimid besteht. Die bei 160 °C durchgeführte Umsetzung führt zu 75% Zink-hexadecafluorphthalocyanin, das mit heißem konzentriertem HNO_3 zu 70% Tetrafluorphthalimid oxidiert wird. Außer dem Schmelzpunkt des Gemisches der drei Produkte (244 bis 247 °C) werden keine physikalischen Daten angegeben [6].

4,4'-Bis(N,N'-pentafluorphenyl-trifluorphthalimid)

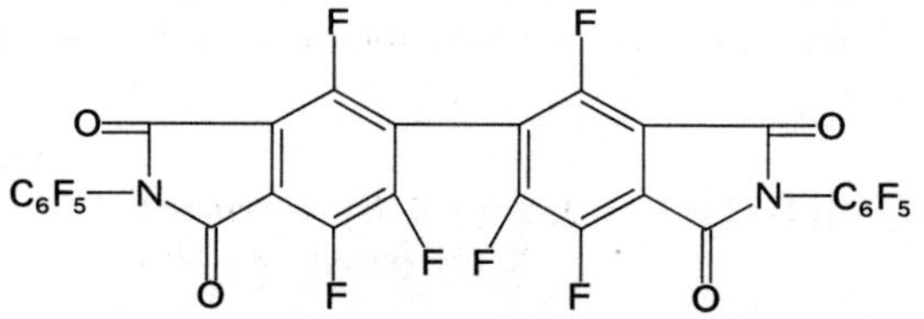

Erhitzt man eine Lösung von Hexafluorbiphenyl-3,3',4,4'-tetracarbonsäure in Xylol im Rückfluß (2.5 h), setzt dann $C_6F_5NH_2$ hinzu und erwärmt erneut im Rückfluß (3 h), so bilden sich 72% 4,4'-Bis-(N,N'-pentafluorphenyltrifluorphthalimid), Schmelzpunkt 305.5 bis 308 °C [7].

2-Amino-4,5,6,7-tetrafluor-benzimidazol X = NH_2

4,5,6,7-Tetrafluor-2-trifluormethyl-benzimidazol X = CF_3

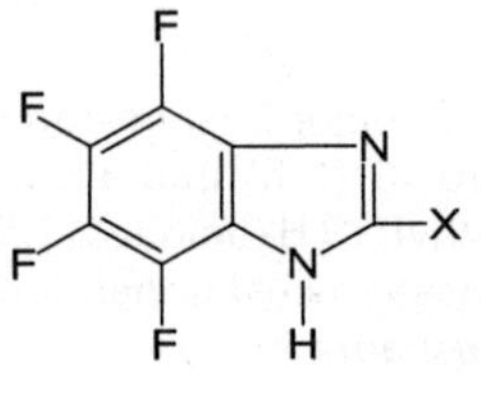

Literatur s. S.162

Formation. Preparation

5,6,7-Trichlor-2-trifluormethyl-benzimidazol-4-sulfonsäure
A = SO_3H, B = C = D = Cl

5,6,7-Trichlor-2-trifluormethyl-benzimidazol-4-sulfonylchlorid
A = SO_2Cl, B = C = D = Cl

4,5,6,7-Tetrahalogen-2-trifluormethyl-benzimidazol
A = B = C = D = Cl, Br

4-Brom-5,6,7-trichlor-2-trifluormethyl-benzimidazol
A = Br, B = C = D = Cl

4,5,6-Trichlor-7-nitro-2-trifluormethyl-benzimidazol
A = B = C = Cl, D = NO_2

4,6,7-Trichlor-5-nitro-2-trifluormethyl-benzimidazol
A = C = D = Cl, B = NO_2

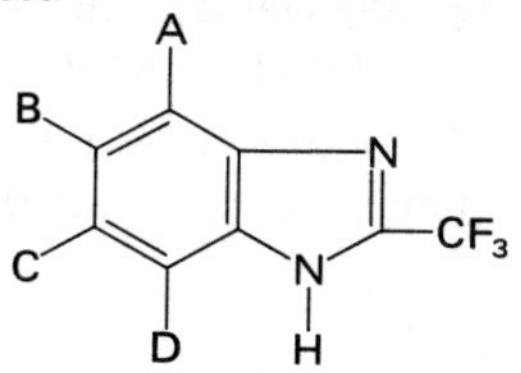

1-Hydroxy-4,5,6,7-tetrahalogen-2-trifluormethyl-benzimidazol X = Cl, R_f = CF_3; X = Br, R_f = CF_3

1-Hydroxy-4,5,6,7-tetrahalogen-2-perfluoräthyl-benzimidazol X = Cl, R_f = C_2F_5; X = J, R_f = C_2F_5

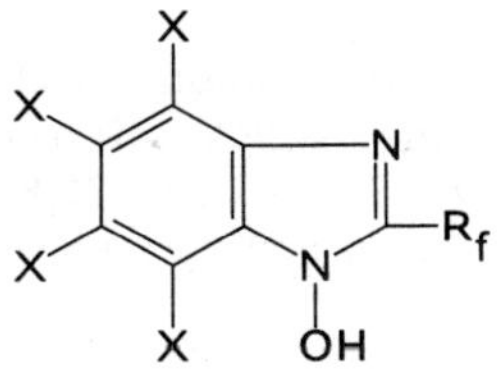

Setzt man zu einer Suspension von 3,4,5,6-Tetrafluor-1,2-phenylendiamin in H_2O langsam BrCN zu und schüttelt bei 20 °C (18 h), so erhält man nach Zugabe von NH_4OH (D = 0.88 g/cm^3) 2-Amino-4,5,6,7-tetrafluor-benzimidazol. Das 4,5,6,7-Tetrafluor-2-trifluormethyl-benzimidazol wird dargestellt, indem das Phenylendiamin mit $[CF_3C(O)]_2O$ in Gegenwart von zwei Tropfen konzentriertem HCl im Rückfluß (2 h) erhitzt und anschließend durch Kodestillation mit CCl_4 von überschüssigem $[CF_3C(O)]_2O$ befreit wird. Zum festen Rückstand fügt man H_2O hinzu und erwärmt auf 100 °C (0.5 h). Nach Zugabe von NH_4OH (D = 0.88 g·cm^{-3}) scheidet sich die Verbindung beim Abkühlen aus [8]. Durch Chlorierung von in Dichlorbenzol gelöstem 2-Trifluormethyl-benzimidazol bei 120 °C (36 h, 4 bis 5 l Cl_2/h) und Nachchlorieren des Zwischenproduktes in siedendem H_2O fällt 4,5,6,7-Tetrachlor-2-trifluormethyl-benzimidazol in 95% Ausbeute an [9]. Die entsprechende Tetrabrom-Verbindung wird durch Bromierung (zweifacher molarer Überschuß an Br_2) von 2-Trifluorbenzimidazol in H_2O bei 100 °C synthetisiert (keine physikalische Daten) [10]. Beim Erhitzen eines Gemisches von 3,4,5,6-Tetrachlor-1,2-phenylendiamin und CF_3COOH (Verhältnis 1:1.2) auf 100 °C (16 h) bildet sich 4,5,6,7-Tetrachlor-2-trifluormethyl-benzimidazol in 50% Ausbeute gemäß:

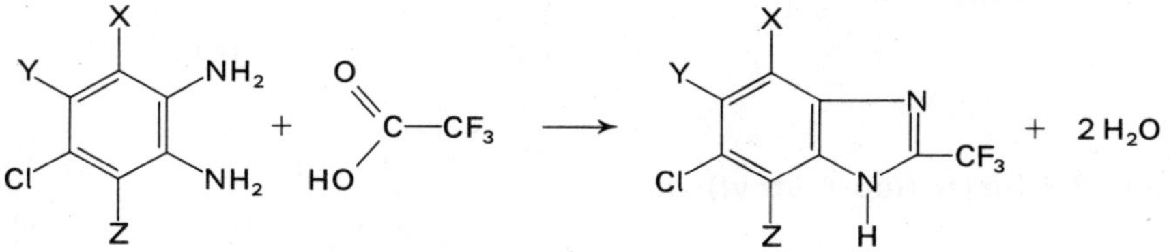

+ 2 H_2O

Analog werden Derivate hergestellt mit X = Br, Y = Z = Cl; X = Y = Cl, Z = NO_2; X = Z = Cl, Y = NO_2 [11].

Die Sulfurierung von 5,6,7-Trichlor-2-trifluormethyl-benzimidazol erfolgt mit $H_2S_2O_7$ (Oleum) im Rückfluß (2 h). Nach dem Abkühlen gießt man das Gemisch in H_2O und erhält 92% 5,6,7-Trichlor-2-trifluormethyl-benzimidazol-4-sulfonsaure (keine physikali-

Formation. Preparation

schen Daten); diese Verbindung reagiert mit in $(CH_3)_2NC(O)H$ gelöstem $SOCl_2$ heftig, und nach Beruhigung der Reaktion wird das Gemisch im Rückfluß (3 h) erhitzt. Beim Abkühlen fallen 91% 5,6,7-Trichlor-2-trifluormethyl-benzimidazol-4-sulfonylchlorid aus. Analog werden 5,6,7-Tri(chlorbrom)-2-trifluormethyl-benzimidazol-4-sulfonsäurechloride synthetisiert, aber lediglich als Dialkylaminderivate charakterisiert [12, 13].

Tetrahalogen-1-hydroxy-2-perfluoralkyl-benzimidazole werden durch folgende mehrstufige Synthese erhalten [14]:

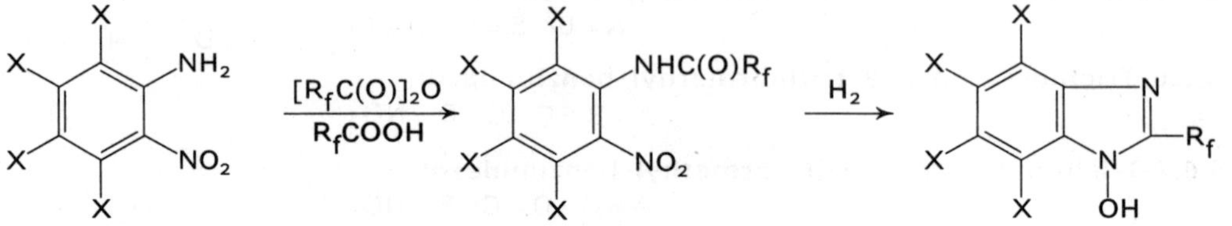

$[R_fC(O)]_2O$ / R_fCOOH; H_2

Die Reduktion mit H_2 erfolgt in C_2H_5OH in Gegenwart eines Pd-Aktivkohle-Katalysators unter Druck (40 p/inch^2) und die Acylierung durch Erhitzen im Rückfluß (4 h). Für X=Cl, $R_f=CF_3$, C_2F_5 bzw. für X=Br, $R_f=CF_3$ für X=J, $R_f=C_2F_5$ werden physikalische Daten nicht angegeben [14].

3-Pentafluorbenzoyl-4,5,6,7-tetrafluorbenzisoxazol

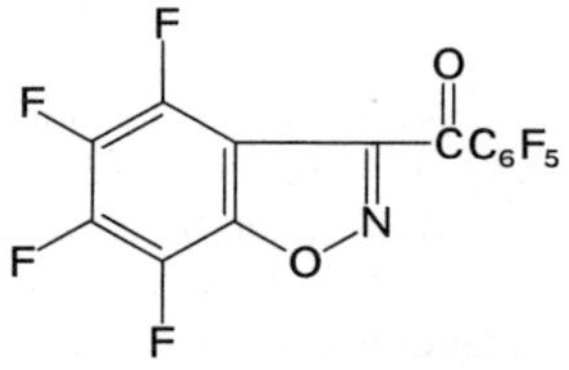

Beim Erhitzen von Decafluorbenzilmonoxim auf 100 °C (4 h) in $(CH_3)_2NC(O)H$ entsteht das Isoxazol (61%) [53].

5,7-Dibrom-6-amino-1-hydroxy-2-trifluormethyl-1H-imidazo[4,5-b]pyridin X=NH_2

5,7-Dibrom-6-nitro-1-hydroxy-2-trifluormethyl-1H-imidazo[4,5-b]pyridin X=NO_2

5,7-Dibrom-6-chlor-1-hydroxy-2-trifluormethyl-1H-imidazo[4,5-b]pyridin X=Cl

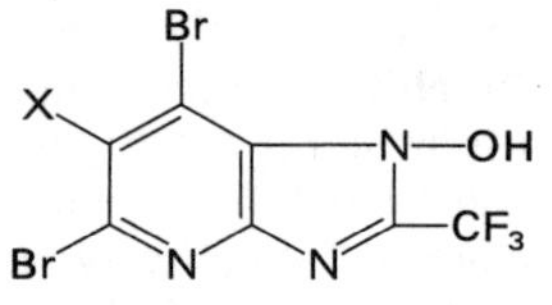

1,5-Dihydroxy-7-brom-6-diazo-2-trifluormethyl-1H-imidazo[4,5-b]pyridin

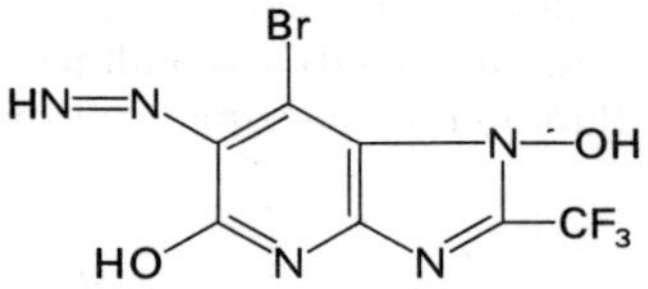

2-Chlor-6,8-bis(trifluormethyl)-purin

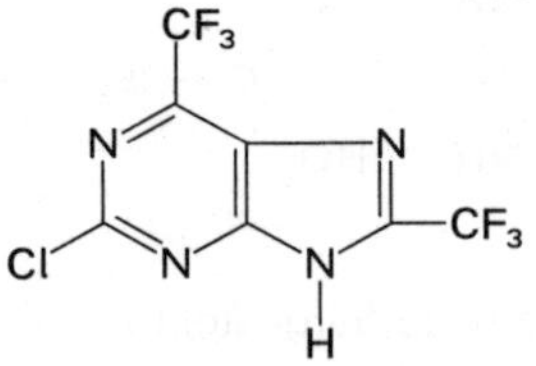

Eine wäßrige Lösung von 6-Amino-1-hydroxy-2-trifluormethyl-1H-imidazo[4,5-b]pyridin wird mit einem Br_2-beladenen N_2-H_2O-Strom behandelt und anschließend bei 20 °C (16 h) in N_2-Atmosphäre gerührt. Hierbei bildet sich 5,7-Dibrom-6-amino-1-hydroxy-2-trifluormethyl-1 H-imidazo[4,5-b]pyridin. Wird dieses bei 5 °C zu einer Lösung aus 30% H_2O_2 und 5 ml H_2SO_4 hinzugefügt und bei 25 °C (1 h) aufbewahrt, so bildet sich das entsprechende 6-Nitroderivat. Diazotierung der 6-Aminoverbindung mit $NaNO_2$ in konzentriertem HCl bei 10 °C und anschließendem Rühren bei 25 °C (16.5 h) liefert das 1,5-Dihydroxy-7-brom-6-diazo-2-trifluormethyl-1 H-imidazo[4,5-b]pyridin als Salz. Setzt man zum Diazoniumsalz (hergestellt durch portionsweise Zugabe von festem $NaNO_2$ bei 0 bis 10 °C zu in HCl gelöstem 5,7-Dibrom-6-amino-1-hydroxy-2-trifluormethyl-1 H-imidazo[4,5-b]pyridin) CuCl zu und rührt 0.5 h, so erhält man 5,7-Dibrom-6-chlor-1-hydroxy-2-trifluormethyl-1 H-imidazo[4,5-b]pyridin [15].

Formation. Preparation

Eine Lösung aus gleichen Volumina CF_3COOH und $[CF_3C(O)]_2O$ wird mit 4,5-Diamino-2-chlor-6-trifluormethylpyrimidin im Rückfluß erhitzt (2 h), wobei sich 22% 2-Chlor-6,8-bis(trifluormethyl)-purin bilden [16].

5,6-Dichlor-2-trifluormethyl-1 H-imidazo[4,5-b]pyrazin
$R_f = CF_3$, X = Cl

5,6-Dichlor-2-perfluoräthyl-1 H-imidazo[4,5-b]pyrazin
$R_f = C_2F_5$, X = Cl

5,6-Dichlor-2-perfluorpropyl-1 H-imidazo[4,5-b]pyrazin
$R_f = C_3F_7$, X = Cl

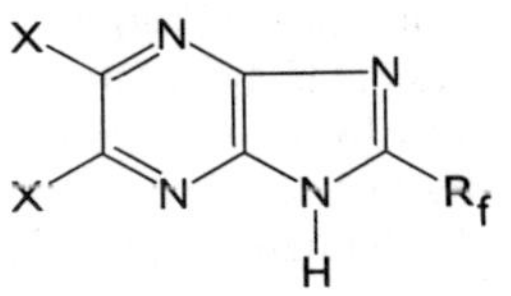

5,6-Dibrom-2-trifluormethyl-1 H-imidazo[4,5-b]pyrazin
$R_f = CF_3$, X = Br

5,6-Difluor-2-trifluormethyl-1 H-imidazo[4,5-b]pyrazin
$R_f = CF_3$, X = F

Die Synthese von 5,6-Dihalogen-2-perfluoralkyl-1 H-imidazo[4,5-b]pyrazinen erfolgt allgemein durch Umsetzung von 2,3-Diamino-5,6-dihalogenpyrazinen mit $R_fC(O)X'$ in einem aromatischen Lösungsmittel gemäß:

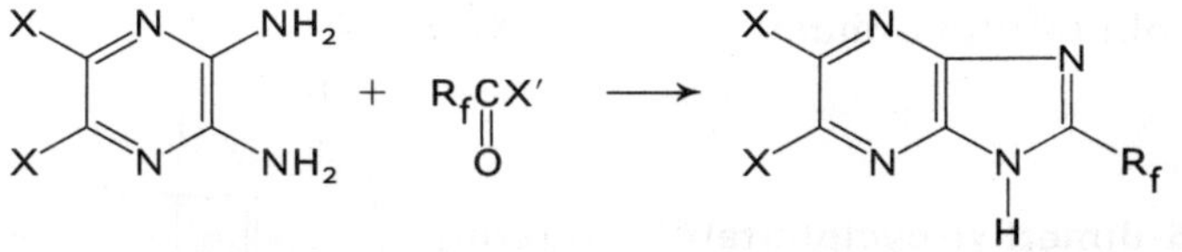

Nachfolgend werden X, X', R_f, Lösungsmittel und Reaktionsbedingungen angegeben: Cl, $OC(O)CF_3$, CF_3, Xylol, Rückfluß (8 h); Cl, OH, CF_3, Xylol, Rückfluß (20 h); Cl, Cl, C_2F_5, Xylol, 20 °C (4 h) und Rückfluß (2 h); Cl, Cl, C_3F_7, Xylol, 20 °C (4 h) und Rückfluß (2 h); Br, $OC(O)CF_3$, CF_3, Xylol, Rückfluß (20 h); F, $OC(O)CF_3$, CF_3, Xylol, Rückfluß (6 h) [17].

2-(o-Aminotetrafluorphenyl)-tetrafluor-2 H-benzotriazol

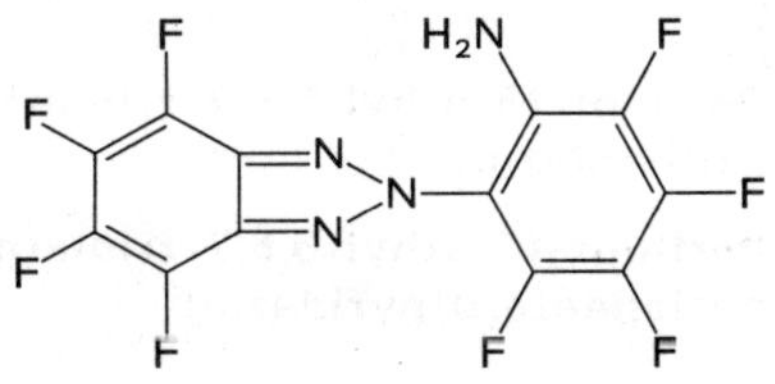

Literatur s. S.162

Formation. Preparation

4,5,6,7-Tetrafluor-1 H-benzotriazol X=H, Y=Z=F

1-Hydroxy-4,5,6,7-Tetrafluor-1H-benzotriazol X=OH, Y=Z=F

4,5,6,7-Tetrafluor-1-pentafluoranilino-1H-benzotriazol $X=C_6F_5NH$, Y=Z=F

5-Amino-4,6,7-trifluor-1-pentafluoranilino-1H-benzotriazol $X=C_6F_5NH$, $Z=NH_2$, Y=F

7-Amino-4,5,6-trifluor-1-pentafluoranilino-1H-benzotriazol $X=C_6F_5NH$, Z=F, $Y=NH_2$

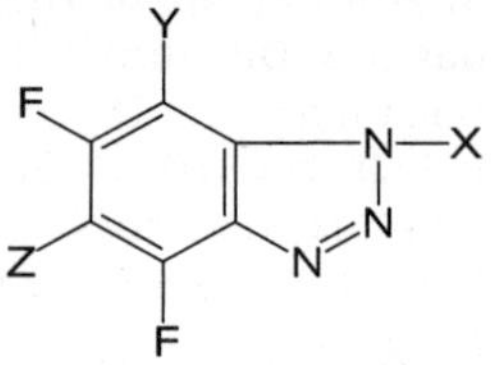

Oxidation von Tetrafluor-o-phenylendiamin mit $Pb(CH_3COO)_4$ in absolutem Äther bei 20 °C (40 min) führt zu 17% 2-(o-Aminotetrafluorphenyl)-tetrafluor-2 H-benzotriazol [18]. Decafluorazoxybenzol, gelöst in C_2H_5OH, reagiert in der Siedehitze (0.5 h) mit $N_2H_4 \cdot H_2O$ zu 28% Tetrafluor-1-pentafluoranilino-1 H-benzotriazol. Dieses wird von einer wäßrigen 55%igen HJ-Lösung, in p-Xylol im Rückfluß (72 h) erhitzt, zu 4% Tetrafluor-1 H-benzotriazol umgewandelt; dieses entsteht in 84% Ausbeute auch beim Erwärmen von Tetrafluor-o-phenylendiamin mit $NaNO_2$ und 70%igem H_2SO_4 auf 75 °C oder quantitativ bei der Reduktion von 1-Hydroxy-tetrafluor-1 H-benzotriazol mit 55%igem HJ in der Siedehitze (0.5 h). Äthanolische Lösungen von Tetrafluor-4-(pentafluorphenylazoxy)-anilin reagieren mit $N_2H_4 \cdot H_2O$ beim Erhitzen im Rückfluß (0.5 h) zu 16% 7-Amino- bzw. 23% 5-Amino-trifluor-1-pentafluoranilino-1 H-benzotriazol [19].

Perfluor-(2,4-diisopropyl-5,6-dimethyl-5,6-dihydro-cyclobuta[d]pyrimidin) X=Y=F

Perfluor-(2,4-diisopropyl-5,5,6-trimethyl-5,6-dihydro-cyclobuta[d]pyrimidin) $X=CF_3$, Y=F

Perfluor-(2,4-diisopropyl-5,5,6,6-tetramethyl-5,6-dihydro-cyclobuta[d]pyrimidin) $X=Y=CF_3$

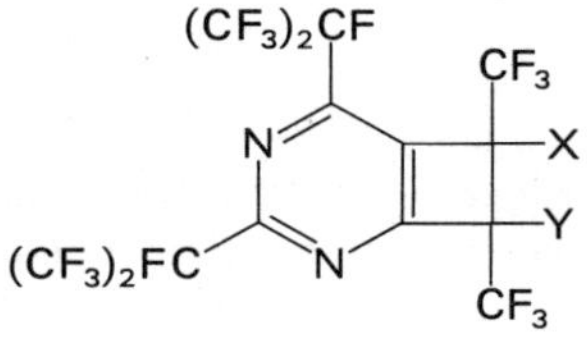

Perfluor-(5,6-dimethyl-cyclobuta[d]pyridazin)

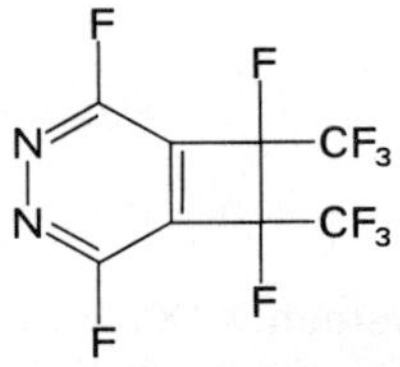

Perfluor-2-pyrindan

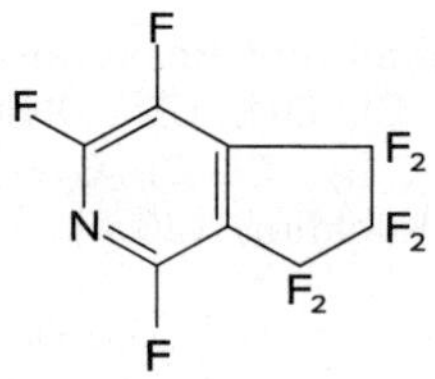

Perfluor-(5-äthyl-5,6,7-trimethyl-5H-cyclopenta-[d]pyridazin) X=F

Perfluor-(5-äthyl-5,6,7-trimethyl-1,4-diphenyl-5H-cyclopenta[d]pyridazin) $X=C_6F_5$

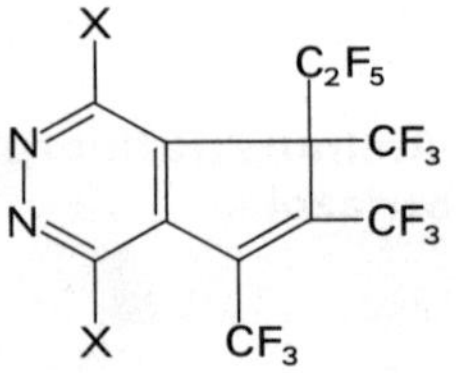

Literatur s. S.162

Formation. Preparation

Perfluor-(5-äthyl-5,6,7-trimethyl-2H,5H-cyclopenta[d]pyridazin-1-on)

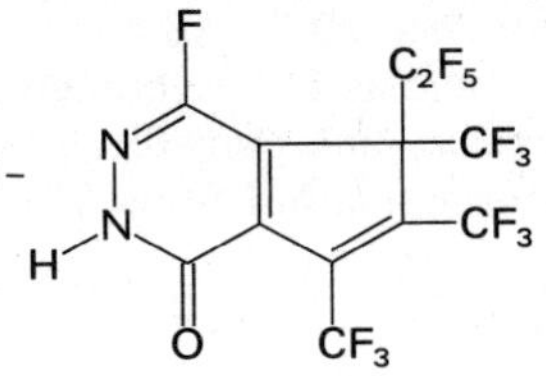

Perfluor-(5-äthyl-5,6,7-trimethyl-2H,3H,5H-cyclopenta[d]pyridazin-1,4-dion)

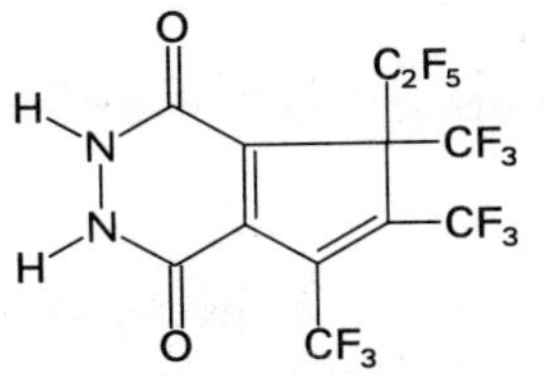

Die Strömungspyrolyse von Perfluor-(2,4,5,6-tetraisopropylpyrimidin) bei 600 °C (1 Torr, Verweilzeit 1 s) in einem Pt-Rohr führt unter Abspaltung der flüchtigen Substanzen C_2F_6 und Spuren von C_3F_8, C_4F_{10} sowie CF_4 zu einem Flüssigkeitsgemisch, aus dem das Dimethyl-Produkt isoliert werden konnte. Die Tri- und Tetramethylverbindung konnten im flüssigen Reaktionsgemisch nur massenspektrometrisch nachgewiesen werden (keine physikalischen Daten) [20]. – Die in einem Quarzrohr, gefüllt mit Quarzwolle, vorgenommene Vakuumpyrolyse von Perfluor-(4,5-diisopropylpyridazin) bei 750 °C (0.04 Torr, Reaktionszone 27 cm) führt zu einem Produktgemisch, aus dem Perfluor-(5,6-dimethylcyclobuta[d]pyridazin) gaschromatographisch isoliert werden konnte [72].

Leitet man ein Gemisch aus 4-Methoxy- bzw. 4-Nitro-tetrafluorpyridin und $CF_2{=}CF_2$ bei 550 °C (6 h) bzw. 600 °C (1.5 h) mit einer Strömungsgeschwindigkeit von 15 l/h durch ein Quarzrohr, so erhält man ein Gemisch aus 25 bis 27% Perfluor-2-pyrindan und 6 bis 9 bzw. 41 bis 43% Perfluor-5,6,7,8-tetrahydroisochinolin (s. S. 132) [21, 22]. Die durch CsF katalysierte Addition von $CF_3C{\equiv}CCF_3$ an Tetrafluorpyridazin bei 105 °C (8 h) in Tetramethylensulfon [23] führt zu 30% Perfluor-(5-äthyl-5,6,7-trimethyl-2H,5H-cyclopenta[d]pyridazin). Bei 80 °C entsteht die Verbindung in 60% Ausbeute, sie kann auch aus Perfluor-[4-(but-2′-en-2′-yl)-pyridazin] und $CF_3C{\equiv}CCF_3$ in Gegenwart von CsF

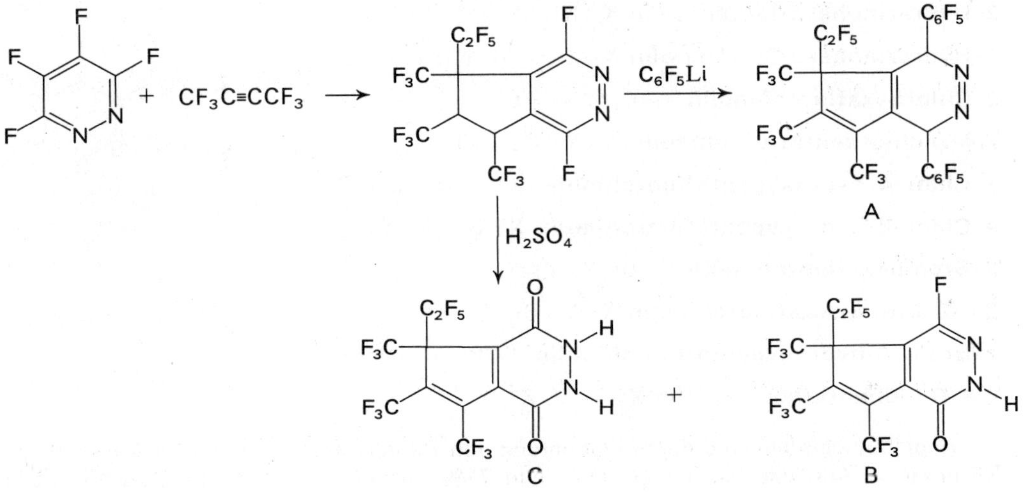

+ $CF_3C{\equiv}CCF_3$ ⟶ ; C_6F_5Li ⟶ A; H_2SO_4 ⟶ C + B

Literatur s. S. 162

Formation. Preparation

in Tetramethylensulfon bei 20 °C (6 h) in 44% Ausbeute synthetisiert werden. Das in konzentriertem H_2SO_4 gelöste 5H-Cyclopenta[d]pyridazin hydrolysiert mit H_2O bei 150 °C (48 h) zu einem Gemisch, aus dem die Verbindungen B und C isoliert werden konnten gemäß dem Reaktionsschema auf Seite 129.

Mit C_6F_5Li kondensiert das 5H-Cyclopenta[d]pyridazin in Äther bei −78 °C (2 h) zur Verbindung A in 26% Ausbeute [23].

Perfluor-(4-methyl-3-oxa-4-azabicyclo[4.2.0]oct-1(6)-en)

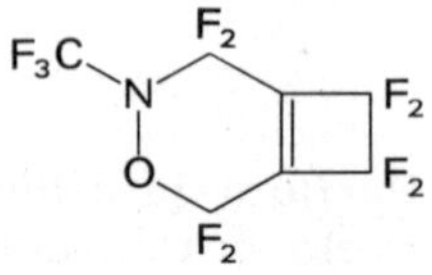

Perfluor-(1,6-dichlor-4-methyl-3-oxa-4-azabicyclo[4.2.0]octan)

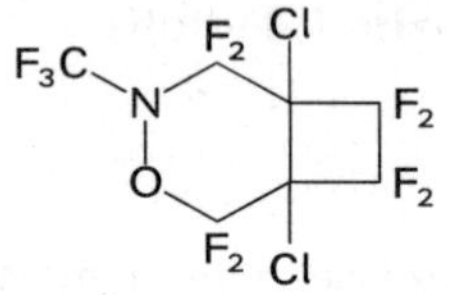

Ein Gemisch aus Tetrafluorallen und CF_3NO wird in einem 430 ml-Autoklaven in 2 h auf 145 °C (10 atm) erwärmt. Nach weiteren 5 h wird das Reaktionsgemisch im Vakuum fraktioniert, wobei 22% Perfluor-(4-methyl-3-oxa-4-azabicyclo[4.2.0]oct-1(6)en) erhalten werden; diese Verbindung bildet sich mit Perfluor-(1,2-dimethylencyclobutan) und CF_3NO bei 20 °C nahezu quantitativ. Führt man die Umsetzung von $CF_2=C=C=CF_2$ mit CF_3NO bei 90 °C (40 h) durch, so sinkt die Ausbeute auf 16% [24]. Eine 95%ige Ausbeute wird bei der Reaktion von Cyclobutan und CF_3NO im Dunkeln bei 20 °C (72 h) erzielt. Das Dichlorprodukt erhält man in 94% Ausbeute durch Reaktion der perfluorierten Verbindung mit Cl_2 während einer 72stündigen Bestrahlung (mit drei Wolfram-Lampen, je 150 W, 10 cm Abstand) [25].

Heptafluorchinolin X=Y=Z=F

2-Hydroxyhexafluorchinolin X=OH, Y=Z=F

2-Aminohexafluorchinolin $X=NH_2$, Y=Z=F

4-Aminohexafluorchinolin X=Z=F, $Y=NH_2$

2-Hydrazinohexafluorchinolin $X=NHNH_2$, Y=Z=F

4-Hydrazinohexafluorchinolin X=Z=F, $Y=NHNH_2$

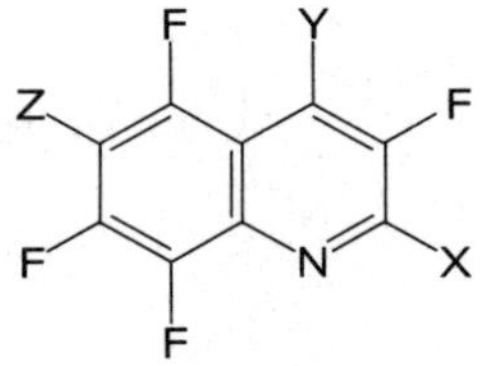

2-Chlorhexafluorchinolin X=Cl, Y=Z=F

2,4-Dichlorpentafluorchinolin X=Y=Cl, Z=F

2-Chlor-4-hydroxypentafluorchinolin X=Cl, Y=OH, Z=F

4-Chlor-2-hydroxypentafluorchinolin X=OH, Y=Cl, Z=F

2-Bromhexafluorchinolin X=Br, Y=Z=F

2,4-Dibrompentafluorchinolin X=Y=Br, Z=F

2-Brom-4-hydroxypentafluorchinolin X=Br, Y=OH, Z=F

2,4-Dijodpentafluorchinolin X=Y=J, Z=F

Heptafluorchinolin wird durch Fluorierung von Heptachlorchinolin mittels wasserfreiem KF in einem Autoklav bei 470 °C (17 h) in 71% Ausbeute synthetisiert. Zusätzlich fällt ein nicht genauer identifiziertes Monochlorderivat an. In konzentriertem H_2SO_4 hydrolysiert Heptafluorchinolin zu 2-Hydroxyhexafluorchinolin [26].

Formation. Preparation

Sowohl mit $N_2H_4 \cdot H_2O$ (gelöst in Dioxan) als auch mit NH_4OH (gelöst in Aceton) reagiert Heptafluorchinolin bei 20 °C (0.75 h) zu 76% 2-Hydrazino- bzw. 91% 2-Aminohexafluorchinolin. Während der Umsetzung mit NH_4OH fällt auch noch 4-Aminohexafluorchinolin an. Analog bildet sich auch aus $N_2H_4 \cdot H_2O$ und Heptafluorchinolin das 3-Hydrazino-Derivat, das aber nur indirekt nachgewiesen werden konnte [27, 28].

Einen Fluor-Halogenaustausch erzielt man mit HX (X=Cl, Br, J) in Tetramethylensulfon. Die im Bombenrohr vorgenommene Umsetzung von Heptafluorchinolin mit HCl führt bei 100 °C (50 h) zu 57% 2,4-Dichlorpentafluorchinolin und 23% 2-Chlor-4-hydroxypentafluorchinolin. Bei Verwendung eines größeren Überschusses an HCl bilden sich 29% 4-Chlor-2-hydroxypentafluorchinolin und 49% Dichlorpentafluorchinolin. Senkt man die Reaktionstemperatur auf 20 °C (10 d), so fallen 60% 2-Chlorhexafluor- und 20% 2,4-Dichlorpentafluorchinolin an. Zusätzlich entstehen geringe Mengen eines Gemisches aus 2-Hydroxyhexafluor- und 2-Chlor-4-hydroxypentafluorchinolin. Beim Einleiten von HCl (großer Überschuß) in eine Lösung von Heptafluorchinolin in Tetramethylensulfon bei 20 °C (50 h) und zusätzlichem 50stündigem Rühren wird 2,4-Dichlorpentafluorchinolin in 80% Ausbeute erhalten. Unter diesen Reaktionsbedingungen bilden sich keine Hydroxy-Chinoline. Aus HBr und Heptafluorchinolin werden analog bei 20 °C (10 d) 2,4-Dibrompentafluorchinolin (61%) und 2-Brom-4-hydroxypentafluorchinolin synthetisiert. Bei einem Molverhältnis der Ausgangsverbindungen von 1:1 bildet sich ein Gemisch aus 60% 2-Bromhexafluor-, 20% 2,4-Dibrompentafluor- und 5% 2-Hydroxyhexafluorchinolin. Mit HJ im Überschuß setzt sich Tetrafluorchinolin bei 20 °C (10 d) zu 28% 2,4-Dijodpentafluorchinolin um, das auch aus 2,4-Dibrompentafluorchinolin und NaJ in wasserfreiem Aceton und Erhitzen im Rückfluß (12 h) in 68% Ausbeute hergestellt werden kann. Anders verliefen die Umsetzungen von Heptafluorchinolin mit HOX (X=Cl, Br, J) in wäßriger Lösung. Mit HOCl entstand bei 80 °C (1.25 h) ein Gemisch aus 2-Hydroxyhexafluorchinolin und 2-Chlor-4-hydroxypentafluorchinolin und mit HOBr bei 80 °C (1.45 h) lediglich das erste Produkt. In Gegenwart von HJ liefert HOJ bei 20 °C (36 h) und dann bei 85 °C (4 h) 28% 2,4-Dijodpentafluorchinolin. Die saure Hydrolyse von 2,4-Dichlorpentafluorchinolin in Gegenwart von HCl bei 100 °C (168 h) liefert 57% 4-Chlor-2-hydroxypentafluorchinolin. Dagegen hydrolysiert 2-Chlorhexafluorchinolin, gelöst in Tetramethylensulfon, mit Salzsäure bei 100 °C (168 h) zu 49% 2-Chlor-2-hydroxypentafluorchinolin [29].

Perfluor-(4-isopropylchinolin) Y=$(CF_3)_2CF$, X=Z=F

Perfluor-(2,4-diisopropylchinolin) X=Y=$(CF_3)_2CF$, Z=F

Perfluor-(2-isopropylchinolin) X=$(CF_3)_2CF$, Y=Z=F

Perfluor-(2,6-diisopropylchinolin) X=Z=$(CF_3)_2CF$, Y=F

Perfluor-(2,4,6-triisopropylchinolin) X=Y=Z=$(CF_3)_2CF$

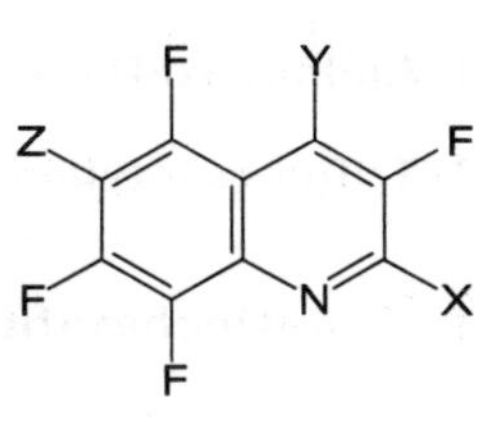

Perfluor-(2,4-di-sec-butylchinolin) X=Y=$CF_3CF_2C(CF_3)F$, Z=F

Perfluor-(3,4,5,6,7,8,9,10-octahydrochinolin)

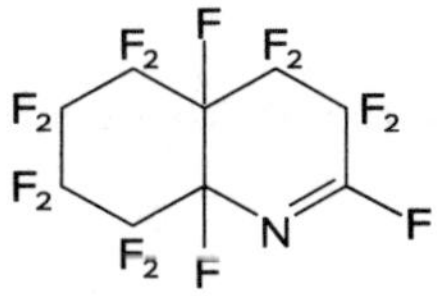

Literatur s. S. 162

Formation. Preparation

Perfluor-(2,3,4,5,6,7,8,9-octahydrochinolin)

Perfluor-(perhydrochinolin)

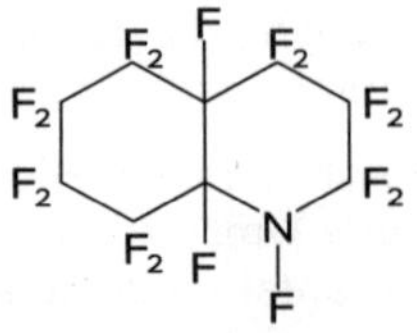

Die CsF-katalysierte Addition von $CF_3CF{=}CF_2$ an Heptafluorchinolin in Triglyme bei 20 °C liefert ein Gemisch, das sich durch fraktionierte Destillation in Perfluor-2,4-diisopropylchinolin und Perfluor-2,4,6-triisopropylchinolin auftrennen läßt. Die in Tetraglyme analog durchgeführte Umsetzung liefert Perfluor-4-isopropylchinolin. In Gegenwart von CsF lagert sich in Tetramethylensulfon gelöstes Perfluor-2,4-diisopropylchinolin bei 160 °C (14 h) zu folgenden Produkten um: 3% Perfluor-2,4,6-tri-, 3% Perfluor-2,4-di-, 24% Perfluor-2,6-di- und 13% Perfluor-2-isopropylchinolin um. Zusätzlich fallen 6% Heptafluorchinolin an [30]. Die in Tetramethylensulfon in Gegenwart von CsF vorgenommene Addition von $CF_3CF{=}CFCF_3$ an Heptafluorchinolin bei 100 °C (12 h) liefert 28% Perfluor-(2,4-di-sec-butylchinolin) [31].

Die bei 20 °C (14 d, gelegentlich schütteln) durchgeführte Reduktion von Heptadecafluor-decahydrochinolin mit Dicyclopentadienyleisen (gelöst in CF_2Cl_2) führt zu einem Isomerengemisch aus Perfluor-3,4,5,6,7,8,9,10- und Perfluor-2,3,4,5,6,7,8,9-octahydrochinolin, das nicht aufgetrennt, aber ^{19}F-NMR-spektroskopisch charakterisiert wird [32].

Leitet man Chinolin bei 400 °C (Strömungsgeschwindigkeit 10 g/h) über CoF_3, so entsteht ein Gemisch, aus dem 2% Perfluordecahydrochinolin isoliert werden konnte [33].

Heptafluorisochinolin X′ = F

1-Chlorhexafluorisochinolin X′ = Cl

1-Bromhexafluorisochinolin X′ = Br

1-Hydroxyhexafluorisochinolin X′ = OH

1-Aminohexafluorisochinolin X′ = NH_2

1-Trifluoracetylamino-hexafluorisochinolin X′ = $CF_3C(O)NH$

1-Hydrazinohexafluorisochinolin X′ = $NHNH_2$

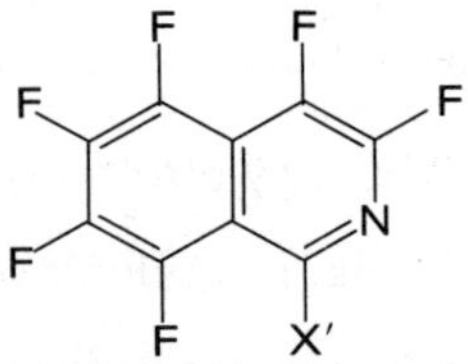

Perfluor-(1,4,?-tri-sec-butylisochinolin) A = $CF_3CF_2C(CF_3)F$

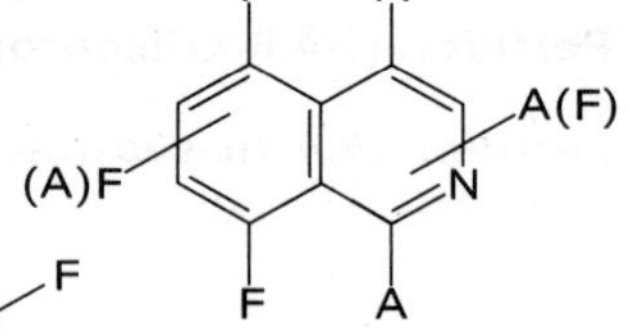

Perfluor-(5,6,7,8-tetrahydroisochinolin)

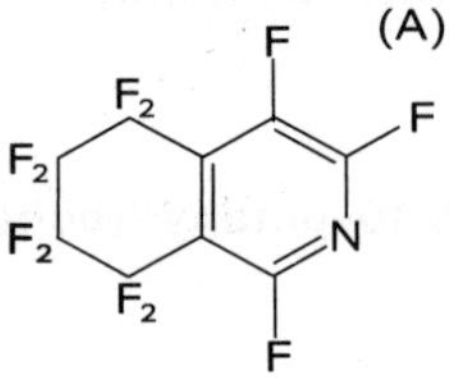

Heptafluorisochinolin wird durch Fluorierung von Heptachlorisochinolin mittels wasserfreiem KF in einem Autoklav bei 420 °C (22.5 h) in 92.5% Ausbeute synthetisiert. Zusätzlich bildet sich hierbei ein nicht genauer identifiziertes Monochlorderivat [26]. *Formation. Preparation*

Die im Bombenrohr durchgeführten Umsetzungen von in Tetramethylensulfon gelöstem Heptafluorisochinolin mit HX führen für X=Cl bei 125 bis 130 °C (160 h) und 155 bis 160 °C (30 h) zu 42% 1-Chlorhexafluor- sowie 4% Dichlorpentafluorisochinolin. Letzteres und ein gleichzeitig isoliertes Hydroxychlorpentafluorisochinolin sind nicht näher charakterisiert worden. Mit X=Br bilden sich lediglich 24% 1-Bromhexafluorisochinolin [29].

Die Hydrolyse von Heptafluorisochinolin mit 10%igem NaOH beim Erhitzen im Rückfluß (2 h) führt zu 1-Hydroxyhexafluorisochinolin, das auch mit KOH, gelöst in $(CH_3)_3COH$, bei 75 °C (1.5 h) erhalten werden kann [34]. Ammonolyse des Heptafluorisochinolins in Aceton mit NH_4OH führt zu 81% 1-Aminohexafluorisochinolin, das auch in Äther mit NH_3 in 70% Ausbeute erhalten werden kann. Fügt man zur ätherischen Lösung $[CF_3C(O)]_2O$ und einen Tropfen konzentriertes HCl hinzu, so fällt 1-Trifluoracetylaminohexafluorisochinolin an. In Dioxan gelöstes Heptafluorisochinolin reagiert mit $N_2H_4 \cdot H_2O$ bei 20 °C (1 h) zu 1-Hydrazinohexafluorisochinolin [28, 35].

In Tetramethylensulfon gelöstes Heptafluorisochinolin addiert in Gegenwart von CsF bei 100 °C (12 h) $CF_3CF{=}CFCF_3$ und liefert 42% Perfluor-(1,4,?-tri-sec-butylisochinolin). Das nicht vollständig analysierte ^{19}F-NMR-Spektrum zeigt, daß zwei $CF_3CF_2C(CF_3)F$-Gruppen die 1- und 4-Position einnehmen und daß die 5- und 8-Stellungen von F-Atomen besetzt sind. Letzteres wird vor allem durch den hohen Wert von J(5-F-6-F)=J(8-F-6-F) 210 Hz bewiesen. Die genaue Lage der dritten Gruppe ist unbekannt. Physikalische Daten werden nicht aufgeführt [31]. Perfluor-(5,6,7,8-tetrahydroisochinolin) wird aus Pentafluorpyridin oder 4-Nitrotetrafluorpyridin und $CF_2{=}CF_2$ bei 600 °C hergestellt (s. S. 129) [21].

Hexafluorchinoxalin X=Y=Z=F

5-Chlor-2,3,6,7,8-pentafluorchinoxalin X=Cl, Y=Z=F

5,6,7,8-Tetrafluor-2,3-dihydrazinochinoxalin X=F, Y=Z=$NHNH_2$

2,3-Dichlor-5,6,7,8-tetrafluorchinoxalin X=F, Y=Z=Cl

3-Cyan-2-(1′,2′-difluor-2′-cyanvinyl)-5,6,7,8-tetrafluorchinoxalin X=F, Y=CN, Z=CF=CFCN

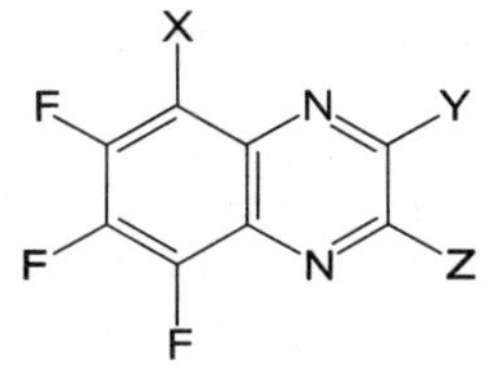

5,6,7,8-Tetrafluor-1H,4H-chinoxalin-2,3-dion

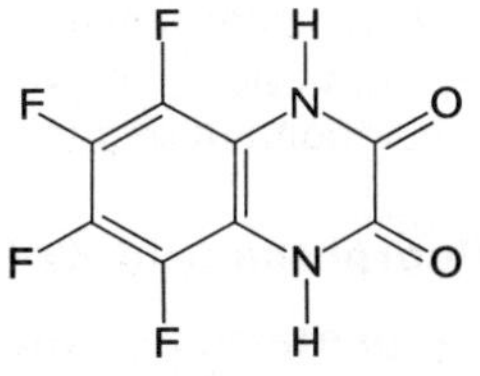

Die in einem Autoklav durchgeführte Fluorierung von Hexachlorchinoxalin mit KF bei 380 °C (19 h) führt zu 80% Hexafluorchinoxalin und 5% 5-Chlorpentafluorchinoxalin [36 bis 38]. Nucleophile Substitution des Hexafluorchinoxalins erzielt man mit einer Lösung von $N_2H_4 \cdot H_2O$ in Äthanol bei 20 °C (0.5 h). Hierbei entsteht in 95% Ausbeute 2,3-Dihydrazinotetrafluorchinoxalin. In Gegenwart von $CuCl_2$ reagiert das 2,3-Dihydrazino-Derivat mit konzentriertem HCl bei 20 °C (0.5 h) zu 80% 2,3-Dichlortetrafluorchinoxalin. In $(CH_3)_3COH$ gelöstes KOH hydrolysiert Hexafluorchinoxalin beim Erhitzen im

Formation. Preparation

Rückfluß (15 h) zu 55% Tetrafluor-1H,4H-chinoxalin-2,3-dion, das auch in Gegenwart von konzentriertem H_2SO_4 mit H_2O unterhalb 60 °C (0.75 h) und anschließendem Rühren bei 20 °C (3 h) aus Hexafluorchinoxalin in 86% Ausbeute synthetisiert werden kann [36]. Tetrafluor-o-phenylendiamin wird von $Pb(CH_3COO)_4$ in wasserfreiem Äther in einer N_2-Atmosphäre bei 20 °C (40 min) unter Rühren zu 4.5% 3-Cyan-2-(1′,2′-difluor-2′-cyanvinyl)-tetrafluorchinoxalin oxidiert [18].

Hexafluorcinnolin X=Y=F

5-Chlorpentafluorcinnolin X=F, Y=Cl

4-Hydroxypentafluorcinnolin X=OH, Y=F

4-Aminopentafluorcinnolin X=NH_2, Y=F

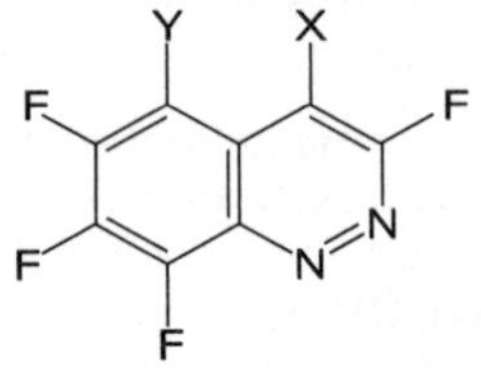

Hexafluorchinazolin X′=F

4-Aminopentafluorchinazolin X′=NH_2

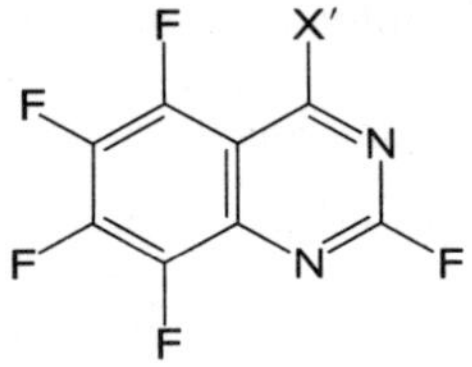

Tetrafluor-1H,3H-chinazolin-2,4-dion

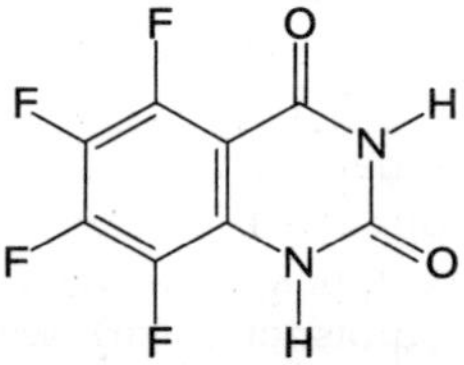

Die Fluorierung des Hexachlorcinnolin mit KF bei 380 °C (19 h) im Autoklav führt zu Hexafluor- und 5-Chlorpentafluorcinnolin. Ersteres ist hydrolyseempfindlich und reagiert an feuchter Luft rasch zu 4-Hydroxy- und mit NH_4OH zu 4-Aminopentafluorcinnolin. Bestrahlt man Hexafluorcinnolin bei 100 °C mit einer Hg-Mitteldrucklampe, so erhält man neben einem nichtflüchtigen, schwarzen Teer flüchtige Bestandteile, die bei Umsetzung mit NH_3 5 bis 10% 4-Aminopentafluorchinazolin und -cinnolin liefern. Die analog durchgeführte Bestrahlung von Hexafluorchinazolin (Bestrahlungsdauer auf die Hälfte des Cinnolinversuches reduziert) liefert 80% Ausgangsverbindung und nicht flüchtigen Teer [39]. Die mit KF bei 350 °C durchgeführte Fluorierung des Hexachlorchinazolin liefert in guten Ausbeuten Hexafluorchinazolin, das an feuchter Luft zu Tetrafluor-1H,3H-chinazolin-2,4-dion hydrolysiert. Letzteres entsteht auch auf Zugabe von H_2O zu einer Lösung von Hexafluorchinazolin in H_2SO_4. Das gegen nucleophile Agentien unbeständige, vollständig fluorierte Chinazolin setzt sich mit NH_4OH in H_2O zu 4-Aminopentafluorchinazolin um [40].

Hexafluorphthalazin X=F

1-Aminopentafluorphthalazin X=NH_2

1-Hydroxypentafluorphthalazin X=OH

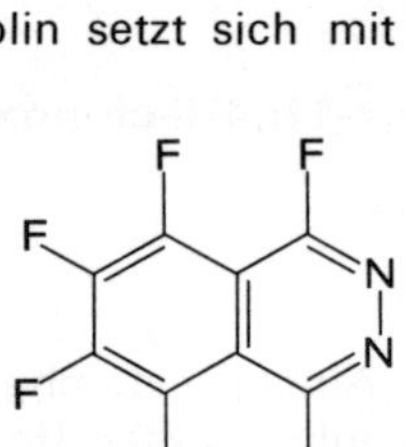

Hexafluor-1,8-naphthyridin

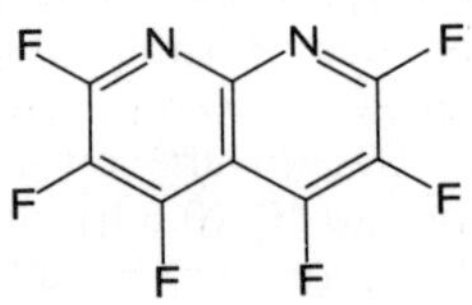

Literatur s. S. 162

Formation. Preparation

Hexafluor-2,7-naphthyridin X=Y=F

4,5-Dichlortetrafluor-2,7-naphthyridin X=Y=Cl

4-Chlorpentafluor-2,7-naphthyridin X=F, Y=Cl

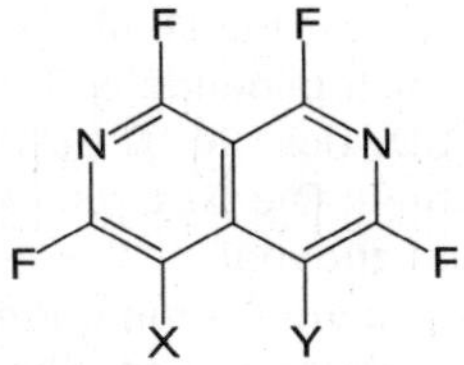

Hexafluorphthalazin wird durch Fluorierung der entsprechenden Chlorverbindung mit KF bei 290 °C in 60% Ausbeute synthetisiert. Bei Nichteinhalten der Reaktionstemperatur entstehen entweder nur partiell fluorierte Stoffe oder Zersetzungsprodukte. Hexafluorphthalazin hydrolysiert an feuchter Luft oder in schwefelsaurer Lösung auf Zugabe von H_2O zu 1-Hydroxypentafluorphthalazin. Mit NH_4OH setzt es sich bei 0 °C zum entsprechenden 1-Aminopentafluorphthalazin um [41].

Hexachlor-1,8-naphthyridin läßt sich nur in Tetramethylensulfon durch KF bei 200 °C (17 h) zum Hexafluor-1,8-naphthyridin in 32.5% Ausbeute umsetzen. Zusätzlich entstehen Monochlorpentafluor- und Dichlortetrafluor-1,8-naphthyridin, die nicht näher charakterisiert werden. Dagegen wird Hexachlor-2,7-naphthyridin von KF ohne Lösungsmittel nur partiell bei 260 °C (17 h) zu 64.7% 4,5-Dichlortetrafluor-2,7-naphthyridin fluoriert. Dieses reagiert mit CsF bei 200 °C (7 d) im Bombenrohr zu 51% 4-Chlorpentafluor- und 45% Hexafluor-2,7-naphthyridin [42].

Hexafluordiazabiphenylen und

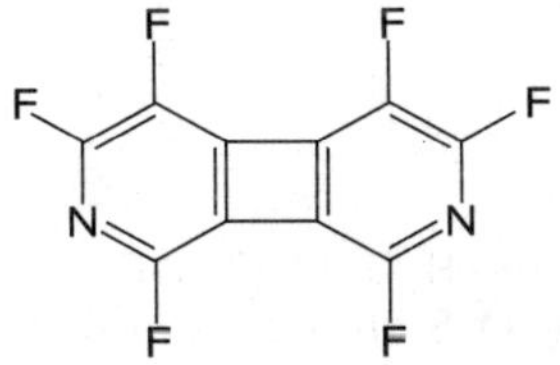

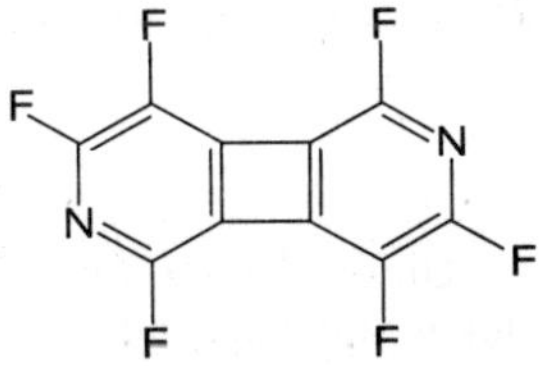

Octafluoracridon und Na-Salz

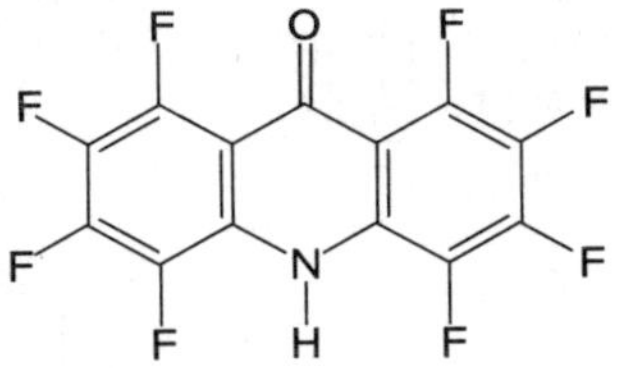

9-Chloroctafluoracridin

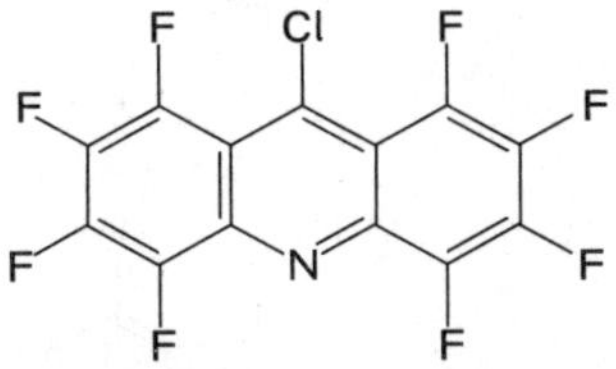

Das Silbersalz der 2,5,6-Trifluorpyridin-3,4-dicarbonsäure pyrolysiert bei 210 bis 220 °C/10^{-2} Torr zu einem nicht auftrennbaren Gemisch (7%) der Hexafluordiazabiphenylen-Isomeren [43].

Die an einer Pt-Anode (+1.55 bis +1.60 V gegen gesättigte Kalomelelektrode) vorgenommene elektrolytische Oxidation des 2-Aminononafluorbenzophenon in einem Elektrolyten aus Aceton, H_2O und $KOC(O)CH_3$ führt zu Octafluoracridon, das auch durch Pyrolyse von Perfluor(3-phenylanthranil) zugänglich ist [44]. Beim Zutropfen einer Lösung von $n\text{-}C_4H_9ONO$ in $CHCl_3$ zu in $CHCl_3$ gelöster Tetrafluoranthranilsäure bei 60 °C (2.5 h)

Formation. Preparation

und Erhitzen im Rückfluß (2.5 h) bildet sich Octafluoracridon (2.5% Ausbeute). Die gleichzeitig sich bildende N-Tetrafluorphenyl-tetrafluoranthranilsäure läßt sich mit konzentriertem H_2SO_4 bei 120 °C (2 h) oder durch Erhitzen mit $POCl_3$ quantitativ in Octafluoracridon überführen. Die Gesamtausbeute ist dann größer als 60%. Das Natrium-octafluoracridon ist leicht zugänglich (keine näheren Angaben) [45]. Durch HF-Abspaltung in Gegenwart von KF geht 2-Aminononafluorbenzophenon, gelöst in $(CH_3)_2NC(O)H$, bei 100 °C (5 h) in Octafluoracridon über. Dieses läßt sich mit $POCl_3$ bei 125 bis 130 °C (3 h) zu 9-Chloroctafluoracridin chlorieren und mit NaOH in H_2O in Natrium-octafluoracridonat überführen [46].

Octafluorphenazin X=Y=F

Perfluor-(2-methylphenazin) Y=CF_3, X=F

2-Hydroxyheptafluorphenazin X=F, Y=OH

2-Bromheptafluorphenazin X=F, Y=Br

1-Bromheptafluorphenazin X=Br, Y=F

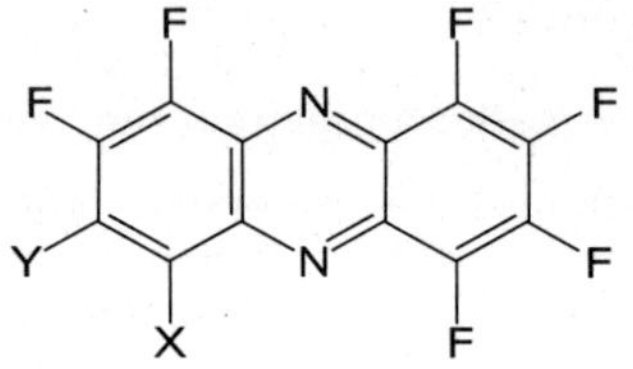

Octafluor-5,10-dihydrophenazin

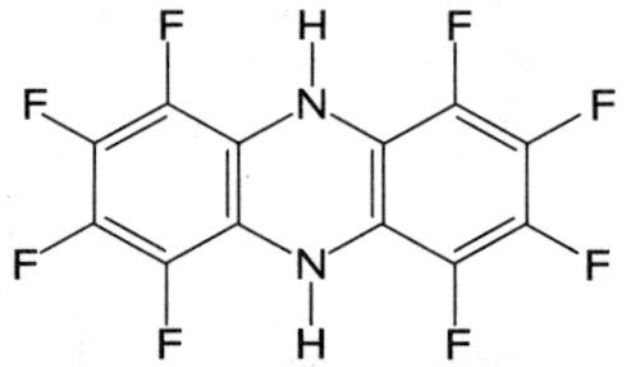

Unter Verwendung eines Aceton-H_2O-$KOC(O)CH_3$-Elektrolyten läßt sich $C_6F_5NH_2$ elektrochemisch an einer Pt-Anode (1.5 bis 1.6 V) in 6% Ausbeute zu Octafluorphenazin oxidieren. Eine Steigerung der Ausbeute auf 40% erzielt man bei der elektrochemischen Oxidation von 2-Aminononafluordiphenylamin bei 1.4 bis 1.5 V. Nachfolgendes Schema gibt die Reaktionsabläufe wieder [47, 48]:

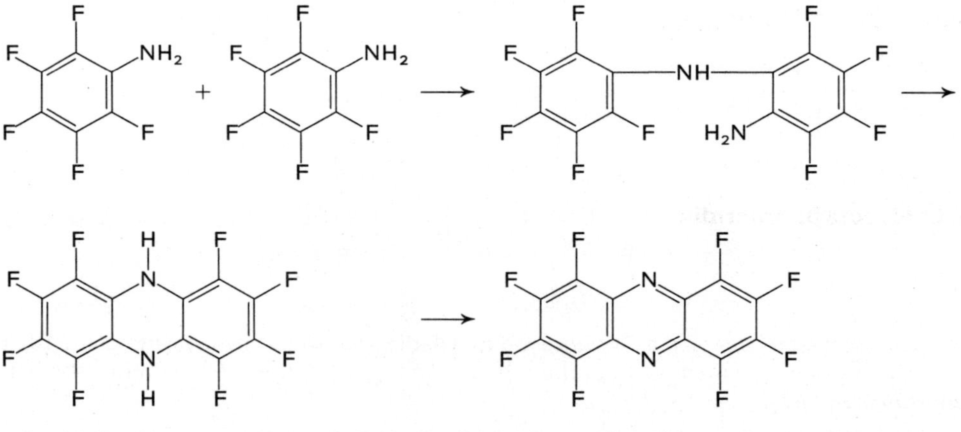

Auch die Umsetzung von $C_6F_5N_3$ bzw. Perfluor-(4-azidotoluol) mit $C_6F_5NH_2$ bei 130 °C (4 h) bzw. 160 °C (4 h) in einer N_2-Atmosphäre führt zu 1% Octafluorphenazin bzw. geringen Mengen Perfluor-(2-methylphenazin) [49, 50]. Setzt man $Pb[OC(O)CH_3]_4$ zu in C_6H_6 gelöstem $C_6F_5NH_2$ und erhitzt 1 h im Rückfluß, so entstehen 28% Octafluorphenazin [51]. Mit in $(CH_3)_3COH$ gelöstem KOH läßt es sich bei 80 °C (3 h) zu 2-Hydroxy-

Literatur s. S. 162

heptafluorphenazin substituieren. 2-Bromheptafluorphenazin läßt sich durch anodische Oxidation von 2-Amino-5-bromoctafluordiphenylamin bei 1.55 bis 1.65 V synthetisieren. Analog entsteht aus 2-Amino-3-bromoctafluordiphenylamin bei 1.55 bis 1.60 V 1-Bromheptafluorphenazin [52]. Octafluorphenazin (gelöst in Äther) wird an einem Pd/C-Katalysator (10% Pd) mit H_2 zu Octafluor-5,10-dihydrophenazin hydriert. Bei Schütteln des Dihydroproduktes in CCl_4 mit Br_2 bildet sich die Ausgangsverbindung zu 90% zurück [48]. Auch 55%iges HJ in H_2O reduziert Octafluorphenazin in Hexan nahezu quantitativ zu Octafluor-5,10-dihydrophenazin, das mit Luftsauerstoff in Äther zu 97% zum Phenazin oxidiert wird [51].

Formation. Preparation

3-Pentafluorphenyl-tetrafluor-1,2-benzoxazin-4-on

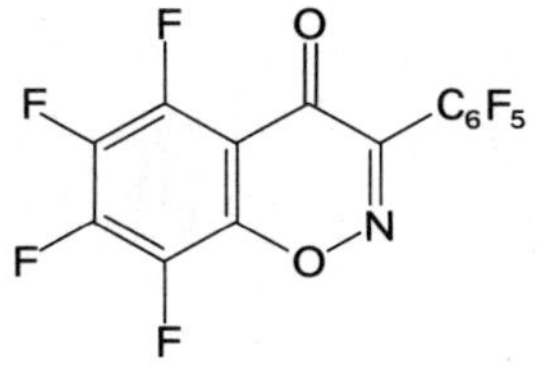

Octafluorphenothiazin

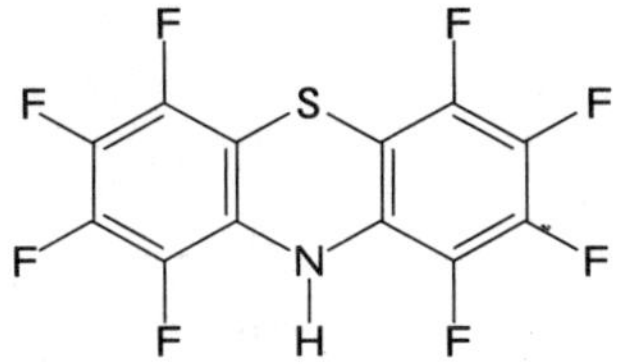

Octafluorphenothiazin ist in „Perfluorhalogenorgano-Verbindungen der Hauptgruppenelemente" 1, Erg.-Werk, Bd. 9, S. 91, aufgeführt. – Beim Erhitzen von Decafluorbenzilmonoxim auf 100 °C (4 h) in $(CH_3)_2NC(O)H$ bildet sich in 2% Ausbeute 3-Pentafluorphenyl-tetrafluor-1,2-benzoxazin-4-on [53].

Perfluormelon

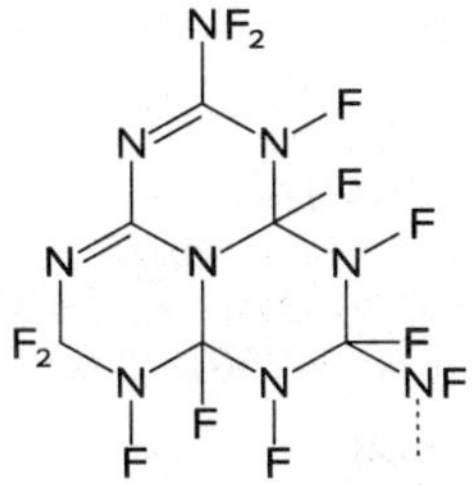

Fluoriert man Melon in einem Perfluoroctangemisch mit F_2 (verdünnt mit N_2) bei 24 bis 36 °C (4.6 h) und leitet danach unverdünntes F_2 in die Lösung, so erhält man nach Abdampfen des Lösungsmittels bei 0.05 Torr bis zur Gewichtskonstanz eine gelbe, viskose, honigähnliche Flüssigkeit, die aus KJ-Lösung Jod freisetzt, in organischem Lösungsmittel löslich ist und vermutlich obige Konstitution aufweist [54, 55].

5.2 Physikalische Eigenschaften

Physical Properties

Physikalische Daten kondensierter Perfluorhalogenorgano-Stickstoffheterocyclen sind in Tabelle 18, S. 138, zusammengestellt. Darüber hinausgehende ^{19}F-NMR-spektroskopische Untersuchungen zur Konstitutionsermittlung und Photoelektronen-Spektren sind im folgenden Abschnitt zu finden. Textfortsetzung auf S. 151

Physical Properties

Tabelle 18. Physikalische Eigenschaften von kondensierten Perfluorhalogenorgano-Stickstoff-Heterocyclen. Siedepunkt (Sdp.) in °C/Druck in Torr, Schmelzpunkt (Schmp.) in °C, Brechungsindex n_D, Dichte D in g/cm^3, chemische Verschiebung δ und Spin-Spin-Kopplungskonstante J im NMR-Spektrum (d = Dublett, tr = Triplett, qu = Quartett, qui = Quintett, sept = Septett, m = Multiplett), IR-Spektrum (in cm^{-1}), Wellenlängen λ_{max} und Extinktionskoeffizienten ε der UV-Absorptionsmaxima, Massenspektrum MS, pK_a

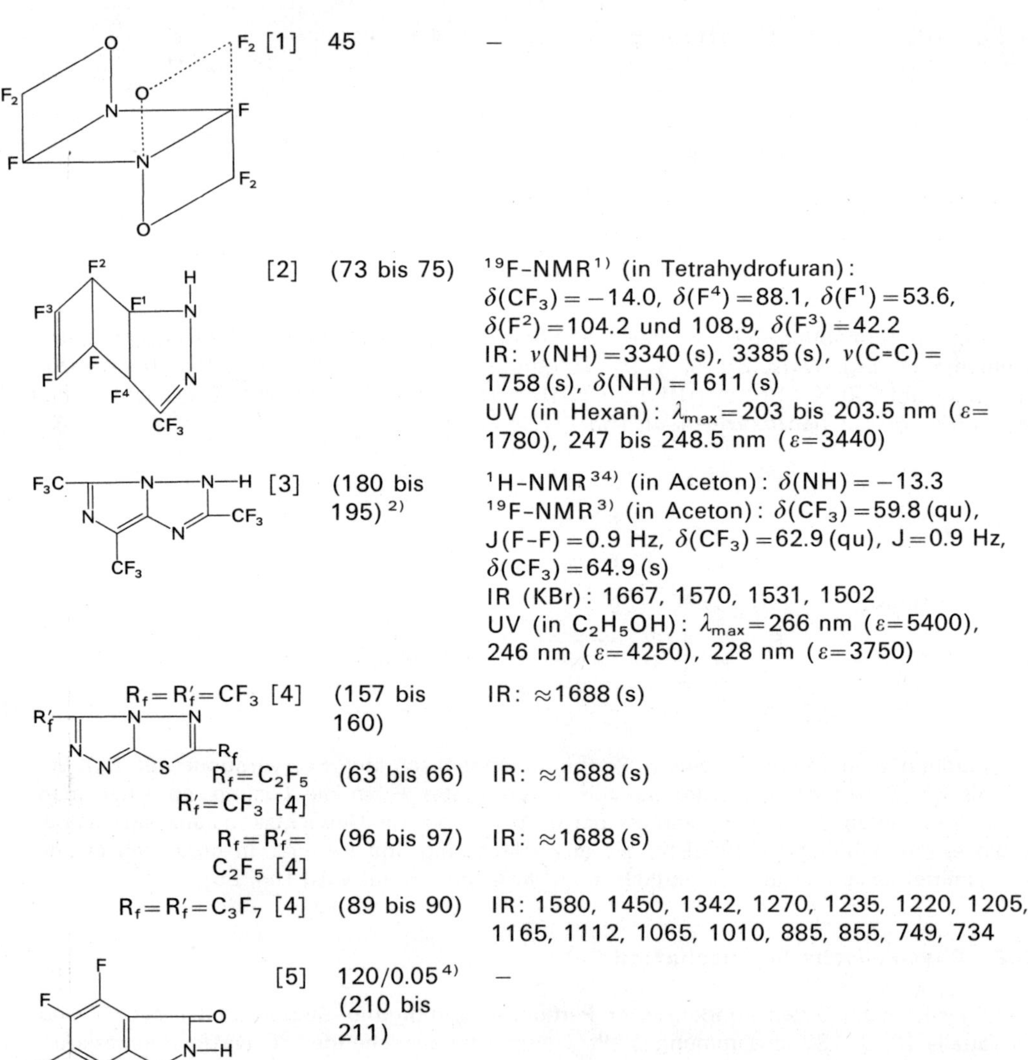

Verbindung	Sdp./Torr (Schmp.) in °C	^{19}F- und ^1H-NMR (δ in ppm) IR- und UV-Spektrum Massenspektrum, n_D, D
[1]	45	–
[2]	(73 bis 75)	^{19}F-NMR[1] (in Tetrahydrofuran): $\delta(CF_3) = -14.0$, $\delta(F^4) = 88.1$, $\delta(F^1) = 53.6$, $\delta(F^2) = 104.2$ und 108.9, $\delta(F^3) = 42.2$ IR: $\nu(NH) = 3340$ (s), 3385 (s), $\nu(C{=}C) = 1758$ (s), $\delta(NH) = 1611$ (s) UV (in Hexan): $\lambda_{max} = 203$ bis 203.5 nm ($\varepsilon = 1780$), 247 bis 248.5 nm ($\varepsilon = 3440$)
[3]	(180 bis 195)[2]	^1H-NMR[34] (in Aceton): $\delta(NH) = -13.3$ ^{19}F-NMR[3] (in Aceton): $\delta(CF_3) = 59.8$ (qu), J(F-F) = 0.9 Hz, $\delta(CF_3) = 62.9$ (qu), J = 0.9 Hz, $\delta(CF_3) = 64.9$ (s) IR (KBr): 1667, 1570, 1531, 1502 UV (in C_2H_5OH): $\lambda_{max} = 266$ nm ($\varepsilon = 5400$), 246 nm ($\varepsilon = 4250$), 228 nm ($\varepsilon = 3750$)
$R_f = R'_f = CF_3$ [4]	(157 bis 160)	IR: ≈ 1688 (s)
$R_f = C_2F_5$ $R'_f = CF_3$ [4]	(63 bis 66)	IR: ≈ 1688 (s)
$R_f = R'_f = C_2F_5$ [4]	(96 bis 97)	IR: ≈ 1688 (s)
$R_f = R'_f = C_3F_7$ [4]	(89 bis 90)	IR: 1580, 1450, 1342, 1270, 1235, 1220, 1205, 1165, 1112, 1065, 1010, 885, 855, 749, 734
[5]	120/0.05[4] (210 bis 211)	–

Literatur s. S. 162

Tabelle 18 [Fortsetzung]

Physical Properties

Verbindung	Sdp./Torr (Schmp.) in °C	^{19}F- und ^{1}H-NMR (δ in ppm) IR- und UV-Spektrum Massenspektrum, n_D, D, pK_a
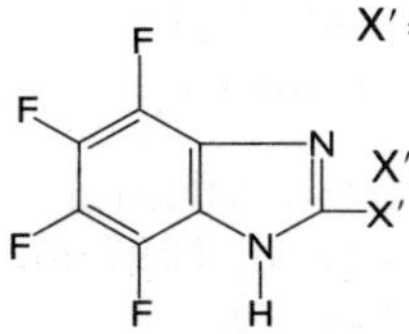 4,5,6,7-Tetrafluorbenzimidazol (2-X'): X' = NH_2 [8]	(289 bis 290.5)	–
X' = CF_3 [8]	(163 bis 163.5)	UV (in C_2H_5OH): λ_{max} = 228 nm (ε=4400), 248 nm (ε=4800), 267 nm (ε=3400)
X = SO_2Cl, Y = Z = Cl [12, 13]	(208 bis 209[2)]	–
X = Y = Z = Cl	(285) [11] (269) [9]	UV: λ_{max} = 223 nm (ε=83176), 273 nm (ε=8710), 290 nm (ε=7079), 301 nm (ε=6457) [42]; pK_a = 5.6 (in C_2H_5OH/H_2O) = 1:1 [42]
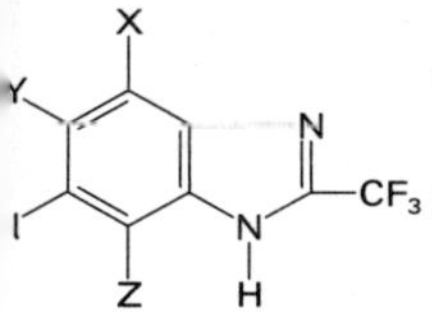 2-CF_3-benzimidazol (X, Y, Cl, Z): X = Br, Y = Z = Cl [11]	(260 bis 262)	–
X = Y = Cl, Z = NO_2 [11]	(221 bis 223)	–
X = Z = Cl, Y = NO_2 [11]	(225)	–
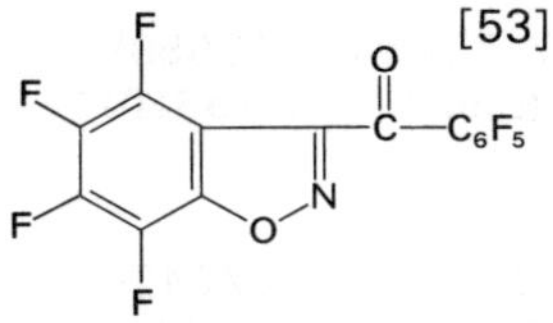 4,5,6,7-Tetrafluor-1,2-benzisoxazol-3-yl-C(=O)-C_6F_5 [53]	(68 bis 71)	^{19}F-NMR[33)] (10% in $CHCl_3$): δ(o-F) = −29.79, δ(m-F) = −2.67, δ(p-F) = −23.22, δ(CF) = −3.51, −5.85, −14.88, −15.78 IR (KBr): ν(C=O) = 1720
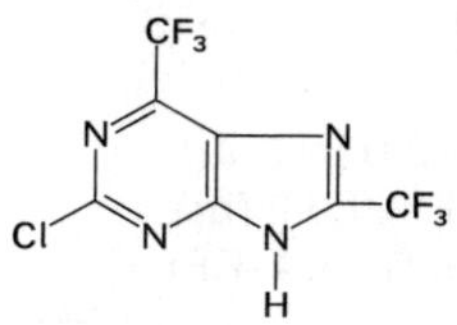 2-Cl-6,8-bis(CF_3)purin [16]	(149)	–
X = CF_3, Y = Z = Cl [17]	(168 bis 170)	–
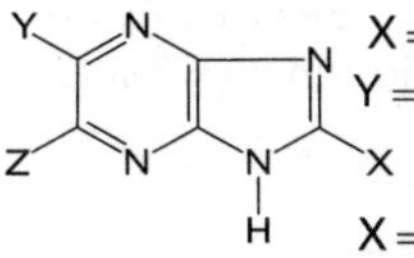 Imidazo[4,5-b]pyrazin (2-X, 5-Y, 6-Z): X = C_2F_5, Y = Z = Cl [17]	(178 bis 179)	–
X = C_3F_7, Y = Z = Cl [17]	(158 bis 160)	–
X = CF_3, Y = Z = Br [17]	(191 bis 192)	–
X = CF_3, Y = Z = F [17]	(150 bis 152)	–

Literatur s. S. 162

Physical Properties

Tabelle 18 [Fortsetzung]

Verbindung	Sdp./Torr (Schmp.) in °C	^{19}F- und ^{1}H-NMR (δ in ppm) IR- und UV-Spektrum Massenspektrum, n_D, D
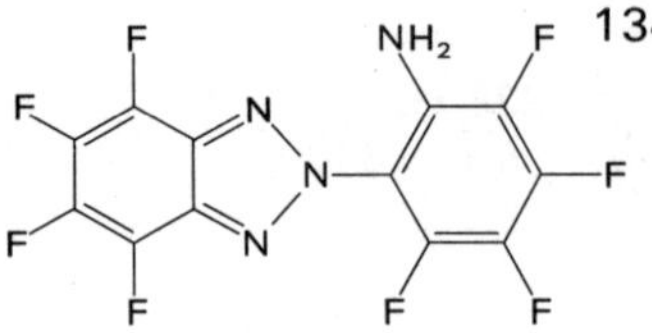 [18]	(132.5 bis 134)	^{19}F-NMR [5] (25% in Aceton): δ(CF) = 13.0, −2.7, −6.9, −8.9, −12.0, −13.5; Intensitätsverhältnis: 1:1:2:1:2:1 IR (1% in CCl_4): 3510 (m), 3410 (m), 1680 (m), 1620 (m), 1540 (s), 1480 (m), 1420 (s), 1390 (s), 1330 (m), 1260 (s), 1250 (m), 1180 (m), 1140 (m), 1100 (m), 1030 (s), 1000 (s) UV (Hexan): λ_{max} = 212 nm (ε = 27925), 240 nm (ε = 10209), 290 nm (ε = 30902), 332 nm (ε = 5702)
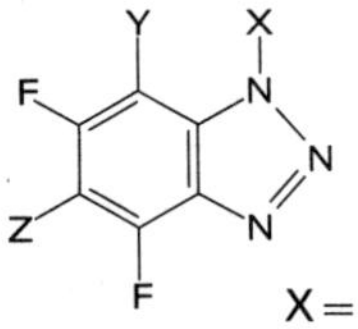 X=H, Y=Z=F [19]	(162.5)	UV (in C_2H_5OH): λ_{max} = 223 nm (ε = 3090), 258 nm (ε = 4169), 271 nm (ε = 3981)
X=OH Y=Z=F [19]	(144) [6]	UV (in C_2H_5OH): λ_{max} = 267 nm (ε = 5012), 287 nm (ε = 3802), 259 nm (ε = 3715), 317 nm (ε = 1259)
$X=C_6F_5NH$ Y=Z=F [19]	(158 bis 159)	UV (in C_2H_5OH): λ_{max} = 281 nm (ε = 3311), λ = 216 nm (infl, ε = 18197), 245 nm (ε = 6026)
$X=C_6F_5NH$ $Y=NH_2$ Z=F [19]	(152 bis 153) [2]	UV (in C_2H_5OH): λ_{max} = 225 nm (ε = 42658), 326 nm (ε = 2570), λ = 259 nm (infl, ε = 6310)
$X=C_6F_5NH$, Y=F $Z=NH_2$ [7] [19]	(147) [6]	UV (in C_2H_5OH): λ_{max} = 220 nm (ε = 27542), 313 nm (ε = 3981), λ = 267 nm (infl, ε = 2630)
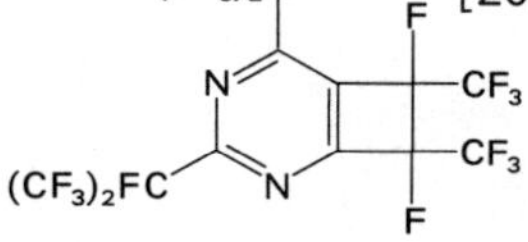 [20]	164/756	^{19}F-NMR: δ(2-, 4-CCF_3) = −2.0 (m), δ(5-, 6-CF_3) = −0.6 (qu), δ(5-, 6-F) = 86.8 (br), 88.8 (br), δ(2-CF) = 104.8 (sept), δ(4-CF) = 107.6 (br) MS [8]: 614, M^+ (91); 595, M^+-F (87); 545, M^+-CF_3 (54); 526, M^+-CF_4 (21); 495, $M^+-C_2F_5$ (3); 445, $M^+-C_3F_7$ (5); 69, CF_3^+ (100) UV (in Cyclohexan): λ_{max} = 250 nm (ε = 3300), 307 nm (ε = 620)
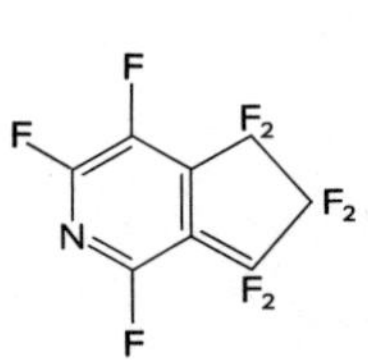 [21]	132 bis 133	^{19}F-NMR [5]: δ(CF) = −98.1, −89.7, −56.4; δ(CF_2) = −54.7, −34.5, −19.1 n_D^{25} = 1.3812 UV: λ_{max} = 228 nm (ε = 5495), 283 nm (ε = 3090)

Literatur s. S. 162

Tabelle 18 [Fortsetzung]

Physical Properties

Verbindung	Sdp./Torr (Schmp.) in °C	^{19}F- und ^{1}H-NMR (δ in ppm) IR- und UV-Spektrum Massenspektrum, n_D, D
X=F [23]	(59 bis 60)	^{19}F-NMR[3)] (in Aceton): $\delta(2\text{-}CF_3)=54.9$, $J(2\text{-}CF_3\text{-}1\text{-}CF_3)=10$ Hz, $J(2\text{-}CF_3\text{-}3\text{-}CF_3)=14$ Hz, $\delta(3\text{-}CF_3)=58.7$, $J(3\text{-}CF_3\text{-}4\text{-}F)=28$ Hz, $\delta(1\text{-}CF_3)=60.8$, $J(1\text{-}CF_3\text{-}7\text{-}F)=20$ Hz, $J(1\text{-}CF_3\text{-}1\text{-}CF_2)=10$ Hz; $\delta(4\text{-}, 7\text{-}F)=78.2$ (m), $\delta(CF_3\text{-}C)=80$ (s), $\delta(CF_2)=106.8$ UV (in Cyclohexan): $\lambda_{max}=299$ nm ($\varepsilon=5114$)
$X=C_6F_5$ [23]	(162 bis 165)	–
CF_2CF_3 [23]	(163 bis 165)	^{19}F-NMR[3)] (in Aceton): $\delta(2\text{-}CF_3)=55.9$, $J(2\text{-}CF_3\text{-}3\text{-}CF_3)=14$ Hz, $J(2\text{-}CF_3\text{-}1\text{-}CF_3)=11$ Hz); $\delta(1\text{-}CF_3)=60.1$, $J(1\text{-}CF_3\text{-}7\text{-}F)=22$ Hz, $J(1\text{-}CF_3\text{-}1\text{-}CF_2)=11$ Hz, $\delta(3\text{-}CF_3)=61.5$, $\delta(CF_3\text{-}C)=82.0$ (s), $\delta(7\text{-}F)=94.3$ (m, br); $\delta(CF_2)=100.8$ UV (in Cyclohexan): $\lambda_{max}=378$ nm ($\varepsilon=4000$)
[23]	(207 bis 209)	^{19}F-NMR[3)] (in Aceton): $\delta(2\text{-}CF_3)=56.7$, $J(2\text{-}CF_3\text{-}3\text{-}CF_3)=13.5$ Hz, $J(2\text{-}CF_3\text{-}1\text{-}CF_3)=10$ Hz, $\delta(1\text{-}CF_3)=57.2$, $J(1\text{-}CF_3\text{-}1\text{-}CF_2)=10$ Hz, $\delta(3\text{-}CF_3)=59.6$, $\delta(CF_3\text{-}C)=80.5$ (s), $\delta(CF_2)=104.3$ (m) UV (in Cyclohexan): $\lambda_{max}=420$ nm ($\varepsilon=9970$)
	106 [25]	^{19}F-NMR[1)]: $\delta(CF_3)=-9.29$ (tr), $J(CF_3\text{-}OCF_2)=11.7$ Hz, $\delta(CF_2N)=7.78$ (br)[9)], $J(CF_3\text{-}NCF_2)=J(CF_3\text{-}CF_2)=O$, $\delta(CF_2O)=23.17$ (br, qu)[10)], $J(NCF_2\text{-}CF_2)=J(OCF_2\text{-}CF_2)=1.95$ Hz, $\delta[(CF_2)_2]=32.48$ (qui) [25] ^{19}F-NMR[28, 35)]: $\delta(CF_3)=67.2$, $\delta(CF_2N)=99.7$, $\delta(CF_2O)=84.3$, $\delta(CF_2)=109.0$, $J(CF_3\text{-}NCF_2)=11.7$ Hz, $J(CF_3\text{-}OCF_2)=<0.5$ Hz [57] IR (Gas): $\nu(C{=}C)=1718$ (w) MS[8)]: 323 (0.5); 304 (6.0); 266 (0.5); 254 (0.5); 243 (1.0); 240 (5.0); 238 (4.0); 225 (4.0); 224 (61.5); 219 (0.5); 216 (2.5); 212 (7.0); 205 (7.0); 193 (4.0); 188 (6.0); 174 (7.0); 169 (2.0); 166 (2.0); 164 (1.0); 162 (1.0); 159 (1.0); 157 (0.5); 155 (57.0); 143 (11.0); 138 (4.0); 136 (1.0); 131 (0.5); 124 (23.0); 121 (2.0); 117 (2.0); 114 (4.5); 112 (10.0); 105 (5.0); 100 (4.5); 93 (17.0); 90 (1.0); 86 (1.0); 81 (6.5); 74 (12.0); 71 (1.0); 69 (100.0); 64 (0.5); 62 (1.0); 55 (4.0); 50 (3.0); 47 (2.0); 43 (0.5); 31 (12.0); 30 (5.0) [25]

Literatur s. S. 162

Physical Properties

Tabelle 18 [Fortsetzung]

Verbindung	Sdp./Torr (Schmp.) in °C	^{19}F- und ^{1}H-NMR (δ in ppm) IR- und UV-Spektrum Massenspektrum, n_D, D
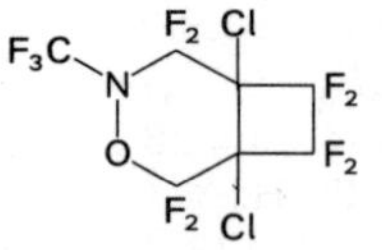 [25]	155 bis 156	–
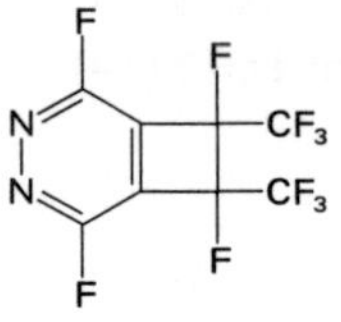 [72]		^{19}F-NMR[28] (in Aceton): $\delta(CF_3)=77.8$, $\delta(N{=}CF)=162.5$, $\delta(CF)=81.0$ IR: 1755, 1600, 1440, 1352, 1302, 1220, 1172, 1070, 1002, 851, 813, 734, 683 MS[8]: m/e=314, M^+(100); 295, M^+-F(38); 245, M^+-CF_3(50) UV: $\lambda_{max}=263$ und 329 nm
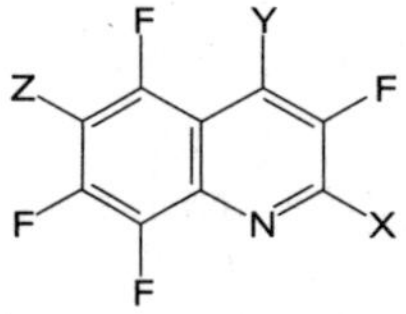 X=Y=Z=F[11]	205 [26] (95 bis 95.5) [26, 27] 205 bis 205.5 [27]	^{19}F-NMR[3] (in CH_2Cl_2): $\delta(2\text{-}F)=77.2$, $\delta(4\text{-}F)=126.0$, $\delta(5\text{-}F)=145.7$, $\delta(CF)=148.3$, 150.7, 154.4, 160.6 [28, 29], $\delta(2\text{-}F)=75.48$[12], $\delta(3\text{-}F)=163.6$, $\delta(4\text{-}F)=127.4$, $\delta(5\text{-}F)=148.7$, $\delta(6\text{-}F)=151.4$, $\delta(7\text{-}F)=154.4$, $\delta(8\text{-}F)=158.1$ [30] UV (in Cyclohexan): $\lambda=215.5$ nm (infl, $\varepsilon=20500$); $\lambda_{max}=227.6$ nm ($\varepsilon=28826$), 272.9 nm ($\varepsilon=3367$), 281.1 nm (sh) ($\varepsilon=3050$) [34], $\lambda=215.0$ nm (infl, $\varepsilon=18870$), $\lambda_{max}=227$ nm ($\varepsilon=28400$), 272.0 nm ($\varepsilon=3060$), 282 nm ($\varepsilon=2550$), UV (in H_2SO_4[13]): $\lambda_{max}=202.5$ nm ($\varepsilon=8310$), 243 nm ($\varepsilon=37800$), 314.0 nm ($\varepsilon=5920$) [26]
X=OH, Y=Z=F [26]	(211)[2] 100/0.05[4]	–
X=NH_2, Y=Z=F	(224 bis 225) [27, 28]	^{19}F-NMR[3] (in Aceton): $\delta(4\text{-}F)=137.1$, $\delta(5\text{-}F)=147.7$, $\delta(CF)=152.5$, 155.7, 159.8, 164.6 [28]
X=Z=F, Y=NH_2	(158.5 bis 160)[14] [27, 28]	^{19}F-NMR[3), 14] (in Aceton): $\delta(CF)=147.1$, 149.8, 155.4, 161.8, 168.0 [28]
X=$NHNH_2$, Y=Z=F [27, 28]	(196)[2]	–
X=Cl, Y=Z=F [29]	–	^{19}F-NMR[3] (in CCl_4): $\delta(4\text{-}F)=128.0$
X=Y=Cl Z=F [29]	(76.5 bis 77.5)	^{19}F-NMR[3] (in CCl_4): $\delta(3\text{-}F)=116.8$, $\delta(CF)=144.7$, 146.6, 152.2 MS[8]: m/e=287, M^+; 291; 289

Literatur s. S. 162

Tabelle 18 [Fortsetzung]

Physical Properties

Verbindung	Sdp./Torr (Schmp.) in °C	^{19}F- und ^{1}H-NMR (δ in ppm) IR- und UV-Spektrum Massenspektrum, n_D, D
X=Cl Y=OH Z=F [29]	(164 bis 165)	MS[8]: m/e=269, M^+; 271
X=OH, Y=Cl, Z=F [29]	(200 bis 204)[2]	MS[8]: m/e=269, M^+; 271
X=Y=Br, Z=F [29]	60/0.001[4] (85 bis 86)	^{19}F-NMR[3] (in CCl_4): δ(3-F)=100.7, δ(CF)=143.9, 146.1, 151.9[15] MS[8]: m/e=375, M^+; 377; 379
X=Br, Y=Z=F [29]	–	^{19}F-NMR[3] (in CCl_4): δ(4-F)=128.7
X=Br, Y=OH, Z=F [29]	–	MS[8]: m/e=313, M^+; 315
X=Y=J, Z=F [29]	80/0.001[4] (118 bis 119)	^{19}F-NMR[3] (in CCl_4): δ(3-F)=73.9, δ(CF)=143.0, 146.4, 152.5[15] MS[8]: m/e=471, M^+
X=CF(CF_3)$_2$ Y=Z=F [30] (Strukturformel: Chinolinring mit F in 3-, 5-, 7-, 8-Stellung, Y in 4-, Z in 6-, X in 2-Stellung)	220/763	^{19}F-NMR[3]: δ(CF)=186.5, δ(CF_3)=76.96, δ(3-F)=151.2, δ(4-F)=130.2, δ(5-F)=, δ(6-F)=149.6, δ(7-F)=δ(8-F)=154.0; J(CF-3F)=55 Hz, J(CF-CF_3)=6.2 Hz, J(CF_3-3-F)=6 Hz, J(4-F-5-F)=48 Hz IR (Film): 1672, 1647, 1499, 1445 (s), 1389 (w), 1370 (w), 1311 (s), 1282 (s), 1245 (s), 1215 (s), 1176, 1140, 1099 (w), 1058 (s), 1007, 983 (s), 887, 806, 773, 745, 734, 708, 677, 645, 613, 545, 513 (w) UV (in Cyclohexan): λ_{max}=232 nm (ε=33884)
Y=CF(CF_3)$_2$ X=Z=F [30]	228/754	^{19}F-NMR[3]: δ(2-F)=78.91, δ(3-F)=123.4, δ(CF)=170.3, δ(CF_3)=75.48, δ(5-F)=131.7, δ(6-F)=148.7, δ(7-F)=, δ(8-F)=154.1, J(2-F-3-F)=28 Hz, J(C-F-5-F)=202 Hz, J(CF_3-3-F)=27 Hz, J(CF-CF_3)=4.5 Hz, J(CF_3-5-F)=13.5 Hz IR (Film): 1667, 1520, 1460 (s), 1364, 1302 (s), 1266 bis 1235 (s), 1183, 1149, 1124 (w), 1081, 1033, 1000, 971 (s), 855 (s), 830 (w), 806, 781 (w), 769, 738, 726, 717, 703, 654 (w), 637 (w), 610 (w), 583, 560, 543 UV (in Cyclohexan): λ_{max}=216 (ε=7762); λ_{max}=242 nm (ε=2399)
X=Y=CF(CF_3)$_2$ Z=F [30]	[16]	^{19}F-NMR[3]: δ(2-CF)=184.9, δ(2-CF_3)=75.88, δ(3-F)=110.5, δ(4-CF)=165.9, δ(4-CF_3)=74.94, δ(5-F)=131.0, δ(6-F)=147.5, δ(7-F)=

Literatur s. S. 162

Physical Properties

Tabelle 18 [Fortsetzung]

Verbindung	Sdp./Torr (Schmp.) in °C	^{19}F- und ^{1}H-NMR (δ in ppm) IR- und UV-Spektrum Massenspektrum, n_D, D
		153.7, δ(8-F) = 145.3; J(2-CF-3-F) = 61.0 Hz, J(2-CF-2-CF_3) = 6.6 Hz, J(2-CF_3-3-F) = 7.1 Hz, J(4-CF-5-F) = 196.4 Hz, J(4-CF_3-3-F) = 28.0 Hz, J(4-CF-4-CF_3) = 4.1 Hz, J(4-CF_3-5-F) = 13.7 Hz IR (Film): 1667, 1600 (w), 1522, 1486, 1420, 1370, 1307 bis 1235 (s), 1198 (w), 1176, 1152, 1045 (s), 1005 (w), 984, 973, 937 (w), 810, 766 (w), 745, 739 (w), 725, 707 (s), 680, 667 (w), 662 (w), 651 (w), 559 (w), 542, 532, 526 (w), 517 (w), 506 (w), 501 (w) UV (in Cyclohexan): 217 nm (ε=8710), 246 nm (ε=40738)
X = Z = $CF(CF_3)_2$ Y = F [30] 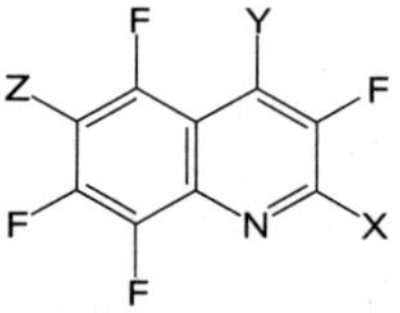	[17]	^{19}F-NMR[3]: δ(2-CF) = 186.1, δ(2-CF_3) = 76.30, δ(3-F) = 147.0, δ(4-F) = 125.0, δ(5-F) = 112.1, δ(6-CF) = 179.9, δ(6-CF_3) = 77.43, δ(7-F) = 132.4, δ(8-F) = 150.2; J(2-CF-3-F) = 56 Hz, J(2-CF-2-CF_3) = 6 Hz, J(2-CF_3-3-F) = 5.5 Hz, J(4-F-3-F) = 14 Hz, J(4-F-5-F) = 65 Hz, J(6-CF-5-F) = J(6-CF-7-F) = 48 Hz, J(6-CF_3-5-F) = J(6-CF_3-7-F) = 14 Hz, J(6-CF-6-CF_3) = 5 Hz IR (Film): 1661, 1634, 1587 (w), 1486, 1429 (s), 1370, 1299 (s), 1242 (s), 1183 (s), 1149, 1124, 1105 (w), 1087 (w), 1042 (w), 1018 (w), 1002 (w), 980 (s), 917 (s), 833 (w), 816 (w), 791 (w), 762, 747, 730, 707, 690, 671 (w), 647 (w), 621 (w), 595 (w), 542 (br) UV (in Cyclohexan): 232 nm (ε=34674), 279 nm (ε=13490)
X = Y = Z = $CF(CF_3)_2$ [30]	>260	^{19}F-NMR[3] (50% in Äther): δ(2-CF) = 184.7, δ(2-CF_3) = 75.34, δ(3-F) = 109.4, δ(4-CF) = 169.2, δ(4-CF_3) = 74.09, δ(5-F) = 92.0, δ(6-CF) = 178.2, δ(6-CF_3) = 76.50, δ(7-F) = 132.6, δ(8-F) = 145.9, J(2-CF-3-F) = 63 Hz, J(2-CF-2-CF_3) = 6, J(2-CF_3-3-F) = 7.5 Hz, J(4-CF-5-F) = 195 Hz, J(4-CF_3-3-F) = 29 Hz, J(4-CF-4-CF_3) = 3.5 Hz, J(4-CF_3-5-F) = 16.5 Hz, J(6-CF-7-F) = 102 Hz, J(6-CF_3-5-F) = 20 Hz, J(6-CF-6-CF_3) = 4 Hz, J(6-CF_3-7-F) = 11 Hz IR (Film): 1653, 1605 (w), 1481, 1414, 1370 (w), 1299 bis 1235 (s), 1176 (s), 1156 (w), 1143 (w), 1124, 1075, 1042, 1005, 985 bis

Tabelle 18 [Fortsetzung]

Physical Properties

Verbindung	Sdp./Torr (Schmp.) in °C	^{19}F- und ^{1}H-NMR (δ in ppm) IR- und UV-Spektrum Massenspektrum, n_D, D
		971 (s), 950, 840 (w), 830, 800 (w), 773 (w), 760, 752, 735 (w), 714 bis 707, 678, 667 (w), 662, 654, 542, 525 (w), 515 (w), 506 (w), 501 (w) UV (in Cyclohexan): 250 nm (ε=37154)
X=Y= $\underset{a}{CF_3}CF_2C(\underset{b}{CF_3})F$ Z=F [31]	–	^{19}F-NMR[33]: δ(a-CF_3) = −91.0, δ(b-CF_3) = −83.6, δ(3-F) = −56.0, δ(2-CF_2) = −48.3, δ(4-CF_2) = −44.6, δ(5-F) = −35.6, δ(6-, 7-, 8-F) = −20.6, −18.6, −12.4, δ(4-CF) = 6.4, δ(2-CF) = 19.8
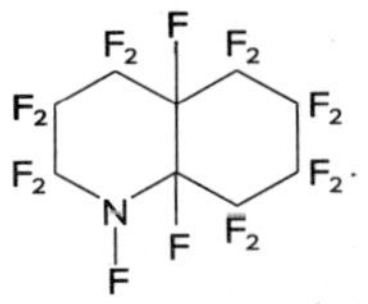 Perfluor-N-fluor-decahydrochinolin (structure: F_2, F, F_2, N–F) [33]	130.4	n_D^{25}=1.302
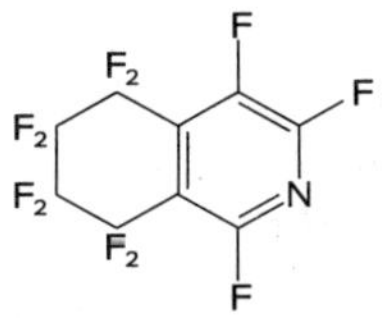 1,3,4-Trifluor-5,6,7,8-octafluor-5,6,7,8-tetrahydroisochinolin (structure: F, F_2, N)	151 bis 152 [21, 22] 45 bis 48/12 [43]	^{19}F-NMR[5]: δ(CF) = −102.3, −90.1, −57.8, δ(CF_2) = −56.4, −30.1, −22.5[18] [21, 22] IR: 1620 (s), 1493 (s), 1472 (vs), 1428 (m), 1392 (s), 1328 (s), 1288 (m), 1272 (s), 1200 (s), 1167 (s), 1130 (s), 1110 (s), 1040 (s), 1004 (s), 926 (vs), 855 (s), 819 (s), 775 (w), 721 (w), 663 (m), 645 (w), 620 (m), 600 (w), 582 (w), 532 (w) [43] MS[8]: m/e=331, M^+ (100); 332, $^{13}CC_8F_{11}N^+$ (12); 312, $C_9F_{10}N^+$ (42); 281, $C_8F_9N^+$ (30); 262, $C_8F_8N^+$ (52); 231, $C_7F_7N^+$ (99); 224, $C_8F_6N^+$ (17); 212, $C_7F_6N^+$ (17); 193, $C_7F_5N^+$ (7); 181, $C_6F_5N^+$ (40); 162, $C_6F_4N^+$ (13); 131, $C_5F_3N^+$ (17); 117, $C_5F_3^+$ (11); 93, $C_3F_3^+$ (8); 69, CF_3^+ (37) [43] UV: λ_{max}=208 nm (ε=3802), 276 nm (ε=4074) n_D^{20}=1.3783 [21, 22]
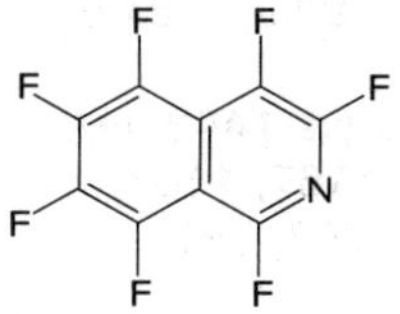 Heptafluorisochinolin (structure: F, N)	212/759 (45.5) [26] 207 bis 209 (44.5 bis 45) [35]	^{19}F-NMR[3] (in Aceton): δ(1-F) = 61.0, δ(3-F) = 96.5, δ(CF) = 138.9, 144.5, 145.2, 152.4, 154.6 [28, 29] UV (in Cyclohexan): λ_{max}=213.0 nm (ε=41880), 260 nm (sh) (ε=5660), 271.5 nm (ε=6650), 282.0 nm (sh) (ε=5660), 323.0 nm (ε=5660), 332.0 nm (ε=5940) [26], λ_{max}= 216.2, 272.8, 284.3, 332.4 (infl), 263.8 und 325.7 nm [35]

Physical Properties

Tabelle 18 [Fortsetzung]

Verbindung	Sdp./Torr (Schmp.) in °C	^{19}F- und ^{1}H-NMR (δ in ppm) IR- und UV-Spektrum Massenspektrum, n_D, D
(Tetrafluorisochinolin, 5,6,7,8-F, 3-F) X′ = F, Y′ = NH_2	(160 bis 161) [28, 35]	^{19}F-NMR[3)] (in Aceton): δ(3-F) = 94.4, δ(CF) = 140.0, 146.6, 147.3, 150.4, 159.9 [28]
X′ = F, Y′ = $CF_3C(=O)N(H)$-	(82 bis 83) [28, 35]	–
X′ = $NHNH_2$, Y′ = F [28, 35]	(190)[2)]	–
X′ = OH, Y′ = F [34, 35]	(178 bis 182) (176 bis 182)	–
X′ = Cl, Y′ = F [29]	25/0.01[19)]	^{19}F-NMR[3)] (in Äther): δ(3-F) = 94.5, δ(5-F) = 144.3, δ(CF) = 136.8, 145.9, 151.9 (br)[15)] MS[8)]: m/e = 271, M^+; 273
X′ = Br, Y′ = F [29]	80 bis 100/0.1[20)]	^{19}F-NMR[2)] (in Äther): δ(3-F) = 93.7, δ(5-F) = 144.3, δ(CF) = 136.5, 146.3, 151.6 (br) MS[8)]: m/e = 315, M^+; 317
(Chinoxalin, 5-X, 6,7,8-F, 2-Y, 3-Z) X = Y = Z = F	196 bis 198 (142 bis 144) [36] (142 bis 143) [37, 38]	^{19}F-NMR[33)] (in Äther): δ(CF) = −10.3, −13.4, −89.4 [36, 37, 38] IR (KBr): 1667, 1515 bis 1471 (m), 1346, 1316 (sh), 1261, 1232, 1218, 1199, 1170, 1095, 1080, 1053, 1017 (vs), 816, 799, 654, 593 (w), 521 [36] UV (in Cyclohexan): λ_{max} = 239 nm (ε = 29512), 305.5 nm (ε = 4074), 312.5 nm (ε = 4074), 318 nm (ε = 3715) [36, 37, 38]
X = Cl, Y = Z = F	(119 bis 120) [36, 37, 38]	^{19}F-NMR[33)] (in Aceton): δ(CF) = −10.6, −18.5, −36.3, −83.3, −85.5 J(2-F-3-F) = 30 Hz [36], (in Äther): δ(CF) = −10.3, −17.9, −35.9, −82.8, −84.9 [37, 38] IR (KBr): 1645, 1592 (w), 1515 bis 1449 (m), 1326, 1247, 1232, 1217, 1200, 1167, 1107, 1081 (w), 1038, 1020 (w), 909, 797, 787, 680 (w), 639 [36] UV (in Cyclohexan): λ_{max} = 242 nm (ε = 26915), 308 nm (ε = 5012), 314.5 nm (ε = 5129), 320 nm (ε = 4677) [36, 37, 38]

Literatur s. S. 162

Tabelle 18 [Fortsetzung]

Physical Properties

Verbindung	Sdp./Torr (Schmp.) in °C	^{19}F- und ^{1}H-NMR (δ in ppm) IR- und UV-Spektrum Massenspektrum, n_D, D
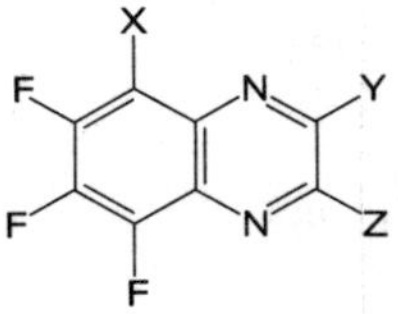 X=F Y=Z= NHNH$_2$ [36]	(≈280) [2)]	IR (KBr): 3413, 3268 bis 2985 (br), 1637, 1570, 1464 (br), 1418 (sh), 1339, 1282, 1250, 1190, 1163, 1136 (w), 1057, 1018, 848, 807, 773, 746, 667
X=F Y=Z=Cl [36]	(80 bis 82)	^{19}F-NMR [33)] (in Aceton): δ(CF) = −11.9, 12.9 IR (KBr): 1656, 1546, 1511 bis 1497 (d), 1453, 1351, 1269, 1188, 1164, 1117 (w), 1068, 1010, 968, 683, 651, 629 UV (in Cyclohexan): λ_{max}=222.5 nm (ε=11220), 250 nm (ε=4266), 253.5 nm (ε=4266), 310.5 nm (ε=4467), 318 nm (ε=5370), 323.5 nm (ε=6457), 331 nm (ε=6026), 338.5 nm (ε=6607)
X=F, Y=CN, Z=CF=CFCN [18]	(161.5 bis 162.5)	^{19}F-NMR [5)] (21% in Aceton): δ(CF) = −24.0, δ(CF-CN) = −40.9, δ(6- und 7-F) = −13.8, δ(5-F) = −16.9, δ(8-F) = −17.7 IR (KBr): 2235 (m), 1670 (s), 1510 (s), 1400 (s), 1260 (s), 1210 (s), 1050 (s), 1020 (m), 940 (m), 800 (m) UV (in C_2H_5OH): λ_{max}=262 nm (ε−22182), 284 nm (ε=19588), 346 nm (ε=417)
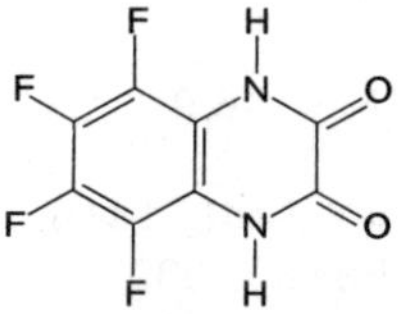 (Tetrafluorchinoxalin-2,3-dion) [36]	≈300 [21)]	^{19}F-NMR [22, 33)]: δ(CF) = −3.5, 7.1 IR (KBr): 3165 bis 2857 (br, mult.), 1730, 1686, 1667, 1550, 1527, 1481 (w), 1435, 1381, 1290, 1147, 1042 bis 1020 (m), 833, 791, 612 UV (in C_2H_5OH): λ_{max}=227 nm (ε=10000), 253.5 nm (ε=7762), 260 nm (ε=8710), 303 nm (ε=6918), 314 nm (infl, ε=2455), 332 nm (infl)
X=Y=F [39] 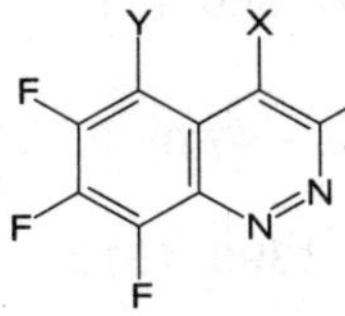	(100 bis 102)	UV (in Cyclohexan): λ_{max}=225, 274, 282, 294, 330 nm
X=OH Y=F [39]	(226 bis 228)	–
X=NH$_2$ Y=F [39]	(179 bis 181)	–
X=F Y=Cl [39]	(98 bis 100)	UV (in Cyclohexan): λ_{max}=229, 273 (infl), 286, 296.5 und 332.5 nm
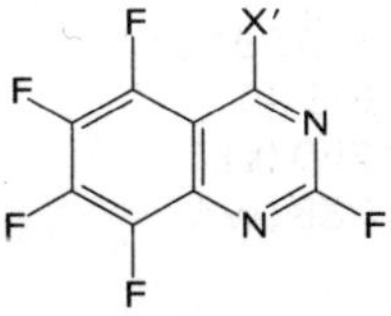 X′=F [40]	84 bis 87/50 (37 bis 39)	^{19}F-NMR [3)] (in C_6H_6): δ(2-F) =43.5, δ(4-F) =47.7, δ(5-F) =140.5, δ(CF) =144.2, 150.5, 156.7, J(4-F-5-F) =50 Hz UV (in Cyclohexan): λ_{max}=255.5, 263, 309 und 318 nm

Literatur s. S. 162

Physical Properties

Tabelle 18 [Fortsetzung]

Verbindung	Sdp./Torr (Schmp.) in °C	^{19}F- und ^{1}H-NMR (δ in ppm) IR- und UV-Spektrum Massenspektrum, n_D, D
$X'=NH_2$ [40]	(238 bis 240)	UV (in C_2H_5OH): $\lambda_{max}=224$, 269, 277, 317.5 und 329 nm (infl)
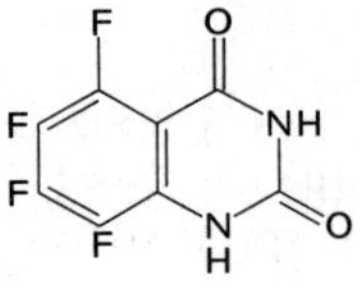 5,6,7,8-Tetrafluor-chinazolin-2,4(1H,3H)-dion [40]	(320 bis 323)	UV (in C_2H_5OH): $\lambda_{max}=240$ (infl), 267 und 311 nm
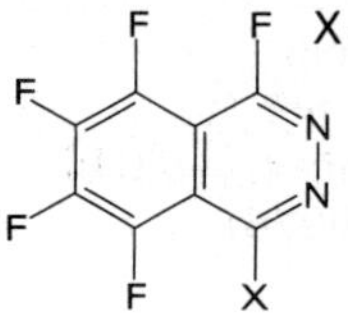 Hexafluorphthalazin-Gerüst (F an 1-, 5-, 6-, 7-, 8-Stellung), X=F [41]	(91 bis 93)	^{19}F-NMR[3] (in Aceton): δ(1-, 4-F) = 81.5, δ(5-, 8-F) = 140.7, δ(6-, 7-F) = 145.6, J(1-F-8-F) = 57 Hz UV (in Cyclohexan): $\lambda_{max}=249$ (infl), 259, 267 (infl), 288 (infl), 299.5 und 313 nm
$X=NH_2$ [41]	(159 bis 165[2])	–
X=OH [41]	(244 bis 246)	UV (in C_2H_5OH): $\lambda_{max}=225$, 257, 297 und 309 nm
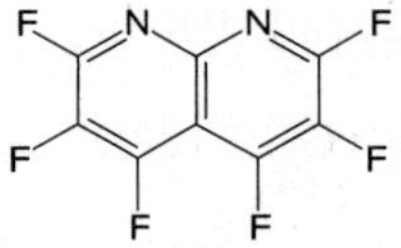 Hexafluor-1,8-naphthyridin [42]	(164.9 bis 166)	^{19}F-NMR[5] (in $(CD_3)_2CO$): δ(CF) = −1.3, −38.9, −91.6 IR (KBr): 1665, 1605, 1485, 1448, 1415, 1385, 1350, 1228, 1195, 1090, 1073 (w), 1040, 830, 784, 772, 740, 725 (w), 692, 625 (w)
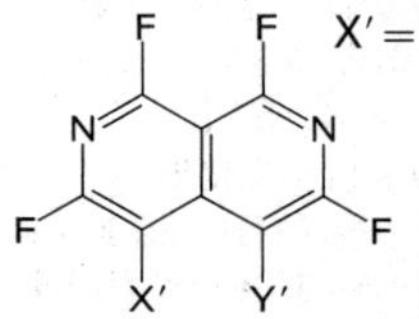 2,7-Naphthyridin-Gerüst (F an 1-, 3-, 6-, 8-Stellung), X'=Y'=F [42]	(61.4 bis 62.8)	^{19}F-NMR[5] (in $(CD_3)_2CO$): δ(CF) = −6.9, −72.9, −105 IR (KBr): 1645, 1590, 1535, 1460, 1445, 1415, 1395, 1370, 1255 (w), 1208, 1188 (w), 930, 872, 786, 728, 707 (w), 669 (w)
X'=F, Y'=Cl [42]	(41.3 bis 43)	IR (KBr): 1635, 1595, 1505, 1430, 1390, 1340, 1245 (w), 1140 (w), 1085 (w), 900, 815, 790, 762 (w), 708 (w)
X'=Y'=Cl [42]	(102.3 bis 104)	^{19}F-NMR[5] (in $(CD_3)_2CO$): δ(CF) = −97.0, 108.2 IR (KBr): 1615, 1595, 1572, 1423, 1390, 1310, 1068, 830, 798, 790, 742 (w)
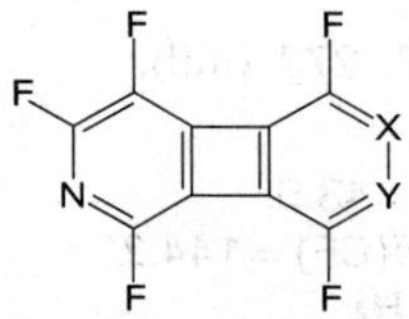 Hexafluor-cyclobutadipyridin (Cyclobutadien-Gerüst mit zwei Pyridinringen) [43] X=CF, Y=N und X=N, Y=CF	25 bis $30/10^{-2}$ (s.[4]) (94 bis 114)	^{19}F-NMR[23]: $\delta(CF)_a$ = 68.74, 80.39, 95.64, $\delta(CF)_b$ = 71.48, 84.13, 91.03[24] IR: 1642 (m), 1632 (m), 1610 (m), 1591 (m), 1483 (m), 1433 (vs), 1377 (s), 1308 (s), 1312 (w), 1290 (w), 1260 (m), 1250 (s), 1212 (m), 1188 (m), 1128 (m), 1088 (w), 818 (w), 802 (m), 778 (w)

Literatur s. S. 162

Tabelle 18 [Fortsetzung]

Physical Properties

Verbindung	Sdp./Torr (Schmp.) in °C	^{19}F- und ^{1}H-NMR (δ in ppm) IR- und UV-Spektrum Massenspektrum, n_D, D
		MS[8]: m/e = 264 (3); 263 (13); 262[25] (100); 243 (3); 231 (8); 218 (2); 217 (18); 213 (2); 212 (15); 193 (7); 186 (5); 172 (5); 167 (6); 162 (4); 148 (18); 141 (10); 131 (8); 129 (4); 124 (7); 122 (10); 117 (14); 112 (2); 110 (5); 105 (4); 103 (7); 100 (4); 98 (8); 93 (7); 86 (13); 81 (2); 79 (5); 74 (5); 69 (9); 62 (3); 56 (3); 55 (3); 41 (4); 31 (27)
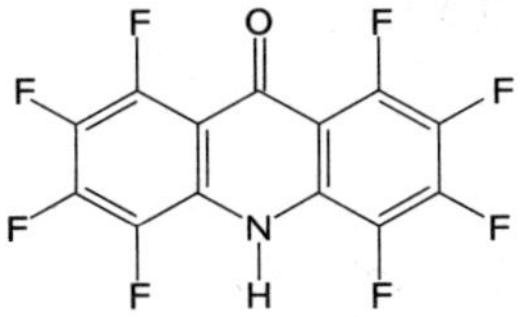 F, O, F, F, F, F, F, N, H, F, F	(282 bis 284)[2] [44] (276 bis 277) [45] (282) [46]	^{19}F-NMR[26] [in $(CD_3)_2SO$]: δ(1-F) = 67.5 (d von d von d), δ(3-F) = 73.2 (d von tr), δ(4-F) = 78.0 (d von d von d), δ(2-F) = 90.5 (d von tr)[27] [46] IR: ν(C=O) = 1610 (s), ν(Ring) ≈ 1500 (s) UV (in C_2H_5OH): λ_{max} = 247.5 nm (ε = 58500), 296.5 nm (ε = 5610), 307.0 nm (ε = 7800), 346.0 nm (ε = 6950), 370.0 nm (ε = 8500), 385.0 nm (ε = 8500) [46]
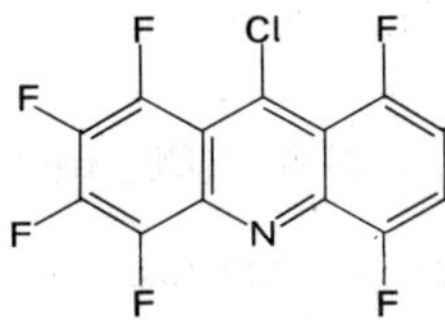 F, Cl, F, F, F, F, F, N, F, F [46]	(164 bis 165)	^{19}F-NMR[28] (in $CDCl_3$): δ(CF) = 140.9 (tr, J = 16.9 Hz), 148.6 (tr, J = 18.3 Hz), 149.3 (tr, J = 16.9 Hz), 152.8 (tr, J = 16.9 Hz) IR: ν(Ring) = 1680, 1480, 1358, 1066 UV (in C_2H_5OH): λ_{max} = 258.5 nm (ε = 94600), 367.0 nm (ε = 3750), 385.0 nm (ε = 4350), 410 nm (ε = 3465)
X = Y = F	(234) [47] (259 bis 260) [48] (230 bis 231) [49] (230 bis 232) (239) [51]	^{19}F-NMR[3] (in CF_3COOH): δ(CF) = 144.6, 149.8 [47, 48] ^{19}F-NMR[1] (in Tetrahydrofuran): δ(2-, 3-F) = 73.5, δ(1-, 4-F) = 75.6 [51] UV (in C_2H_5OH): λ_{max} = 258 nm (ε = 91000), 368 nm (ε = 5900) [48], UV (in Hexan): λ_{max} = 221 nm (ε = 9550), 258 nm (ε = 123026), 369 nm (ε = 12303), 413 nm (ε = 3020), λ_{infl} = 352 nm (ε = 5012), 360 nm (ε = 9120), 390 nm (ε = 4365) [51] MS[8]: m/e = 324, M^+ (100); 305, $M^+ - F$ (17); 162, $C_6F_4N^+$ (12.5); 148, $C_6F_4^+$ (32.5) [49]
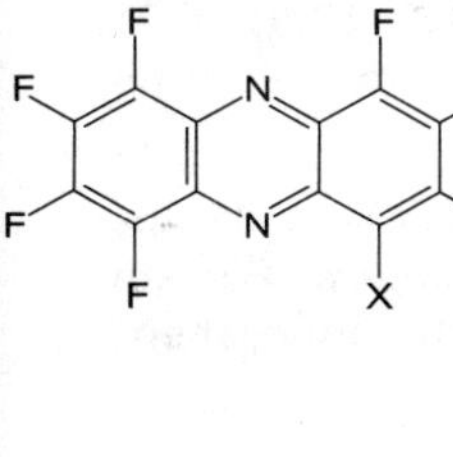 F, F, F, N, F, F, N, Y, F, X — Y = CF_3, X = F [49]	(165 bis 167)	MS[8]: m/e = 374, M^+ (100); 355, $M^+ - F$ (44); 324, $C_{12}F_8N_2^+$ (43); 148, $C_6F_4^+$ (21)
X = F, Y = OH [52]	(272 bis 273)	^{1}H-NMR[34] (in $(CD_3)_2CO$): δ(OH) = −6.5 bis −6.8 ^{19}F-NMR[28] (in $(CD_3)_2CO$): δ(CF) = 144.3, 151.4, 152.5, 155.1[29]

Literatur s. S. 162

Physical Properties

Tabelle 18 [Fortsetzung]

Verbindung	Sdp./Torr (Schmp.) in °C	^{19}F- und ^{1}H-NMR (δ in ppm) IR- und UV-Spektrum Massenspektrum, n_D, D
X=F, Y=Br [52]	(191 bis 192)	^{19}F-NMR[28] (in Tetrahydrofuran): δ(CF) = 117.1 (d), 124.7 (d), 149.6 (m), 151.8 (m)[30]
X=Br, Y=F [52]	(221 bis 222)	^{19}F-NMR[28] (in $(CD_3)_2CO$): δ(CF) = 113.0 (d von d), 146.4 (d von d), 148.3 (d von d), 149.6 (d), 151.6 (d)[31]
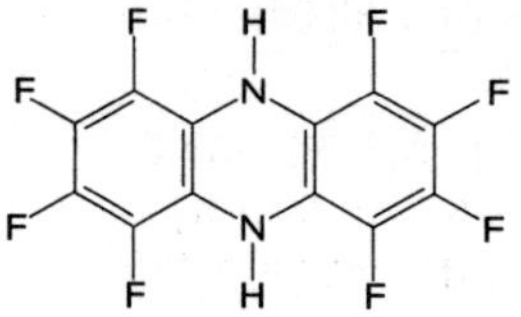	(186) [47] (185 bis 187) [48] 189 [51]	IR: ν(N-H) = 3440 [28], 3472 [51] UV (in Hexan): λ_{max} = 237 nm (ε = 39811), 317 nm (ε = 2042), λ_{infl} = 257 nm (ε = 6761) [51]
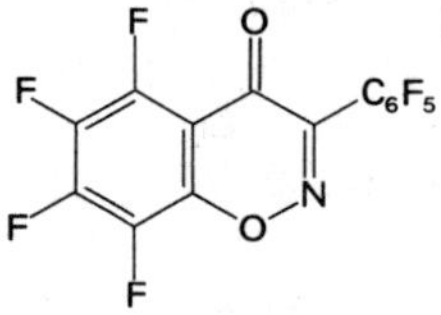 [53]	(167 bis 170)	^{19}F-NMR[33] (10% in Tetrahydrofuran): δ(5-F) = −23.93, δ(6-F) = −3.00, δ(7-F) = −19.86, δ(8-F) = −5.85, δ(o-F) = −25.53, δ(m-F) = −1.62, δ(p-F) = −13.30 IR (KBr): = 1700 cm^{-1} UV: λ_{max} = 258 nm (ε = 14125), 318 nm (ε = 4169)
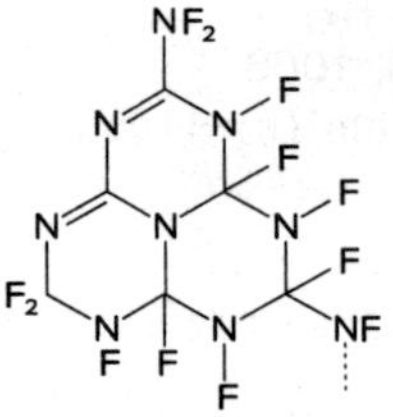 [54]		^{19}F-NMR[1]: $\delta(NF_2)$ = −20.6, −24.0, $\delta(CF_2$ und NF) = 60 bis 100 IR: ν(C=N) = 1724, 1282; ν(CF) = 1333 bis 1064; ν(NF) = 1000 bis 909 n_D^{25} = 1.4315, D_4^{24} = 1.936

[1] Äußerer Standard CF_3COOH. – [2] Zersetzung. – [3] Äußerer Standard $CFCl_3$. – [4] Sublimation. – [5] Äußerer Standard C_6F_6.

[6] Explosion. – [7] Das Produkt enthält Spuren von Verunreinigungen. – [8] m/e, Bruchstück (Intensität in %). – [9] Halbwertsbreite: 6.4 Hz. – [10] Halbwertsbreite: 6.5 Hz.

[11] Kopplungskonstanten, gemessen in einer 50%igen Aceton-Lösung; Fehlergrenze ±0.1 Hz. Nachfolgend werden die Positionen der F-Atome in Klammern und die dazugehörigen Kopplungskonstanten in Hz angegeben: (2,3) 27.6; (2,4) 26.5; (2,5) 3.1; (2,6) 6.1; (2,7) 1.5; (2,8) 8.3; (3,4) 14.5; (3,5) 7.0; (3,6) 4.05; (3,7) 8.15; (3,8) 2.5; (4,5) 48.0; (4,6) 1.5; (4,7) 3.4; (4,8) 4.55; (5,6) 14.95; (5,7) 1.9; (5,8) 17.9; (6,7) 17.1; (6,8) 2.45; (7,8) 1.15. – [12] Gelöst in Aceton. – [13] Dichte: 1.84 g/cm^3. – [14] Im Gemisch mit 20% 2-Aminohexafluorchinolin. – [15] Doppelte Intensität.

[16] Gelbes Öl oder niedrig schmelzende Kristalle. – [17] Schwach gelbes Öl. – [18] Intensitätsverhältnis: 1:1:1:2:2:4. – [19] Sublimation eines 95% reinen Produkts. Für ein nicht näher charakterisiertes Monochlorhexafluorisochinolin werden in [26] angegeben: Siedepunkt 250 °C, Schmelzpunkt 41 bis 42 °C. – [20] Zu 98% rein.

Literatur s. S. 162

Fußnoten zu Tabelle 18 [Fortsetzung]

Physical Properties

[21] Zersetzung ohne Schmelzen. — [22] Gelöst in N-Methyl-2-pyrrolidon bei 60 °C. — [23] Innerer Standard $C_4F_4Cl_4$, Werte auf $CFCl_3$ umgerechnet. — [24] Intensitätsverhältnis des Gemisches: $\delta(CF)_a:\delta(CF)_b=3:5$. — [25] Metastabile Peaks MS:
$m^*/e=180$; $\underset{262}{C_{10}F_6N_2^+} \rightarrow \underset{45}{CFN} + \underset{217}{C_9F_5N^+}$; $m^*/e=171.3$; $\underset{262}{C_{10}F_6N_2^+} \rightarrow \underset{50}{CF_2} + \underset{212}{C_9F_4N_2^+}$

[26] Innerer Standard CF_3COOH bei 160 °C. — [27] Kopplungskonstanten in Hz: $J_{1,2}=22$, $J_{1,3}=8$, $J_{1,4}=14.6$, $J_{2,4}=2.6$, $J_{3,4}=22$. — [28] Innerer Standard $CFCl_3$. — [29] Intensitätsverhältnis: 1:1:3:2. — [30] Intensitätsverhältnis: 1:1:2:3.

[31] Intensitätsverhältnis: 1:1:1:2:2. — [32] Intensitätsverhältnis: 6:3:2:4:1. — [33] Innerer Standard C_6F_6. — [34] Innerer Standard $(CH_3)_4Si$. — [35] Bei 25 °C.

Textfortsetzung von S. 137

^{19}F-NMR-Spektren

^{19}F-NMR Spectra

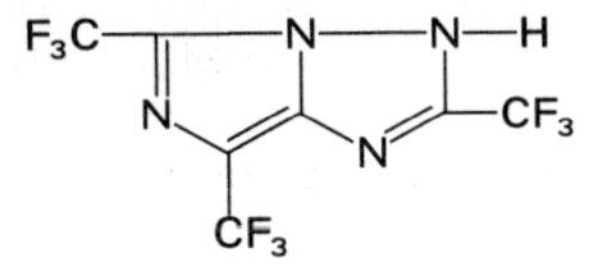

Die Frage, ob das Imidazo[1,5-b]-s-triazol in der tautomeren Form A oder B vorkommt, konnte durch ^{15}N-Markierung in 3-Stellung NMR-spektroskopisch geklärt werden. Die sauer reagierende Verbindung weist einen pK_a-Wert von 2.75 (in 40%igem C_2H_5OH) auf. Das ^{1}H-NMR-Spektrum des ^{15}N-markierten Produktes zeigt keine Spin-Spin-Kopplung zwischen ^{15}N und ^{1}H und ist mit dem der unmarkierten Substanz identisch im Bereich von −120 bis +30 °C. Daraus wird gefolgert, daß das Molekül nur in Form A vorkommt [3].

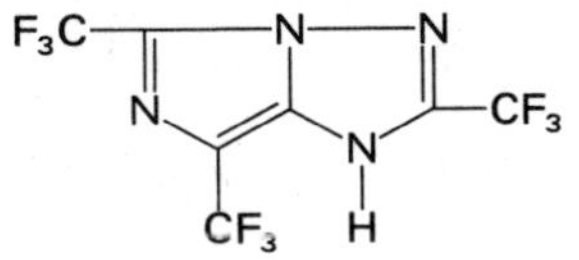

Das ^{19}F-NMR-Spektrum von Perfluor-(2,4-diisopropylchinolin) ist in [58] abgebildet. Nachfolgende chemische Verschiebungen δ in ppm und Kopplungskonstanten in Hz wurden mit einer 50%igen Lösung Verbindung in $CFCl_3$ bei 22 °C ermittelt:

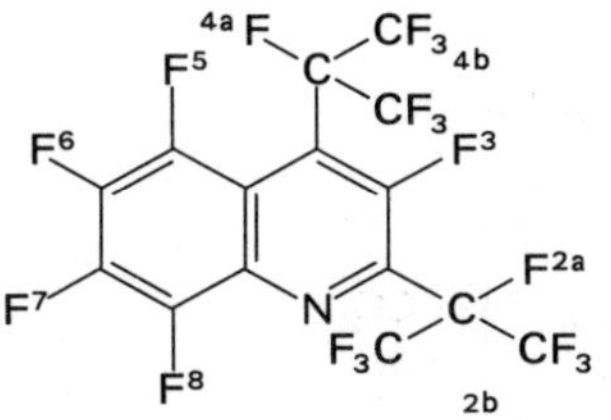

$\delta(F^{2b})=74.257$, $\delta(F^{4b})=73.400$, $\delta(F^5)=129.05$, $\delta(F^3)=109.5$, $\delta(F^8)=142.789$, $\delta(F^6)=145.081$, $\delta(F^7)=151.191$, $\delta(F^{4a})=168.774$, $\delta(F^{2a})=183.826$

Kopplungskonstanten J (in Hz; Genauigkeit ±0.2 Hz) [58]:

Stellung	2, 3	2, 5	2, 6	2a, 2b	2a, 3	2b, 3	3, 4a	3, 4b	3, 5	3, 6	3, 7
J	–	–	–	−6.6	+61.0	+7.1	−5.0	+28.0	–[1]	±1.9	±7.2

Stellung	3, 8	4a, 4b	4a, 5	4a, 6	5, 6	5, 7	5, 8	4b, 5	6, 7	6, 8	7, 8
J	±4.1	−4.1	+196.4	+1.4	−14.6	+5.4	+15.1	+13.7	−19.2	+5.2	−18.0

[1] Wert nicht bestimmt, da Signale zu komplex.

Literatur s. S. 162

Physical Properties

Die ^{19}F-NMR-Spektren der beiden isomeren Hexafluordiazabiphenylene werden mit Hilfe der Fourier-Transform-Technik (FT) und CW-Technik aufgenommen und teilweise analysiert. Wie erwartet tritt für jedes Isomer ein Satz von $[AMX]_2$-Spektren auf. Die Zuordnung der Fluorpositionen zu den A-, M- und X-Spins wird durch Vergleich mit anderen Fluorpyridin-Derivaten getroffen. Aus der Substituentenabhängigkeit der δ-Werte ergibt sich die Zuordnung der Isomeren zu den Molekülsymmetrien C_i und C_s. Folgende chemische Verschiebungen δ (in ppm) sind an Lösungen der Biphenylene in $CDCl_3$ (innerer Standard $CFCl_3$) gemessen worden [59]:

Isomer X (Symmetrie C_i) Isomer Y (Symmetrie C_s)

CW: $\delta(A) = 68.4$, $\delta(M) = 79.9$, $\delta(X) = 147.0$ CW: $\delta(A) = 71.05$, $\delta(M) = 83.6$, $\delta(X) = 143.35$
FT: $\delta(A) = 68.4$, $\delta(M) = 79.8$, $\delta(X) = 146.9$ FT: $\delta(A) = 70.9$, $\delta(M) = 83.6$, $\delta(X) = 143.05$

Angabe einiger Kopplungsparameter sowie Abbildung der Spektren s. [59].

Photoelectron Spectra

Photoelektronenspektren

Hochaufgelöste (He 584 Å) Photoelektronenspektren von Heptafluorchinolin und -isochinolin werden aufgenommen (Abbildung s. Original) und mit denen von Chinolins und Isochinolins verglichen. Die F-Substitution gibt Anlaß zu einer Verschiebung der π-Ionisierungspotentiale. Dieser Effekt kann mittels eines induktiven und eines induktiv-konjugativen Hückel-Modells beschrieben werden [60].

Mass Spectrum of Octafluorophenazene

Massenspektrum des Octafluorphenazins

Bruchstücke mit einer Intensität >1% werden nachfolgend aufgeführt: $C_{12}F_8N_2^+ = M^+$ (34.5); $C_{12}F_7N_2^+$ (1.7); $C_{11}F_5N_2$ (1.3); $C_{12}F_8N_2^+$ (2.6); $C_6F_4^+$ (7.4); $C_4F_4^+$ (10.3); $C_5F_3^+$ (3.2); $C_4F_3^+$ (1.6); $C_4F_2N^+$ (2.7); $C_5F_2^+$ (4.2); $C_3F_3^+$ (4.6); $C_4F_2^+$ (1.3); C_5F^+ (1.8); $C_3F_2^+$ (2.0); CF_3^+ (1.9); CF^+ (6.0). Metastabile Ionen s. Original. Fragmentierungsschema [61]:

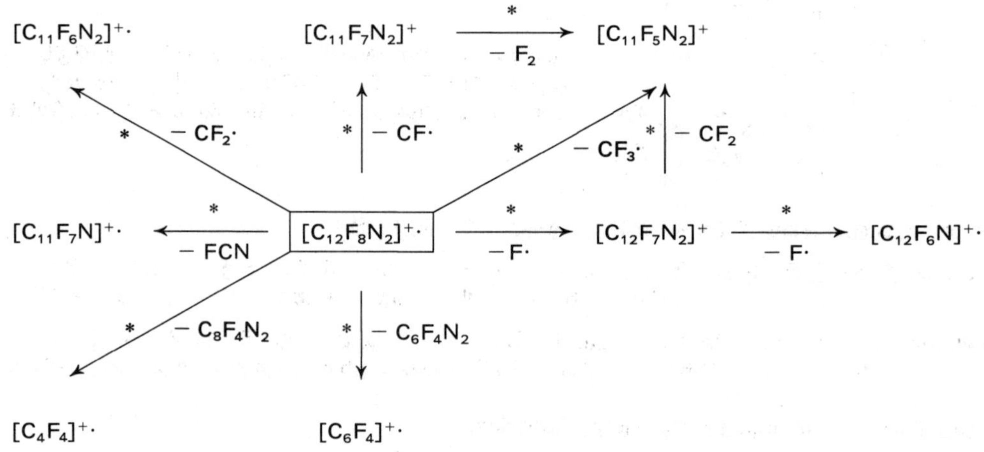

Literatur s. S. 162

5.3 Chemisches Verhalten

Chemical Reactions

Physikalische Eigenschaften von Reaktionsprodukten sind, soweit sie nicht im Text angegeben sind, in der folgenden Tabelle 19 zusammengesellt.

Textfortsetzung auf S. 158

Tabelle 19: Physikalische Eigenschaften der Verbindungen aus Reaktionen von kondensierten Perfluorhalogenorgano-Stickstoff-Heterocyclen. Siedepunkt (Sdp.) in °C/Druck in Torr, Schmelzpunkt (Schmp.) in °C, Dampfdruck p; Verdampfungsenthalpie ΔH_v, Brechungsindex n_D, Dichte D in g/cm^3, chemische Verschiebung δ und Spin-Spin-Kopplungskonstante J im NMR-Spektrum (d = Dublett, tr = Triplett, qu = Quartett, m = Multiplett), IR-Spektrum (in cm^{-1}), Wellenlängen λ_{max} und Extinktionskoeffizienten ε der UV-Absorptionsmaxima, Massenspektrum MS.

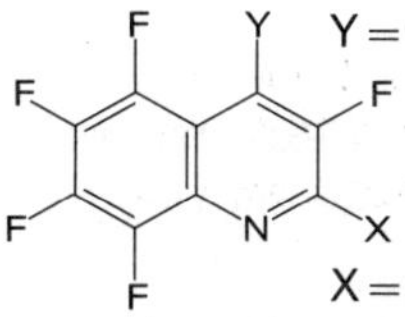

Verbindung	Sdp./Torr (Schmp.) in °C	^{19}F- und ^{1}H-NMR (δ in ppm) IR- und UV-Spektrum Massenspektrum
X=H, Y=F [28]	(62.5 bis 64.5)	^{19}F-NMR[1)] (in CH_2Cl_2): δ(4-F) = 133.3, δ(5-F) = 146.0, δ(CF) = 148.2, 151.3, 154.3
X=Y=H [29]	(49.5 bis 50.5)	^{1}H-NMR[18)] (in CCl_4): δ(2-H) = −8.87 (d), J(H-H) = 2.5 Hz, δ(4-H) = −8.02 (d von d von d), J(4-H-3-F) = 8.1 Hz, J(4-H-5-F) = 1.1 Hz ^{19}F-NMR[1)] (in CCl_4): δ(3-F) = 125.3, δ(CF) = 149.2, 150.9, 155.5[3)] MS[2)]: m/e = 219, M^+
X=Cl Y=CH_3O [29]	(61 bis 62)	^{1}H-NMR[18)] (in CCl_4): $\delta(CH_3)$ = −4.38 (d), J(H-3-F) = 5.7 Hz ^{19}F-NMR[1)] (in CCl_4): δ(3-F) = 140.9, δ(CF) = 144.5, 149.7, 153.5, 156.6 MS[2)]: m/e = 285, M^++2; 283, M^+
X=OCH_3 Y=Cl [29]	–	^{1}H-NMR[18)] (in CCl_4)[4)]: $\delta(CH_3)$ = −4.17 ^{19}F-NMR[1)] (in CCl_4): δ(3-F) = 133.9, δ(CF) = 146.1, 150.0, 153.4, 158.9
X=Br, Y=CH_3O [29]	(76 bis 77)	^{1}H-NMR[18)] (in CCl_4): $\delta(CH_3)$ = −4.34 (d), J(H-3-F) = 5.0 Hz ^{19}F-NMR[1)] (in CCl_4): δ(3-F) = 133.8, δ(CF) = 144.5, 148.9, 153.7, 156.3 MS[2)]: m/e = 327, M^+; 329
X=OCH_3, Y=F	(50.5 bis 51.5) [27, 28, 34]	^{1}H-NMR[18)] (in CCl_4): $\delta(CH_3)$ = −4.2 ^{19}F-NMR[1)] (in CH_2Cl_2): δ(4-F) = 132.4, J = 50 und 15 Hz, δ(5-F) = 147.0, J = 46 Hz, δ(CF) = 150.2, 154.0, 159.5, 160.5 [28, 34] UV (in Cyclohexan): λ_{max} = 225.8 (sh) (ε = 32100), 233.8 nm (ε = 36100), 258.6 nm (ε = 5180), 266.2 nm (infl) (ε = 4830), 301.1 nm (ε = 2080), 314.9 nm (ε = 214.0) [34]

Chemical Reactions
Physical Properties of the Products

Tabelle 19 [Fortsetzung]

Verbindung	Sdp./Torr (Schmp.) in °C	^{19}F- und ^{1}H-NMR (δ in ppm) IR- und UV-Spektrum Massenspektrum
X=F, Y=OCH_3 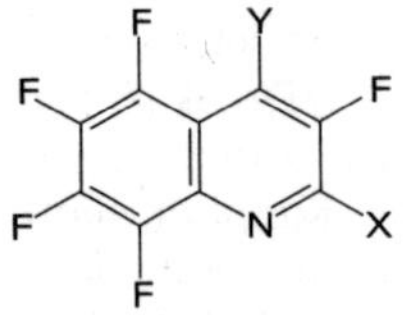	(68.5 bis 69.0) [28]	^{1}H-NMR[18]: $\delta(CH_3) = -4.39$ (d), J=5.52 Hz ^{19}F-NMR[1] (in CH_2Cl_2): δ(2-F)=76.0, δ(CF)= 143.2, 149.6, 153.7, 158.0, 160.1 [28] UV (in Cyclohexan): λ_{max}=219.6 nm (ε= 32470), 274.0 nm (ε=5160), 283.5 nm (ε= 5030) [34]
X=Y=CH_3O	(107.5 bis 108.5) [28]	UV (in Cyclohexan): λ_{max}=222.1 nm (ε=34286), 262.8 nm (ε=5221), 271.6 nm (ε= 5654), 281.7 nm (ε=4411), 314.6 nm (ε= 1145) [34]
X′=F [34]	(127.0 bis 127.4)	^{19}F-NMR[1] (in Aceton): δ(4-F)=134.0 (J=80 Hz), δ(CF)=144.5 (J=76 Hz), 146.3, 150.7, 152.3, 162.4 ^{1}H-NMR[18] (in CCl_4): $\delta(CH_3) = -3.83$, J= 9.8 Hz UV (in Cyclohexan): λ_{max}=224.6 nm (ε= 25100), 233.8 nm (ε=22134), 269.3 nm (ε= 4471), 279.8 nm (ε=4929), 319.8 nm (ε= 2900), 333.5 nm (ε=2379)
X′= OCH_3 [34] 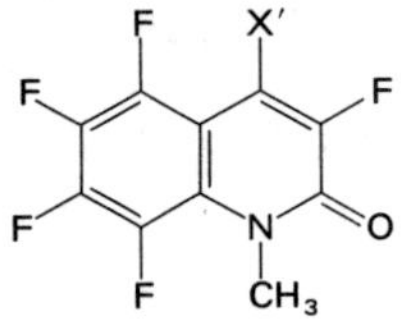	(115 bis 116)	^{1}H-NMR[18] (in CCl_4): $\delta(CH_3) = -4.21$, J=5.04 Hz und −3.80, J=9.0 Hz ^{19}F-NMR[19] (in Aceton): δ(CF)=142.2, 148.9, 151.9, 163.6 UV (in Cyclohexan): λ_{max}=213.4 nm (ε= 17529), 226.4 nm (ε=29968), 235.0 nm (ε= 2394), 275.0 nm (ε=5151), 285.5 nm (ε= 4995), 318.3 nm (ε=2450)
X′=Cl [29]	(100 bis 101)	^{1}H-NMR[18] (in CCl_4): $\delta(CH_3) = -3.80$ (d), J(H-8-F)=10.0 Hz ^{19}F-NMR (in CCl_4): δ(3-F)=120.0, δ(CF)= 140.8, 148.5, 151.2, 161.7 MS[2]: m/e=285, $M^+ + 2$; 283, M^+
A=H, B=F [28] 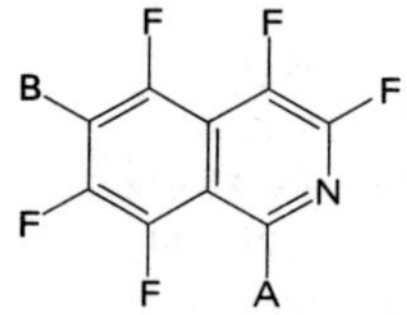	68/1	^{19}F-NMR[1] (in Aceton): δ(3-F)=97.2, δ(CF)= 145.6, 146.4, 148.1, 150.9, 154.6 n_D^{20}=1.5043
A= CH_3O, B=F	(86 bis 87) [28, 34]	^{19}F-NMR[1] (in Aceton): δ(3-F)=97.6, δ(8-F)=136.2, δ(5-F)=146.9, δ(7-F)=148.7, δ(6-F)=156.5, δ(4-F)=164.7[6] [28, 34] UV (in Cyclohexan): λ_{max}=214.3 nm (ε= 25922), 268.6 nm (infl), 277.3 nm (ε=7310), 289.0 nm (ε=7361), 330.9 nm (ε=5028) [34]

Literatur s. S. 162

Chemical Reactions
Physical Properties of the Products

Tabelle 19 [Fortsetzung]

Verbindung	Sdp./Torr (Schmp.) in °C	^{19}F- und ^{1}H-NMR (δ in ppm) IR- und UV-Spektrum Massenspektrum
A = B = CH_3O	(99 bis 100) [28]	^{19}F-NMR [1] (in Aceton): δ(3-F) = 100.0, δ(8-F) = 138.85, δ(5-F) = 139.7, δ(7-F) = 150.9, δ(4-F) = 165.2 [7] [28, 34] UV (in Cyclohexan): λ_{max} = 235.3 nm (ε = 35293), 280.0 nm (ε = 4659), 292.3 nm (ε = 4324), 337.6 nm (ε = 4659), 351.7 nm (infl) [34]
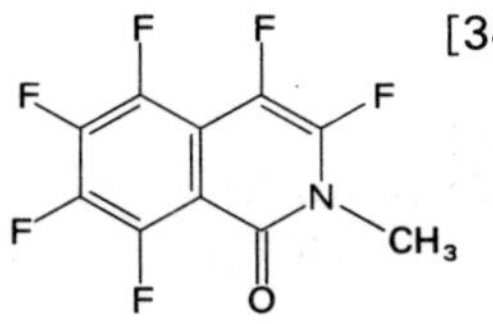 [34]	(135 bis 135.5)	^{19}F-NMR [1] (in Aceton): δ(CF) = 119.1 [8], 137.1, 146.6, 147.8, 157.5, 181.2 [8] UV (in Cyclohexan): λ_{max} = 206.4 nm (ε = 19190), 225.6 nm (ε = 15426), 247.1 nm (infl), 251.3 nm (ε = 6508), 283.7 nm (ε = 7824), 292.8 nm (ε = 8222), 345.2 nm (ε = 4968)
X = H [48]	(189 bis 191)	^{1}H-NMR [18] (in CF_3COOH): δ(CH) = −7.82 (br) ^{19}F-NMR [1] (in CF_3COOH): δ(CF) = 123.0, 124.9, 145.2, 147.0, 151.2, 154.1 [17]
X = $N(CH_3)_2$ [52] 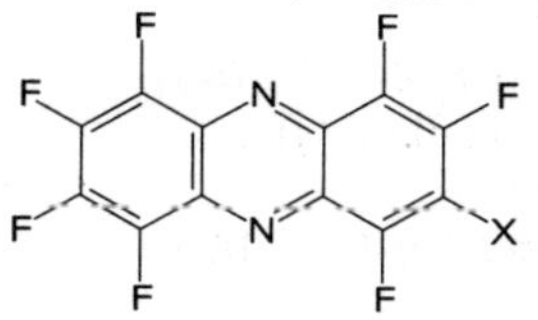	(148.5 bis 151)	^{1}H-NMR [9] (in CF_3COOH): $\delta(CH_3)$ = −2.32 (tr), J(H-F) = 2.0 Hz ^{19}F-NMR [5] (in $(CD_3)_2CO$): δ(CF) [10] = 133.9, 139.6, 143.6, 146.2, 151.2
X = F [46] 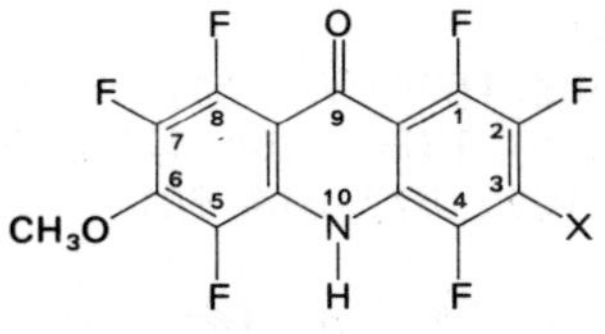	(247.5 bis 248.5)	^{1}H-NMR [18] (in $CD_3)_2SO$) [11]: $\delta(CH_3)$ = −4.07 (tr), J = 2.0 Hz ^{19}F-NMR [12] (in $(CD_3)_2SO$): δ(1-F) = 70.5 (d von d von d), J(4-F-1-F) = 14.4 Hz, J(3-F-1-F) = 8.5 Hz, J(2-F-1-F) = 21.5 Hz, δ(8-F) = 72.0 (d von d), J(8-F-7-F) = 20 Hz, J(8-F-5-F) = 13.5 Hz, δ(4-, 3-F) = 76.5 (m), δ(4-F) = 80.5 (d von d von d), J(4-F-2-F) = 3.3 Hz, J(4-F-3-F) = 22 Hz, δ(7-F) = 87.5 (d von d), J(7-F-5-F) = 2 Hz, δ(2-F) = 93.5 (d von tr), J = 3.3 und 22 Hz IR: 3180; ν(C=O) = 1639, ν(Ring) = 1460 UV (in C_2H_5OH): λ_{max} = 221.5 nm (ε = 20875), 253.5 nm (ε = 41076), 277 nm (ε = 14600), 349 nm (ε = 6400), 385 nm (ε = 5900)
X = OCH_3 [46]	(266 bis 267)	^{1}H-NMR [18] (in $(CD_3)_2SO$) bei 84 °C: $\delta(CH_3)$ = −4.07 (tr), J = 2.0 Hz ^{19}F-NMR [12] (in $(CD_3)_2SO$): δ(1-F) = 70.5 (d von d), J(1-F-2-F) = 21.4 Hz, J(1-F-4-F) = 14.7 Hz, δ(4-F) = 76.5 (d von d), J(2-F-4-F) = 2.7 Hz, δ(2-F) = 87.0 (d von d)

Literatur s. S. 162

Chemical Reactions
Physical Properties of the Products

Tabelle 19 [Fortsetzung]

Verbindung	Sdp./Torr (Schmp.) in °C	^{19}F- und ^{1}H-NMR (δ in ppm) IR- und UV-Spektrum Massenspektrum
		IR (in Hexachlorobutadien): ν(NH oder OH) = 3395; ν(C-H) = 3005, 2960, 2900; ν(C=O) = 1640 UV (in C_2H_5OH): λ_{max} = 222.5 nm (ε = 17000), 260 nm (ε = 48400), 277 nm (ε = 23000), 375 nm (ε = 5750)
[3] 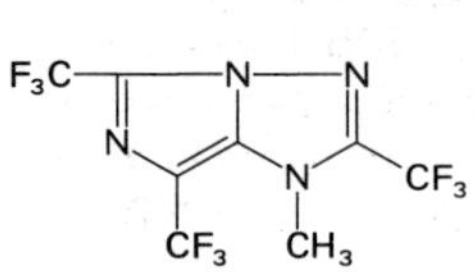	(43 bis 43.5)	^{1}H-NMR[18] (in $(CD_3)_2CO$): $\delta(CH_3)$ = −3.92 (m)[13], J(H-F) ≈0.6 Hz ^{19}F-NMR[1] (in Aceton): $\delta(CF_3)$ = 57.5 (m)[13], J(F-F) = 1.0 Hz, J(F-H) = 0.6 Hz, $\delta(CF_3)$ = 62.2 (qu), 64.1 (qu) IR (KBr): 1634, 1558, 1541, 1508 UV (in C_2H_5OH): λ_{max} = 266 nm (ε = 3800), 226 nm (ε = 5500)
$[(CH_3)_4N]^+$ 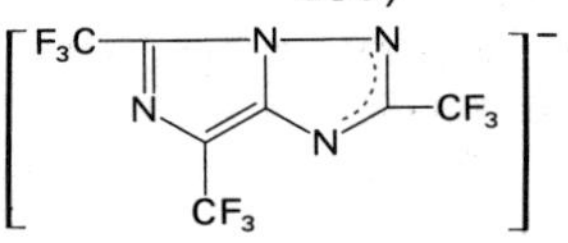 [3]	(284 bis 285)[14]	^{1}H-NMR[18] (in $(CD_3)_2CO$): $\delta(CH_3)$ = −3.47 (tr), J(N-H) = 0.5 Hz ^{19}F-NMR[1] (in Aceton): $\delta(CF_3)$ = 57.2 (qu), 60.9 (qu), J = 2.1 Hz, $\delta(CF_3)$ = 64.2 (s) IR (KBr): 1592, 1527, 1495 UV (in C_2H_5OH): λ_{max} = 268 nm (ε = 7100), 245 nm (ε = 5800)
X = Y = F [36] 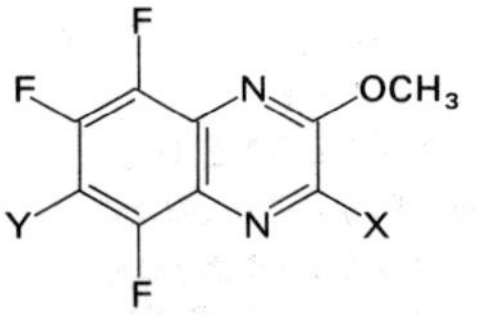	20/0.001[15] (70 bis 72)	^{19}F-NMR[16] (in Aceton): δ(CF) = −4.0, −6.9, −10.6 und −86.6 IR (KBr): 2941 (w), 1658, 1600 (w), 1515 bis 1462 (m), 1410, 1351 (sh), 1326, 1266, 1235, 1190, 1075 (w), 1046, 1020, 973, 814, 801, 714 (w), 667 (w), 647 UV (in Cyclohexan): λ_{max} = 243.5 nm (ε = 30200), 312 nm (ε = 5012)
X = OCH_3 Y = F [36]	60/0.001[15] (146 bis 148)	^{19}F-NMR[16] (in Aceton): δ(6-, 7-F) = −1.3, δ(5-, 8-F) = −8.4 IR (KBr): 3003 (w), 2959 (w), 2874 (w), 2326 bis 2299 (w, d), 1661 (w), 1595, 1497, 1453, 1435, 1412, 1335, 1294 bis 1282 (d), 1266, 1205 (sh), 1190, 1049, 1022, 995 (sh), 981, 807, 745 (w), 646, 545 (w) UV (in Cyclohexan): λ_{max} = 222.5 nm (ε = 13803), 246 nm (ε = 26303), 284.5 nm (ε = 2951), 291 nm (ε = 3467), 296 nm (ε = 4786), 303 nm (ε = 5370), 309 nm (ε = 1943), 316.5 nm (ε = 5754), 323 nm (ε = 8128)

Literatur s. S. 162

Chemical Reactions Physical Properties of the Products

Tabelle 19 [Fortsetzung]

Verbindung	Sdp./Torr (Schmp.) in °C	^{19}F- und ^{1}H-NMR (δ in ppm) IR- und UV-Spektrum Massenspektrum
X=Y=OCH_3 [36]	60/0.001 (132 bis 134)	^{19}F-NMR [16] (in Aceton): δ(5-, 6-F) = −7.2 und −7.8, δ(8-F) = −14.8 IR (KBr): 3003 (w), 2959 (w), 1656 (w), 1600, 1493, 1435, 1414, 1339, 1282 (sh), 1261, 1205, 1190 (sh), 1163 (w), 1066, 1028, 997 (sh), 983, 942, 802, 745 (w), 646 UV (in Cyclohexan): λ_{max}=245 nm (ε=21 878), 311 nm (ε=3981)
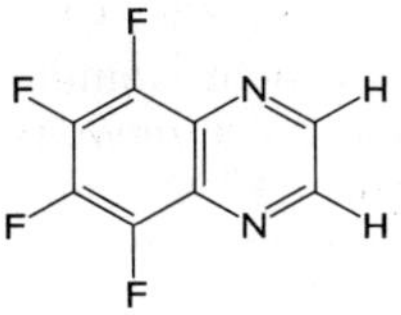 [36]	(90 bis 91)	^{19}F-NMR [16] (in Aceton): δ(CF) = −13.7, −15.4 IR (KBr): 1681 (sh), 1661, 1570 (w), 1504, 1401, 1376 (w), 1339, 1290 (w), 1250 (w), 1220 (w), 1200, 1152, 1114 bis 1105 (w, d), 1053 (vs), 970, 913, 896 (w), 870, 741, 643 UV (in Cyclohexan): λ_{max}=236.5 nm (ε= 38 905), 305 nm (ε=3388), 313.5 nm (ε=3548)

[1] Äußerer Standard: $CFCl_3$. — [2] Massenspektrum: m/e, Bruchstück (Intensität in %). — [3] Doppelt so intensiv wie die anderen Peaks. — [4] Im Gemisch mit 4-Chlor-1-methylpentafluorchinolin-2-on. — [5] Innerer Standard $CFCl_3$.

[6] Kopplungskonstanten J_{ij} in Hz [28].

Fluoratome	3	4	5	6	7	8
3	–	17.7	0.7	0	7.9	4.7
4	17.7	–	49.7	3.7	3.7	1.5
5	*)	49.7	–	17.3	4.0	15.8
6	*)	3.7	17.3	–	19.0	8.0
7	*)	3.7	4.0	19.0	–	17.8
8	*)	1.5	15.8	6.4	17.8	–

*) Breites Signal, nichtaufgelöste Feinstruktur.

[7] Kopplungskonstanten J_{ij} in Hz [28].

Fluoratome	3	4	5	7	8
3	*)	16.3	2.0 **)	4.0 **)	4.3
4	*)	–	50.7	3.8	1.5
5	*)	50.7	–	2.0 **)	14.3
7	*)	3.8	2.0 **)	–	14.3
8	*)	1.5	14.3	14.3	–

*) Breites Signal, nichtaufgelöste Feinstruktur. — **) Zuordnung unsicher.

Literatur s. S. 162

Chemical Reactions

Fußnoten zu Tabelle 19 [Fortsetzung]

[8] Peakmaximum unsicher, da sich zwei Signale überlappen. — [9] Innerer Standard C_6H_{12}. — [10] Intensitätsverhältnis 1:2:1:2:1.

[11] Bei 80 °C. — [12] Innerer Standard CF_3COOH. — [13] Schlecht aufgelöstes Multiplett, vermutlich aus zwei sich überlappenden Quartetts bestehend. — [14] Zersetzung. — [15] Sublimation.

[16] Innerer Standard C_6F_6. — [17] Intensitätsverhältnis 1:1:1:1:2:1. — [18] Innerer Standard $(CH_3)_4Si$. — [19] Standard $CFCl_3$.

Textfortsetzung von S. 153

Pyrolysis. Thermal Stability. Hydrolysis. Isomerization

5.3.1 Pyrolyse, thermische Beständigkeit, Hydrolyse und Isomerisierungen

Die Pyrolyse von Perfluor-(1,6-dichlor-4-methyl-3-oxa-4-azabicyclo[4.2.0]octan) in einem Pt-Rohr bei 600 °C/l Torr (Verweilzeit 3 s) ergibt COF_2, $CF_3N{=}CF_2$, C_2F_6, $CF_2{=}CF_2$, $CF_2{=}CFCl$, Perfluor-(4-methyl-3-oxa-4-azabicyclo[4.2.0]oct-1(6)-en) und nicht identifizierte Produkte. 54% der Ausgangsverbindung werden zurückgewonnen. Bei 0.2 s Verweilzeit erfolgt keine Pyrolyse. Ein 73%iger Zerfall erfolgt bei 605 °C/1 Torr (17 s) unter Bildung von 51% COF_2, 37% $CF_3N{=}CF_2$, CF_3NCO und der bereits genannten Produkte [25].

Kondensierte Perfluorhalogenorgano-Stickstoff-Heterocyclen sind bei Raumtemperatur beständig und gegen Luftfeuchtigkeit unempfindlich. Lediglich Hexafluorphthalazin und Hexafluorchinazolin sind extrem hydrolyseempfindlich und liefern entsprechende Hydroxyverbindungen. Mit alkoholischen Lösungen starker Basen gelingt in vielen Fällen ein Halogen-OH-Austausch zu OH-substituierten Heterocyclen, die als Titelverbindungen abgehandelt werden. Befindet sich die OH-Gruppe in Nachbarschaft zum N-Heteroatom, so liegen die Moleküle in zwei tautomeren Formen vor, nämlich in der Oxo- bzw. Hydroxyform, wie Umsetzungen mit CH_2N_2 gezeigt haben (s. S. 159). Sowohl photolytisch als auch F^--katalytisch induzierte Umlagerungen einiger Heterocyclen werden bei erhöhten Temperaturen beobachtet. Bestrahlt man Hexafluorcinnolin bei 100 °C in einem Cariusrohr aus Quarz, so erfolgt Umlagerung zu Hexafluorchinazolin, das als 4-Aminoderivat charakterisiert wurde [39]. In Gegenwart einer Aufschlämmung von CsF in Tetramethylensulfon lagert sich Perfluor-(2,4-diisopropylchinolin) bei 160 °C (14 h) zu 3% Perfluor-(2,4-trisisopropyl-), 24% Perfluor-(2,6-diisopropyl-), 13% Perfluor-(2-isopropyl-) und 6% Perfluorchinolin um [30].

Reactions with Mg, $CuSO_4$, $LiAlH_4$, $KMnO_4$ and n-C_4H_9Li

5.3.2 Reaktionen mit Mg, $CuSO_4$, $LiAlH_4$, $KMnO_4$ und n-C_4H_9Li

Versuche, 1-Bromheptafluorphenazin mit Mg in siedendem Äther (1.5 h) umzusetzen, scheiterten auch nach Zugabe von $C_2H_4Br_2$ und erneutem Erhitzen im Rückfluß (3 h). Dagegen reagiert 2-Bromheptafluorphenazin mit Mg in Gegenwart von $C_2H_4Br_2$ in siedendem Äther (2 h) zu einem gelben Produkt, das nach Ansäuern mit HCl geringe Mengen 2-H-Heptafluorphenazin liefert [52]. In Gegenwart von $CuSO_4 \cdot 5\,H_2O$ wird in H_2O aufgeschlämmtes 2-Aminohexafluorchinolin bei 100 °C (1 h) zu 2-H-Hexafluorchinolin umgewandelt (Sublimation bei 20 bis 30 °C/0.1 Torr). Das aus Heptafluorchinolin und Hydrazinhydrat erhaltene Rohprodukt liefert nach analoger Behandlung mit $CuSO_4 \cdot 5\,H_2O$ 2- und 4-H-Hexafluorchinolin [28]. Analog wird 1-Hydrazinohexafluorisochinolin zu 1-H-Hexafluorisochinolin oxidiert [28, 35]. 2,3-Dihydrazinotetrafluorchinoxalin wird von $CuSO_4$ in wäßriger Lösung bei 20 °C zu 65% 5,6,7,8-Tetrafluorchinoxalin oxidiert [36]. Tropft man zu auf 0 °C gekühltem Heptafluorisochinolin eine ätherische Lösung von $LiAlH_4$ innerhalb

Chemical Reactions

von 45 min zu, rührt 1 h, dann bei 20 °C (1 h) und schließlich in der Siedehitze (1.5 h), so erhält man als Hauptprodukt 1-H-Hexafluorisochinolin [28, 35]. Heptafluorisochinolin wird von $KMnO_4$ in Aceton zu 2,5,6-Trifluor-pyridindicarbonsäure oxidiert [28], mit C_4H_9Li setzt es sich bei −65 bis −70 °C (1.25 h) zu 1-n-Butyl- (Siedepunkt 270 °C, leichte Zersetzung) und 6-n-Butylhexafluorisochinolin um (Siedepunkt 278 bis 280 °C) [35].

5.3.3 Diazotierungen, Reduktionen, Umsetzungen mit Benzaldehyd, Xanthhydrol und Organylhalogeniden

Diazotations. Reductions. Reactions with Benzaldehyde, Xanthhydrol, and Organyl Halides

Diazotierung von 1-Aminohexafluorisochinolin in wasserfreiem HF bei −10 bis −15 °C mit $NaNO_2$ (3.5 h) führt zu Heptafluorisochinolin. In 80%igem HF ist die Umsetzung unvollständig und in 50%igem HBr bildet sich ein nicht näher charakterisiertes farbloses Produkt (Schmelzpunkt 205 bis 210 °C) [28, 35]. 7- bzw. 5-Amino-1-pentafluoranilino-trifluorbenzotriazol wird von 55%igem HJ beim Erhitzen im Rückfluß zu 60 bzw. 77% $C_6F_5NH_2$ reduziert [19]. Eine Reduktion von Heptafluorchinolin zu 3,5,6,7,8-Pentafluorchinolin (51%) erreicht man mit HJ in Tetramethylensulfon bei 20 °C (10 d) [29]. Mit C_6H_5CHO kondensiert das 1-Hydrazino-Derivat, gelöst in CH_3OH, in Gegenwart geringer Mengen H_2SO_4 zu 59% Benzaldehyd-3,4,5,6,7,8-hexafluorisochinolylhydrazon (Schmelzpunkt 213 bis 213.5 °C) [28, 35]. Setzt man Tetrafluorphthalimid zu in Eisessig gelöstem Xanthhydrol, so erhält man nach dem Erhitzen auf einem Wasserbad (0.5 h) das entsprechende Derivat (Schmelzpunkt 210 bis 211 °C) [17].

2-Hydroxy-2-perfluoralkyl-tetrachlorbenzimidazole kondensieren mit RX in Gegenwart von CH_3ONa bzw. NaH in Dimethylformamid (2 bis 16 h) (physikalische Daten der Derivate werden nicht aufgeführt) [14] gemäß:

Für $R_f=CF_3$:
$R=CH_2SCH_3$, X=Cl
R=2,3,4,6-Tetraacetyl-α-D-Glukose, X=Br
$R=CH_2CH_2OH$, X=Br
$R=CH_2CN$, X=Cl

Für $R_f=C_2F_5$:
$R=CH=CH_2$, X=Br
$R=CH_2CH_2COONa$, X=Br

5.3.4 Methylierungen mit CH_2N_2 und $(CH_3)_2SO_4$

Methylation with CH_2N_2 and $(CH_3)_2SO_4$

Eine 3%ige Lösung von CH_2N_2 in Äther reagiert bei tropfenweiser Zugabe zu 2,5,7-Tris-(trifluormethyl)-3H-imidazo[1,5-b]-s-triazol zur entsprechenden 3-Methylverbindung [3]. Die mit CH_2N_2 in Äther durchgeführte Methylierung von Hexafluor-1-hydroxyisochinolin führt bei 20 °C (1 h) zu einem Gemisch, dessen chromatographische Auftrennung 80% Hexafluor-1-methoxyisochinolin (Schmelzpunkt 86 bis 87 °C) sowie 20% N-Methyl-hexafluor-isochinolin-1-on (Schmelzpunkt 135 bis 135.5 °C) ergibt [34, 35]. Analog wird Pentafluor-2,4-dihydroxychinolin zu Pentafluor-2,4-dimethoxychinolin (Schmelzpunkt 107.5 bis 108.5 °C) und Pentafluor-4-methoxy-N-methyl-chinolin-2-on methyliert (Schmelzpunkt 115 bis 116 °C). Auch Hexafluor-2-hydroxychinolin liefert mit CH_2N_2 40% Hexafluor-2-methoxychinolin und 60% Hexafluor-N-methyl-chinolin-2-on. Die bei der Hydrolyse von Heptafluorchinolin mit KOH in $(CH_3)_3COH$ beim Erhitzen im Rückfluß (2 h) entstehenden Hydroxychinoline ergeben mit CH_2N_2, in Äther umgesetzt, 32% Hexa-

Literatur s. S. 162

Chemical Reactions

fluor-2-methoxy-, 6% Hexafluor-4-methoxychinolin und 62% Hexafluor-N-methyl-chinolin-2-on. Bei Hydrolyse mit 3 molarem KOH entstehen nach der Methylierung mit CH_2N_2 40% Hexafluor-2-methoxy-, und 15% Pentafluor-2,4-dimethoxychinolin sowie 38% Hexafluor-und 5% Pentafluor-4-methoxy-N-methyl-chinolin-2-on [27, 34]. 2-Brom-4-hydroxypentafluorchinolin reagiert mit CH_2N_2 in Äther bei 20 °C zu 2-Brom-4-methoxy-pentafluorchinolin. Die entsprechende Chlorverbindung liefert analog 86% 2-Chlor-4-methoxypentafluorchinolin. Anders verhält sich 4-Chlor-2-hydroxypentafluorchinolin, aus bei 0 °C 4-Chlor-1-methylpentafluorchinolin-2-on und 4-Chlor-2-methoxypentafluorchinolin liefert [29]. Die bei 0 °C (2 h) vorgenommene Methylierung von 2-Hydroxyheptafluorphenazin mit CH_2N_2 liefert 2-Methoxy-heptafluorphenazin (das auch aus Octafluorphenazin und CH_3ONa gelöst in CH_3OH bei 20 °C (2.5 h) synthetisiert werden kann) (Schmelzpunkt 131 °C) [52]. Methylierung von 2-Trifluormethyl-4,5,6,7-tetrachlorbenzimidazol mit $(CH_3)_2SO_4$ erfolgt in 10%igem NaOH bei 20 °C (1.5 h) und führt zu 52% 1-Methyl-2-trifluormethyl-4,5,6,7-tetrachlorbenzimidazol (Schmelzpunkt 214 bis 215 °C) [11]. Das in Äther aufgeschlämmte 5,6,7,8-Tetrafluor-1 H, 4 H-chinoxalin-2,3-dion setzt sich mit CH_2N_2 bei 20 °C (3 h) zu 85% Tetrafluor-2-methoxy-4-methylchinoxalin-3-on um [36].

Reactions with $[(CH_3)_4]$-NCl, $[CH_3C$-$(O)]_2O$, RNH_2 and R_2NH

5.3.5 Umsetzungen mit $[(CH_3)_4]NCl$, $[CH_3C(O)]_2O$, RNH_2 und R_2NH

Eine aus 2,5,7-Tris(trifluormethyl)-3H-imidazo[1,5-b]-s-triazol und 5% $NaHCO_3$ hergestellte wäßrige Lösung setzt sich mit $[(CH_3)_4N]Cl$ zum Tetramethylammonium-2,5,7-tris-(trifluormethyl)-3H-imidazo[1,5-b]-s-triazol um [3]. Erwärmt man Tetrafluorbenzotriazol mit $[CH_3C(O)]_2O$ im Rückfluß (20 min), so bilden sich 5% 1-Acetyltetrafluorbenzotriazol (Schmelzpunkt 112 bis 113 °C) [19]. Eine nucleophile Substitution des Octafluorphenazin mit $(CH_3)_2NH$ gelingt in ätherischer Lösung bei 20 °C (2 h), wobei 2-Dimethylaminoheptafluorphenazin entsteht [52].

In Aceton kondensiert 4,5,6-Trichlor-2-trifluormethyl-benzimidazol-4-sulfonsäurechlorid mit 24% CH_3NH_2 bzw. 65% $C_2H_5NH_2$ bzw. n-$C_3H_7NH_2$ bei 20 °C (3 h) gemäß:

(Benzimidazol mit X, Y, Z, CF_3, N—H, SO_2Cl) + $C_nH_{2n+1}NH_2$ ⟶ (Benzimidazol mit X, Y, Z, CF_3, N—H, $SO_2NHC_nH_{2n+1}$) + $[C_nH_{2n+1}NH_3]Cl$

Für X=Y=Z=Cl und n=1, Schmelzpunkt 197 bis 199 °C; n=2 und 3, Schmelzpunkt 175 bis 177 °C [62], n=4, Schmelzpunkt 152 bis 153 °C. Analog verlaufen Umsetzungen mit R_2NH in Aceton bei 0 bis 20 °C. Nachfolgend werden X, Y, Z, R und Schmelzpunkt angegeben. Cl, Cl, Cl, CH_3, 243 bis 244 °C; Cl, Cl, Cl, C_2H_5, 155 bis 157 °C; Cl, Cl, Cl, n-C_3H_7, 145 bis 146 °C; Cl, Cl, Cl, $(CH_3)_2CH$, 179 bis 180 °C; Cl, Cl, Cl, n-C_4H_9, 93 bis 95 °C; Cl, Cl, Cl, $(CH_2)_5N$, 236 bis 238 °C; Br, Cl, Cl, C_2H_5, 188 bis 190 °C; Br, Br, Br, C_2H_5, 175 bis 177 °C; Br, Cl, Br, C_2H_5, 177 bis 178 °C; Cl, Cl, Br, 153 bis 155 °C; Cl, Br, Cl, C_2H_5, 169 bis 171 °C; Cl, Br, Cl, CH_3, 203 bis 205 °C [12, 13].

Reactions with CH_3OH or CH_3ONa

5.3.6 Umsetzungen mit CH_3OH bzw. CH_3ONa

Heptafluorchinolin reagiert mit CH_3ONa in CH_3OH bei 15 °C (15 min) und liefert ein Gemisch aus 2-Methoxy- und 4-Methoxyhexafluorchinolin im Verhältnis 3.4:1. Erhitzt man das Ausgangsgemisch im Rückfluß 1.5 h, so entstehen 64% 2,4-Dimethoxypentafluor-

Literatur s. S. 162

chinolin. Bei 4 h Reaktionsdauer fallen 50% 2,4-Dimethoxypentafluor- und 50% Trimethoxytetrafluorchinolin an. Letzteres wurde chromatographisch gereinigt, bestand aber aus einem Isomerengemisch, das bei 123 bis 135 °C glasig wird und bei 135 bis 136 °C schmilzt [27, 28]. Die nucleophile Substitution des Heptafluorisochinolins mit CH_3ONa in CH_3OH bei 0 °C (15 min) führt zu 1-Methoxyhexafluorchinolin und in der Siedehitze (2 h) zu 75% 1,6-Dimethoxypentafluorisochinolin. Methanolyse des 1-Aminohexafluorisochinolins erzielt man durch Erhitzen im Rückfluß (12 h), wobei 1-Amino-6-methoxypentafluorisochinolin sich bildet (Schmelzpunkt 162.5 bis 163.5 °C) [28, 35]. Zu einer auf 0 °C gekühlten Lösung von 4-Chlorhexafluorchinolin in wasserfreiem CH_3OH tropft man CH_3ONa (gelöst in CH_3OH) hinzu, rührt 15 min bei 0 °C dann 20 min bei 20 °C. Hierbei bildet sich 4-Chlor-1-methoxypentafluorisochinolin (Schmelzpunkt 72 bis 73 °C). In Gegenwart von konzentriertem H_2SO_4 setzt sich Heptafluorchinolin mit CH_3OH bei 0 °C (1 h) zu 2-Methoxyhexafluorchinolin um [26, 27]. Hexafluorchinoxalin reagiert mit CH_3ONa (in CH_3OH gelöst) bei −20 °C (40 min) zu 80% 3-Methoxypentafluor-, bei 18 °C (40 min) zu 85% 2,3-Dimethoxytetrafluor- und im Bombenrohr bei 120 °C (18 h) zu 85% 2,3,7-Trimethoxytrifluorchinoxalin [36]. Noch leichter werden die F-Atome im Hexafluorchinazolin substituiert, denn bei 30 °C liefert es mit einem Überschuß von CH_3ONa (gelöst in CH_3OH) 2,4,7-Trimethoxytrifluorchinazolin (Schmelzpunkt≈161 °C, UV (in C_2H_5OH): $\lambda_{max}=236$ und 317 nm) und in der Siedehitze 2,4,5,7-Tetramethoxydifluorchinazolin (Schmelzpunkt 144 bis 146.5 °C, ^{19}F-NMR (Standard: $CFCl_3$): $\delta(CF)=150$, 151.5 ppm, $J(F\text{-}F)<3$ Hz) [40].

Die sechs F-Atome des Hexafluorphthalazins werden durch CH_3ONa in CH_3OH nacheinander vollständig substituiert, wobei die in 1- und 4-Stellung befindlichen F-Atome am reaktionsfähigsten und die in 5- und 8-Position am trägsten sind. Bei −15 °C und angenähert stöchiometrischer Menge CH_3ONa bildet sich das 1-Methoxy-Derivat (Schmelzpunkt 67.5 bis 69.5 °C, UV (in C_2H_5OH): $\lambda_{max}=270$, 288.5 (infl), 302.5 und 316 nm) oder das 1,4-Dimethoxy-Derivat (Schmelzpunkt 155.5 bis 157 °C). Bei 0 °C wird die 1,4,6-Trimethoxy-Verbindung (Schmelzpunkt 142 bis 143 °C) und bei 45 °C die 1,4,6,7-Tetramethoxy-Verbindung (Schmelzpunkt 137 bis 139 °C) gebildet. Eine vollständige Substitution erzielt man mit einem Überschuß an CH_3ONa im Bombenrohr bei 85 °C (Hexakismethoxyphthalazin: Schmelzpunkt 104 bis 106 °C) [41]. In $(CH_3)_2SO$ gelöstes Octafluoracridin reagiert mit methanolischem CH_3ONa bei 110 °C (0.5 h) zu 3,6-Dimethoxyhexafluoracridin [46].

5.4 Biochemisches Verhalten und Verwendung

Biochemical Behavior and Uses

Das durch intakte Ascitestumorzellen aufgenommene Ca^{++} in Gegenwart von Succinaten wird bei Zugabe von 4,5,6,7-Tetrachlor-2-trifluormethylbenzimidazol innerhalb von 4 min wieder vollständig an das Medium angegeben [63]. Dieses Benzimidazol reduziert in einer Konzentration von 10^{-4} mol/l das Membranpotential des Sartoriusmuskels von Fröschen um 25% [64]. Eine schwache Erhöhung des Potentials wird bei einer Konzentration von 10^{-8} mol/l beobachtet [65]. Die elektrische Leitfähigkeit einer bimolekularen Phospholipidmembrane in Gegenwart von Tetrachlor-2-trifluormethylbenzimidazol wird untersucht. Es wird eine Beziehung zwischen Leitfähigkeit, Frequenz und Ionenstärke gefunden [66]. Die Bestimmung der Pyridinnucleotide in Rattenlebermitochondrien in mit Tetrachlor-2-trifluormethylbenzimidazol entkoppeltem Zustand wird in [67] angegeben. 4,5,6,7-Tetrachlor-2-trifluormethylbenzimidazol und dessen Derivate können als Herbizide und Parasitizide verwendet werden [11, 56]. Überraschenderweise zeigt dieses Benzimidazol auch eine ausgezeichnete Wirkung gegen eine Reihe parasitischer Helminthen wie Nematoden sowie Trematoden und kann in der Human- und Veterinärmedizin verwendet werden [68]. Tetrahalogen-1-hydroxy-2-perfluoralkylbenzimidazole und 1-OR-substi-

Literatur s. S. 162

tuierte Derivate sind als Pestizide und gegen Anthelminten wirksam [14]. 4,5,6,7-Tetrahalogen-1-R-2-CF_3-substituierte Benzimidazole (Halogen = Cl oder Br; R = CH_3, C_3H_7) sind Schädlingsbekämpfungsmittel und wirken kummulativ gegen Ratten und Mäuse [69]. Tetrachlor-2-trifluormethylbenzimidazol gibt eine vollständige Entkopplung der oxidativen Phosphorylierung in isolierten Rattenherzmitochondrien schon bei einer Konzentration von 3×10^{-8} mol. Es ist der stärkste bisher bekannte Entkoppler [9]. Tetrachlor- und Tetrabrom-2-trifluormethylbenzimidazol ($pK_A = 5.5$ in C_2H_5OH/H_2O, Verhältnis 1:1) sind Hemmstoffe des photosynthetischen Elektronentransports. Die Hemmung liegt im Bereich der 2. Lichtreaktion – Photooxidation des H_2O – der Photosynthese [10]. 5,6-Dihalogen-2-perfluoralkyl-1 H-imidazol(4,5 b)-pyrazine wirken als Herbizide und sind auch als Insektizide, Fungizide und coccidiostatisch aktiv [17]. 6-Amino-, 6-Nitro- und 6-Chlor-5,7-dibrom-1-hydroxy-2-(trifluormethyl)-1 H-imidazo(4,5-b)pyridin sind wirksame Herbizide [15].

Anthelmintisch wirksam sind 7-Methyl-, 7-Äthyl- und 7-Propylsulfamoylderivate des 4,5,6-Trichlor-2-(trifluormethyl)benzimidazols. Sie werden auf die Haut eines Tieres aufgetragen und wirken z.B. gegen Fasiola hepatica [62].

Der Leitfähigkeitsmechanismus von bimolekularen lipiden Membranen wird in Gegenwart von Tetrachlortrifluormethylbenzimidazol untersucht [70].

Die durch Bathophenanthrolin verursachte Hemmung der Aktivität der Adenosintriphosphatasen von gereinigten Rinderherzen wird durch Tetrachlortrifluormethylbenzimidazol erleichtert [71]. Folgende Derivate des 5,6,7-Trihalogen-2-trifluormethylbenzimidazols-4-sulfonsäureamids zeigen bei Rindern und Schafen parasitizide und anthelmintische Eigenschaften (es werden angegeben X, Y, Z und R) [12, 13]:

Cl, Cl, Cl, $(CH_3)_2N$; Cl, Cl, Cl, $(n\text{-}C_3H_7)_2N$; Cl, Cl, Cl, $[(CH_3)_2CH]_2N$; Cl, Cl, Cl, $(n\text{-}C_4H_9)_2N$; Cl, Cl, Cl, $n\text{-}C_4H_9NH$; Cl, Cl, Cl, $(CH_2)_5N$; Br, Cl, Cl, $(C_2H_5)_2N$; Br, Br, Br, $(C_2H_5)_2N$; Br, Cl, Br, $(C_2H_5)_2N$; Cl, Cl, Br, $(C_2H_5)_2N$; Cl, Br, Cl, $(C_2H_5)_2N$; Cl, Br, Cl, $(CH_3)_2N$.

Literatur:

[1] C.E. Griffin, R.N. Haszeldine (Proc. Chem. Soc. **1959** 369/70). – [2] M.G. Barlow, R.N. Haszeldine, W.D. Morton, D.R. Woodward (J. Chem. Soc. Perkin Trans. I **1973** 1798/802). – [3] W.J. Middleton, D. Metzger (J. Org. Chem. **35** [1970] 3985/7). – [4] H. Golgolab, I. Lalezari, L. Hoseini-Gohari (J. Heterocycl. Chem. **10** [1973] 387/90). – [5] B. Gething, C.R. Patrick, J.C. Tatlow (J. Chem. Soc. **1961** 1574/6).

[6] J.M. Birchall, R.N. Haszeldine, J.D. Morley (J. Chem. Soc. C **1970** 2667/74). – [7] United States Dept. of the Air Force, D.G. Holland, C. Tamborski (U.S.P. 3440277 [1965/69]; C.A. **71** [1969] Nr. 30199). – [8] G.M. Brooke, J. Burdon, J.C. Tatlow (J. Chem. Soc. **1961** 802/7). – [9] K.H. Büchel, F. Korte, R.B. Beechey (Angew. Chem. **77** [1965] 814; Angew. Chem. Intern. Ed. Engl. **4** [1965] 788). – [10] K.H. Büchel, F. Korte, A. Trebst, E. Pistorius (Angew. Chem. **77** [1965] 911/2; Angew. Chem. Intern. Ed. Engl. **4** [1965] 788/9).

[11] Fisons Pest Control Ltd. (Belg. P. 659384 [1965]; C.A. **63** [1965] 18101). – [12] Fisons Pest Control Ltd., J.R. Corbett, A. Percival (B.P. 1356246 [1970/74]; C.A. **81** [1974] Nr. 91523). – [13] Fisons Pest Control Ltd., J.R. Corbett, A. Percival (B.P.

1356245 [1970/74]; C.A. **81** [1974] Nr. 91521). – [14] Merck and Co., Inc., M.H. Fisher, D.R. Hoff, R.J. Bochis (U.S.P. 3705174 [1970/72]; C.A. **78** [1973] Nr. 58419). – [15] Eli Lilly & Co., G.O.P. Doherty, K.H. Fuhr (U.S.P. 3901681 [1970/75]; C.A. **83**, [1975] Nr. 206274).

[16] H. Nugano, S. Inoue, J. Saggiomo, E.A. Nodiff (J. Med. Chem. **7** [1964] 215/20). – [17] Dow Chemicals Corp., Y.C. Tong (U.S.P. 3822261 [1972/74]; C.A. **81** [1974] Nr. 120693). – [18] L.S. Kobrina, N.V. Akulenko, G.G. Yakobson (Zh. Org. Khim. **8** [1972] 2375/9; J. Org. Chem. USSR **8** [1972] 2421/5; C.A. **78** [1973] Nr. 58326). – [19] J.M. Birchall, R.N. Haszeldine, J.E.G. Kemp (J. Chem. Soc. C **1970** 1519/23). – [20] C.J. Drayton, W.T. Flowers, R.N. Haszeldine (J. Chem. Soc. C **1971** 2750/5).

[21] G.G. Yakobson, V.E. Platonov, G.G. Furin, N.G. Malyuta, N.V. Ermolenko (Izv. Akad. Nauk SSSR Ser. Khim. **1971** 2651; Bull. Acad. Sci. USSR Div. Chem. Sci. **1971** 2491; C.A. **76** [1972] Nr. 126741). – [22] G.G. Yakobson, G.G. Furin, V.E. Platonov, N.G. Malyuta (UdSSR P. 405343 [1971/75]; C.A. **83** [1975] Nr. 9824). – [23] R.D. Chambers, S. Partington, D.B. Speight (J. Chem. Soc. Perkin Trans. I **1974** 2673/5). – [24] R.E. Banks, R.N. Haszeldine, D.R. Taylor (J. Chem. Soc. **1965** 5602/12). – [25] R.E. Banks, R.N. Haszeldine, D.R. Taylor (J. Chem. Soc. **1965** 978/90).

[26] R.D. Chambers, M. Hole, B. Iddon, W.K.R. Musgrave, R.A. Storey (J. Chem. Soc. C **1966** 2328/31). – [27] National Research Developement Corp., R.D. Chambers, M. Hole, W.K.R. Musgrave (B.P. 1155965 [1965/69]; C.A. **71** [1969] Nr. 81210). – [28] R.D. Chambers, M. Hole, W.K.R. Musgrave, R.A. Storey, B. Iddow (J. Chem. Soc. C **1966** 2331/9). – [29] R.D. Chambers, M. Hole, W.K.R. Musgrave, J.G. Thorpe (J. Chem. Soc. C **1971** 61/7). – [30] R.D. Chambers, R.P. Corbally, W.K.R. Musgrave, J.A. Jackson, R.S. Matthews (J. Chem. Soc. Perkin Trans. I **1972** 1286/90).

[31] R.D. Chambers, J.A. Jackson, S. Partington, P.D. Philot, A.C. Young (J. Fluorine Chem. **6** [1975] 5/18). – [32] Minnesota Mining and Manufacturing Co., R.A. Mitsch (U.S.P. 3674785 [1964/72]; C.A. **77** [1972] Nr. 151998). – [33] R.N. Haszeldine, F. Smith (J. Chem. Soc. **1956** 783/4). – [34] R.D. Chambers, M. Hole, W.K.R. Musgrave, R.A. Storey (J. Chem. Soc. C **1967** 53/7). – [35] Imperial Smelting Corp. Ltd., R.A. Storey, R.D. Chambers, W.K.R. Musgrave, B. Iddon (B.P. 1151862 [1965/69]; C.A. **71** [1969] Nr. 81212).

[36] C.G. Allison, R.D. Chambers, J.A.H. MacBride, W.K.R. Musgrave (J. Fluorine Chem. **1** [1971/72] 59/67). – [37] C.G. Allison, R.D. Chambers, J.A.H. MacBride, W.K.R. Musgrave (Chem. Ind. [London] **1968** 1402). – [38] Imperial Smelting Corp., C.G. Allison, R.D. Chambers, J.A.H. MacBride, W.K.R. Musgrave (B.P. 1274445 [1968/72]; C.A. **77** [1972] Nr. 48514). – [39] R.D. Chambers, J.A.H. MacBride, W.K.R. Musgrave (J. Chem. Soc. D **1970** 739/40). – [40] C.G. Allison, R.D. Chambers, J.A.H. MacBride, W.K.R. Musgrave (Tetrahedron Letters **1970** 1979/81).

[41] R.D. Chambers, J.A.H. MacBride, W.K.R. Musgrave, J.S. Reilly (Tetrahedron Letters **1970** 57/60). – [42] D.M.W. van der Ham (J. Fluorine Chem. **5** [1975] 537/44). – [43] E.G. Bartsch, A. Golloch, P. Sartori (Chem. Ber. **105** [1972] 3463/9). – [44] C.M. Jenkins, A.E. Pedlar, J.C. Tatlow (Tetrahedron **27** [1971] 2557/60). – [45] S. Hayashi, N. Ishikawa (Chem. Letters **1972** 99/100; C.A. **76** [1972] Nr. 113041).

[46] D.M. Owen, A.E. Pedler, J.C. Tatlow (J. Chem. Soc. Perkin Trans. I **1975** 1380/6). – [47] A.G. Hudson, A.E. Pedler, J.C. Tatlow (Tetrahedron Letters **1968** 2143/6). – [48] A.G. Hudson, A.E. Pedler, J.C. Tatlow (Tetrahedron **26** [1970]

3791/7). – [49] R.E. Banks, A. Prakash (J. Chem. Soc. Perkin Trans. I **1974** 1365/71). – [50] R.E. Banks, A. Prakash (Tetrahedron Letters **1973** 99/102).

[51] J.M. Birchall, R.N. Haszeldine, J.E.G. Kemp (J. Chem. Soc. C **1970** 449/55). – [52] A.G. Hudson, M.L. Jenkins, A.E. Pedler, J.C. Tatlow (Tetrahedron **26** [1970] 5781/7). – [53] G.S. Shchegoleva, M.I. Kollegova, V.A. Barkhash (Izv. Sibirsk. Otd. Akad. Nauk SSSR Ser. Khim. Nauk **1971** Nr. 6, S. 126/8; C.A. **77** [1972] Nr. 101494). – [54] J.G. Erickson, H.A. Brown, D.R. Husted (J. Heterocycl. Chem. **1** [1964] 257/9). – [55] Minnesota Mining and Manufactoring Co., H.A. Brown, J.G. Erickson, D.R. Husted (U.S.P. 3515603 [1959/62]; C.A. **73** [1970] Nr. 45550).

[56] Fisons Pest Control Ltd., D.E. Burton, A.J. Lambia, G.T. Newbold (B.P. 1087561 [1963/67]; C.A. **68** [1968] Nr. 95817). – [57] J. Lee, K.G. Orrell (Trans. Faraday Soc. **61** [1965] 2342/6). – [58] R.D. Chambers, L.H. Sutcliffe, G.J.T. Tiddy (Trans. Faraday Soc. **66** [1970] 1025/38). – [59] G. Hägele, P. Sartori, A. Golloch (Z. Naturforsch. **28b** [1973] 758/62). – [60] D.M.W. van den Ham, D. van der Meer (Chem. Phys. Letters **15** [1972] 549/52).

[61] G.F. Lanthier, J.M. Miller (Org. Mass Spectrom. **6** [1972] 89/103). – [62] Fisons Pest Control Ltd., P.J. Brooker, J. Goose, A. Percival (Deut. Offenlegungsschrift 2408736 [1973/74]; C.A. **82** [1975] Nr. 51781). – [63] A. Cittadini, A. Scarpa, B. Chance (FEBS [Fed. Eur. Biochem. Soc.] Letters **18** [1971] 98/102; C.A. **76** [1972] Nr. 23650). – [64] S.Ya. Adamian, S.M. Martirosov, A.L. Simonyan (Biofizika **19** [1974] 359/61; C.A. **81** [1974] Nr. 58660). – [65] B.A. Tashmukhamedov, N.A. Niyazmetova (Uzbeksk. Biol. Zh. **15** [1971] 57/8; C.A. **76** [1972] Nr. 10868).

[66] G.A. Nikol'skaya, A.V. Lebedev, L.I. Boguslavskii (Biofizika **17** [1972] 331/3; C.A. **77** [1972] Nr. 15702). – [67] I. Steinbrecht, W. Kunz (Acta Biol. Med. Ger. **25** [1970] 731/47; C.A. **75** [1971] Nr. 15952). – [68] Farbenfabriken Bayer A.-G., K.H. Buechel, W. Flucke, H.P. Schulz (Deut. Offenlegungsschrift 2016622 [1970/71]; C.A. **76** [1972] Nr. 69180). – [69] Fisons Pest Control Ltd., D.T. Saggers (Deut. Offenlegungsschrift 1960159 [1968/70]; C.A. **73** [1970] Nr. 97862). – [70] M.P. Borisova, L.N. Ermishkin, E.A. Liberman, A.Y. Silberstein, E.M. Trofimov (J. Membrane Biol. **18** [1974] 243/61; C.A. **82** [1975] Nr. 12679).

[71] D.C. Phelps, K. Nordenbrand, B.D. Nelson, L. Ernster (Biochem. Biophys. Res. Commun. **63** [1975] 1005/12; C.A. **83** [1975] Nr. 3527). – [72] R.D. Chambers, M. Clark, J.R. Maslakiewicz, W.K.R. Musgrave, P.G. Urben (J. Chem. Soc. Perkin Trans. I **1974** 1513/7).

6 Perfluorhalogenorgano-Stickstoff-Heterocyclen mit mehr als sechs Atomen im Ring

Perfluorohalogeno-organo-Nitrogen Heterocycles with More than Six Atoms in the Ring

Perfluor-(1,2-dimethyl-perhydro-1,2-diazepin-3,7-dion)

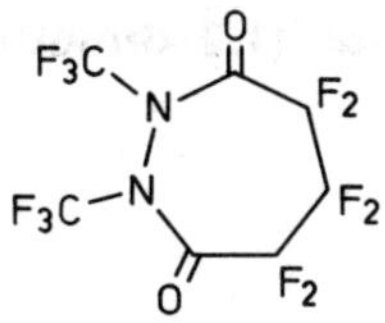

Perfluor-(4,5-dimethyl-perhydro-1,4,5-oxadiazepin-3,6-dion

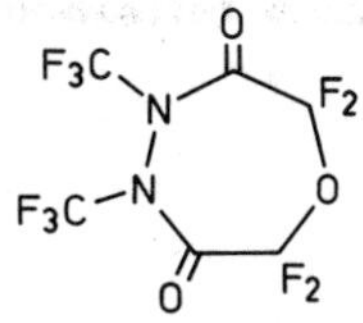

Perfluor-2,2′-bi(azepinyliden)

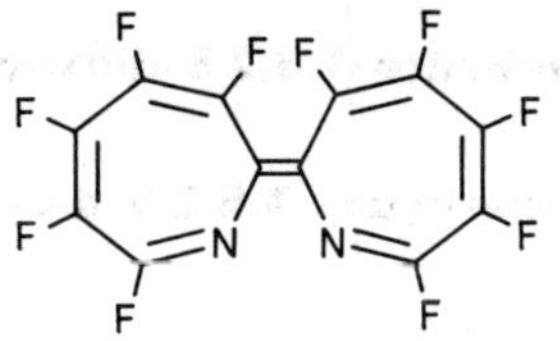

Das Diazepindion entsteht in 55% Ausbeute durch Reaktion von $F_2C{=}NN{=}CF_2$ mit Perfluorglutarylfluorid (Stehenlassen im abgeschmolzenen Glasrohr über Nacht unter Rühren), ^{19}F-NMR (innerer Standard $CFCl_3$): chemische Verschiebung $\delta(CF_3)=61.4$, δ(4-, 6-F_2) = 113.0, 126.0 ppm, (AB-Spektrum, Spin-Spin-Kopplungskonstante J(A-B) = 282 Hz), δ(5-F_2) = 127.4 ppm, IR: ν(C=O) = 1805 cm^{-1}, Massenspektrum (in Klammern relative Intensität): m/e = 271, $C_6F_9N_2^+$ (3.5); 197, $C_4F_7O^+$ (2.4); 150, $C_3F_6^+$ (9.4); 131, $C_3F_5^+$ (4.4); 114, $C_2F_4N^+$ (2.3); 109, $C_3F_3O^+$ (4.9); 100, $C_2F_4^+$ (39.7); 93, $C_3F_3^+$ (2.8); 92, $C_2F_2NO^+$ (10.2); 81, $C_2F_3^+$ (7.3); 69, CF_3^+ (100); 50, CF_2^+ (6.8); 47, CFO^+ (4.8); 44, CO_2^+ (2.5); 43, C_2F^+ (3.1); 40, CN_2^+ (13.7); 38, F_2^+ (4.2); 31, CF^+ (14.5); 28, N_2^+ (14.4); 26, CN^+ (2.4); 14, N^+ (6.0). Die Photolyse (Hanovia 450 W-Lampe, Quarzrohr) führt zur Bildung von Perfluor-(1,2-dimethyl-1,2-pyrazolidin sowie Spuren von Perfluor-2-azapropen und von CF_3NCO [1].

Das Oxadiazepindion wird erhalten durch Reaktion von $F_2C{=}NN{=}CF_2$ und Perfluoroxydiacetylfluorid $[FC(O)CF_2]_2O$ mit CsF in CH_3CN (Stehenlassen über Nacht unter Rühren), ^{19}F-NMR (innerer Standard $CFCl_3$): $\delta(CF_3)=61.7$, $\delta(F_2)=70.0$, 80.1 ppm (AB-Spektrum, J(A-B) = 158 Hz), IR: ν(C=O) = 1802 cm^{-1}, Massenspektrum m/e = 225, $C_4F_7N_2O^+$ (4.4); 216, $C_3F_8N_2^+$ (19.4), 175, $C_3F_5N_2O^+$ (4.2); 128, $C_2F_4N_2^+$ (14.3); 92, $C_2F_2NO^+$ (6.8); 78, $C_2F_2O^+$ (38.0); 75, $C_2FO_2^+$ (3.4); 69, CF_3^+ (100); 50, CF_2^+ (31.1); 47, COF^+ (17.2); 31, CF^+ (10.8); 28, N_2^+ (3.9) [1].

Die in einem Pt-Rohr bei 280 bis 300 °C durchgeführte Strömungspyrolyse von $C_6F_5N_3$ liefert in 10% Ausbeute einen Stoff, der spektroskopischen Untersuchungen zufolge als Perfluor-2,2′-bi-(azepinyliden) angesehen werden kann [49, 50], Schmelzpunkt 118 bis 120 °C [2, 3], ^{19}F-NMR (20% in Aceton, äußerer Standard $CFCl_3$): δ(CF-N) = −21.5 (breites Multiplett), δ(CF) = 38.3, 56.3, 70.5, 73.7 ppm (alles Multipletts), IR (Nujolverreibung): ν(C=C oder C=N) = 1709, 1686, 1631, ν[(N-)C=C(-N)] = 1724 cm^{-1} [2].

Perfluor-(1,2-dimethyl-perhydro-1,2-diazocin-3,8-dion)

Perfluor-(1,2,5,6-tetramethyl-perhydro-1,2,5,6-tetrazocin-3,4,7,8-tetraon)

Perfluor-(2,5-dimethyl-perhydro-1,6,2,5-dioxadiazocin)
X=F

Perfluor-(2,5,7-trimethyl-perhydro-1,6,2,5-dioxadiazocin)
$X=CF_3$

Das Diazocindion wird durch Reaktion von $F_2C{=}NN{=}CF_2$ mit Perfluoradipylfluorid (Stehenlassen über Nacht unter Rühren) erhalten (67% Ausbeute; bei Reaktion in Gegenwart von CsF mit CH_3CN als Lösungsmittel: 56% Ausbeute) ^{19}F-NMR (innerer Standard $CFCl_3$): $\delta(CF_3)=63.0$ (komplex), δ(4- oder 5-F_2)$=115.0$ (komplex), δ(4- oder 5-F_2)$=$ 119.2, 128.8 ppm (AB-Spektrum, J(A-B)=294 Hz), IR: $\nu(C{=}O)=1779\ cm^{-1}$, Massenspektrum: m/e=394, $C_7F_{14}N_2O^+$ (3.2); 375 $C_7F_{13}N_2O^+$ (3.7); 306, $C_6F_{10}N_2O^+$ (2.1); 247, $C_5F_9N_2^+$ (2.0); 131, $C_3F_5^+$ (18.2); 114, $C_2F_4N^+$ (6.1); 109, $C_3F_3O^+$ (8.5); 100, $C_2F_4^+$ (39.2); 93, $C_3F_3^+$ (3.5); 92, $C_2F_2NO^+$ (2.6); 81, $C_2F_3^+$ (2.7); 69, CF_3^+ (100); 50, CF_2^+ (4.5); 47, CFO^+ (2.5); 31, CF^+ (9.8); 28, N_2^+ oder CO^+ (2.6). Die Photolyse (Hanovia 450 W-Lampe, Quarzrohr) führt zur Bildung von Perfluor-(1,2-dimethyl-3,4,5,6-tetrahydropyridazin) sowie von Spuren von CF_3NCO, COF_2, SiF_4, C_2F_4. Die Verbindung ist beim Erhitzen im abgeschmolzenen Rohr bei 250 °C einige Tage stabil, Erhitzen im Rückfluß mit 10 molarer Natronlauge führt zur Bildung eines Rückstandes, der IR-spektroskopisch als Perfluoradipinsäure identifiziert wird [1].

Das Tetrazocin entsteht durch Reaktion von $F_2C{=}NN{=}CF_2$ mit FC(O)-C(O)F (Stehenlassen über Nacht unter Rühren) in 53% Ausbeute, ^{19}F-NMR ($CFCl_3$ innerer Standard): $\delta(CF_3)=60.9$ ppm (Singulett), IR: $\nu(C{=}O)=1792$, 1773 cm^{-1}, Massenspektrum: m/e= 397, $C_7F_{11}N_4O_3^+$ (2.4); 388, $C_6F_{12}N_4O_2^+$ (9.7); 175, $C_3F_5N_2O^+$ (2.2); 111, $C_2F_3NO^+$ (11.0); 92, $C_2F_2NO^+$ (2.7); 69, CF_3^+ (100); 50, CF_2^+ (4.0); 47, CFO^+ (3.1); 28, N_2^+ (2.5). Die Photolyse (Hanovia 450 W-Lampe, Quarzrohr) führt zur Bildung von CF_3NCO sowie einem nicht identifizierten Produkt. Die Verbindung erweist sich bei mehrtägigem Erhitzen auf 250 °C im abgeschmolzenen Rohr als thermisch stabil [1].

Das durch Aufkondensieren molarer Mengen Perfluor-2,5-diazahexan-2,5-dioxyl und $CF_2{=}CF_2$ erhaltene Gemisch verliert beim Erwärmen von -196 °C auf $+20$ °C nach 1 h seine violette Farbe und liefert nach 18 h 3% Perfluor-(2,5-dimethyl-1,6,2,5-dioxadiazocin) [4, 5], Siedepunkt 100.5 °C/758 Torr, ^{19}F-NMR (äußerer Standard $CFCl_3$): $\delta(CF_3)=-10.9$ (Multiplett), $\delta(CF_2O)=18.9$ (AB-Spektrum, J(A-B)$\approx$150 Hz), $\delta(CF_2N)=$

33.0 ppm (AB-Spektrum, J(A-B)=210 Hz) [4]. Mit $CF_3CF{=}CF_2$ reagiert das Dioxyl im Dunkeln bei 20 °C (6 d) zu 7% Perfluor-(2,5,7-trimethyl-1,6,2,5-dioxadiazocin) [4, 5]. Mischt man Perfluor-2,5-diazahexan-2,5-dioxyl und $CF_3CF{=}CF_2$ bei 20 °C (25 Torr), so fällt der dreifach methylierte Ring in 63% Ausbeute an [5]; ^{19}F-NMR (äußerer Standard $CFCl_3$): $\delta(CF_3N) = -11.8$, $\delta(CCF_3) = 3.4$, $\delta(OCF_2) \approx 12.0$ (breit), $\delta(NCF_2) \approx 32.0$ (breit), $\delta(OCF) = 67.0$ ppm, alles Multipletts [4].

Perfluor-(5,6-dimethyl-perhydro-1,5,6-oxadiazonin-4,7-dion)

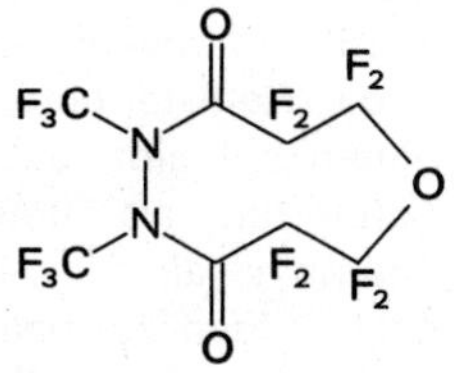

Der neungliedrige Ring wird (in 10% Ausbeute) durch Reaktion von $F_2C{=}NN{=}CF_2$ und Perfluoroxydipropionylfluorid $[FC(O)CF_2CF_2]_2O$ mit CsF in CH_3CN (Stehenlassen über Nacht unter Rühren) erhalten, ^{19}F-NMR (innerer Standard $CFCl_3$): $\delta(CF_3) = 62.0$, $\delta(2\text{-}, 9\text{-}F_2) = 81.2$, $\delta(3\text{-}, 8\text{-}F_2) = 115.0$ ppm, komplexe Spektren, IR: $\nu(C{=}O) = 1789\ cm^{-1}$, Massenspektrum: m/e=410, $C_7F_{14}N_2O_2^+$ (3.8); 393, $C_7F_{13}NO_3^+$ (1.9); 175, $C_3F_5N_2O^+$ (5.7); 119, $C_2F_5^+$ (31.1); 114, $C_2F_4N^+$ (3.5); 109, $C_3F_3O^+$ (5.7); 100, $C_2F_4^+$ (50.1); 97, $C_2F_3O^+$ (2.9); 92, $C_2F_2NO^+$ (5.0); 81, $C_2F_3^+$ (2.9); 78, $C_2F_2O^+$ (5.1); 69, CF_3^+ (100); 50, CF_2^+ (10.2); 47, CFO^+ (6.3); 31, CF^+ (15.0) [1].

Literatur:

[1] P.H. Ogden (J. Chem. Soc. C **1971** 2920/6). – [2] R.E. Banks, A. Prakash (J. Chem. Soc. Perkin Trans. I **1974** 1365/71). – [3] R.E. Banks, A. Prakash (Tetrahedron Letters **1973** 99/102). – [4] R.E. Banks, K.C. Eapen, R.N. Haszeldine, A.V. Holt, T. Myerscough, S. Smith (J. Chem. Soc., Perkin Trans. I **1974** 2532/8). – [5] R.E. Banks, K.C. Eapen, R.N. Haszeldine, P. Mitra, T. Myerscough, S. Smith (J. Chem. Soc. Chem. Commun. **1972** 833/4).

Register

Das Register zu Teil 5 und 6 enthält die Summenformeln der Perfluorhalogenorgano-Stickstoff-Heterocyclen.

Die chemischen Elemente in den Summenformeln sind wie folgt angeordnet: Zuerst C, dann F, Cl, Br, J, dann die übrigen Elemente in alphabetischer Reihenfolge. Isomere werden durch (eingerückte) Strukturformeln oder Namen charakterisiert, Stellungsisomere werden hierbei jedoch nicht berücksichtigt. Oligomere und Polymere, die sich nicht sinnvoll in das Register einordnen lassen, sind am Ende des Registers zu finden. Die fettgedruckte Seitenzahl gibt die Stelle in Teil 5 (mit V bezeichnet) oder Teil 6 (VI) an, an der die Verbindung als Titelverbindung steht, und damit das Hauptkapitel, in dem ihre Darstellung, ihre physikalischen Eigenschaften und ihr chemisches Verhalten beschrieben werden. Danach folgen zusätzliche Angaben zur Bildung (mit B bezeichnet) und zum chemischen Verhalten (CV) außerhalb des Hauptkapitels.

Index

The index for part 5 and 6 contains the empirical formulas of perfluorohalogenoorgano nitrogen heterocycles.

The chemical elements are arranged in the empirical formulas as follows: first C, then F, Cl, Br, I, and then the other elements in alphabetical order. Isomers are designated by their (indented) structural formulas or by their names. But isomers that differ only in the location of ring substituents are not listed separately. Oligomers and polymers that do not fit conveniently in the index are placed at the end.

The page numbers in boldface type give the pages in Part 5 (marked with V) or in Part 6 (marked with VI) on which the compound is treated as the title compound and its preparation, physical properties, and chemical reactions are described. The boldface numbers may be followed by further page numbers of pages giving additional information on formation (marked with B) or chemical reactions (marked with CV).

$CFClN_2$ . . . . V S. **4**
CF_2ClN_3 . . . . V S. **4**
CF_2N_2 . . . . V S. **4**
CF_3N_3 . . . . V S. **4**; CV: V S. 4
CF_4N_2 . . . . V S. **6**
CF_5N_3 . . . . V S. **6**
C_2FBrN_2S . . . . V S. **67**
C_2FN_3 . . . . V S. **4**
C_2FN_3O . . . . V S. **4**
C_2F_2ClN . . . . V S. **2**
$C_2F_2ClNS_2$ . . . . V S. **57**
C_2F_3ClHNO . . . . V S. **29**
$C_2F_3ClN_4$ . . . . V S. **73**
$C_2F_3Cl_2NO$ . . . . V S. **29**
C_2F_3BrHNO . . . . V S. **29**
$C_2F_3HN_4$ . . . . V S. **73**; CV: V S. 65
$(C_2F_3NO)_n$ . . . . V S. **33**
$C_2F_3N_4Na$ . . . . V S. **73**

C_2F_4ClNO
2-Chlor-3,3,4,4-tetrafluor-1,2-oxazetidin . . . V S. **29**
2-Fluor-4-chlor-3,3,4-trifluor-1,2-oxazetidin . . . V S. **29**
C_2F_4HNO . . . V S. **29**
$C_2F_4H_2N_2$ . . . V S. **35**
$C_2F_4N_2$ . . . V S. **35**
$C_2F_5H_2N_5$ . . . V S. **72**
C_2F_5NO . . . V S. **29**
$C_2F_6N_4$ . . . V S. **72**
$C_2F_7N_3$ . . . V S. **6**
$C_2F_8N_4$ . . . V S. **6**
$C_3FClBrNS$ . . . V S. **57**
C_3FCl_2NS . . . V S. **57**
$C_3FCl_2N_3$ . . . VI S. **77**
C_3FBr_2NS . . . V S. **57**
$C_3F_2ClN_3$ . . . VI S. **77**
$C_3F_2Cl_2N_2S$ . . . V S. **67**
$C_3F_2Cl_3N_3$ . . . VI S. **74**
$C_3F_2Br_3N_3$ . . . VI S. **74**
$C_3F_2H_2N_4$ . . . VI S. **78**
$C_3F_2H_3N_3O_3$ . . . VI S. **74**
$C_3F_3ClN_2S$ . . . V S. **67**
$C_3F_3H_2N_3O$ . . . V S. **66**
$C_3F_3H_2N_3S$ . . . V S. **67**
$C_3F_3H_2N_3Se$ . . . V S. **68**
$C_3F_3H_3N_4$ . . . V S. **71**
$C_3F_3H_3N_4S$ . . . V S. **71**
$C_3F_3N_3$ . . . VI S. **77**
$C_3F_4Cl_2H_2N_2$ . . . V S. **6**
$C_3F_4Cl_2N_2$ . . . V S. **60**
$C_3F_4Cl_3N_3$ . . . VI S. **75**
$C_3F_4Br_3N_3$ . . . VI S. **75**
$C_3F_4H_2N_2O$ . . . V S. **61**
$C_3F_4H_3N_3O_3$ . . . VI S. **75**
$C_3F_4N_2S$ . . . V S. **67**
C_3F_5ClHN . . . V S. **2**
$C_3F_5ClN_2$ . . . V S. **5**
$C_3F_5Cl_2NO$ . . . V S. **31**; B: V S. 32
C_3F_5N . . . V S. **2**
$(C_3F_5N)_n$ . . . V S. **4**
C_3F_5NO . . . V S. **33**
$C_3F_5NO_2$ . . . V S. **30**
$C_3F_5N_3$ . . . VI S. **74**
C_3F_6ClNO . . . V S. **31**; B: V S. 32
$C_3F_6Cl_3N_3$ . . . VI S. **75**
$C_3F_6Br_3N_3$ . . . VI S. **75**
C_3F_6HN . . . V S. **2**
$C_3F_6H_2N_2$ . . . V S. **6**
$C_3F_6H_3N_3O_3$ . . . VI S. **75**

$C_3F_6N_2$
Perfluor-(1-methyleniminaziridin) . . . V S. **3**
Bis(perfluormethyl)-diazirin . . . . . V S. **5**
Trifluormethyl-chlordifluormethyl-fluor-diazirin . . . . V S. **5**
Hexafluor-1-pyrazolin . . . . V S. **60**
$C_3F_7H_2N_3$ . . . . V S. **6**
C_3F_7NO . . . . V S. **30**
$C_3F_7N_3$ . . . . VI S. **75**
$C_3F_7N_3O$ . . . . VI S. **77**
$C_3F_8N_2$
Perfluorimidazolin . . . . V S. **61**
Perfluorpyrazolidin . . . . V S. **60**
$C_3F_8N_4O$ . . . . VI S. **77**
$C_3F_9N_3$ . . . . VI S. **75**
$C_3F_9N_5$ . . . . V S. **3**
$C_3F_9N_5O$ . . . . VI S. **77**
$C_3F_{10}N_4$ . . . . VI S. **77**
$C_3F_{11}N_5$ . . . . VI S. **77**
$C_3F_{12}N_6$ . . . . VI S. **77**
$C_4FCl_3N_2$
2,3,5-Trichlor-fluorpyrazin . . . . . . VI S. **28**
4,5,6-Trichlorfluorpyrimidin . . . . . VI S. **19**
$C_4FH_4N_5O_2$ . . . . VI S. **21**
$C_4F_2ClHN_2O$ . . . . VI S. **29**
$C_4F_2ClH_2N_3$ . . . . VI S. **21**
$C_4F_2ClH_3N_4$ . . . . VI S. **28**
$C_4F_2Cl_2N_2$
4,5-Dichlor-3,6-difluorpyridazin . . . . VI S. **14**
5,6-Dichlor-difluorpyrimidin . . . . . VI S. **19**
2,5-Dichlor-difluorpyrazin . . . . . . VI S. **28**
$C_4F_2Br_2N_2$ . . . . VI S. **28**
$C_4F_2JH_2N_3$ . . . . VI S. **20**
$C_4F_2J_2N_2$ . . . . VI S. **19**
$C_4F_2H_2N_2O_2$ . . . . VI S. **15**
$C_4F_2H_2N_2O_3$ . . . . VI S. **21**
$C_4F_2H_4N_4$
4,6-Diamino-difluorpyrimidin . . . . . VI S. **20**
Diamino-difluorpyrazin . . . . VI S. **29**; CV: VI S.127
$C_4F_2N_6O_{10}$ . . . . V S. **66**
$C_4F_2N_8$ . . . . VI S. **29**
$C_4F_3ClN_2$
5-Chlor-trifluorpyrimidin . . . . . . VI S. **19**
2-Chlor-trifluorpyrazin . . . . VI S. **28**
$C_4F_3Cl_2N$ . . . . V S. **51**
$C_4F_3Cl_3N_2$ . . . . VI S. **19**
$C_4F_3Cl_3N_2O$ . . . . V S. **66**
$C_4F_3BrN_2$ . . . . VI S. **28**
$C_4F_3JN_2$ . . . . VI S. **19**
$C_4F_3HN_2O$
3-Hydroxy-trifluorpyridazin . . . . . VI S. **14**

4-Hydroxy-trifluorpyrimidin . . . . . VI S. **20**
2-Hydroxy-trifluorpyrazin . . . . . . VI S. **28**
$C_4F_3H_2N_3$
4-Amino-trifluorpyridazin . . . . . . VI S. **14**
4-Amino-trifluorpyrimidin . . . . . . VI S. **20**
2-Amino-trifluorpyrazin . . . . VI S. **28**
$C_4F_3H_2N_3O_2$ . . . . VI S. **79**
$C_4F_3H_3N_4$ . . . . VI S. **28**
$C_4F_3H_4N_5$ . . . . VI S. **79**
$C_4F_3N_3OS$ . . . . V S. **67**
$C_4F_3N_3O_2$ . . . . VI S. **21**
$C_4F_4Cl_2N_2$
2,3-Dichlor-tetrafluor-3,4-dihydropyrimidin . . . . VI S. **19**
2,5-Dichlor-tetrafluor-2,3-dihydropyrazin . . . . VI S. **28**
$C_4F_4Cl_3N$ . . . . V S. **51**
$C_4F_4Cl_3NO$ . . . . V S. **33**
$C_4F_4BrNO_2$ . . . . V S. **51**
$C_4F_4HNO_2$ . . . . V S. **51**
$C_4F_4H_2N_2OS$ . . . . V S. **56**
$C_4F_4H_3N_3$ . . . . V S. **51**
$C_4F_4N_2$
Tetrafluorpyridazin . . . . VI S. **14**; CV: VI S. 19, 129
Tetrafluorpyrimidin . . . . VI S. **19**
Tetrafluorpyrazin . . . . VI S. **28**
Perfluor-(2,5-diazabicyclo[2.2.0]hexa-2,5-dien) . . . . VI S. **32**
$C_4F_5ClN_2$ . . . . VI S. **19**
$C_4F_5Cl_2NO$ . . . . V S. **33**
$C_4F_5HN_2$ . . . . V S. **2**
$C_4F_5HN_4$ . . . . VI S. **78**
$C_4F_5H_3N_4$ . . . . V S. **71**
$C_4F_5H_3N_4S$ . . . . V S. **71**
$C_4F_5N_3$ . . . . VI S. **78**
$C_4F_6ClHN_3OP$ . . . . VI S. **94**
C_4F_6ClNO
4-Chlor-perfluor-(2-vinyl-1,2-oxazetidin) . . . . V S. **31**
4-Chlor-perfluor-(2,3-dimethyl-1,2-oxazet) . . . . V S. **33**
$C_4F_6ClNO_3S$ . . . . V S. **57**
$C_4F_6Cl_2N_2$ . . . . V S. **5**
$C_4F_6Cl_2N_3P$ . . . . VI S. **94**
$C_4F_6Cl_3NO$ . . . . V S. **34**
C_4F_6BrNO . . . . V S. **33**
$C_4F_6AgNO_4S$ . . . . V S. **57**
$C_4F_6HNO_4S$ . . . . V S. **57**
$C_4F_6HN_3$ . . . . V S. **71**
$C_4F_6HN_3O_2S$ . . . . VI S. **94**

$C_4F_6H_2N_2O$ . . . . V S. **61**
$C_4F_6N_2$ . . . . VI S. **28**
$C_4F_6N_2O$ . . . . V S. **64**, **66**
$C_4F_6N_2O_2$
Bis(perfluormethyl)-furoxan . . . . . V S. **66**
cis- und trans-Hexafluor-4,8-dioxa-1,5-diazatricyclo[4.2.0.0^{2,5}]octan . . VI S. **123**
$C_4F_7ClH_2N_2$ . . . . V S. **6**
$C_4F_7Cl_2N$ . . . . V S. **29**; B: VI S. 11
$C_4F_7Cl_2NO$
Chlor-difluor-chlordifluormethyl-2-trifluormethyl-1,2-oxazetidin . . . V S. **31**
2-(1′,2′-Dichlortrifluoräthyl)-perfluor-1,2-oxazetidin . . . . V S. **34**
4-Chlor-2-(1′-chlortetrafluoräthyl)-perfluor-1,2-oxazetidin . . . . . . V S. **34**
$C_4F_7HN_4$ . . . . V S. **73**; CV: V S. 65, 69, 70, 72
C_4F_7N
Perfluor-(2,2-dimethyl-2 H-azirin) . . . V S. **2**
Heptafluor-1-pyrrolin . . . . V S. **51**
C_4F_7NO
Perfluor-(2-methyl-3-methylen-1,2-oxazetidin) . . . . V S. **31**
Perfluor-(2-vinyl-1,2-oxazetidin) . . . V S. **31**
Perfluor-(5,6-dihydro-2H-1,4-oxazin) . VI S. **1**
$C_4F_7NO_2$
4-Fluorcarbonyl-perfluor-(2-methyl-1,2-oxazetidin) . . . . V S. **30**
2-Fluorcarbonyldifluormethyl-perfluor-1,2-oxazetidin . . . . . . V S. **35**
$C_4F_7NO_3S$ . . . . V S. **57**
$C_4F_7N_3S$ . . . . V S. **72**
C_4F_8ClNO . . . . V S. **34**
C_4F_8HN . . . . V S. **2**
C_4F_8HNO . . . . VI S. **1**
$C_4F_8H_2N_2$ . . . . V S. **6**
$C_4F_8NO_2$ . . . . VI S. **2**
$C_4F_8N_2$
Bis(perfluoraziridin) . . . . V S. **3**
Perfluor-(1-methyl-3-imidazolin) . . . V S. **62**
Perfluor-(1-methyl-2-imidazolin) . . . V S. **62**
$C_4F_8N_2O$ . . . . V S. **31**
$C_4F_8N_2O_3$
2-(2′-Nitrotetrafluoräthyl)-perfluor-1,2-oxazetidin . . . . V S. **35**
4-Nitrooctafluormorpholin . . . . . . VI S. **1**
Perfluormorpholyl-4-nitrit . . . . . . VI S. **3**
C_4F_9N
Perfluor-(1-methylazetidin) . . . . . V S. **29**; B: V S. 97, VI S. 11
Perfluorpyrrolidin . . . . V S. **51**

C_4F_9NO
Perfluor-(2-äthyl-1,2-oxazetidin) . . . V S. **30**
Perfluor-(dimethyl-1,2-oxazetidin) . . V S. **32**; B: V S. 32
Perfluor-(methyloxazolidin) . . . . . V S. **54**; B: VI S. 11
Nonafluormorpholin . . . . VI S. **1**; CV: V S. 55
C_4F_9NOS . . . . V S. **33**; B: V S. 34
$C_4F_9NO_2$ . . . . V S. **33**
$C_4F_{10}Cl_3N_2O_2P$ . . . . V S. **68**
$C_4F_{10}HN_2Sb$ . . . . VI S. **29**
$C_4F_{10}N_2$
Perfluor-(1,2-dimethyl-1,2-diazetidin) . V S. **36**
Perfluor-(1,4-difluorpiperazin) . . . . VI S. **29**
$C_4F_{10}N_2O$ . . . . V S. **66**
$C_4F_{11}NS$ . . . . VI S. **4**
$C_4F_{13}NS$ . . . . VI S. **4**
$C_5FClBrJHNO$ . . . . V S. **182**
C_5FClBr_2HNO . . . . V S. **182**
C_5FClJ_2HNO . . . . V S. **182**
$C_5FCl_2H_2NO_2$ . . . . V S. **181**
$C_5FCl_2H_4N_3O_2S$ . . . . V S. **192**
$C_5FCl_2H_6N_5$ . . . . V S. **189**
$C_5FCl_2N_3$ . . . . VI S. **21**
C_5FCl_3HNO . . . . V S. **181**
C_5FCl_3HNS . . . . V S. **192**
$C_5FCl_3H_2N_2$ . . . . V S. **185**
$C_5FCl_3H_3N_3$ . . . . V S. **189**
$C_5FCl_3N_2O$ . . . . V S. **190**
$C_5FCl_3N_2O_2$ . . . . V S. **190**
C_5FCl_4N . . . . V S. **116**; CV: V S. 187, 191, 192
$C_5FCl_4NO_2S$ . . . . V S. **192**
C_5FBr_3HNO . . . . V S. **182**
C_5FBr_4N . . . . V S. **118**
$C_5FH_3N_2O_4$ . . . . VI S. **21**
$C_5FH_4N_5$ . . . . VI S. **21**
$C_5F_2ClBrHNO$ . . . . V S. **182**
$C_5F_2ClBrJN$ . . . . V S. **118**
$C_5F_2ClBr_2N$ . . . . V S. **118**; CV: V S. 183
$C_5F_2ClJ_2N$ . . . . V S. **118**; CV: V S. 183
$C_5F_2ClN_3$ . . . . VI S. **21**
$C_5F_2Cl_2BrN$ . . . . V S. **118**
$C_5F_2Cl_2HNO$
2-Oxo-3,5-dichlor-4,6-difluor-1,2-dihydropyridin . . . . V S. **181**
4-Hydroxy-3,5-dichlor-difluorpyridin . . V S. **181**; CV: V S. 117
$C_5F_2Cl_2HNO_2$ . . . . V S. **184**
$C_5F_2Cl_2HNS$ . . . . V S. **192**
$C_5F_2Cl_2H_2N_2$ . . . . V S. **185**
$C_5F_2Cl_2H_2N_2O$ . . . . V S. **189**
$C_5F_2Cl_2H_2N_2O_2S$ . . . . V S. **192**
$C_5F_2Cl_2H_3N_3$ . . . . V S. **189**
$C_5F_2Cl_2N_4$ . . . . V S. **184**

$C_5F_2Cl_3N$ . . . . V S. **116**; CV: V S. 183, 186, 189, 192
$C_5F_2Cl_3NO_2S$ . . . . V S. **192**
$C_5F_2BrJHNO$ . . . . V S. **182**
$C_5F_2Br_2HNO$ . . . . V S. **182**
$C_5F_2Br_3N$ . . . . V S. **118**; CV: V S. 183
$C_5F_2J_2HNO$ . . . . V S. **182**
$C_5F_2H_4N_4O_2$ . . . . V S. **190**
$C_5F_2H_6N_4$ . . . . V S. **185**
C_5F_3ClBrN . . . . V S. **118**; CV: V S. 183
C_5F_3ClJN . . . . V S. **118**
C_5F_3ClHNO . . . . V S. **181**
C_5F_3ClHNS . . . . V S. **192**
$C_5F_3ClH_2N_2$ . . . . V S. **185**
$C_5F_3ClH_2N_4O_2$ . . . . VI S. **26**
$C_5F_3ClH_3N_3$ . . . . V S. **189**
$C_5F_3ClH_3N_3S$ . . . . VI S. **25, 26**
$C_5F_3ClH_4N_4$ . . . . VI S. **25, 26**
$C_5F_3ClH_5N_5$ . . . . VI S. **26**
$C_5F_3ClN_4$ . . . . V S. **184**
$C_5F_3Cl_2H_2N_3$ . . . . VI S. **25, 26**
$C_5F_3Cl_2N$ . . . . V S. **116**; B: V S. 115; CV: V S. 181, 182, 184, 185, 188, 189, 220, 221
$C_5F_3Cl_2N_3O_2$ . . . . VI S. **25, 26**
$C_5F_3Cl_3N_3P$ . . . . VI S. **27**
C_5F_3BrHNO . . . . V S. **182**
$C_5F_3BrH_2N_2$ . . . . V S. **185**
C_5F_3BrJN . . . . V S. **118**; CV: V S. 183
$C_5F_3Br_2N$ . . . . V S. **118**; CV: V S. 183
C_5F_3JHNO . . . . V S. **182**
$C_5F_3JH_2N_2$ . . . . V S. **185**
$C_5F_3J_2N$ . . . . V S. **118**; CV: V S. 183
$C_5F_3H_2NO_2$ . . . . V S. **181**; B: V S. 134
$C_5F_3H_2N_3O_2$ . . . . V S. **190**
$C_5F_3H_2N_3O_3$ . . . . VI S. **25**
$C_5F_3H_2N_3O_4$
4,6-Dihydroxy-5-nitro-2-trifluormethyl-pyrimidin . . . . VI S. **25**
5-Nitro-6-trifluormethyl-uracil . . . . VI CV: S. 26
$C_5F_3H_3N_4O_2$ . . . . VI S. **25**
$C_5F_3H_3N_4O_3$ . . . . VI S. **25**
$C_5F_3H_4N_3$ . . . . V S. **185**
$C_5F_3H_4N_3O_2$ . . . . VI S. **25**
$C_5F_3H_4N_3S_2$ . . . . VI S. **26**
$C_5F_3H_4N_5O_2$ . . . . VI S. **25, 26**
$C_5F_3H_5N_4O$ . . . . VI S. **25**
$C_5F_3H_5N_4S$ . . . . VI S. **26**
$C_5F_3H_6N_5$ . . . . VI S. **25, 26**
$C_5F_3H_8N_5O_4S$ . . . . B: VI S. 27
$C_5F_3N_3$ . . . . VI S. **21**
C_5F_4ClMgN . . . . V S. **115**

C_5F_4ClN . . . . V S. **116**; B: V S. 115; CV: V S. 182, 185, 187, 189, 192, 220

C_5F_4ClNS . . . . V S. **191**

$C_5F_4Cl_2H_2N_2O_3$ . . . . VI S. **27**

$C_5F_4Cl_2N_2$ . . . . V S. **185**

$C_5F_4Cl_3N_3O$ . . . . V S. **65**

C_5F_4BrMgN . . . . V S. **115**; B: V S. 220; CV: V S. 193, 220

C_5F_4BrN . . . . V S. **117**; CV: V S. 183, 185, 193, 195, 220

C_5F_4JMgN . . . . V S. **115**; CV: V S. 193

C_5F_4JN . . . . V S. **118**; CV: V S. 183, 185, 220

C_5F_4CuN . . . . V S. **115**

C_5F_4HNO . . . . V S. **181**; B: S. 134

$C_5F_4HNO_3S$ . . . . V S. **191**

C_5F_4HNS . . . . V S. **191**

$C_5F_4H_2N_2$ . . . . V S. **185**; CV: V S. 118

$C_5F_4H_3N_3$ . . . . V S. **189**; CV: V S. 119

C_5F_4LiN . . . . V S. **115**; B: V S. 195; CV: V S. 193, 195

C_5F_4NNaO . . . . V S. **181**

$C_5F_4NNaO_2S$ . . . . CV: V S. 197

$C_5F_4N_2O_2$ . . . . V S. **190**; CV: V S. 116, 186, VI S.129, 133

$C_5F_4N_4$ . . . . V S. **184**

$C_5F_5Cl_2N$ . . . . V S. **120**

$C_5F_5Cl_4N$ . . . . V S. **119**

$C_5F_5H_2N_3O_2$ . . . . VI S. **79**

$C_5F_5H_4N_5$ . . . . VI S. **79**

C_5F_5N . . . . V S. **115**; CV: V S. 150, 151, 152, 153, 154, 155, 182, 183, 184, 185, 186, 187, 189, 196, 220, VI S. 133

C_5F_6ClN . . . . V S. **120**

C_5F_6ClNO . . . . V S. **180**; B: V S. 134

$C_5F_6ClN_3$ . . . . VI S. **78**

$C_5F_6Cl_3N$ . . . . V S. **120**; B: V S. 175; CV: V S. 181

$C_5F_6Cl_4NO_2P$ . . . . V S. **180**

$C_5F_6BrNO_2$ . . . . V S. **180**

$C_5F_6HNO_2$ . . . . V S. **180**; B: V S. 133

$C_5F_6HN_3OS$ . . . . V S. **67**

$C_5F_6H_2N_2OS$ . . . . V S. **56**

$C_5F_6H_2N_2O_3$ . . . . VI S. **27**

$C_5F_6H_2N_4S$ . . . . V S. **57**

$C_5F_6H_2N_8$ . . . . V S. **73**; CV: V S. 70

$C_5F_6H_3N_3$ . . . . V S. **185**; CV: V S. 121, 181, VI S. 117, 119

$C_5F_6H_3N_3O_2$ . . . . VI S. **75**

$C_5F_6N_2$ . . . . VI S. **22**

$(C_5F_6N_2)_m$ . . . . B: VI S. 120

$C_5F_6N_4S$ . . . . VI S.**123**

$C_5F_7ClN_2S$ . . . . V S. **67**

$C_5F_7Cl_2N$ . . . . V S. **119**
$C_5F_7Cl_2NO$ . . . . V S. **54**
$C_5F_7HN_2O_2$ . . . . V S. **66**
$C_5F_7H_3N_4$ . . . . V S. **71**
$C_5F_7H_3N_4O$ . . . . V S. **71**
$C_5F_7H_3N_4S$ . . . . V S. **71**
C_5F_7N . . . . V S. **120**
C_5F_7NO . . . . V S. **54**
$C_5F_7N_3$
Perfluor-(2,4-dimethyl-1,3,5-triazin) . . VI S. **78**
Perfluor-(2-äthyl-1,3,5-triazin) . . . . VI S. **78**
C_5F_8ClN . . . . V S. **119**
C_5F_8ClNO . . . . VI S. **4**
$C_5F_8H_2N_4O$ . . . . V S. **4**
$C_5F_8N_2S$ . . . . V S. **67**
$C_5F_8N_4$ . . . . VI S. **78**
$C_5F_9Cl_2HNSb$ . . . . V S. **119**
$C_5F_9Cl_2NO$ . . . . VI S. **4**
C_5F_9N . . . . V S. **119**; B: V S. 52
C_5F_9NO
Perfluor-(1-methylpyrrolidin-2-on) . . V S. **54**; B: V S. 29, VI S. 11; CV: V S. 52, 54
Perfluor-(2-methyl-3,6-dihydro-2H-1,2-oxazin) . . . . VI S. **4**; CV: V S. 54
Perfluor-(4-methyloxazolidin) . . . . B: VI S. 11
$C_5F_9NO_2$ . . . . VI S. **2**
$C_5F_9NO_3S$ . . . . V S. **57**
$C_5F_9NS_2$ . . . . V S. **57**
$C_5F_{10}ClN$ . . . . V S. **120**
$C_5F_{10}BrN$ . . . . V S. **120**
$C_5F_{10}HN$ . . . . V S. **120**; CV: V S. 191
$C_5F_{10}HNO$ . . . . V S. **184**
$C_5F_{10}NO$ . . . . V S. **180**; B: V S. 134; CV: V S. 120
$C_5F_{10}N_2$ . . . . V S. **5**
$C_5F_{10}N_2O_2$
1-Nitrito-decafluorpiperidin . . . . . V S. **184**
1-Nitro-decafluorpiperidin . . . . . . V S. **191**
$C_5F_{10}N_4$ . . . . V S. **73**
$C_5F_{11}HNSb$ . . . . V S. **119**
$C_5F_{11}N$
Perfluor-(1-methylpyrrolidin) . . . . . V S. **52**
Undecafluorpiperidin . . . . V S. **120**; CV: V S. 52, 115, 152, 158, 181, 221
$C_5F_{11}NO$
Perfluor-(2-propyl-1,2-oxazetidin) . . V S. **30**
Perfluor-(3-äthyloxazolidin) . . . . . V S. **54**
Perfluor-(4-methylmorpholin) . . . . VI S. **1**
Perfluor-(2-methyl-tetrahydro-2H-1,2-oxazin) . . . . VI S. **4**; CV: V S. 54
$C_5F_{12}N_2$
Perfluor-(1,2-dimethyl-pyrazolidin) . . V S. **60**; B: VI S.165

$C_6FCl_2H_2N_3$ . . . . V S. **196**
$C_6FCl_3N_2$ . . . . V S. **196**
$C_6F_2Cl_2H_2N_2O$ . . . . V S. **194**
$C_6F_2Cl_2H_3N_3$ . . . . V S. **194**
$C_6F_2Cl_2H_3N_3O$ . . . . V S. **189**
$C_6F_2Cl_2N_2$ . . . . V S. **195**, **196**; CV: V S. 195
$C_6F_2Cl_9N_3$ . . . . VI S. **75**
$C_6F_3ClN_2$ . . . . V S. **195**, **196**
$C_6F_3Cl_2HN_4$ . . . . VI S. **127**
$C_6F_3Cl_3HNO$ . . . . V S. **183**
$C_6F_3Cl_3HNS$ . . . . V S. **192**
$C_6F_3Cl_3H_2N_2$ . . . . V S. **186**
$C_6F_3Cl_3N_2O$ . . . . V S. **190**
$C_6F_3Cl_3N_2O_2$ . . . . V S. **190**
$C_6F_3Cl_4N$ . . . . CV: V S. 184, 186
$C_6F_3Cl_6N_3$ . . . . VI S. **81**
$C_6F_3Br_2HN_4$ . . . . VI S. **127**
$C_6F_3N_5$ . . . . VI S. **79**
C_6F_4ClNO . . . . V S. **194**
$C_6F_4Cl_2HNO$ . . . . V S. **183**
$C_6F_4Cl_2H_2N_2$ . . . . V S. **186**
$C_6F_4Cl_3N$ . . . . V S. **156**; CV: V S. 193
$C_6F_4Cl_9N_3$ . . . . VI S. **75**
$C_6F_4Cd_{0.5}NO_2$ . . . . V S. **192**
$C_6F_4HNO_2$ . . . . V S. **192**, **193**; B: V S. 143, 175
$C_6F_4HN_3$ . . . . VI S. **128**
$C_6F_4HN_3O$ . . . . VI S. **128**
$C_6F_4H_2N_2O$ . . . . V S. **194**
$C_6F_4Hg_{0.5}NO_2$ . . . . V S. **192**
$C_6F_4NO_2Tl$ . . . . V S. **192**
$C_6F_4NO_2Zn_{0.5}$ . . . . V S. **192**
$C_6F_4N_2$ . . . . V S. **195**, **196**
$C_6F_5Cl_2N$ . . . . CV: V S. 184, 186
$C_6F_5HN_4$ . . . . VI S. **127**
C_6F_5NO . . . . V S. **194**
$C_6F_6Cl_3N_3$ . . . . VI S. **81**
$C_6F_6Cl_9N_3$ . . . . VI S. **75**
$C_6F_6Br_3N_3$ . . . . VI S. **81**
$C_6F_6H_2N_2$ . . . . V S. **186**
$C_6F_7Cl_2N_3$ . . . . VI S. **81**
$C_6F_7Br_2N_3$ . . . . VI S. **81**
$C_6F_7J_2N_3$ . . . . VI S. **81**
$C_6F_7H_4N_5$ . . . . VI S. **79**
C_6F_7N . . . . V S. **148**; CV: V S. 186, 193
C_6F_8ClNO . . . . VI S. **4**
$C_6F_8ClN_3$ . . . . VI S. **81**
$C_6F_8BrN_3$ . . . . VI S. **81**
$C_6F_8N_2$
Perfluor-(4-äthyl-pyridazin) . . . . . VI S. **15**
Perfluor-(äthylpyrimidin) . . . . . . VI S. **22**
Perfluor-(2-äthylpyrazin) . . . . . . VI S. **30**

Perfluor-(1-äthyl-2,5-diazabicyclo-[2.2.0]hexa-2,5-dien) . . . . . . VI S. **32**
$C_6F_8N_4S$ . . . . VI S. **123**
$C_6F_9H_2N_3$ . . . . V S. **63**
$C_6F_9H_3N_4$ . . . . VI S. **75**
$C_6F_9N_3$
2,4,6-Tris(trifluormethyl)-1,3,5-triazin . VI S. **81**
Perfluor-(2-isopropyl-1,3,5-triazin) . . VI S. **78**; CV: VI S. 120
$C_6F_{10}Br_2N_2O_3$ . . . . VI S. **4**
$C_6F_{10}HN_3$ . . . . V S. **71**
$C_6F_{10}H_2N_4$
3,5-Bis(perfluoräthyl)-4-amino-4H-1,2,4-triazol . . . . V S. **71**
Perfluor-(3-methyl-5-propyl)-4-amino-4H-1,2,4-triazol . . . . V S. **71**
3-Trifluormethyl-6-perfluorpropyl-1,2-dihydro-1,2,4,5-tetrazin . . . . VI S. **122**
$C_6F_{10}N_2$ . . . . V S. **5**
$C_6F_{10}N_2O$
2,5-Bis(perfluoräthyl)-1,3,4-oxadiazol . . . . V S. **64**
3,5-Bis(perfluoräthyl)-1,2,4-oxadiazol . . . . V S. **66**
Perfluor-(5-methyl-3-propyl-1,2,4-oxadiazol) . . . . V S. **66**
$C_6F_{10}N_2O_2$
Bis(perfluoräthyl)-furoxan . . . . . . V S. **66**
Perfluor-(1,2-dimethyl-perhydro-pyridazin-3,6-dion . . . . VI S. **15**; CV: V S. 36
$C_6F_{10}N_2O_3$
2-(2′-Nitro-tetrafluoräthyl)-hexafluor-3,6-dihydro-2H-1,2-oxazin . . . . VI S. **4**
Perfluor-(4,5-dimethyl-perhydro-1,4,5-oxadiazepin-3,6-dion). . . . . . . VI S. **165**
$C_6F_{10}N_2S$ . . . . V S. **67**
$C_6F_{10}N_4$ . . . . VI S. **122**
$C_6F_{11}Br_2NO$ . . . . VI S. **1**
$C_6F_{11}NO$ . . . . VI S. **1**
$C_6F_{11}N_3$ . . . . VI S. **75**
$C_6F_{12}N_2$
Perfluor-(1,4,5-trimethyl-3-imidazolin) . . . . V S. **62**
Perfluor-(1,4-diazabicyclo[2.2.2]-octan) . . . . VI S. **32**
Perfluor-(pentyldiazirin) . . . . . . V S. **5**
$C_6F_{12}N_2S$ . . . . V S. **67**
$C_6F_{12}N_9$ . . . . VI S. **137**
$C_6F_{13}N$ . . . . V S. **150, 157**
$C_6F_{13}NO$ . . . . VI S. **1**
$C_6F_{13}N_3$ . . . . VI S. **75**
$C_6F_{14}N_2O$ . . . . V S. **55**

$C_6F_{14}N_2O_2$ . . . . VI S. **166**
$C_6F_{15}N_3$ . . . . VI S. **75**
$C_7F_3ClBr_2HN_3O$ . . . . VI S. **126**
$C_7F_3Cl_8N_3$ . . . . VI S. **82**
$C_7F_3BrHN_5O_2$ . . . . VI S. **126**
$C_7F_3Br_2HN_4O_3$ . . . . VI S. **126**
$C_7F_3Br_2H_3N_4O$ . . . . VI S. **126**
$C_7F_3Ag_2NO_4$ . . . . V S. **193**; CV: VI S. 135
$C_7F_3CdNO_4$ . . . . V S. **193**
$C_7F_3H_2NO_4$ . . . . V S. **193**
$C_7F_3HgNO_4$ . . . . V S. **193**
$C_7F_3NO_4Zn$ . . . . V S. **193**
$C_7F_4H_3N_3$ . . . . VI S. **124**
$C_7F_5Cl_2HN_4$ . . . . VI S. **127**
$C_7F_6ClHN_4$ . . . . VI S. **126**
$C_7F_6H_2N_4$ . . . . VI S. **25**
$C_7F_6H_6N_8$ . . . . V S. **72**
$C_7F_7Cl_2N$ . . . . V S. **149**
$C_7F_7H_4N_3$ . . . . V S. **186**
C_7F_8ClN . . . . V S. **149**
$C_7F_8Cl_4H_3N_3$ . . . . V S. **62**
$C_7F_8Cl_4HNO_2$ . . . . V S. **55**
C_7F_8BrN . . . . V S. **156**
$C_7F_8H_2N_2$ . . . . V S. **186**
$C_7F_9Cl_2N_3$ . . . . VI S. **78**
$C_7F_9HN_4$ . . . . VI S. **123**
C_7F_9N
Perfluor-(dimethylpyridin) . . . . . . V S. **148**; CV: V S. 186
Perfluor-(äthylpyridin) . . . . V S. **149**
$(C_7F_9N_3)_m$ . . . . CV: VI S. 121
$C_7F_9N_4Na$ . . . . VI S. **123**
$C_7F_{10}ClN_3$ . . . . VI S. **79**
$C_7F_{10}Cl_2HNO_2$ . . . . V S. **55**
$C_7F_{10}Cl_2H_3N_3$ . . . . V S. **63**
$C_7F_{10}Cl_3N$ . . . . V S. **150**
$C_7F_{10}N_2$
Perfluor-(4-isopropylpyridazin) . . . . VI S. **16**; CV: VI S. 23
Perfluor-(isopropylpyrimidin) . . . . . VI S. **23**
Perfluor-(2-isopropylpyrazin) . . . . . VI S. **30**
Perfluor-(1-isopropyl-2,5-diaza-bicyclo[2.2.0]hexa-2,5-dien) . . . . VI S. **32**
$C_7F_{10}N_4S$ . . . . VI S. **123**
$C_7F_{11}ClH_2N_2O$ . . . . V S. **56**
$C_7F_{11}ClH_3N_3$ . . . . V S. **63**
$C_7F_{11}Cl_2NO$ . . . . VI S. **130**
$C_7F_{11}NO$ . . . . VI S. **130**
$C_7F_{11}N_3$ . . . . VI S. **78**
$C_7F_{12}ClHN_2$ . . . . V S. **63**
$C_7F_{12}ClNO$ . . . . V S. **56**
$C_7F_{12}ClNO_2$ . . . . VI S. **4**
$C_7F_{12}AgNO_2$ . . . . V S. **55**

$C_7F_{12}CsNO_2$ . . . . V S. **55**
$C_7F_{12}HNO_2$ . . . . V S. **55**
$C_7F_{12}HNO_5$ . . . . VI S. **3**
$C_7F_{12}HN_3O_3$ . . . . V S. **56**
$C_7F_{12}H_2N_2O$
4-Amino-2,2,5,5-tetrakis(trifluormethyl)-3-oxazolin . . . . V S. **56**
2,2,5,5-Tetrakis(trifluormethyl)-imidazolin-4-on . . . . V S. **62**
$C_7F_{12}H_2N_2O_4$ . . . . VI S. **3**
$C_7F_{12}H_2N_4O_2$ . . . . V S. **63**
$C_7F_{12}H_3N_3$ . . . . V S. **62**
$C_7F_{12}H_3N_3O$ . . . . V S. **56**
$C_7F_{12}H_4N_4$ . . . . V S. **63**
$C_7F_{12}KNO_2$ . . . . V S. **55**
$C_7F_{12}NNaO_2$ . . . . V S. **55**
$C_7F_{12}N_2$ . . . . V S. **61**
$C_7F_{12}N_2O$ . . . . V S. **60**
$C_7F_{12}N_2O_2$
1-N-Oxo-3,3,5,5-tetrakis(trifluormethyl)-1-pyrazolin-4-on . . . . . V S. **60**
Perfluor-(1,2-dimethyl-perhydro-1,2-diazepin-3,7-dion) . . . . . . VI S. **165**; CV: V S. 61
$C_7F_{12}N_2S$ . . . . V S. **67**
$C_7F_{13}Br_2N$ . . . . V S. **157**
$C_7F_{13}N$ . . . . V S. **150**, **157**
$C_7F_{13}NO$ . . . . V S. **52**
$C_7F_{13}N_5$ . . . . VI S. **78**
$C_7F_{14}N_2O$ . . . . V S. **184**
$C_7F_{15}N$
Perfluor-(propylpyrrolidin) . . . . . . V S. **52**
Perfluor-(dimethylpyridin) . . . . . . V S. **150**
Perfluor-(1-äthylpyridin) . . . . . . V S. **156**
$C_7F_{15}NO$ . . . . VI S. **1**
$C_7F_{16}N_2O_2$ . . . . VI S. **166**
$C_8F_2Cl_2HNO_2$ . . . . VI S. **124**
$C_8F_3ClHNO_2$ . . . . VI S. **124**
$C_8F_3Cl_3BrHN_2$ . . . . VI S. **125**
$C_8F_3Cl_3HN_3O_2$ . . . . VI S. **125**
$C_8F_3Cl_3H_2N_2O_3S$ . . . . VI S. **125**
$C_8F_3Cl_4HN_2$ . . . . VI S. **125**
$C_8F_3Cl_4HN_2O$ . . . . VI S. **125**
$C_8F_3Cl_4HN_2O_2S$ . . . . VI S. **125**
$C_8F_3Br_4HN_2$ . . . . VI S. **125**
$C_8F_3Br_4HN_2O$ . . . . VI S. **125**
$C_8F_4Cl_2N_2$
2,3-Dichlortetrafluorchinoxalin . . . . VI S. **133**
Dichlortetrafluor-2,7-naphthyridin . . . VI S. **135**
Dichlortetrafluor-1,8-naphthyridin . . . B: VI S. 135
$C_8F_4Cl_4N_6$ . . . . VI S. **89**
$C_8F_4HNO_2$ . . . . VI S. **124**

$C_8F_4H_2N_2O_2$
5,6,7,8-Tetrafluor-1 H,4 H-chinoxalin-2,3-dion . . . . VI S. **133**
Tetrafluor-1 H,3 H-chinazolin-2,4-dion . VI S. **134**
$C_8F_4H_6N_6$ . . . . VI S. **133**
$C_8F_5ClN_2$
5-Chlor-pentafluorcinnolin . . . . . . VI S. **134**
5-Chlor-pentafluorchinoxalin . . . . . VI S. **133**
4-Chlor-pentafluor-2,7-naphthyridin . . VI S. **135**
Monochlorpentafluor-1,8-naphthyridin . B: VI S. 135
$C_8F_5HN_2O$
4-Hydroxy-pentafluorcinnolin . . . . VI S. **134**
1-Hydroxy-pentafluorphthalazin . . . . VI S. **134**
$C_8F_5H_2N_3$
4-Amino-pentafluorcinnolin . . . . . VI S. **134**
4-Amino-pentafluorchinazolin . . . . VI S. **134**
1-Amino-pentafluorphthalazin . . . . VI S. **134**
$C_8F_6N_2$
Hexafluorchinoxalin . . . . VI S. **133**
Hexafluorchinazolin . . . . VI S. **134**
Hexafluorcinnolin . . . . VI S. **134**
Hexafluorphthalazin . . . . VI S. **134**
Hexafluor-1,8-naphthyridin . . . . . VI S. **134**
Hexafluor-2,7-naphthyridin . . . . . VI S. **135**
$C_8F_6N_4$
Perfluor-(4,4′-bipyrimidyl) . . . . . . VI S. **24**
Hexafluorbipyrazin-2-yl . . . . . . VI S. **31**
$C_8F_7Cl_2HN_4$ . . . . VI S. **127**
$C_8F_7HN_2$ . . . . VI S. **124**
$C_8F_7N_5$ . . . . VI S. **79**
$C_8F_8Cl_4HN_3O$ . . . . V S. **63**
$C_8F_8H_6N_8$ . . . . V S. **72**
$C_8F_9HN_2$ . . . . VI S. **123**
C_8F_9N . . . . VI S. **128**
$C_8F_9N_7$ . . . . V S. **185**
$C_8F_{10}H_2N_2$ . . . . V S. **186**
$C_8F_{10}N_2$
Perfluor-cis- und trans-[4-(2′-buten-2′-yl)-pyridazin] . . . . . . VI S. **17**; CV: S. 129
Perfluor-(4-äthyl-5-vinylpyridazin) . . VI S. **17**
Perfluor-(5,6-dimethylcyclobuta[d]-pyridazin) . . . . VI S. **128**
$C_8F_{10}N_4$ . . . . V S. **185**
$C_8F_{11}N$ . . . . V S. **151**; CV: V S. 185, 186
$C_8F_{12}HNO_2$ . . . . V S. **58**
$C_8F_{12}HN_3O$ . . . . V S. **63**
$C_8F_{12}H_2N_2O$ . . . . V S. **59**
$C_8F_{12}H_2N_8$ . . . . V S. **73**; CV: V S. 70
$C_8F_{12}N_2$
Perfluor-(4,5-diäthylpyridazin) . . . . VI S. **15**
Perfluor-(tert-butylpyridazin) . . . . . VI S. **17**

Perfluor-(4-sec-butylpyridazin) . . . . VI S. **18**
Perfluor-(4,5-diäthylpyrimidin) . . . . VI S. **22**
Perfluor-(4-sec-butylpyrimidin) . . . . VI S. **24**
Perfluor-(2,5-diäthylpyrazin) . . . . . VI S. **30**
Perfluor-(2-sec-butylpyrazin) . . . . . VI S. **30**
Perfluor-(1,4-diäthyl-2,5-diazabicyclo-[2.2.0]hexa-2,5-dien) . . . . . . VI S. **32**
Perfluor-(1-sec-butyl-2,5-diaza-bicyclo[2.2.0]hexa-2,5-dien) . . . . VI S. **32**
$(C_8F_{12}N_2O)_n$ . . . . V S. **69**
$C_8F_{12}N_4O_4$ . . . . VI S. **166**
$C_8F_{14}AgN_3$ . . . . V S. **71**
$C_8F_{14}HN_3$ . . . . V S. **71**
$C_8F_{14}H_2N_4$
3,5-Bis(perfluorpropyl)-4-amino-4H-1,2,4-triazol . . . . V S. **71**
3,6-Bis(perfluorpropyl)-1,2-dihydro-1,2,4,5-tetrazin . . . . . . VI S. **122**; CV: V S. 72
$C_8F_{14}N_2O$
2,5-Bis(perfluorpropyl)-1,3,4-oxadiazol. V S. **64**
3,5-Bis(perfluorpropyl)-1,2,4-oxadiazol. V S. **66**
$C_8F_{14}N_2O_2$
Bis(perfluorpropyl)-furoxan . . . . . V S. **66**
Perfluor-(1,2-dimethyl-perhydro-1,2-diazocin-3,8-dion) . . . . . . VI S. **166**
Spirocyclus . . . . VI S. **5**
$C_8F_{14}N_2O_3$
Perfluor-(3-morpholinoxy-5,6-dihydro-2H-1,4-oxazin) . . . . VI S. **2**
Perfluor-(5,6-dimethyl-perhydro-1,5,6-oxadiazonin-4,7-dion) . . . . VI S. **167**
$C_8F_{14}N_2S$ . . . . V S. **67**
$C_8F_{14}N_4$
Perfluor-bis-[1-(1′,4′,5′,6′-tetra-hydropyrimidinyl)] . . . . VI S. **24**
3,6-Bis(perfluorpropyl)-1,2,4,5-tetrazin . . . . VI S. **122**
$C_8F_{15}N$ . . . . V S. **151**
$C_8F_{15}NO$ . . . . VI S. **2**
$C_8F_{16}HgN_2O_4$ . . . . VI S. **3**
$C_8F_{16}N_2$ . . . . VI S. **30**
$C_8F_{16}N_2O_2$ . . . . VI S. **2**
$C_8F_{16}N_2O_3$
Perfluor-(4-morpholinoxy-morpholin) . VI S. **2**
Perfluor-(morpholinoxy-3′-oxazolidinyl-methan) . . . . . . VI S. **3**
Perfluor-(6-morpholinoxy-2-aza-5-oxahex-1-en) . . . . VI S. **3**
Perfluor-(6-morpholinoxy-2-aza-5-oxahex-2-en) . . . . VI S. **3**

$C_8F_{16}N_4$
1,3-Bis(trifluormethyl)-2,4,4-trifluor-2-(trifluormethylimino-fluormethylen)-5-trifluormethyl-imino-imidazolidin . . . . V S. **61**
Perfluor-[4-(3′-methyl-1′-imidazolinyl)-1-methyl-3-imidazolin] . . . V S. **62**
$C_8F_{17}N$
Perfluor-(1-butylpyrrolidin) . . . . . V S. **52**
Perfluor-(trimethylpiperidin) . . . . . V S. **150**, **158**
Perfluor-(1-propylpiperidin) . . . . . V S. **157**
$C_8F_{17}NO$ . . . . VI S. **2**
$C_9FCl_5H_3N_5$ . . . . VI S. **21**
$C_9F_3MnN_2O_5$ . . . . B: VI S. 72
$C_9F_3N_2O_5Re$ . . . . B: VI S. 72
C_9F_5ClHNO . . . . VI S. **130**
$C_9F_5Cl_2N$ . . . . VI S. **130**
$C_9F_5Cl_4HN_2O$ . . . . VI S. **125**
C_9F_5BrHNO . . . . VI S. **130**
$C_9F_5Br_2N$ . . . . VI S. **130**
$C_9F_5J_2N$ . . . . VI S. **130**
$C_9F_5J_4HN_2O$ . . . . VI S. **125**
C_9F_6ClN
2-Chlorhexafluorchinolin . . . . . . VI S. **130**
1-Chlorhexafluorisochinolin . . . . . VI S. **132**
C_9F_6BrN
2-Bromhexafluorchinolin . . . . . . VI S. **130**
1-Bromhexafluorisochinolin . . . . . VI S. **132**
C_9F_6HNO
2-Hydroxyhexafluorchinolin . . . . . VI S. **130**
1-Hydroxyhexafluorisochinolin . . . . VI S. **132**
$C_9F_6H_2N_2$
Aminohexafluorchinolin . . . . VI S. **130**
1-Aminohexafluorisochinolin . . . . . VI S. **132**
$C_9F_6H_3N_3$
Hydrazinohexafluorchinolin . . . . . VI S. **130**
1-Hydrazinohexafluorisochinolin . . . VI S. **132**
$C_9F_6H_8N_{10}$ . . . . VI S. **92**
C_9F_7N
Heptafluorchinolin . . . . VI S. **130**; CV: V S. 176, 193
Heptafluorisochinolin . . . . VI S. **132**
$C_9F_9Cl_6N_3$ . . . . VI S. **82**
$C_9F_{10}N_2$ . . . . V S. **197**
$C_9F_{11}Cl_2N$ . . . . V S. **149**
$C_9F_{11}N$
1-(4′-Tetrafluorpyridyl)-1,2-bis-(trifluormethyl)-fluoräthan . . . . . V S. **154**
Perfluor-(4-cyclobutylpyridin) . . . . V S. **155**
Tetrafluorpyridazin . . . . B: VI S.129
Perfluortetrahydroisochinolin . . . . . VI S. **132**
$C_9F_{11}NO$ . . . . V S. **195**

$C_9F_{12}Cl_3N_3$ . . . . VI S. **82**
$C_9F_{12}Br_3N_3$ . . . . VI S. **82**
$C_9F_{12}HNO_2$ . . . . V S. **58**
$C_9F_{12}H_3N_3O_9S_3$ . . . . B: VI S. 112
$C_9F_{12}N_2$ . . . . VI S. **17**
$C_9F_{12}N_4O_2$ . . . . V S. **69**
$C_9F_{13}HN_3O$ . . . . V S. **190**
$C_9F_{13}HN_3O_2$ . . . . V S. **190**
$C_9F_{13}N$
Perfluor-(diäthylpyridin) . . . . V S. **149**
Perfluor-(butylpyridin) . . . . V S. **154**
Perfluor-(2,4-äthyl-6-vinyl)-1,3,5-triazin . . . . VI S. **82**
$C_9F_{14}ClN_3$ . . . . VI S. **79**
$C_9F_{14}N_2$ . . . . VI S. **24**
$C_9F_{14}N_4S$ . . . . VI S. **123**
$C_9F_{15}N$ . . . . VI S. **131**, **132**
$C_9F_{15}N_3$
Perfluor-(2,4-dipropyl-1,3,5-triazin) . . VI S. **78**
2,4,6-Tris(perfluoräthyl)-1,3,5-triazin . . VI S. **82**
$C_9F_{15}N_3O_6S_3$ . . . . VI S. **82**
$C_9F_{17}N$
Perfluor-(1-cyclobutylpiperidin) . . . . V S. **157**
Perfluordecahydrochinolin . . . . . . VI S. **132**
$C_9F_{18}H_2N_2$ . . . . V S. **6**
$C_9F_{18}N_2O$ . . . . VI S. **31**
$C_9F_{18}N_6$ . . . . VI S. **78**
$C_9F_{19}N$
Perfluor-(1-butyl-3-methyl-pyrrolidin) . V S. **52**
Perfluor-(diäthylpiperidin) . . . . . . V S. **150**
Perfluor-(1-butylpiperidin) . . . . . . V S. **157**
$C_9F_{19}NO$
Perfluor-(3-butyl-5-äthyloxazolidin) . . V S. **54**
Perfluor-(4-pentylmorpholin) . . . . . VI S. **2**
2-Heptafluorisopropyl-bis-(trifluormethyl)-1,2-oxaza-perfluorcyclohexan . . . . VI S. **4**
$C_{10}F_4Cl_4N_2$ . . . . V S. **220**
$C_{10}F_4Cl_4N_2S_2$ . . . . V S. **192**
$C_{10}F_4NMnO_5$ . . . . B: V S. 145
$C_{10}F_4NO_5Re$ . . . . B: V S. 145
$C_{10}F_6Cl_2N_2$ . . . . V S. **220**
$C_{10}F_6N_2$ . . . . VI S. **135**
$C_{10}F_7ClN_2$ . . . . V S. **220**
$C_{10}F_7H_2N_3$ . . . . V S. **220**
$C_{10}F_7N_3O_2$ . . . . V S. **220**
$C_{10}F_8CdN_2$ . . . . V S. **115**; B: V S. 193
$C_{10}F_8HgN_2$ . . . . V S. **115**; B: V S. 193
$C_{10}F_8N_2$ . . . . V S. **219**

$C_{10}F_8N_2S$ . . . . V S. **191**
$C_{10}F_8N_2OS$ . . . . V S. **191**
$C_{10}F_8N_2O_2S$ . . . . V S. **191**
$C_{10}F_8N_2S_2$ . . . . V S. **191**
$C_{10}F_8N_2Zn$ . . . . V S. **115**; B: V S. 193
$C_{10}F_8N_4$ . . . . V S. **190**
$C_{10}F_{10}N_2$ . . . . B: V S. 134
$C_{10}F_{11}N$ . . . . V S. **155**; B: VI S. 56
$C_{10}F_{12}Cl_6N_2O$ . . . . V S. **64**
$C_{10}F_{12}H_3N_4O_2$ . . . . V S. **190**
$C_{10}F_{13}Cl_2N_3$ . . . . VI S. **84**
$C_{10}F_{13}Cl_4N_3$ . . . . VI S. **84**
$C_{10}F_{13}HN_2O$ . . . . VI S. **18**
$C_{10}F_{13}N$ . . . . V S. **155**
$C_{10}F_{13}N_3$ . . . . VI S. **84**
$C_{10}F_{14}HNO_2$ . . . . V S. **58**
$C_{10}F_{14}H_2N_2O_2$ . . . . VI S. **17**
$C_{10}F_{14}N_2$ . . . . VI S. **18**
$C_{10}F_{14}N_4$ . . . . VI S. **79**
$C_{10}F_{14}N_4O_2$
5,5′-Bis(perfluorpropyl)-2,2′-bi-1,3,4-oxadiazol . . . . V S. **69**
1,2-Bis(5′-perfluorpropyl-1′,3′,4′-oxadiazolyl-2′)-perfluoräthan . . . . V S. **69**
3,3′-Bis(perfluorpropyl)-5,5′-bi-1,2,4-oxadiazol . . . . V S. **69**
$C_{10}F_{15}Br_2N_3$ . . . . VI S. **86**
$C_{10}F_{15}J_2N_2$
4,6-Bis(2′-jodperfluorpropyl)-2-trifluormethyl-1,3,5-triazin . . . . VI S. **84**
4,6-Bis(3′-jodperfluorpropyl)-2-trifluormethyl-1,3,5-triazin . . . . . VI S. **86**
$C_{10}F_{15}HN_2O$ . . . . VI S. **17**
$C_{10}F_{15}H_2N_3$
Amino-fluor-bis(heptafluorisopropyl)-pyridazin . . . . VI S. **17**
4-Amino-2,5-bis(perfluorisopropyl)-fluorpyrimidin . . . . VI S. **27**
Perfluor-(di-sec-butylpyrazin) . . . . VI S. **30**
6-Amino-perfluor-(2,5-isopropyl-pyrazin) . . . . VI S. **30**
$C_{10}F_{15}H_4N_5$ . . . . VI S. **79**
$C_{10}F_{15}H_4N_5O$ . . . . VI S. **79**
$(C_{10}F_{15}HgN_3)_n$ . . . . VI S. **85**
$C_{10}F_{15}N$ . . . . V S. **153**
$C_{10}F_{16}ClN_3$ . . . . VI S. **86**
$C_{10}F_{16}N_2$
Perfluor-(3,4,5-triäthylpyridazin) . . . VI S. **15**
Perfluor-(4,5-diisopropylpyridazin) . . VI S. **16**; B: VI S. 23; CV: VI S. 23
Perfluor-(diisopropylpyrimidin) . . . . . VI S. **23**
Perfluor-(diisopropylpyrazin) . . . . . VI S. **30**

Perfluor-(4,5-diisopropyl-1,2-diaza-bicyclo[2.2.0]hexa-2,5-dien) . . . . VI S. **32**
Perfluor-(1,3-diisopropyl-2,5-diaza-bicyclo[2.2.0]hexa-2,5-dien) . . . . VI S. **32**
Perfluor-(1,4-diisopropyl-2,5-diaza-bicyclo-[2.2.0]hexa-2,5-dien) . . . VI S. **32**
$C_{10}F_{17}N_3$ . . . . VI S. **83**
$C_{10}F_{17}N_3O$ . . . . VI S. **86**
$C_{10}F_{17}N_3O_2$ . . . . VI S. **86**
$C_{10}F_{18}H_4N_4$ . . . . V S. **63**
$C_{10}F_{18}N_2O$ . . . . V S. **64**
$C_{10}F_{18}N_2O_2$ . . . . VI S. **31**
$C_{10}F_{19}HN_2O_2$ . . . . VI S. **31**
$C_{10}F_{19}N$ . . . . V S. **158**
$C_{10}F_{20}N_2$ . . . . V S. **220**
$C_{10}F_{20}N_2O_4$ . . . . VI S. **3**
$C_{10}F_{21}N$ . . . . V S. **157**
$C_{10}F_{22}N_2$ . . . . VI S. **31**
$C_{11}F_2Cl_7HN_2$ . . . . V S. **188**
$C_{11}F_3FeH_5N_2O_2$ . . . . B: VI S. 72
$C_{11}F_4Cl_5HN_2$ . . . . V S. **188**
$C_{11}F_6Cl_2BrHN_2$ . . . . V S. **188**
$C_{11}F_6Cl_2HN_3O_2$ . . . . V S. **188**
$C_{11}F_6H_6N_4$ . . . . V S. **188**
$C_{11}F_7Cl_2HN_2$ . . . . V S. **188**
$C_{11}F_7H_2NO_2$ . . . . V S. **184**
$C_{11}F_7H_4N_3$ . . . . V S. **188**
$C_{11}F_8HNO$ . . . . V S. **184**
$C_{11}F_8H_2N_2$ . . . . V S. **188**
$C_{11}F_8H_2N_4O$ . . . . V S. **189**
$C_{11}F_8HgN_2O_2$ . . . . V S. **192**
$C_{11}F_8N_2O$ . . . . V S. **195**
$C_{11}F_9HN_2O$ . . . . VI S. **132**
$C_{11}F_9H_2N_3$ . . . . V S. **190**
$C_{11}F_9N$ . . . . V S. **155**; CV: V S. 184, 188
$C_{11}F_9NS$ . . . . V S. **191**
$C_{11}F_9N_3$ . . . . V S. **190**
$C_{11}F_{14}FeNO_5P$ . . . . B: V S. 110
$C_{11}F_{14}N_2$ . . . . V S. **156**
$C_{11}F_{15}N$ . . . . V S. **155**
$C_{11}F_{16}HNO_2$ . . . . V S. **59**
$C_{11}F_{16}H_3N_3$ . . . . V S. **63**
$C_{11}F_{16}N_4O_2$ . . . . V S. **69**
$C_{11}F_{17}N$
Perfluorhalogen-(triäthylpyridin) . . . . V S. **149**
Perfluor-(diisopropylpyridin) . . . . . . V S. **151**
$C_{11}F_{18}HN_3O_5$ . . . . V S. **59**
$C_{11}F_{18}H_2N_2O_3$ . . . . V S. **59**
$C_{11}F_{19}N_3$ . . . . VI S. **83**
$C_{11}F_{19}N_3O_2$ . . . . VI S. **86**
$C_{11}F_{20}HNO_2$ . . . . V S. **193**

$C_{11}F_{23}N$ . . . V S. **157**
$C_{11}F_{23}NO$ . . . VI S. **2**
$C_{12}F_3H_5MoN_2O_3$ . . . B: VI S. 72
$C_{12}F_6Cl_2HN_3$ . . . V S. **188**
$C_{12}F_6N_4$ . . . VI S. **133**
$C_{12}F_7BrN_2$ . . . VI S. **136**
$C_{12}F_7HN_2O$ . . . VI S. **136**
$C_{12}F_8Cl_4N_2$ . . . V S. **156**
$C_{12}F_8CdN_2O_4$ . . . CV: V S. 116
$C_{12}F_8HNS$ . . . VI S. **137**
$C_{12}F_8H_2N_2$ . . . VI S. **136**
$C_{12}F_8H_2N_4$ . . . VI S. **127**
$C_{12}F_8H_2N_4O_2$ . . . V S. **189**
$C_{12}F_8H_3N_5$ . . . VI S. **128**
$C_{12}F_8HgN_2O_4$ . . . CV: V S. 116
$C_{12}F_8N_2$ . . . VI S. **136**
$C_{12}F_8N_2O_3$ . . . V S. **194**
$C_{12}F_8N_2O_4Zn$ . . . CV: V S. 116
$C_{12}F_8N_4O$ . . . V S. **65**
$C_{12}F_8N_4S$ . . . V S. **67**
$C_{12}F_9HN_2O$ . . . V S. **188**
$C_{12}F_9HN_4$ . . . VI S. **128**
$C_{12}F_9H_2N_3O$ . . . V S. **189**
$C_{12}F_9NO$ . . . V S. **195**
$C_{12}F_{10}N_2$ . . . VI S. **165**
$C_{12}F_{12}N_2$ . . . V S. **156**
$(C_{12}F_{12}N_6)_n$ . . . B: VI S. 119
$C_{12}F_{13}N$ . . . VI S. **131**; B: V S. 176
$C_{12}F_{14}Br_2N_6$ . . . VI S. **89**; CV: VI S. 120
$C_{12}F_{14}Br_2N_6O$ . . . VI S. **90**; CV: VI S. 120
$C_{12}F_{14}Br_2N_6S$ . . . VI S. **90**; CV: VI S. 120
$C_{12}F_{14}H_2N_2O_2$ . . . VI S. **129**
$C_{12}F_{14}N_4$ . . . VI S. **27**
$(C_{12}F_{14}N_6)_n$ . . . B: VI S. 120
$(C_{12}F_{14}N_6O)_n$ . . . B: VI S. 120
$(C_{12}F_{14}N_6S)_n$ . . . B: VI S. 120
$C_{12}F_{15}Cl_6N_3$ . . . VI S. **84**
$C_{12}F_{15}HN_2O$ . . . VI S. **129**
$C_{12}F_{15}N_3$ . . . VI S. **84**
$C_{12}F_{16}N_2$
4-Cyan-perfluor-(2,5-diisopropyl-pyridin) . . . V S. **197**
trans-Perfluor-[4,6-bis(2′-buten-2′-yl)-pyrimidin] . . . VI S. **24**
Perfluor-(5-äthyl-5,6,7-trimethyl-5H-cyclopenta[d]pyridazin) . . . VI S. **128**
$C_{12}F_{16}N_6$ . . . VI S. **89**
$C_{12}F_{17}Cl_2N_3$ . . . VI S. **84**
$C_{12}F_{17}Cl_4N_3$ . . . VI S. **84**
$C_{12}F_{17}N_3$ . . . VI S. **84**; CV: VI S. 120
$C_{12}F_{18}Cl_2JN_3$ . . . VI S. **84**

$C_{12}F_{18}N_4O_2$ . . . . V S. **69**
$C_{12}F_{19}Cl_2N_3$ . . . . VI S. **84**
$C_{12}F_{19}Br_2N_3$ . . . . VI S. **87**
$C_{12}F_{19}Br_2N_3O$ . . . . VI S. **87**
$C_{12}F_{19}J_2N_3$
4,6-Bis(2'-jodperfluorpropyl)-2-perfluorpropyl-1,3,5-triazin . . . . VI S. **84**
4,6-Bis(3'-jodperfluorpropyl)-2-perfluorpropyl-1,3,5-triazin . . . . . VI S. **87**
$C_{12}F_{19}J_2N_3O$ . . . . VI S. **87**
$C_{12}F_{19}H_4N_5$ . . . . VI S. **79**
$(C_{12}F_{19}HgN_3)_n$ . . . . VI S. **85**
$C_{12}F_{19}N$
Perfluor-(diisopropyl-methylpyridin) . V S. **153**
Perfluor-(isopropyl-diäthylpyridin) . . V S. **153**
$C_{12}F_{19}N_3$ . . . . VI S. **84**
$(C_{12}F_{19}N_3)_x$ . . . . B: VI S. 118
$C_{12}F_{20}N_2$
Perfluor-(tetraäthylpyridazin) . . . . . VI S. **15**
Perfluor-(di-tert-butylpyridazin) . . . . VI S. **17**, **18**
Perfluor-(di-sec-butylpyridazin) . . . . VI S. **18**
Perfluor-(4,6-di-sec-butylpyrimidin) . . VI S. **24**
Perfluor-(1,4-di-sec-butyl-2,5-diazabicyclo-[2.2.0]hexa-2,5-dien) . VI S. **32**
Perfluor-(4,5-di-sec-butyl-1,2-diazabicyclo[2.2.0]hexa-2,5-dien) . . VI S. **32**
$C_{12}F_{21}N_3$
Tris(perfluor-n-propyl)-1,3,5-triazin . . VI S. **83**
Tris(perfluorisopropyl)-1,3,5-triazin . . VI S. **83**
$C_{12}F_{21}N_3O$ . . . . VI S. **86**
$C_{12}F_{21}N_3O_2$ . . . . VI S. **86**
$C_{12}F_{21}N_3O_3$ . . . . VI S. **86**
$C_{12}F_{23}N$ . . . . V S. **53**
$C_{12}F_{25}N$
Perfluor-(2-octylpyrrolidin) . . . . . . V S. **53**
Perfluor-(1-heptylpiperidin) . . . . . . V S. **157**
$C_{12}F_{25}NO$ . . . . VI S. **2**
$C_{12}F_{26}N_2$ . . . . VI S. **31**
$C_{13}F_4FeH_5NO_2$ . . . . B: V S. 145
$C_{13}F_5Cl_2HN_4$ . . . . V S. **188**
$C_{13}F_8ClN$ . . . . VI S. **135**
$C_{13}F_8HNO$ . . . . VI S. **135**
$C_{13}F_8NNaO$ . . . . VI S. **135**
$C_{13}F_{10}N_2$ . . . . VI S. **136**
$C_{13}F_{14}N_2$ . . . . V S. **156**
$C_{13}F_{17}N$ . . . . V S. **155**
$C_{13}F_{20}N_4$ . . . . VI S. **88**
$C_{13}F_{20}N_4O_2$ . . . . V S. **69**
$C_{13}F_{21}H_4N_5O$ . . . . VI S. **79**
$C_{13}F_{21}N$
Perfluorhalogen-(tetraäthylpyridin) . . . V S. **149**

Perfluor-(diisopropyl-dimethylpyridin) . V S. **153**
Perfluor-(diisopropyl-äthylpyridin) . . V S. **153**
Perfluor-(dibutylpyridin) . . . . V S. **154**

$C_{13}F_{22}N_2$
Perfluor-(3,5,6-triisopropylpyridazin) . . VI S. **16**
Perfluor-(2,4,6-triisopropylpyrimidin) . . VI S. **23**

$C_{13}F_{27}NO$ . . . . VI S. **2**
$C_{13}F_{29}N_5O_4$ . . . . V S. **184**
$C_{14}F_8H_2N_2O_3$ . . . . V S. **65**

$C_{14}F_9NO_2$
3-Pentafluorbenzoyl-4,5,6,7-tetra-fluorbenzisoxazol . . . . VI S. **126**
3-Pentafluorphenyl-tetra-fluor-1,2-benzoxazinon-4 . . . . . VI S. **137**

$C_{14}F_{10}HN_3$ . . . . V S. **71**
$C_{14}F_{10}N_2O$ . . . . V S. **64**
$C_{14}F_{10}N_2S$ . . . . V S. **67**
$C_{14}F_{16}H_8N_{10}$ . . . . VI S. **92**
$C_{14}F_{19}Cl_6N_3$ . . . . VI S. **87**
$C_{14}F_{21}N$ . . . . V S. **155**
$C_{14}F_{21}N_3$ . . . . VI S. **27**
$C_{14}F_{22}N_2$ . . . . VI S. **128**
$C_{14}F_{22}N_2O$ . . . . V S. **64**
$C_{14}F_{22}N_4O_2$ . . . . V S. **69**

$C_{14}F_{23}N$
Perfluor-(triisopropylpyridin) . . . . . . V S. **151**
Perfluor(isopropyl-triäthylpyridin) . . . V S. **153**

$(C_{14}F_{23}N_3)_x$ . . . . B: VI S. 118; CV: S. 121
$(C_{14}F_{23}N_3O_2)_x$ . . . . B: VI S. 120

$C_{14}F_{24}N_2$
Perfluor-(4,5-diäthyl-3,6-di-isopropylpyridazin) . . . . VI S. **16**
Perfluor-(5,6-diäthyl-2,4-diisopropyl-pyrimidin) . . . . VI S. **22**

$C_{14}F_{26}N_2O$ . . . . V S. **64**
$C_{14}F_{29}N$ . . . . V S. **157**
$C_{14}F_{29}NO$ . . . . VI S. **2**
$C_{15}F_9Cl_2HN_2$ . . . . V S. **188**
$C_{15}F_{10}BrHN_2$ . . . . V S. **61**
$C_{15}F_{11}HN_2$ . . . . V S. **61**
$C_{15}F_{12}H_2N_2O$ . . . . V S. **60**
$C_{15}F_{12}H_8N_4O_2$ . . . . V S. **61**
$C_{15}F_{18}H_6N_6O_3$ . . . . VI S. **87**
$C_{15}F_{19}N$ . . . . VI S. **131**
$C_{15}F_{22}N_2$ . . . . V S. **197**
$C_{15}F_{24}N_2$ . . . . VI S. **128**; B: VI S. 57

$C_{15}F_{25}N$
Perfluorhalogen-(pentaäthylpyridin) . . V S. **149**
Perfluor-(triisopropyl-methylpyridin) . . V S. **153**
Perfluor-(diisopropyl-äthyl-dimethyl-pyridin) . . . . V S. **153**

Perfluor-azapolycyclo-Verbindungen . . V S. **156**

A: $R_1 = R_2 = R_3 = C_2F_5$
B: $R_1 = CF(CF_3)_2$, $R_2 = CF_3$, $R_3 = C_2F_5$

C: $R_1 = R_2 = R_3 = R_4 = R_5 = C_2F_5$
D: $R_1 = C_2F_5$, $R_2 = R_3 = CF(CF_3)_2$, $R_4 = R_5 = CF_3$
E: $R_1 = R_2 = CF(CF_3)_2$, $R_3 = C_2F_5$, $R_4 = R_5 = CF_3$

$(C_{15}F_{25}N_3)_x$ . . . B: VI S. 119
$C_{15}F_{27}N_3$ . . . VI S. **83**
$C_{15}F_{27}N_3O_2$ . . . CV: VI S. 120
$C_{15}F_{27}N_3O_3$ . . . VI S. **86**
$C_{15}F_{30}H_2N_2$ . . . V S. **6**
$C_{16}F_{12}HN_3O$ . . . V S. **195**
$C_{16}F_{12}N_2$ . . . VI S. **18**
$C_{16}F_{16}Cl_8H_2N_6O_2$ . . . V S. **63**
$C_{16}F_{24}H_2N_6O_2$ . . . V S. **63**
$C_{16}F_{24}N_2$ . . . VI S. **18**
$C_{16}F_{26}N_2$ . . . VI S. **128**; B: VI S. 57
$C_{16}F_{27}H_4N_5$ . . . VI S. **79**
$C_{16}F_{27}N$ . . . V S. **153**
$C_{16}F_{28}N_2$
Perfluor-(tetraisopropylpyrimidin) . . . VI S. **23**; CV: VI S. 129
Perfluor-(2,4,6-tri-sec-butylpyrimidin) . VI S. **24**
$C_{16}F_{29}N_3$ . . . VI S. **83**
$C_{16}F_{30}N_2O$
Bis(perfluorheptyl)-1,3,4-oxadiazol . . V S. **64**
Bis(perfluorheptyl)-1,2,4-oxadiazol . . V S. **66**
$C_{16}F_{32}N_2$ . . . V S. **53**
$C_{16}F_{33}NO$ . . . VI S. **2**
$C_{17}F_{23}N$
Perfluor-[2-(4'-pyridyl)-3,4,5,6-tetramethyl-octa-2,4,6-trien] . . . . V S. **155**
Perfluor-[2,4-bis(sec-butyl)-chinolin] . VI S. **131**
$C_{17}F_{25}N$ . . . V S. **155**
$C_{17}F_{29}N$
Perfluor-(tetraisopropylpyridin) . . . . V S. **151**
Perfluor-(tributylpyridin) . . . . V S. **154**
$C_{17}F_{29}N_3O_2$ . . . VI S. **86**
$C_{17}F_{30}N_4O_3$ . . . VI S. **86**
$C_{18}F_{15}Cl_3B_3N_3$ . . . VI S. **94**
$C_{18}F_{15}Br_3B_3N_3$ . . . VI S. **94**
$C_{18}F_{18}B_3N_3$ . . . VI S. **94**
$C_{18}F_{21}Br_2N_9$ . . . VI S. **89**
$C_{18}F_{24}Cl_9N_3$ . . . VI S. **87**
$C_{18}F_{25}N$ . . . VI S. **131**

$C_{18}F_{26}Br_2N_6$ . . . . VI S. **91**; CV: VI S. 120
$(C_{18}F_{26}N_6)_n$ . . . . B: VI S. 120
$C_{18}F_{27}N_5$ . . . . VI S. **88**
$C_{18}F_{28}N_2$ . . . . V S. **197**
$C_{18}F_{29}Cl_4N_3$ . . . . VI S. **87**
$C_{18}F_{30}N_4O_2$
1,3-Bis(5′-perfluorhexyl-1′,3′,4′-oxadiazolyl-2′)-perfluorpropan . . . V S. **69**
1,8-Bis(5′-perfluorpropyl-1′,3′,4′-oxadiazolyl-2′)-perfluoroctan . . . . V S. **69**
1,8-Bis(5′-perfluorpropyl-1′,2′,4′-oxadiazolyl-3′)-perfluoroctan . . . . V S. **69**
$(C_{18}F_{31}N_3)_x$ . . . . B: VI S. 118
$C_{18}F_{33}N_3$ . . . . VI S. **83**
$C_{18}F_{36}N_2O$ . . . . V S. **157**
$C_{19}F_{28}Br_2N_6O_2$
$(NCBrF_2CNCCF_3NC)CF(CF_3)OCF_2CF(CF_3)O(CF_2)_4(CNCCF_3NCCF_2BrN)$. VI S. **91**; CV: VI S. 120
$C_{19}F_{28}Br_2N_6O_2$
$(NCCF_2BrNCCF_3NC)CF(CF_3)O(CF_2)_5OCF(CF_3)(CNCCF_2BrNCCF_3N)$ . . . VI S. **91**; CV: VI S. 120
$(C_{19}F_{28}N_6O_2)_n$
$(NCCF_2NCCF_3NC)CF(CF_3)OCF_2CF(CF_3)O(CF_2)_4(CNCCF_3NCCF_2N)_n$ . . B: VI S. 120
$[(NCCF_2NCCF_3NC)CF(CF_3)O(CF_2)_5OC(CF_3)FC(CNCF_3NCCF_2N)]_n$ . . . . B: VI S. 120
$C_{19}F_{31}N_3O$ . . . . VI S. **86**
$C_{19}F_{32}N_4O_2$ . . . . V S. **69**
$C_{19}F_{33}N_5O_3$ . . . . VI S. **86**
$C_{20}F_{12}Cl_2N_4$ . . . . V S. **220**
$C_{20}F_{14}N_4$ . . . . V S. **220**
$C_{20}F_{15}N_3$ . . . . V S. **71**
$C_{20}F_{20}N_2$ . . . . VI S. **18**
$C_{20}F_{22}N_4$ . . . . VI S. **18**; CV: VI S. 56; CV: V S. 155
$C_{20}F_{30}Br_2N_6$ . . . . VI S. **91**
$C_{20}F_{30}J_2N_6$ . . . . VI S. **91**
$C_{20}F_{31}N$ . . . . V S. **155**
$C_{20}F_{34}N_4O_2$ . . . . V S. **69**
$C_{20}F_{37}N_3$ . . . . VI S. **83**
$C_{21}F_{31}N$ . . . . VI S. **132**
$C_{21}F_{33}N_3$ . . . . VI S. **86**
$C_{21}F_{36}N_4O_2$ . . . . V S. **69**
$C_{21}F_{36}N_6O_3$ . . . . VI S. **86**
$C_{21}F_{39}N_3$ . . . . VI S. **83**
$C_{22}F_{24}N_2$ . . . . VI S. **18**
$C_{22}F_{34}Br_2N_6$ . . . . VI S. **91**
$C_{22}F_{34}J_2N_6$ . . . . VI S. **91**

$C_{22}F_{38}Cl_3N_3$ . . . . . VI S. **87**
$C_{22}F_{41}N_3$ . . . . . VI S. **83**
$C_{23}F_{35}N$ . . . . . V S. **155**
$C_{24}F_{24}N_2$ . . . . . VI S. **128**
$C_{24}F_{28}Br_2N_{12}$ . . . . . VI S. **89**
$C_{24}F_{33}Cl_{12}N_3$ . . . . . VI S. **87**
$C_{24}F_{36}Cl_4HgN_6$ . . . . . VI S. **85**
$C_{24}F_{36}Cl_4N_6$ . . . . . VI S. **90**
$C_{24}F_{38}Br_2N_6$ . . . . . VI S. **91**
$C_{24}F_{38}Br_2N_6O_2$ . . . . . VI S. **91**
$C_{24}F_{38}J_2N_6$ . . . . . VI S. **91**
$C_{24}F_{38}J_2N_6O_2$ . . . . . VI S. **91**
$C_{24}F_{45}N_3$ . . . . . VI S. **83**
$C_{25}F_{15}Cl_2N_5$ . . . . . V S. **220**
$C_{25}F_{17}N_5$ . . . . . V S. **220**
$C_{26}F_3H_{15}MnN_2O_4P$ . . . . . B: VI S. 72
$C_{26}F_{42}Br_2N_6$ . . . . . VI S. **91**
$C_{26}F_{42}Br_2N_6O_2$ . . . . . VI S. **91**
$C_{26}F_{42}J_2N_6$ . . . . . VI S. **91**
$C_{26}F_{42}J_2N_6O_2$ . . . . . VI S. **91**
$C_{27}F_4H_{15}MnNO_4P$ . . . . . B: V S. 145
$C_{27}F_{51}N_3O_6$ . . . . . VI S. **86**
$C_{28}F_{16}N_2O_4$ . . . . . VI S. **124**
$C_{28}F_{20}N_2$ . . . . . VI S. **18**
$C_{28}F_{46}N_6$ . . . . . B: VI S. 120
$C_{30}F_{18}Cl_2N_6$ . . . . . V S. **220**
$C_{30}F_{20}N_6$ . . . . . V S. **220**
$C_{30}F_{57}N_3$ . . . . . VI S. **83**
$C_{32}F_{16}N_8Zn$ . . . . . B: VI S. 124; CV: S. 124
$C_{35}F_{21}Cl_2N_7$ . . . . . V S. **220**
$C_{35}F_{23}N_7$ . . . . . V S. **220**
$C_{36}F_{30}B_3N_3$ . . . . . VI S. **94**
$C_{36}F_{69}N_3O_9$ . . . . . VI S. **86**
$C_{38}F_{68}N_6O_8$ . . . . . VI S. **91**
$C_{39}F_{70}N_6O_6$ . . . . . B: VI S. 120
$C_{40}F_{24}Cl_2N_8$ . . . . . V S. **220**
$C_{44}F_{80}N_6O_9$ . . . . . VI S. **93**
$C_{45}F_{27}Cl_2N_9$ . . . . . V S. **220**

$C_{47}F_{86}N_6O_{10}$ . . . . . VI S. **93**

R^1–(Triazin)–R^3–(Triazin)–R^1, mit R^2 an beiden Triazinringen

R_1: $C_3F_7OCF(CF_3)CF_2OCF(CF_3)$—

R_2: $C_3F_7OCF(CF_3)CF_2OCF(CF_3)$—

R_3: —$(CF_2)_4OCF(CF_3)CF_2OCF(CF_3)$—

—$CF(CF_3)O(CF_2)_5OCF(CF_3)$—

$C_{56}F_{104}N_6O_{14}$ . . . . VI S. **93**
$C_{59}F_{110}N_6O_{14}$ . . . . VI S. **93**

R¹–(1,3,5-Triazin)–R³–(1,3,5-Triazin)–R¹, jeweils mit R² am Triazinring

R_1	R_2	R_3
$C_3F_7OCF(CF_3)CF_2OCF(CF_3)$—	$C_3F_7OCF(CF_3)CF_2OCF(CF_3)$—	—$CF(CF_3)(OCF_2CF(CF_3))_nO(CF_2)_5O(CF(CF_3)CF_2O)_mCF(CF_3)$—
$C_3F_7O[CF(CF_3)CF_2O]_2CF(CF_3)$—	$C_3F_7O[CF(CF_3)CF_2O]_2CF(CF_3)$—	—$(CF_2)_4OCF(CF_3)CF_2OCF(CF_3)$ —$CF(CF_3)O(CF_2)_5OCF(CF_3)$—
$C_3F_7O[CF(CF_3)CF_2O]_4CF(CF_3)$—	$C_3F_7OCF(CF_3)$—	—$(CF_2)_4OCF(CF_3)CF_2OCF(CF_3)$ —$CF(CF_3)O(CF_2)_5OCF(CF_3)$—

$C_{62}F_{116}N_6O_{16}$ . . . . VI S. **93**
$C_{71}F_{134}N_6O_{18}$ . . . . VI S. **93**

R_1	R_2	R_3
$C_3F_7O[CF(CF_3)CF_2O]_3CF(CF_3)$—	$C_3F_7O[CF(CF_3)CF_2O]_3CF(CF_3)$—	—$(CF_2)_4OCF(CF_3)CF_2OCF(CF_3)$ —$CF(CF_3)O(CF_2)_5OCF(CF_3)$—

$C_{80}F_{152}N_6O_{13}$ . . . . VI S. **93**
$C_{80}F_{152}N_6O_{21}$ . . . . VI S. **92**
$C_{83}F_{158}N_6O_{14}$ . . . . VI S. **93**

R_1	R_2	R_3
$C_3F_7O[CF(CF_3)CF_2]_4CF(CF_3)$—	$C_3F_7O[CF(CF_3)CF_2O]_4CF(CF_3)$—	—$(CF_2)_4OCF(CF_3)CF_2OCF(CF_3)$— —$CF(CF_3)O(CF_2)_5OCF(CF_3)$—

$C_{86}F_{164}N_6O_{15}$ . . . . VI S. **93**

R_1	R_2	R_3
$C_3F_7O[CF(CF_3)CF_2]_4CF(CF_3)$—	$C_3F_7O[CF(CF_3)CF_2O]_4CF(CF_3)$—	—$(CF_2)_4O[CF(CF_3)CF_2O]_2CF(CF_3)$— —$CF(CF_3)O(CF_2)_5OCF(CF_3)CF_2OCF(CF_3)$—

$C_{4n}F_{8n+2}N_{2n}$ . . . . VI S. **29**
$(C_{3x+6}F_{6x}N_6)_n$ . . . . B: VI S. 117; CV: VI S. 117
$(C_{5x+10}F_{10x+3}N_9)_n$ . . . . CV: VI S. 117; B: VI S. 117
$(C_6F_7N_3)_nBr_2$ n=35 bis 40 . . . . VI S. **89**
$(C_6F_7N_3)_nBr_2$ n=350 . . . . VI S. **89**
$(C_6F_7N_3)_nJ_2$ n=350 . . . . VI S. **89**
$C_{4n+4}F_{8n+10}N_{2n+2}O_n$ . . . . VI S. **29**

R^1–(1,3,5-Triazin)(R^2)–R^3–(1,3,5-Triazin)(R^2)–R^1

Umrechnungsfaktoren für physikalische Einheiten

Table of Conversion Factors

Kraft (force)	N	dyn	kg
1 N (Newton)	1	10^5	0.1019716
1 dyn	10^{-5}	1	1.019716×10^{-6}
1 kg	9.80665	9.80665×10^5	1

Druck (pressure)	Pa	bar	kg/m²	at	atm	Torr	lb/in²
1 Pa (Pascal) = 1 N/m²	1	10^{-5}	1.019716×10^{-1}	1.019716×10^{-5}	0.986923×10^{-5}	0.750062×10^{-2}	145.038×10^{-6}
1 bar = 10^6 dyn/cm²	10^5	1	10.19716×10^3	1.019716	0.986923	750.062	14.5038
1 kg/m² = 1 mm H_2O	9.80665	0.980665×10^{-4}	1	10^{-4}	0.967841×10^{-4}	0.735559×10^{-1}	1.42233×10^{-3}
1 at = 1 kg/cm²	0.980665×10^5	0.980665	10^4	1	0.967841	735.559	14.2233
1 atm = 760 Torr	101 325	1.01325	1.033227×10^4	1.033227	1	760	14.69595
1 Torr = 1 mm Hg	133.3224	1.333224×10^{-3}	13.59510	1.359510×10^{-3}	1.315789×10^{-3}	1	19.3368×10^{-3}
1 lb/in² = 1 psi	6.89476×10^3	68.9476×10^{-3}	703.070	70.3070×10^{-3}	68.0460×10^{-3}	51.7128	1

Energie (work, energy, heat)	J	kWh	kcal	Btu	MeV
1 J (Joule) = 1 Ws = 1 Nm = 10^7 erg	1	2.778×10^{-7}	2.388×10^{-4}	9.478×10^{-4}	6.242×10^{12}
1 kWh	3.6×10^6	1	859.845	3412.14	2.247×10^{19}
1 kcal	4186.8	1.163×10^{-3}	1	3.96832	2.614×10^{16}
1 Btu (British thermal unit)	1055.06	2.931×10^{-4}	0.251996	1	6.586×10^{15}
1 MeV	1.602×10^{-13}	4.45×10^{-20}	3.82×10^{-17}	1.518×10^{-15}	1

Leistung (power)	kW	PS	kg m/s	kcal/s
1 kW = 10^{10} erg/s	1	1.35962	101.9716	0.238846
1 PS	0.735499	1	75	0.1757
1 kg m/s	9.807×10^{-3}	0.0133333	1	2.342×10^{-3}
1 kcal/s	4.1868	5.692	426.939	1

nach: Kraftwerk Union Information. Technical and Economic Data on Power Engineering. Mülheim (Ruhr) 1978.

Literatur:

1) International Union of Pure and Applied Chemistry. Manual of Symbols and Terminology for Physicochemical Quantities and Units. Butterworth, London 1970.
2) The International System of Units (SI). National Bureau of Standards Specl. Publ. 330. 1972 Edition.
3) H. Ebert (Hrsg.), Physikalisches Taschenbuch. 5. Aufl. Vieweg, Wiesbaden 1976.
4) F. W. Küster, A. Thiel, K. Fischbeck, Logarithmische Rechentafeln. 101. Aufl., W. de Gruyter, Berlin 1972.
5) E. Padelt, H. Laporte, Einheiten und Größenarten der Naturwissenschaften. 3. Aufl. VEB Fachbuchverlag, Leipzig 1976.
6) H. J. Gray, A. Isaacs, A New Dictionary of Physics. 2. Aufl. Longman, London 1975, S. 587/98.
7) Balser, Kayser, Das internationale System der Einheiten. Umrechnungsfaktoren aller englischen und deutschen Maßeinheiten in das SI. Verlag Heisler, Stuttgart 1967.
8) J. F. Cordes, Das neue internationale Einheitensystem, Naturwissenschaften **59** [1972] 177/82.